Martin Glatfeld (Hrsg.)

Anwendungsprobleme im Mathematikunterricht der Sekundarstufe I

Martin Glatfeld (Hrsg.)

Anwendungsprobleme im Mathematikunterricht der Sekundarstufe I

Mit Beiträgen von:

Jürgen Blankenagel

Martin Glatfeld

Käte Meyer-Drawe

Alexander Wynands

Friedr. Vieweg & Sohn   Braunschweig / Wiesbaden

CIP-Kurztitelaufnahme der Deutschen Bibliothek

**Anwendungsprobleme im Mathematikunterricht
der Sekundarstufe I** / Martin Glatfeld (Hrsg.).
Mit Beitr. von: Jürgen Blankenagel ... — Braunschweig;
Wiesbaden: Vieweg, 1983.

ISBN-13: 978-3-528-08517-9   e-ISBN-13: 978-3-322-84127-8
DOI: 10.1007/978-3-322-84127-8

NE: Glatfeld, Martin [Hrsg.]; Blankenagel, Jürgen
[Mitverf.]

Satz: Vieweg, Braunschweig

Einführung

Mit einem Beitrag zum Anwendungsproblem aus Heinrich Spoerls „Feuerzangenbowle"
wollen wir unsere Studie beginnen:

„Brett gehörte zu den Lehrern, die es nicht nötig haben, den trockenen Lehrstoff durch
gequälte Witze schmackhaft zu machen. Er bezog das Interesse aus der Materie selbst und
zeigte seinen Jungen nicht nur die atemraubende Zwangsläufigkeit einer mathematischen
Beweisführung, sondern auch die ästhetische Schönheit eines solchen logischen Gebäudes.
Seine Entwicklungen und Lösungen erschienen wie gotische Kathedralen von unerhörter
Architektur. Wenn er sprach und mit verhaltener Stimme auf die entscheidende Wendung
hinsteuerte, hätte man das Fallen einer Stecknadel hören können. Die Spannung war so
stark, daß man meinte, in den Köpfen das Knistern der Gedanken zu vernehmen.

Brett hatte allerdings einige Arbeit gehabt, bei seiner Klasse das wieder wettzumachen,
was sein Vorgänger in der Mittelstufe versaut hatte. Der alte Eberbach war jetzt glücklich
in den Ruhestand getreten und verschollen; aber der Sagenkreis, der sich um ihn gebildet
hatte, lebte fort. So erzählte man, daß Direktor Knauer den alten Mann angewiesen hatte,
seine mathematischen Aufgaben mehr dem modernen Leben zu entnehmen. Dieser stu-
dierte daraufhin die Sportzeitung und formulierte in seiner Tertia folgende Aufgaben:

Erstens: Bei einem Wettrennen legt ein Jockei die Strecke in zwei Minuten 32 Sekunden
zurück. Er wog 96 Pfund. In welcher Zeit würde er gesiegt haben, wenn er 827 Pfund ge-
wogen hätte? — Zweitens: Ein Engländer durchschwimmt den Ärmelkanal in sechzehn
Stunden vierunddreißig Minuten und legt dabei achtundvierzig Kilometer zurück. Wieviel
Zeit würde er brauchen, um von Dresden zum Nordpol zu schwimmen? — Drittens: Je-
mand wirft einen zwei Pfund schweren Stein dreiundzwanzig Meter weit. Wie weit würde
er einen Stein von 0,3 Gramm werfen?

Hans Pfeiffer bedauerte, den tüchtigen Mann nicht mehr persönlich zu erleben."

Diskussionen über Textaufgaben, wie sie Direktor Knauer — aus welchen Gründen wissen
wir nicht — für erforderlich hielt, haben sich in Seminaren zur Lehreraus- und Lehrer-
weiterbildung als Einstieg in unsere Thematik bewährt. An diese Erfahrungen anknüpfend
stellen wir jetzt insbesondere für den Leser, der sich erstmals mit Anwendungen im Mathematikunterricht befaßt, einige Aufgaben zusammen, die ziemlich willkürlich aus Schulbüchern der BRD und der DDR ausgewählt sind. Eine kritische Einstellung, aus der sich
Fragen fast von selbst ergeben, kann dazu beitragen, ein Problembewußtsein für die Inhalte
dieser Studie auszubilden. Ob Aufgaben aus der Sammlung des alten Eberbach, natürlich
dem „heutigen Leben" angepaßt, stammen könnten und ob sie den mathematischen
Charakter der Schüler verderben, mag der Leser für sich entscheiden.

Einige ganz alltägliche Sachaufgaben

(1) Die Taxometer-Uhr wird vor Antritt der Fahrt vom Taxichauffeur auf 2 DM gestellt. Nach jeweils 10 s Fahrzeit springt die Fahrpreisanzeige um 0,20 DM höher. Nach welcher Zeit spätestens muß ein Fahrgast, der nur 7,30 DM bei sich hat, den Taxichauffeur bitten, ihn aussteigen zu lassen?

(2) Ein Feinwaschmittel wird in zwei verschiedenen Packungen angeboten. Die Kleinpackung mit 100 g kostet 1,45 DM, die Großpackung mit 450 g kostet 3,95 DM. Wieviel Prozent spart man beim Kauf der Großpackung?

(3) Eine Autofirma steigert ihren Jahresumsatz um 17 % auf 702 Wagen. Wieviele Wagen hat die Firma im vergangenen Jahr verkauft?

(4) Ein Kraftfahrer fährt die 125 km lange Strecke von Hannover nach Bremen in 2 Stunden. Wie weit würde er bei derselben mittleren Geschwindigkeit in 3 Stunden 18 min kommen?

(5) Ein Trinkwasservorrat auf einem Schiff ist für 15 Mann und 42 Tage berechnet.
   a) Wie lange kommt man aus, wenn nur 12 Mann an Bord sind?
   b) Wie lange kann das Schiff im ganzen unterwegs sein, wenn nach 28 Tagen noch 6 Mann aufgenommen werden?

(6) Die US-Aggressoren schreckten vor keinem Verbrechen in Vietnam zurück. Viele Frauen und Kinder töteten sie mit ihren fürchterlichen Kugelbomben. Diese verstreut die zerberstende „Mutterbombe" (ein Zylinder von 1,5 m Länge, abgeschlossen durch eine Halbkugel von 40 cm Durchmesser). Wie viele Kugelbomben (Durchmesser 7 cm) sind in einer Mutterbombe (20 % des Gesamtvolumens bleiben durch die Kugelform leer)?

(7) Bei einer Übung der NVA sieht ein Beobachter zwei feindliche MG-Nester A und B unter einem Winkel von etwa 130°. Einen in A abgegebenen Feuerstoß hört er 7 s, einen in B abgegebenen 8 s nach dem Aufleuchten des Mündungsfeuers. Wie weit sind die beiden MG-Nester voneinander entfernt?

(8) Ein U-Boot fährt in einer Tiefe von 164 m. Wieviel m muß es mindestens auftauchen, wenn es ein Riff, das auf der Karte mit -38 m gekennzeichnet ist, überfahren will?

(9) In der Plakatmalerei eines Kaufhauses stehen 6 angebrochene Dosen mit schwarzer Plakatfarbe. Die Dosen haben noch folgenden Inhalt: 0,725 kg; $\frac{5}{8}$ kg; $\frac{3}{4}$ kg; $1\frac{1}{5}$ kg; 0,875 kg; $1\frac{9}{20}$ kg. Wieviel schwarze Plakatfarbe kommt zusammen, wenn alle Reste in eine große Dose gegossen werden?

Zunächst sollten die Aufgaben natürlich gelöst werden. Überlegt der Leser sich dann jeweils, für welche Klassenstufe seine Lösung paßt, welche Begriffe er vorausgesetzt hat, wie er die Lösungsmethode in den Stoffkanon einbinden will, so deuten sich bereits didaktische Positionen an. — Für welche Klassenstufe, evtl. für welche Differenzierungsstufe, könnte die Aufgabe vom Schulbuchautor vorgesehen sein? Läßt sie sich einem „theoretischen" Kapitel, einer Unterrichtseinheit zuordnen? Welchen Zielen dient die Aufgabe? Wie ist der „Realitätsbezug" zu beurteilen? Ist eine Ideologie erkennbar? Wie reagiert der Schüler voraussichtlich auf die Aufgabe? Wie (verständlich) ist die Aufgabe formuliert? Was ist eigentlich eine „Sach"aufgabe; was will, was soll man darunter verstehen?

Vielleicht ist es zweckmäßig, weitere Schulbuchaufgaben einzubeziehen, insbesondere wenn sich die Gedanken (Gespräche) zu verdichten beginnen. Wir zeigen exemplarisch Möglichkeiten dafür auf — in einem Stil, der die Vor-läufigkeit (auch im wörtlichen Sinn) der Überlegungen zum Ausdruck bringen soll, und unter Verwendung von Anführungszeichen und Kursivschrift bei Wörtern, denen noch besondere Bedeutung zukommen wird:

Welche *mathematischen* Begriffe und Verfahren sollen im Einzelfall bei der Lösung benutzt werden? Sind jeweils didaktisch-methodische Gründe erkennbar? Z. B. läßt sich Aufgabe (1) mit dem Dreisatzschema (Ende Klasse 6/Anfang Klasse 7), unter Verwendung der proportionalen Funktion (evtl. Klasse 7), mit der (allgemeinen) linearen Funktion (evtl. Klasse 8) bearbeiten. Beim Dreisatzschema erhält man genau eine, die „gesuchte" Größe; die lineare Funktion leistet mehr, sie veranschaulicht die Abhängigkeit des zu zahlenden Betrages von der Fahrzeit über einem „vernünftig" zu wählenden Definitionsbereich. Ist das Dreisatzschema „schwieriger" als die Anwendung proportionaler oder umgekehrt proportionaler Funktionen (5)? Ist (6) nicht erheblich „einfacher" als (5)? Denn wer die Volumenformeln für Zylinder und Kugel kennt, braucht doch nur Daten einzusetzen. Mit dem elektronischen Taschenrechner entfallen zudem rechentechnische Schwierigkeiten. Aus welchen *außermathematischen* Bereichen (auch anderen Schulfächern) werden Vorkenntnisse benötigt (7), und gegebenenfalls welche?

Aufgaben (6) und (7) enthalten explizit Hinweise, die *ideologisch* eindeutig sind. In Aufgaben können aber auch Tendenzen und Auffassungen stecken, die nicht aus-formuliert, sondern mit-formuliert sind. In (2) und (3) geht es um die Minimierung von Ausgaben bei gleichzeitiger Maximierung der zu kaufenden Warenmenge („Kauft Großpackungen im Supermarkt!") bzw. um die Steigerung des Jahresumsatzes. Man könnte doch auch mehr Geld für eine Ware ausgeben, etwa um beizutragen, die Existenz kleinerer Geschäfte zu sichern; zum anderen wird im Verbrauch gespart, wenn weniger Ware zur Verfügung steht (weniger Seifenlauge fließt in die Kanalisation). Wie verhindert man, daß Aufgaben der genannten Art Verhaltensmuster erzeugen, die einer *selbständigen Beurteilung* von Situationen im Wege stehen?

Sind die in den Aufgaben dargestellten Sachverhalte „lebensnah" oder „praxisnah", stammen sie aus der „*Wirklichkeit*"? Nehmen wir an, eine Taxifahrt wird erwogen und eine ähnlich der in (1) dargestellten Situation tritt „wirklich" ein: rechnet man selbst oder fragt den Taxifahrer als Dienstleistenden, wann man aussteigen muß? Rechnet man im Ernstfall, wie in (2) verlangt, Prozente aus oder stellt man eine einfache Überschlagsrechnung an, um die absoluten Ersparnisse zu erhalten? 100 g-Packungen Feinwaschmittel gibt es nicht (2), das Verhältnis 100 g : 450 g ist nicht „üblich" und 40 % Ersparnis „unrealistisch". Springt die Fahrpreisangabe (1) nach jeweils 10 s Fahrzeit um; ist die Situation in (7) „realistisch"; wer macht sich die Mühe, den Farbinhalt von Dosen entsprechend (9) zu ermitteln und in dieser Weise anzugeben? Rechnet man bei mittleren Geschwindigkeiten (4) mit der Größe 3 h 18 min oder sind ganze und halbe Stunden „realitätstreuer"? Will man auf Minutenangaben nicht verzichten, welche Sachverhalte bieten sich dann an: Reisegeschwindigkeit von Zügen, Modelleisenbahn, physikalische Versuche? Wäre es nicht besser („realistischer"), das Zahlenmaterial von (5) in eine Piratengeschichte zu „kleiden"?

Wird der „Lebensbezug" von den Autoren vielleicht gar nicht so ernst genommen? Beschränken sie sich darauf, den Schülern die Erfahrung zu vermitteln, daß unter bestimmten Bedingungen Etwas errechnet werden kann? Wollen sie motivieren, Abwechslung ins Zahlenrechnen bringen, ideologisch beeinflussen, den Schwierigkeitsgrad gegenüber „reinen" Zahlaufgaben erhöhen? Sollte der Lehrer gegebenenfalls mit den Schülern über (den Sachinhalt von) Aufgaben sprechen und begründen, warum er sie in den Unterricht einbringt? Wenn man das Vokabular, mit dem Lebenssituationen beschrieben werden, unreflektiert für Aufgaben benutzt, die zwar nicht „lebensnah" sind, aber als unverzichtbarer Bestandteil des Unterrichts angesehen werden, lassen sich die Schüler dann überhaupt für „Anwendung von Mathematik" (was soll dieser Terminus beinhalten?) qualifizieren? Gewöhnen sie sich nicht so sehr an die „alltäglichen" Aufgaben, daß sie an „sachlichen" Absurditäten keinen Anstoß mehr nehmen? Werden sie nicht selten im Mathematikunterricht geradezu erzogen, ausschließlich und engstirnig der Frage einer vorgelegten Aufgabe nachzugehen und die gewünschte Rechnung durchzuführen? Wie reagiert ein Schüler bei (8)? Bemerkt er, daß die *Idealisierung* hier so weit getrieben ist, daß die Frage unsinnig ist, oder rechnet er drauflos? Da die Tiefenangaben nicht einheitlich sind, ergeben sich folgende Ansätze: 138 m − 38 m oder − 138 m − (− 38 m) oder 38 m − 138 m. Richtet der Schüler seine Lösung im allgemeinen nach dem Theorieteil (dem Einführungsbeispiel) aus, der (das) einer Aufgabe vorausgeht? Ist eigentlich Mathematikunterricht ohne „*Sachaufgaben*" vorstellbar?

Lassen sich einige der Aufgaben (1) bis (9) der „*reinen Mathematik*", andere der „*angewandten Mathematik*" zuordnen?

Inhaltsverzeichnis

Aspekte und Intentionen

„Das Sachprinzip bricht sich siegreich Bahn". So schreibt Grosse [46, S. 178] zu Beginn des 20. Jahrhunderts, und er zieht am Ende seiner Darstellung der Entwicklungsgeschichte des Rechenunterrichts ein bemerkenswertes Resumée: „Wir haben erfahren, wie selten das Neue ist, und daß das Alte zur festeren Begründung immer wieder reproduziert wird." Und er fährt sehr optimistisch fort: „(Die Geschichte des Rechenunterrichts) deckt die Irrwege auf, welche früher gemacht wurden und bewahrt vor Wiederholung derselben; sie lehrt das Neue vorsichtig prüfen und bringt uns, indem sie den Kreis der möglichen Irrtümer einschränkt, der Wahrheit näher."

Seit Jahren steht die Frage nach den Anwendungen von Mathematik im Unterricht der allgemeinbildenden Schulen wieder im Mittelpunkt der didaktischen Diskussion. Ist diese Reaktion auf die „rigorose" Richtung der Neuen Mathematik [69, S. 84—91] Phase einer gesetzmäßig verlaufenden Entwicklung, die uns in einer Art iterativen Prozeß der „Wahrheit" näher bringt?

Wir konstatieren vorab, daß die Vielzahl der gegenwärtigen Publikationen zum Thema Anwendungen ein sehr heterogenes Bild vermittelt.

Unter dem werbewirksamen Terminus „praxisnah" beispielsweise finden wir Vorschläge, die von neu verpackten, im wesentlichen aber unverändert belassenen, traditionellen Konzeptionen über Versprechungen, ein Schulbuch könne Mathematik systematisch anhand „konkreter" („praxisnaher") Probleme lernbar machen, bis zur Auflösung des Mathematikunterrichts führen. Innermathematische Motivation wird nicht selten heruntergespielt; ja sogar um die Quadratur des Kreises, Mathematik ohne mathematische Kenntnisse „anzuwenden", ist man bemüht.

Mehr als für andere Bereiche der Mathematik gilt für ihre Anwendungen, daß sie ideologisch nutzbar gemacht werden. „Bildungspolitische Maßnahmen, die zum Teil einen Anpassungsprozeß an die Anforderungen der wissenschaftlich-technischen Revolution darstellen sollen, werden in immer stärkerem Maße mit gesellschaftspolitischen Erwartungen verknüpft, die (je nach eigenem Standpunkt oder eigener Begründung, Anm. d. Verf.) an einer Verbesserung des kapitalistischen (oder des sozialistischen, Anm. d. Verf.) Gesellschaftssystems orientiert sind" [13, S. 610; vgl. S. 612].

Die meisten Veröffentlichungen bringen Anwendungsbeispiele, die punktuell in den derzeitigen Unterricht eingebunden werden sollen, nachdem in der Einleitung in mehr oder weniger unverbindlicher Weise der Ist-Stand beklagt wurde. Dabei wertet man gern die Bedeutung der mathematischen Lehrgegenstände ab, versäumt aber aufzuzeigen, wie denn „Mathematik" gelernt werden soll, damit die Schüler die vorgeschlagenen Anwendungsaufgaben lösen können.

Auch die Anzahl der Autoren ist nicht gering, die Forderungen und Ansprüche stellen, aber nicht realisieren (können), nicht einmal durch eine grobe Skizzierung überzeugender oder wenigstens gangbarer Wege. Man registriert Unkenntnis oder mangelnde Kenntnis der Schulwirklichkeit und des Berufsfeldes Schule — Lehrer. An der Realisierbarkeit im Kleinen müssen die Forderungen im Großen aber gemessen werden.

Es gibt auch Gruppen von Autoren, die in ihren Schriften unter sich bleiben (auch terminologisch), sich geradezu abkapseln. Scheuen sie die Auseinandersetzung mit anderen Auffassungen? Glauben sie die (?) „Wahrheit" bereits zu besitzen? Das würde mit dem Absolutheitsanspruch mancher Autoren korrespondieren, die staatlich verordnete Reformen ablehnen, selbst aber solche Möglichkeiten wohl zu nutzen wüßten. Ihre Schriften, nicht selten propagandistisch abgefaßt, sind an der überzeugenden Darstellung der Einseitigkeit ihrer Ansätze leicht erkennbar.

Kommen wir zurück auf die zahlreich publizierten Einzelbeispiele. Will nun ein Lehrer für seinen Unterricht die Spreu vom Weizen trennen, braucht er ein Sieb. Es genügt nicht, die eine oder andere „ansprechende" Aufgabe isoliert und zufällig in seine Planung einzubringen. Bei ungenügender didaktischer Reflexion wird bestehender Unterricht festgeschrieben. Soll der Mathematikunterricht aber verändert werden zugunsten einer ausgewogenen Integration von Anwendungen, sind auch konzeptionelle Überlegungen durchzuführen.

Jedoch erweisen sich die Schwierigkeiten bei einer fundierten Auseinandersetzung mit dem „Anwendungsproblem" als nicht gering, weil dieses aus mehreren Perspektiven angegangen werden muß, d. h. weil sehr verschiedene Disziplinen (und Interessen) dabei beteiligt sind. Diese Tatsache hat zur Folge, daß nicht wenige fachdidaktische Veröffentlichungen bunte Mischungen aus mathematischen, philosophischen (insbesondere erkenntnistheoretischen), pädagogischen, gesellschaftspolitischen, psychologischen, soziologischen Termini sind, die aus Zusammenhängen gerissen nicht selten (ohne Angabe von Literaturstellen) sehr fragwürdige Verbindungen eingehen. Sind beispielsweise die folgenden Aussagen wirklich so selbstverständlich, daß es keiner (kritischen) Anmerkungen und Absicherungen (durch Zitate) bedarf, sind sie überhaupt stimmig? „Freilich gründen sich Rechnen und Mathematik auf Zahl-, Maß- und Operationsbegriffe sowie auf die Fähigkeit, mathematische und logische Beziehungen zu verstehen und anzuwenden. Diese Begriffe und Fähigkeiten aber erwachsen — wie die ontogenetische und phylogenetische Entwicklung lehren — gegenständlichen Erfahrungen und konkreten Vorstellungen. Eingekleidete Aufgaben können solche Erfahrungen anstoßen und solche Vorstellungen auslösen, wenn sie die rechnerisch-mathematischen Strukturen zwar elementarisiert, aber isomorph abbilden" [74, S. 152].

Aber schon, wenn bei Namen genannt werden soll, wo, worauf und worin man denn Mathematik anwenden will, welche charakteristische Eigenschaft angewandte Aufgaben haben müssen, wird es „kritisch". Wir bringen eine Auswahl von Termini, die einzelnen Zitate werden durch Semikolon getrennt: Wirklichkeit; Realität; Realität des Lebens; tägliches Leben; kindliche Umwelt; Alltag; Lebenswirklichkeit; Umwelt; gesellschaftliche Realität; Umwelt unseres Alltags; typische Lebenssituationen; möglichst lebensnahe Situationen; natürliche Künstlichkeit; alltäglicher Sach- und zwischenmenschlicher Bereich; Realitätsnähe; greifbare Wirklichkeit; engere, weitere Umwelt; gewisses Maß an Lebensnähe und Realitätsbezug; fiktive Realität; Fragmente der Realität; freier, spielerischer Umgang mit der Realität; natürliche Umwelt; praktische Bedürfnisse des Alltags; künstliche Umwelt; Umweltorientiertheit; Lebensnähe; Praxisnähe.

ıvıangeınde Reflexion, ideologische Intention und traditionsgebundenes Handeln sind dafür verantwortlich, daß auch heute noch lebensweltliches Handeln und Mathematisieren, lebensnaher Unterricht und lebendiger Unterricht gleichgesetzt werden — ungeachtet der Komplikationen für den Lehrer bei der Konzeption von Unterricht und für den Schüler beim Lernen von Mathematik. Wir müssen diese Gleichsetzung aufgeben, uns umorientieren, wenn Mathematik zum besseren Verständnis der „Welt" beitragen soll, und die Anknüpfung an die Anschauungs- und Erfahrensweise der Schüler anders auslegen und anders auswerten (K. Meyer-Drawe, Abschnitt A I 7). Die sogenannte lebensnahe Aufgabe wird dann eine neue Funktionsbestimmung erhalten: Sie zeigt als Paradoxen die Diskrepanz zwischen „Lebensnähe" und mathematischem Wissen. Das „Sachrechnen", aus historischen Gründen nur Lehrern bestimmter Schulformen bekannt, vermag diesen Sachverhalt in besonderer Weise deutlich zu machen.

Die Diskussion um die Rolle von Anwendungen spiegelt sich derzeit auch darin wieder, daß man den Mathematikunterricht „orientiert". Es ist modern, von einem „x-orientierten" Mathematikunterricht zu sprechen. Verschiebt sich die Betonung vom Substantiv allmählich auf das Adjektiv? M. a. W.: Folgt auf die „Mathematisierung des Rechenunterrichts" die „rigorose" Entmathematisierung des Mathematikunterrichts? Erscheint es da nicht dringend geboten, sich Gedanken über einen „mathematikorientierten" Mathematikunterricht zu machen?

Unseren eigenen Standort lokalisieren wir im Umfeld der „gemäßigten" Richtung der Neuen Mathematik [69]. *Teil A* unserer Studie impliziert eine genauere Positionsbeschreibung; jedoch nicht bis zur Angabe der Koordinaten, das könnte nur eine ausführliche unterrichtliche Konzeption (Schulbuch) leisten. Aus der Festlegung der Anteile von „Reiner Mathematik" (RM) und „Angewandter Mathematik" (AM) am Mathematikunterricht sowie aus Wertung und Zielsetzung ergeben sich erhebliche Unterschiede unter den Vertretern der „gemäßigten" Richtung. Um es vorweg zu sagen: Wir sind der Meinung, daß die Schüler ohne gründliche *mathematische Kenntnisse* keine Mathematisierungsprozesse durchführen, sie nicht einmal (kritisch) beurteilen lernen. Die *außermathematischen Bereiche*, in denen man Mathematik anwendet, und die Art, wie man Mathematik anwendet, deuten auf eine bestimmte Wirtschafts- und Gesellschaftsstruktur, auf ein bestimmtes Wissenschaftsverständnis hin und sind natürlich abhängig vom jeweiligen Stand der fachmathematischen Forschung. Diese Fakten kann die Schule nicht ignorieren.

Wir bemerken hier folgendes: Aus Gründen der Zweckmäßigkeit, insbesondere einer flexibleren Handhabung wegen, wollen wir die Begriffe „Reine Mathematik" und „Angewandte Mathematik" als Arbeitsbegriffe benutzen und mit den Bezeichnungen RM und AM auf diese Verabredung hinweisen. Die inhaltliche Interpretation ist an den Kontext gebunden; eine jeweils detaillierte Festlegung ist ohnehin nicht möglich. Auf Wortspiele wie „Anwendende Mathematik" verzichten wir.

Teil A, Abschnitt I erfaßt Aspekte zur Anwendung im Mathematikunterricht durch die Analyse verschiedener Konzeptionen und Auffassungen. Dabei sollen sich Entwicklungstendenzen herausheben, eigene Positionen abgegrenzt und Orientierungen für unterrichtspraktische Ansätze (im Hinblick auf Abschnitt II) vorbereitet werden. Das bedingt die Auswahl der Literatur. Am „traditionellen Rechenunterricht", der zentral auf Anwendungen hin angelegt war, lassen sich grundsätzlich wichtige, aktuell gebliebene Einstellungen und Modi der Argumentation aufzeigen. Deswegen gehen wir die Problementfaltung aus dieser Richtung an. — Den derzeitigen Reflexionsstand in seiner ganzen Breite darzustellen, gehört nicht zu den Intentionen der Studie; genauso wenig wie eine umfassende Diskussion einzelner Ansätze. Da sich Veröffentlichungen inhaltlich keineswegs immer wesentlich unterscheiden, sind einige Arbeiten austauschbar durch solche desselben Autors oder anderer Autoren. Insofern ist die Auswahl zufällig. Absichtlich aber haben wir häufig, wenig und gar nicht in Literaturverzeichnissen didaktischer Publikationen zu findende Titel berücksichtigt. Auswahl und Zusammenstellung der Zitate sind so getroffen, daß die Auffassung des Autors und auch sein Sprachgebrauch (in der jeweiligen Arbeit) deutlich werden. Jedenfalls haben wir versucht, den Zusammenhang zu erfassen und nicht durch isolierte Zitate zu verzerren. Ausrufungszeichen in Klammern (!) sind von uns eingefügt, um aufmerksam zu machen. Die kritische Interpretation will aufzeigen, was uns in der gegenwärtigen Diskussion wichtig erscheint, worauf es uns ankommt. Bei dem verfügbaren Umfang, der Fülle des Materials und der Schwierigkeit der Thematik ist es unmöglich, Mißverständnisse von vornherein auszuschließen. Daher sollte der Leser im Zweifelsfall die zitierte Literatur nachlesen. Auch sind wir keineswegs so vermessen anzunehmen, daß unsere Studie die eigene Kritik voll auffängt. Übrigens sind Teile des vorliegenden Textes aus Referaten hervorgegangen; wir haben sprachliche Phrasen nicht durchweg kaschiert und den rhetorischen Stil dann beibehalten, wenn sich das von uns Gemeinte auf diese Weise pointierter ausdrücken ließ.

Teil A, Abschnitt II enthält Ansätze für eine Theoriebildung in einem Rahmen, der Möglichkeiten unterrichtlicher Konkretisierung zuläßt. Darum beziehen wir z. B. das Leitmedium „Schulbuch" ausführlich in die Diskussion ein und berücksichtigen auch schulorganisatorische Gegebenheiten. Wir sind mit Becker u. a. [6, S. 9] der Meinung, daß Veränderungen „an bestehenden Bedingungen der Schulpraxis, an bestehenden Lehrplänen, an organisatorischen Gepflogenheiten und Möglichkeiten der Schulpraxis auszurichten (sind)". Diese Bedingungen engen Innovationen keineswegs auf die Projektion von „Anwendungsaufgaben" in den gegenwärtigen Mathematikunterricht ein, sondern lassen Spielraum für Konzeptionen, in denen die Anteile RM und AM (in einem noch darzulegenden Sinn) „ausgewogen" vertreten sind.

Unsere Studie setzt sich das Ziel, durch eine kritische Diskussion von Auffassungen, Forderungen, Erwartungen, Inhalten, schulorganisatorischen Möglichkeiten u. a. zu einer gründlichen Auseinandersetzung mit Problemen der Anwendung anzuregen. Es ist davon auszugehen, daß die fachdidaktische Diskussion hierüber von sehr vielen Lehrern gar nicht zur Kenntnis genommen, also an ihnen (auch zum Teil terminologisch) vorbei geführt wird. Gerade aber für den Lehrer ist es unerläßlich, über Anwendungen im Mathematikunterricht — über Probleme und Möglichkeiten — zu reflektieren, um sich eine durchdachte, überzeugende Einstellung zu erarbeiten und der Gefahr einer Manipulation, des „Überfahrenwerdens" zu begegnen. Wir wollen dazu beitragen, daß Konzeptionen (einschließlich Schulbücher), deren inhaltliche Festlegung und methodische Aufbereitung von reflektierten oder unreflektiert gebliebenen Wertungen her erfolgte, objektiver beurteilt und besser ge- und be-nutzt werden. Eine Beispielsammlung genügte dafür nicht; auch die pauschale Auflistung von Beispielmaterial aus der Literatur widerspräche unseren Intentionen, wir hätten jedes einzelne Beispiel wertend einbauen müssen. Und schließlich: Hier einen detaillierten Kurs zu entwickeln, würde letzlich ein Schulbuch erfordern.

Dennoch enthält der *Abschnitt A II* durchgehend Anregungen fur den Unterricht. Er ist in diesem Sinne „konstruktiv" abgefaßt. Der Text will ja nicht fachinhaltlich belehren (mit Ausnahme einiger für das Verständnis erforderlichen Bemerkungen oder terminologischen Verabredungen) und nicht fachinhaltlich informieren (z. B. im Rahmen der Modelltheorie oder des Linearen Optimierens). Es handelt sich hier um eine fachdidaktische Studie, die zugleich einen Vermittlungszusammenhang beinhaltet, dessen Konkretisierung im Unterricht wir vorschlagen — und zwar unter Benutzung der von uns eingebrachten Sachverhalte, Hinweise usw., eben der Darstellungselemente selbst.

Stärker konzeptionell ausgeprägt ist die Darstellung von *Teil B*; aber es sind keine „rezepthaften" Vorgaben, keine situativ übertragbaren Lehrgänge, die er enthält. Für die Auswahl der Inhalte waren u. a. bestimmend ihre grundsätzliche Bedeutung für einen (in mehrfacher Hinsicht) „gemäßigten" Mathematikunterricht und ihre derzeit nicht zufriedenstellende Behandlung oder unzureichende Berücksichtigung in der Unterrichtspraxis.

Abschnitt B I entwickelt eine (der Schulwirklichkeit angepaßte, das Medium Schulbuch berücksichtigende, nicht unbedingt hochstilisierten didaktischen Prinzipien genügende) geschlossene und systematische Konzeption für die unterrichtliche Behandlung des Funktionsbegriffs von der Primarstufe bis zur Abschlußklasse der S I, die sich einer Weiterführung zur S II öffnet. Dabei werden frühere Arbeiten des Verfassers aufbereitet und verbunden. Die Unterabschnitte sind nicht gleich ausführlich, manchmal skizzieren wir, dann wiederum ziehen wir die Linien stärker aus, um zu verdeutlichen. Exemplarischen Charakter haben (nicht ohne Grund) die Schwerpunkte in den Klassen 7 und 9. Die Konzeption will unsere theoretischen Ausführungen interpretieren und konkretisieren. Nicht an Einzelbeispielen, sondern nur an der längerfristigen, Schuljahre übergreifenden Behandlung von Begriffen und Sachverhalten werden die eigentlichen Schwierigkeiten, die von der RM und der AM gestellten Ansprüche, die Vernetzungen in beiden Bereichen und damit im Mathematikunterricht erkennbar. — Der Aufbau des *Abschnittes B II* (A. Wynands) läuft teilweise der Konzeption unserer „Funktionenlehre" parallel. Der Elektronische Taschenrechner (ETR) wird, nach verhältnismäßig ausführlich gehaltenen Vorbemerkungen zur Handhabung, in seiner Bedeutung als methodisches Hilfsmittel für die Erarbeitung des Funktionsbegriffs und der wichtigsten „klassischen" Funktionen dargestellt. Dieser Aspekt könnte neue Argumente für die noch umstrittene Frage nach dem Zeitpunkt der Einführung des ETR liefern. Seine Erörterung als Rechenhilfsmittel in der AM führt auf den Begriff des Näherungswertes, dessen Thematisierung im *Abschnitt B II* (J. Blankenagel) erfolgt. Kenntnisse im Umgang mit Näherungswerten sind eine notwendige Voraussetzung für Anwendungen, ob man nun mit oder ohne ETR rechnet. Daher ist die weitgehende Vernachlässigung der Näherungsrechnung im gegenwärtigen Mathematikunterricht unverständlich.

Bereits im Teil A haben wir wiederholt den Funktionsbegriff einbezogen, so daß, wollte man das Buch zusätzlich durch einen Untertitel kennzeichnen, „Der Funktionsbegriff im Mathematikunterricht der S I" unseren Intentionen entspricht.

A Problementfaltung und fachdidaktische Folgerungen

I Analyse einiger Unterrichtskonzeptionen

1. Bemerkungen zum Lehrplan

Das „Sachrechnen" steht im Mittelpunkt des traditionellen Rechenunterrichts der Volksschule. „Von echten Sachverhalten geht alles Erkennen und Üben aus und zum Sachrechnen führt es wieder hin."[1] Allerdings heißt es auch [91, S. 25]: „Bildungsgut des Rechenunterrichts (ist) ... die Zahlenwelt als solche in ihrem gesetzmäßigen Aufbau." Anschließend wird von einer „planmäßigen Anordnung des Unterrichtsstoffes" gesprochen, die u. a. durch den „systematischen Aufbau unseres Zahlensystems" gegeben ist. Aber „das Bildungsgut muß in seinen natürlichen und sinnvollen Zusammenhängen belassen bleiben", und seine Auswahl erfolgt unter den Kriterien der Kindgemäßheit, Anschaulichkeit und Lebensnähe [91, S. 6]. Denn die „auf praktische Anwendung gerichtete Schularbeit" hat als Ziel eine „volkstümliche Bildung" [91, S. 5].

Mit der Einführung der Hauptschule korrigieren die betreffenden Richtlinien [47] ihre Vorgänger dahingehend, daß der Rechen- und Raumlehreunterricht mathematischer Unterricht sei: „Es wurde übersehen, daß jeder Rechenunterricht von der Natur der Sache her mathematischer Unterricht sein muß. Dieser Mangel an mathematischem Gehalt hat notwendigerweise einen Mangel an mathematischer Bildung und mathematischer Urteilsfähigkeit zur Folge. Das zeigt sich besonders beim Sachrechnen" [47, S. B7/1].

Während die älteren Richtlinien durch das „Bildungsgut" das „Gemüt" ansprechen wollen, die Ausbildung praktischer Fähigkeiten betonen und eine „schlichte Deutung der Welt" [91, S. 6] anstreben, wird von der Hauptschule eine „Steigerung des intellektuellen Leistungsniveaus" intendiert. Dies sind wichtige Gründe: (1) Demokratische Systeme erfordern einen erhöhten Anspruch an Rationalität; (2) Zusammenhänge in Industrie, Wirtschaft und Verwaltung können „auch auf elementarer Stufe nicht mehr unmittelbar, aus Anschauung und Umgang heraus, sondern nur noch in einem systematischen Erkenntnisprozeß verständlich werden" [47, S. A2/5]. Das genannte Ziel ordnet sich in die Tendenz der Bildungsreform der sechziger Jahre ein, die Bildungsangebote der weiterführenden Schulen einander anzugleichen. Äußerliches Kennzeichen ist die Umwidmung der Fächer „Rechnen" und „Raumlehre" in „Mathematik".

Ganz im Gegensatz zur Volksschule hat das Gymnasium seine Ziele stets „wissenschaftsorientiert" angesetzt. (Lebens)praktische Verwendbarkeit, überhaupt Nützlichkeitserwägungen, paßten nicht in dieses Konzept. Daher fand der Anwendungsaspekt kaum Beachtung[2], wohingegen der „philosophischen Durchdringung des Mathematikunterrichts" in den Richtlinien [92], die den Volksschulrichtlinien [91] entsprechen, ein ganzer Abschnitt gewidmet wird. Auch die Bildungsreform in den sechziger Jahren hat daran zunächst nichts geändert. Erst in letzter Zeit bahnt sich ein Wandel an: Das Gymnasium hat die „Angewandte Mathematik"[3] entdeckt.

2. Die „klassische" Auffassung vom Sachrechnen

Es ist aufschlußreich, die in den Richtlinien [91] und [47] vertretene Auffassung vom Sachrechnen genauer zu untersuchen. Dazu legen wir wesentlich die inzwischen als „klassisch" zu bezeichnende Methodik des Rechenunterrichts von W. Oehl [85] zugrunde.[4]

Der aus den Richtlinien [91] zitierte Zyklus beginnt so: „Von echten Sachverhalten geht alles Erkennen aus." Lassen wir einmal die Vokabel „echt" unreflektiert, so muß die Einführung eines neuen mathematischen Begriffs von einer Sachsituation erfolgen. „Auf dem Wege vom ersten Aufleuchten des Sinnverständnisses bei der Einführung bis zu der durch Übung erreichten Stufe der Fertigkeit darf das Grundverständnis für die Zusammenhänge nicht verloren gehen, wenn das Neue anwendungsfähig werden soll" [85, S. 113]. Die sich anschließende Übungsphase hat die sichere rechnerische Handhabung des Begriffs zum Ziel. Es handelt sich um die Ausbildung der „Rechenfertigkeit", die der Schüler auf der Durststrecke dieses Zyklus in Distanz zur Lebenswirklichkeit erwerben soll. Für das „Grundverständnis" aber ist es unerläßlich, daß der Bezug zur „Sache" nicht verloren geht. D. h. die Begriffe verselbständigen sich nicht als mathematische Begriffe, sie beinhalten für die Schüler stets die grundlegenden Beziehungen zu den jeweiligen Sachsituationen. Der Zyklus schließt mit der Anwendung, hier wird der neue Begriff erprobt, nun in nicht unmittelbar evidenten Sachzusammenhängen. Die Fähigkeit, aus einer Sachaufgabe eine Rechenaufgabe zu „machen", heißt „Rechenfähigkeit". Der Grad ihrer Ausbildung ist „Prüfstein" für die unterrichtliche Arbeit des Lehrers.

Die Bereiche RM und AM finden eine Entsprechung in dem Begriffspaar Rechenfertigkeit und Rechenfähigkeit. Für sich haben mathematische Begriffe keine Daseinsberechtigung im traditionellen Unterricht. Sie müssen eingebunden sein in Sachsituationen. Die Schulung der Rechenfähigkeit ist das eigentliche „mathematische" Ziel. So wird der Terminus „sachgebundenes mathematisches Denken" verständlich.

Von grundsätzlicher Bedeutung ist der *Anwendungsbegriff*. Darum bringen wir hier Oehls Auffassung durch ein Zitat [85, S. 115—116], das für sich spricht und kaum interpretiert zu werden braucht.

„Von seinem Wortsinn her sagt ‚Anwendung', daß ein mathematischer Begriff (Operation, Funktion, Rechenschema usw.) einer Sachsituation *aufgeprägt* wird, so daß man die Sachsituation unter einem bestimmten mathematischen Aspekt sieht. Eine solche Auffassung des Begriffs ‚Anwendung' ist aber in Anbetracht des zugrundeliegenden psychologischen Prozesses sehr irreführend; denn er läßt ein wesentliches Kennzeichen dessen, was mathematische Anwendung ihrem *Wesen* nach wirklich ist, unberücksichtigt. Entscheidend ist doch die Tatsache, daß die anzuwendende mathematische Begrifflichkeit auf die in Frage kommende Sachsituation ‚*passen*' muß. Welche mathematische Begrifflichkeit anzuwenden ist, muß von der *Sachsituation her* entschieden werden. Psychologisch gesehen bedeutet das, daß der Schüler die in der Sachsituation *verborgene* mathematische Beziehung *entdecken* muß. Demnach handelt es sich bei der Anwendung nicht um eine *Aufprägung*, sondern um eine *Ausprägung* des Mathematischen aus der Sachsituation heraus. *Aus der Sachsituation heraus wächst die zunächst verborgene mathematische Gestalt und stellt sich in der Klarheit des Lösungsweges dar.* In vielen Fällen handelt es sich auch um ein *Herausspringen*, um ein plötzliches Aufleuchten der mathematischen Gestalt (fruchtbarer Moment; produktives Denken, das immer mehr ist als ein nur logisches Denken). Wenn der Schüler die in einer Sachaufgabe verborgenen mathematischen Beziehungen erkennen soll, so handelt es sich — genauer gesagt — um ein *Wiedererkennen*. Wiedererkennen setzt aber voraus, daß das Grundverständnis für diese mathematischen Begrifflichkeiten bereits vorhanden ist."

Die Sachsituation hat also sui generis einen ganz bestimmten mathematischen „Kern"[5], den es freizulegen gilt und zwar „durch ursprüngliches Denken von der Sache her" [85, S. 112]. D. h. also: Situationen lassen gar keine verschiedenen Deutungen unter wechselnden Aspekten zu. Der Schüler darf also nicht von der Mathematik erwarten, daß Situationen offen befragt und verschieden ausgedeutet werden können. Die „Sache" allein entscheidet über die mathematische Begrifflichkeit, nicht der Mensch.

Die Arbeit [7] von Bergmann mag das erläutern. Das Ziel der Autorin besteht in der Untersuchung von Lösungsschwierigkeiten bei Textaufgaben. Dazu gibt sie den Schülern „eine Textaufgabe in Form einer anschaulichen Erzählung mit vielen Nebensächlichkeiten"; aus dieser „langen Rechengeschichte" sollen sie „den wesentlichen Kern herausschälen". Die Frage, ob für die Schüler das Wesentliche tatsächlich die auf das Rechnerische verkürzte Textaufgabe ist, stellt sich dem traditionellen Didaktiker natürlich nicht. Die Auswertung zeigte aber, daß es unter den Schülern kein Einvernehmen darüber gab, was wesentlich ist. Anders ist doch das Ergebnis nicht zu deuten: „Die meisten Fehler entstanden dadurch, daß sich die Kinder nicht von allem Unwesentlichen lösen konnten. Die Einrahmung der Aufgabe interessierte die Kinder mehr als die Aufgabe selbst. Sie verkürzten deshalb die Aufgabe nur wenig und vergaßen häufig eine der zur Ausrechnung wichtigen Zahlen." Die Autorin hätte sich fragen müssen, ob die Erlebnisberichte zum Rechnen anregen; ob man *in* der Situation als Beteiligter wirklich rechnen würde; ob das „Scheitern" der Schüler wohl damit erklärt werden könnte, daß sie noch nicht genügend vom Unterricht her darauf eingestellt (eingeschworen) waren, auch ohne den Bezug Situation — Rechnen für wünschenswert zu achten die „darin (gemeint ist die Situation) steckende Aufgabe" zu formulieren.

Mit dem Anwendungsbegriff läßt sich der Anfang des oben zitierten Zyklus erst richtig verstehen, in dem behauptet wird, von echten Sachverhalten ginge alles Erkennen aus. Und weiter wissen wir jetzt, was es heißt, eine Sachaufgabe zu lösen, nämlich: die in einer Einführungsaufgabe kennengelernten Begriffe „wiederzuerkennen".[6] Dieses muß geübt werden mit dem (als mathematisch deklarierten) Ziel, für die Rechenfähigkeit zu qualifizieren. Übungsmaterial sind die „einschlägigen Textaufgaben" der Rechenbücher.[7] Von ihnen wird u. a. verlangt, daß sie „*nach ihrer Situation lebensecht und nach ihren Zahlenangaben lebenswahr*" sind. Diese Forderungen [85, S. 119] werden aber sofort drastisch eingeschränkt, wenn es um die unterrichtliche Realisierung geht: „Weil der Ernstfall des Erwachsenen- oder beruflichen Lebens dem Kinde weitgehend fremd ist", muß man sich mit der Forderung „lebensnah" begnügen. „Hinzu kommt, daß manches didaktische Ziel uns aus psychologischen Gründen geradezu zwingt, ein Einführungsbeispiel zu konstruieren, das keineswegs lebens*wahr*, das aber das *didaktische Ziel evident macht*, und darauf kommt es bei Einführungsbeispielen entscheidend an." Aus diesem Eingeständnis hat die traditionelle Didaktik keine Folgerungen gezogen hinsichtlich ihres theoretischen Ansatzes. Das verhinderte etwa die Ersetzung von gekünstelten „Sachsituationen" durch innermathematisch motivierte Einführungsbeispiele.

Dies ist die Erklärung des Terminus „Sachrechnen" [85, S. 116 u. S. 234]: „Überall dort, wo Zahl und Maß mithelfen, die sich aufdrängenden lebenspraktischen Fragen in Familie, Gemeinde, Beruf und Wirtschaft zu bewältigen, haben wir es mit Sachrechnen zu tun." Von besonderer Bedeutung „für das Alltagsleben in Familie und Beruf" ist das sogenannte bürgerliche Rechnen[8], es ist die Zusammenfassung der Schlußrechnung, der Durchschnittsrechnung, der Verhältnisrechnung, der Prozent- und der Zinsrechnung. Inhalt der „Schlußrechnung" ist die Behandlung der „formal-logischen Struktur" des Dreisatzverfahrens.

Das eigentliche *Ziel des Rechenunterrichts* ist ein „Sachziel", das die „Erweiterung und Vertiefung des Sachwissens" und die Befähigung zur „Lebensmeisterung" beinhaltet [85, S. 120–121].[9] Gärtner [33, S. 221] formuliert dahingehend, „daß die Schule Hilfe leistet für die Auffassung der Umwelt, wie sie wirklich (!) ist". Da nun „jede Situation, in der im wirklichen Leben gerechnet wird, eine Rechennotwendigkeit in sich (trägt)" [33, S. 53], sind die Sachaufgaben entsprechend zu stellen. Ab Klasse 3 sollen „kindertümliche und spielhafte Rechenmöglichkeiten" durch „Rechennotwendigkeiten"[10] abgelöst werden. Denn: „Unsachgemäße Aufgaben gefährden das Denken in einem Maße, das vielfach noch unterschätzt wird" [33, S. 99].

Wir stellen fest: „Lebensmeisterung" kann nicht so verstanden werden, daß der Rechenunterricht befähigt, nach reflektierten Kriterien Sachsituationen zu beurteilen. Die Anwendung von Mathematik ist nicht kritisierbar, sondern die Beschreibung mit den im Unterricht behandelten Begriffen wird von vornherein als das „Wesentliche" erhellend angenommen.[11] Die Grenzen der Beschreibbarkeit, ihre Eigenart, ihre Vorteile, ihre Gefahren rücken gar nicht in das Blickfeld der Schüler. Damit werden durch das traditionelle Sachrechnen bestehende Zustände fortgeschrieben. Durch die oben dargestellte Verzahnung von Sache und mathematischer Begrifflichkeit übertragen sich die Eigenschaften, die man „selbstverständlich" mit der Mathematik verbindet, wie Objektivität, Ideologiefreiheit, auf die Lebenswirklichkeit. Der Lernende kann nicht erkennen, daß es sich „nur" um ein Modell der Lebenswirklichkeit handelt, das ihm vermittelt wird, und daß „Ausprägung" von Mathematik von individuellen Intentionen abhängt und durch gesellschaftliche Praxis bestimmt wird; er lernt vielmehr dieses Modell mit der Lebenswirklichkeit zu identifizieren.

„Die Grenzen des eigentlichen Sachrechnens sind uns durch den Anschauungs- und Erfahrungsbereich des jugendlichen Schülers gesetzt. Alle Gebiete, die seinem Anschauungsbereich noch fernliegen und umfangreichere berufsspezifische Kenntnisse verlangen, sollte man nicht behandeln" [85, S. 121]. Die Grenzen werden also nicht im „Mathematischen" (Rechnerischen) gesehen. Dem liegt die Annahme zugrunde, man könne das Sachrechnen immer weiter verbessern und so „lernbarer" machen. Es handelt sich also um ein methodisches Problem, das sich durch Vervollkommnung der Lösungsmethoden erledigen läßt. D. h. man wollte, und das ist mit der Auffassung vom Sachrechnen verträglich, einen Algorithmus erarbeiten, der durch schrittweise Anwendung von Vorschriften zum Ergebnis einer Sachaufgabe führt.

Die Lösung einer Sachaufgabe vollzieht sich, „sachlogisch" betrachtet, im wesentlichen in drei Schritten oder Stufen[12], die wir hier einbeziehen wollen, weil sie uns weitere Einsichten in das traditionelle Sachrechnen vermitteln.

In der Stufe der „Quantifizierung" geht es darum, „die durch den Text gegebenen Beziehungen in Rechenausdrücke zu übersetzen". Um diese Fähigkeit zu erwerben, ist bereits die Art der Einführung der Rechenoperationen entscheidend. Kühnel [65, S. 112—114] schlägt vor, dem „Operieren mit reinen Quantitäten" ein Operieren „im Gebiete des Handgreiflichen, des Konkreten, der Sachvorstellung" vorzuschalten. „Wenn man die rechnerischen Fähigkeiten in ihrer Gesamtheit überblickt, so sieht man sofort, daß die uns geläufige Anwendung auf Zahlgrößen eine Verengerung ihres Anwendungsgebietes bedeutet, die durch nichts gerechtfertigt wird. Gerade der Blick auf das allgemeine und der auf das *tägliche Leben* zeigt uns, daß wir hinzufügen, wegnehmen können usw., ohne bestimmte Zahlgrößen vor uns zu haben, und *dies* ist das Gebiet, auf dem wir unseren Kindern diese Tätigkeiten nach ihrem wesentlichen Inhalt — d. h. begrifflich — beibringen.

Einige Beispiele, zunächst aus der kindlichen Erfahrung: Die Suppe schmeckt nicht recht, die Mutter tut noch etwas Salz hinzu (sie fügt es hinzu, sie fügt eine Messerspitze, einen Kaffeelöffel voll hinzu). ... Das sind Ausdrucksbilder aus der *Addition des Lebens*, bei der die Kinder beobachtend und selbsthandelnd tätig sind, aber auch angeleitet werden, je nach Stoff und Umständen sich anders auszudrücken: hinzufügen, zulegen, zugeben, dazutun, zugießen usw. und bei alledem sich vorzustellen, wie eine vorhandene Menge *vermehrt* wird."

Diese Einbettung des „eigentlichen Rechnens" in das tägliche Leben[13] unterstreicht unsere Interpretation des traditionellen Anwendungsbegriffs. Bei Maier [74, S. 158] liest sich das so: „Eine Textaufgabe gibt Sachverhalte in der Sprache des Alltags wieder." Zur Errechnung der „zahlenhaft nicht festgelegten" Größen sind „die durch den Text angegebenen Beziehungen in Rechenausdrücke zu übersetzen". Dazu muß „dem ‚Übersetzer' die Sprache der Mathematik ebenso geläufig (sein) wie die Sprache des Alltags", und er muß „die zwischen beiden Sprachen bestehenden Zuordnungen genau (kennen)". Optimal wäre also ein „Wörterbuch" oder ein Pfeildiagramm, das eine Menge von „verbalen Operatoren" auf eine Menge von „mathematischen Operatoren" abbildet.[14] Nun bemerkt Ziegler [137, S. 225], daß „ein unaufhebbarer Rest" bei Verwendung der Umgangssprache bleibt.[15] Darin aber sind gerade die „eigentlichen" Sachaufgaben abgefaßt. Also bedarf es zusätzlicher Hilfen[16]; oder die sprachliche Gestaltung der Textaufgaben muß im Sinne der leichteren Lösbarkeit optimiert werden[17]; oder aber man verwendet bereits im „Leben" eine „Normsprache". Nach Breidenbach [16, S. 57] „erwächst der Schule die Aufgabe, des ‚Leben' zu korrigieren. Würde die Schule in der Raumlehre genau sprechen, so würde in 50 Jahren auch im ‚Leben' jedermann bei geometrischen Dingen genau sprechen."[18]

Die 2. Stufe, die „Stufe des Planens und Rechnens", erfordert, aus der „Übersetzung" das „Ergebnis" zu errechnen. Die dabei auftretenden Schwierigkeiten zu reduzieren, hat die traditionelle Didaktik ihre Methoden immer weiter auszubauen (im Sinne einer möglichst allgemein verwendbaren Methode) und zu verbessern versucht (im Sinne einer möglichst einfach zu handhabenden Methode). Diese Intentionen kann man leicht anhand des Simplexverfahrens und der Dreisatzschemata verfolgen.[19] Dabei war methodisch hilfreich: Das „Prinzip der kleinsten Schritte", das Isolieren von Schwierigkeiten und das Aufsplittern in Einzelfälle, der streng synthetische Aufbau von Unterrichtsreihen (methodische Stufen). Dahinter verbirgt sich die Auffassung vom Lernen als einem kontinuierlichen Vorgang. Die traditionellen Didaktiker haben sehr wohl gespürt, daß sie einen (dem Zahlenrechnen vergleichbaren) Schematismus heraufbeschworen, den sie eigentlich nicht wollten.[20])

Für uns ist hier das Verknüpftsein beider Stufen wichtig. Das sieht Ziegler [137, S. 226] so: „Beim Sachrechnen ist die arithmetische mit einer logischen Struktur verschränkt." Die Schwierigkeit lag seiner Meinung nach bisher darin, daß zwar die Arithmetik behandelt wurde (auf der Durststrecke des Zyklus, s.o.), aber nicht die Logik. Die Verbesserung der Methode besteht in folgendem: „Nachdem nun aber seit einiger Zeit Logik lehrbar ist", braucht die logische Struktur nicht mehr „unmittelbar aus der Umwelt ... erfahren" zu werden, sie wird „experimentell, daß heißt mit Hilfe geeigneter Zurüstungen der Natur (erfaßt)". „Die logische Struktur des Sachrechnens ist der Baum." In ihm wird der logische Aufbau der Aufgabe und das zeitliche Nacheinander der Operationen deutlich. So wird unterstellt, daß die Aufgaben und damit die Sachverhalte, die sie darstellen, eine „logische Anordnung" besitzen (Winter-Ziegler [132, Bd. 5], Lehrerheft, S. 34), ja es wird sogar eine „im logischen Zickzack verlaufende Anordnung" als „sachwidrig" bezeichnet [137, S. 226]. Ferner ist vom „logischen Aufbau der Sachverhalte", der „Sachstruktur", die Rede.[21]) Das ist mit anderen Worten, vielleicht präziser, die traditionelle Auffassung vom Anwendungsbegriff und von dem mit mathematischer Begrifflichkeit zu beschreibenden „Wesentlichen" einer Sachsituation.

Es bleibt noch die 3. Stufe, die „Konkretisierung" oder „Sachausprägung". Nach dem zuvor Dargelegten kann es sich dabei nur um eine mechanische Tätigkeit handeln, auf die man im traditionellen Rechnen aber allergrößten Wert legte. Diese bestand in der Regel in der Umformulierung der Aufgabenfrage.[22])

Die *Auswahl der zu behandelnden Begriffe* unterliegt dem Kriterium der Anwendbarkeit. Die Frage, ob die „Sachgebundenheit" bei der Einführung und Behandlung von Begriffen und Verfahren Schwierigkeiten im Lernprozeß verursachen kann, stellt sich erst gar nicht. Es wird sogar behauptet, bei der „reinen Rechenform" ginge die „Klarheit des logischen Fortschreitens" verloren. Die Verklammerung mit der Sache ist so stark, daß man sich in manche Schwierigkeiten hineinmanövriert. So scheut man sich beispielsweise nicht, die „Mittelzeile" bei der Schlußrechnung („Schluß auf die Einheit") auch dann noch hinzuschreiben, wenn sie „sachlich nicht mehr realisierbar" ist.[23])

An zwei in unzutreffender Weise derselben Kategorie zugerechneten Begriffen, dem Prozent- und dem Funktionsbegriff, wollen wir unsere Interpretation fortsetzen. Der Schüler muß nach Oehl [85, S. 112] *erleben*, „wie ein mathematischer Begriff (etwa der Prozentbegriff) aus einer bestimmten Betrachtung von Sachzusammenhängen herauswächst".[24]) Es ist aber anzumerken, daß der *Prozentbegriff* kein mathematischer Begriff ist, wohl aber als solcher dargeboten wird. Es handelt sich „nur" um eine Beschreibungsmöglichkeit in gewissen Sachsituationen, woraus trivialerweise folgt, daß die drei „Grundbegriffe" der Prozentrechnung nicht losgelöst von Anwendungen (also nicht in der RM) eingeführt werden können. Aber zu ihrer rechentechnischen Handhabung bedarf es anderer Fähigkeiten und Kenntnisse; wir nennen etwa den Bruchbegriff. Die „Brüche" aber sind in einem anderen Kontext eingebunden, so daß die Schüler vom Lernansatz her Schwierigkeiten haben, die hier gelernten Regeln in der Prozentrechnung zu verwenden.

Von ganz anderer Art ist der *Funktionsbegriff*. Oehl [85, S. 243–250] spricht in seiner Darstellung der Schlußrechnung von diesem Begriff. Jedoch ist die Ausdrucksweise dabei schwerfällig, unklar, teilweise falsch (gemessen am mathematischen Funktionsbegriff) und wenig überzeugend. So wird gefordert, daß der Rechenlehrer die „didaktische Bedeutung des Funktionsbegriffs"[25] kennt, aber gleich darauf jeglicher Verdacht zurückgewiesen, der Rechenunterricht solle durch den Funktionsbegriff in seiner Grundstruktur geändert werden. Die folgende Stelle verschleiert wortreich den Funktionsbegriff, was typisch für das Umgehen mit mathematischen Begriffen im traditionellen Rechenunterricht ist: „Überall dort, wo zwischen zwei Größen eine solche Abhängigkeit[26] besteht, spricht der Mathematiker von einer (linearen) Funktion.[27] Wird diese durch eine Funktion bestimmte und darstellbare Abhängigkeit *(funktionale Abhängigkeit)* bewußt erfaßt und bei der Lösung von Aufgaben nutzbar gemacht, so spricht man von *funktionalem* Denken.[28] Es geht hier nicht um das mathematisch-wissenschaftliche Verständnis des Funktionsbegriffs, sondern um das didaktisch so wichtige *Sinnverständnis für das Verknüpftsein* von zwei Wertereihen, von denen sich jede einem zusammenfassenden Sachbegriff (beispielsweise: Preis-Warenmenge) unterordnet. Dieses Grundverständnis der funktionalen Abhängigkeit ist aber auch das Fundament, von dem der mathematische Funktionsbegriff — auf einer abstrakteren Stufe des Denkens — getragen wird. In diesem Sinne gilt: Die Grundstruktur des funktionalen Denkens, wie es im mathematischen Unterricht der Volksschule angestrebt wird, deckt sich mit der Grundstruktur des Funktionsbegriffs der wissenschaftlichen Mathematik."

Sinnverständnis bezieht sich auf Sachsituation, meint nicht das mathematische Objekt. Über die und mit der Grundstruktur, auf der Sinnverständnis beruht, soll aber mathematische Begriffsbildung garantiert werden; als ob das Kind durch „Weltbetrachtung" auch schon zum mathematischen Denken käme! Kein „Spezialwissen über Funktionen"[29] sollen die Schüler lernen; die „funktionale Betrachtungsweise" ist didaktisches Mittel, die sachrechnerische Leistungsfähigkeit zu steigern. Dabei ist auch die Einengung auf proportionale und umgekehrt proportionale „Abhängigkeiten" zu beachten, die Einseitigkeit im Anwendungsbereich zur Folge hat. „Ehe man Schlußaufgaben der üblichen Art rechnen läßt, muß man dem Schüler zeigen, daß in den verschiedensten Sachgebieten zwischen den zu verbindenden Größen ... eine bestimmte, in Zahlen ausdrückbare Gesetzmäßigkeit herrscht, die in der mathematischen Fachsprache als Funktion bezeichnet wird. (Bei den Schülern wird dieser Ausdruck nicht gebraucht.) Die Funktion ist die mathematische Ganzheit, von der man ausgehen muß." Wie soll man aber den Schülern die Gesetzmäßigkeit (gemeint ist wohl der Funktionsterm) zeigen, wenn man sich keiner mathematischen Ausdrucksmittel bedienen darf? Es ist doch sehr die Frage, ob ein im Hintergrund belassener und im Unklaren gelassener, verschwommen dargebotener Begriff die obigen Forderungen erfüllen kann oder ob dazu nicht ein thematisch herausgestellter Begriff eher oder überhaupt nur geeignet ist. Kann darüber ein Didaktiker urteilen, der in seinen Ausführungen den Funktionsbegriff selbst nicht in klarer Diktion gebraucht? Wie soll der Schüler Sachverhalte, die er im Mathematikunterricht angeht, distanziert betrachten, also beurteilen, wenn er die Formalstruktur nicht abzuheben lernt?

Im gymnasialen Bereich [92] sprach man auch gern von der Schulung des funktionalen Denkens, ohne sich um eine inhaltliche Beschreibung zu bemühen. Die unterrichtliche Behandlung des Funktionsbegriffs ab Klasse 8 stand natürlich außer Frage. Jedoch kam man nicht zu einer sauberen Begriffsbildung (die Rechtseindeutigkeit wurde vernachlässigt), beschränkte sich auf die „klassischen" Funktionstypen, baute den Funktionsbe-

griff nicht von einer breiten Erfahrungsgrundlage und von ganz elementaren Tätigkeiten
und Begriffen her auf, benutzte als einzige Definitionsbereiche die Menge $\mathbb{Q}$, dann die
Menge $\mathbb{R}$ und arbeitete sofort mit der Funktionsgleichung.

3 Tendenzen zur Verbesserung des Sachrechnens

Immer wieder wurde und wird das Sachrechnen kritisiert — vor allem, weil die Erfolge der
Schüler bei der Lösung von Sachaufgaben trotz aller methodischen Anstrengungen aus-
blieben; und immer wieder legten und legen Autoren Vorschläge zur Behebung der von
ihnen erkannten fachlichen und didaktischen Mängel vor.[30] Oder aber es wurde und wird
mit der „Tradition" gebrochen (so in neuerer Zeit) und eine sehr verschiedene Position
zum Problem der Anwendung von Mathematik vertreten. Man kann deswegen die Kritiker
einteilen in solche, die dem traditionellen Sachrechnen nahestehen, und solche, die einen
wesentlich anderen Ansatz haben und damit entscheidende Voraussetzungen aufgeben.
Diese Typisierung ist vor allem hinsichtlich der Reformbestrebungen auf der Grundlage
der KMK-Beschlüsse [25] zweckmäßig. Wir untersuchen zunächst Vertreter des ersten
Typs und werden dabei einige für uns interessante Tendenzen herausstellen.

3.1 Kritik am Wirklichkeitsbezug

Die Schrift [115] von J. Strauß erschien kurz nach den KMK-Beschlüssen, wird aber von
den Reformtendenzen noch nicht berührt. Der Autor setzt sich das Ziel [115, S. 1],
„bestehende Mißstände auf dem Gebiet des Sachrechnens abzubauen". Diese Mißstände
bestehen seiner Meinung nach darin, „daß das übliche Sachrechnen in der Schule nicht
das schult oder vorbereitet, was wir als Lösen von Aufgaben des täglichen Lebens bezeichnen" [115, S. 1].[31] Eine Erörterung der Frage, was Strauß unter Sachrechnen versteht,
bringt hier nichts. Wichtig aber sind die in der Schrift aufgeführten Bereiche, „aus denen
wir gute Sachaufgaben herausholen können" [115, S. 24].

Zunächst werden Aufgaben vorgestellt, die dem Schüler in der Schule begegnen und zwar
in anderen Fächern, z. B. Wirtschaftskunde, Geographie, Physik. Daraus folgt schon, daß
sie (zumeist) in einem Kontext stehen, den nur das jeweilige Fach liefern kann. Strauß
empfiehlt ein „enges Zusammengehen von Mathematikunterricht und dem jeweiligen
Sachfach" [115, S. 24]. Seine Beispiele sollen im Sachunterricht behandelt werden, wenn
der Lehrer nicht Mathematik und das betreffende Fach (woraus das jeweilige Beispiel
entnommen ist) zugleich unterrichtet. Aber er denkt doch sehr vom Mathematikunterricht aus. — Dann geht es in einem weiteren Bereich um „Aufgaben aus dem Privathaushalt,
in denen das Geld eine Rolle spielt" (Geldanlagen, Anschaffungen, Unkosten). In ihrer
Behandlung wird eine „echte ,Hilfe zur praktischen Lebensbewältigung' " gesehen [115,
S. 38]. Insofern als „gerade materiell und begabungsmäßig minder Ausgestattete" in Geld-
angelegenheiten für sie nachteilige Entscheidungen treffen, „erwächst für die Schule geradezu eine moralische Verpflichtung zum Einschreiten". Für die Bearbeitung der Frage
„Wie wird aus Geld mehr Geld?" sind jedoch nicht gerade einfache Informationen über
das Geldwesen erforderlich. — Der dritte Hauptbereich umfaßt Aufgaben, „die uns zu-
fällig aber nicht selten begegnen, oder von Zeit zu Zeit aktuell werden" [115, S. 43]. Es
sollen nur sinnvolle Sachaufgaben sein, „deren Ergebnisse nützlich sind". „Sachaufgaben
(dieser Art) umgeben uns, aber sie werden nicht als solche wahrgenommen." Als Beispiele

schildert der Autor Situationen, in denen Betrug oder Schwindelei vermutet wird, und solche, bei denen das Wetter hineinspielt.

Strauß geht es eigentlich um „Sachprobleme", das sind komplexe Situationen, aus denen heraus vom Schüler Fragen gestellt werden. Die „üblichen" Buch-Textaufgaben dienen mehr Übungszwecken, sind als Vorstufe aufzufassen. Sachrechnen als „Krönung" des Rechenunterrichts apostrophiert, das entspricht ganz den Tendenzen des oben besprochenen traditionellen Rechenunterrichts.

Nun ist bemerkenswert, daß die meisten Beispiele Sachzusammenhängen entnommen sind, die in anderen Schulfächern behandelt werden. Typisch ist die folgende Frage [115, S. 26]: „Welche Probleme ergeben sich aus der Bevölkerungsentwicklung Ägyptens?" Als Voraussetzung sind Informationen aus einem Geographie-Schulbuch zusammengetragen. Die Aufgabe ist sehr allgemein gestellt. Welche Probleme ergeben sich nun für den Schüler oder (besser?) *sollen* sich für ihn ergeben? Strauß geht es um die Erschließung der Sachsituation, die Daten dürfen nicht als Material für Rechenaufgaben dienen. Das hat u. E. aber zur Folge, daß das Problem mit den für das Fach Geographie eigenen Methoden befragt werden muß. Die aus dem Rechenunterricht zur Verfügung stehenden Kenntnisse haben „dienende" Funktion: Das sind die Grundrechenarten mit rationalen Zahlen und die Prozentrechnung. Man muß sich bei so simplen Rechnungen aber fragen, ob nicht aus der Bemerkung am Schluß des Beispiels nur der Wunsch des Mathematiklehrers spricht, in der es heißt, „daß … mit diesen Angaben und Berechnungen Schlaglichter geworfen werden und Prognosen und langfristige Pläne entworfen werden können". Vom Mathematikunterricht aus unterliegt man, schon um die Bedeutung seines Faches darzutun, leicht einer Überbewertung der Ergebnisse.

Strauß hat als Mängel des traditionellen Unterrichts geringe Motivation der Schüler, erhebliche Leistungsdefizite, kaum kreatives Verhalten, Lebensferne der Aufgaben erkannt und sich bemüht, diese zu beseitigen durch eine Sammlung von Beispielen, aber auch durch Skizzierung eines „Lehrgangs zum Sachaufgabenverständnis" [115, S. 12 ff.]. Sein Standort ist im Traditionellen geblieben, darum konnte er ausbessern, aber nicht grundlegend verbessern. Interessant ist aber, daß sein Beispielmaterial ihn aus dem Rechenunterricht herausführt. Damit wird die Einordnung und Bearbeitung der Themen schwierig, die Zusammenarbeit verschiedener Fächer untereinander (nicht nur) zum (organisatorischen) Problem. (Das trifft nicht nur für Aufgaben aus dem ersten Bereich zu!) Diese Schwierigkeit hat Strauß auch erkannt, jedoch nicht ausdiskutiert.[32]

Im folgenden befragen wir verschiedene Konzeptionen unter den Aspekten des *Anwendungsbegriffs*, der *ideologiekritischen Reflexion* und des *Verhältnisses von inner- und außermathematischen Anteilen*. Diese drei Aspekte sind eng miteinander verzahnt. Bei Strauß können wir dazu feststellen:

(1) „Sachaufgaben umgeben uns"; die Schüler müssen lernen, sie „wahrzunehmen" [115, S. 44]. Solche Aufgaben enthalten ein „primäres, d. h. sachgebundenes Lösungsmotiv", das die Schüler zur „Klärung einer Sachfrage" drängt, deren Beantwortung ihnen „praktische Hilfe zur Lebensbewältigung" gibt [117, S. 122]. Bei *Anwendungen* geht es um die Aufdeckung einer Zahlenaufgabe, die in einem Sachverhalt „verborgen" ist. Dabei werden die Schüler auf den „Begriff der mathematischen Struktur eines Tatbestandes" geführt [115, S. 17]. An anderer Stelle [117, S. 124] heißt es: „Das Schließen aus gegebenen In-

formationen auf Sachverhalte ist vom logischen Standpunkt aus strukturgleich mit dem Schließen aus Axiomen auf mathematische Sätze; entsprechend ist der Nachweis eines Tatbestandes durch Aufweisen von Informationen (aus denen der Tatbestand hergeleitet werden kann), analog zum Beweis eines mathematischen Satzes durch Zurückführen auf schon Bewiesenes bzw. axiomatisch Angenommenes."

(2) Der eigene *ideologische Standort* wird nicht reflektiert, er tritt nicht einmal in das Bewußtsein des Autors. So glaubt Strauß ganz naiv [115, S. 8—9], es würden dem Kinde „unmittelbar von einem Sachverhalt Aufgaben aufgegeben", Sachaufgaben hätten eine gewisse Natürlichkeit. „Später können die Aufgaben ruhig über den eigenen Lebensbereich der Schüler hinausgehen" [115, S. 18]. — Wie bei allen traditionellen Didaktikern wird als wichtige Stufe im Lernprozeß angesehen[33], „zu bestimmten nackten Zahlenaufgaben ... sinnvolle Texte (zu erfinden) aus beliebigen Sachgebieten". Dazu sind die Schüler eigenschöpferisch aber noch nicht fähig, sie können also nur im Unterricht bereits Behandeltes nachmachen (nachreden) und werden so auf eine bestimmte Einstellung fixiert. — Vor allem aber die Auswahl der Beispiele (Geldwesen, Bevölkerungspolitik, Gemeinschaftskunde usw.) kann „dazu angetan (sein), das spätere Verhalten der Schüler nachhaltig zu beeinflussen" [115, S. 42].

Bei Kühnel heißt Rechnen „die Dinge des Lebens nach ihren Maßbeziehungen richtig beurteilen".[34] Mit der Vokabel „richtig" wird die hohe Bedeutung sichtbar, die der Zahl zukommt; damit sind Möglichkeiten der objektiven Erfassung der Wirklichkeit gemeint. Beim weiteren Nachdenken wird Kühnel der Begriff des Rechnens zu eng. Er resumiert: „So bleibt nichts übrig, als in unsere Zielbestimmung den Begriff der mathematischen Bildung mit hereinzunehmen." Diese hat der Rechenunterricht zu vermitteln. „Rechnen" wird jetzt mehr die Rolle des „Technischen" zugewiesen. Damit sind wir aber schon beim nächsten Aspekt.

(3) Strauß [115, S. 22—23 u. S. 1] sieht auch die beiden *Bereiche RM und AM*, aber er weiß mit den „rein mathematischen Überlegungen" nicht viel anzufangen. Man findet dazu nur einige vage, unklar formulierte und nicht näher erläuterte Lernziele. Seine Intentionen sind eindeutig und einseitig auf das Sachrechnen ausgerichtet. Daher paßt die folgende Bemerkung nicht recht in sein Konzept: „Echtes Interesse an rein mathematischen Überlegungen" und „Nützlichkeit" (in Bezug auf Sachrechnen) sind entscheidende Kriterien für die Behandlung mathematischer Begriffe. So glaubt Strauß, sein Beispielmaterial könne „oftmals Ausgangspunkt zu ungezwungenen(!) rein mathematischen Erörterungen" werden. Vielleicht stellt er sich das vor, wie an der Aufgabe über den günstigsten Stromtarif [115, S. 42—43] geschildert: „Bei Zugrundelegung eines bestimmten Tarifs können wir leicht ausrechnen, was man für so und so viel verbrauchte kWh jeweils zu zahlen hat: Gesamtpreis = Grundgebühr + Anzahl der verbrauchten kWh mal Preis pro kWh. (Von dieser Gleichung ist nur ein kleiner(!) Schritt zur algebraischen Schreibweise: Die gleichbleibenden Größen ‚Grundgebühr' und ‚Preis pro kWh' kürzen wir ab mit g und p; die veränderliche Größe ‚Anzahl der kWh' nennen wir kurz x und die abhängige Größe ‚Gesamtpreis' nennen wir y ...)". Soll damit der Funktionsbegriff eingeführt sein?[35]

Auffallend ist das Einschwenken traditioneller Didaktiker auf den Sprachgebrauch, der sich nach den KMK-Richtlinien [25] herausbildete, so auch bei Strauß. Plötzlich findet man bei ihm den Terminus „angewandte Mathematik", gemeint ist damit aber nichts anderes als Sachrechnen. Ein Aufsatz [117] erhält sogar den Titel „Die Neue Mathematik und das Sachrechnen". Hier ordnet Strauß dem „traditionellen Sachrechnen" innerhalb eines nicht näher beschriebenen, schon gar nicht reflektierten Mathematikunterrichts die Aufgabe einer „praktischen Hilfe zur Lebensbewältigung" zu. An der Substanz des Sachrechnens aber ändert sich nichts, das zeigt ein Vergleich des dort diskutierten Beispiels mit früheren Veröffentlichungen.

3.2 Tendenzen zur „Mathematisierung"

Grosse [46, S. 178] kennzeichnet Methodiker nach ihrem Standort zwischen Zahl (RM) und Sache (AM) und formuliert 1901 die Aussage, die er sich im wesentlichen zu eigen macht, „auf Grund der geschichtlichen Entwicklung des Rechenunterrichts sei mit Naturnotwendigkeit anzunehmen, daß auf die Periode des Ziffer- und Zahlenrechnens eine Periode des Sachrechnens folgen werde." Die letzten Jahrzehnte haben deutlich gemacht, daß sich das „rechenunterrichtliche Sachprinzip" nicht stabilisieren konnte. Vollzieht sich die Entwicklung des Mathematikunterrichts „gesetzmäßig" in Perioden mit den jeweiligen Schwerpunkten RM und AM?

Bei Strauß kann nicht davon die Rede sein, daß er der mathematischen Begrifflichkeit eine größere Entfaltung gegeben hätte. Es handelt sich bei ihm, wie bei vielen anderen auch, um „verbales" Einschwenken auf Trends. Daß es bei diesen Didaktikern nicht zu einer substantiellen Anreicherung ihrer Konzeptionen kommt, liegt an fehlender Überzeugung oder an mangelnder Qualifikation. Es gibt aber auch fundierte Bemühungen in dieser Richtung, deren Realisierung die tradierte Konzeption des Sachrechnens erhebliche Widerstände entgegensetzt. An zwei Arbeiten wollen wir exemplarisch Tendenzen zur „Mathematisierung" des Rechenunterrichts erläutern.

(a) F. Drenckhahn [24] ist der Auffassung, daß der „Ordnungs- und Orientierungscharakter der Mathematik" mehr als bisher im Rechenunterricht der Volksschuloberstufe berücksichtigt werden müßte. Auf diese Weise soll der Schüler Einsicht in die vielfältigen Verfahren im Sachrechenbereich erlangen, damit sie ihm für die wichtigen „Rechenfälle des Lebens" verfügbar sind [24, S. 500]. Es geht ihm aber auch[36]) um die Entwicklung von „Denkformen (Denkstrukturen, Denkschemata)", die ausdrücklich als Aufgabe des „bildenden Rechenunterrichts" angesehen wird: Förderung des „formal-begrifflichen" Denkens. Dabei sichert er vorsichtshalber seine Auffassung u. a. von der Pädagogik her ab, wenn er Flitner zitiert, der für Volks-, Mittel-, Berufs-, Fachschule und Gymnasium die Berücksichtigung des pragmatischen und des rein theoretischen Charakters der Mathematik (in unterschiedlichen Anteilen) fordert [24, S. 499].

Die „lebensnahe Wirklichkeit" wird von den Schülern zumeist als das Aktuelle aus ihrem Lebenskreis in und durch „Zahlengrößen" vorgestellt [24, S. 491]. Diese aber ändern sich als „lebendige Zahlen", sind ungenau, gelten nur bedingt und machen die „Sache" nur unzureichend erfahrbar.[37]) Darum muß der Rechenunterricht die „kategoriale Durchdringung der Wirklichkeit" vorrangig anstreben; diese ist gekennzeichnet durch eine „Orientierung in deren Bezügen". Damit sind Abhängigkeiten, Zuordnungen, Verknüpfungen gemeint. (Beispiel: Sachzusammenhang „Warenmenge, Einheitspreis, Mengenpreis".) Das ist der Grund für das Einbringen des „funktionalen Denkens" [24, S. 498] als ein Denken in Bezügen, „sinnfällig gesprochen, in gesetzmäßig miteinander verknüpften Wertereihen".

Drenckhahn unterscheidet nun die empirische von der mathematischen Funktion. Erstere beschreibt die „Bezogenheit" in ganz bestimmten Sachverhalten. Beispiel: „Bei festem Einheitspreis p gilt für die veränderliche Warenmenge M der Mengenpreis P." Die mathematische Funktion dagegen ist bezogen auf einen „beliebigen Sachbereich mit den Komponenten y, x und a, von dem wir nur wissen, daß in ihm das direkte Verhältnis ... gilt"[38] [24, S. 492—493].

Mit Bruchstücken aus der Psychologie Piagets, die er mit mathematischen Inhalten in Verbindung bringt, kommt Drenckhahn zum „gruppenoperativen Denken". Seine Erklärung läßt höchstens ahnen, was das sein könnte: „Gruppenoperatives Denken meint ein solches, das in der Reversibilität (Umkehrbarkeit oder Rückläufigkeit und Ausgleich) des Operativen begründet ist."[39]

Nun werden funktionales und gruppenoperatives Denken miteinander verschränkt. In dem obigen Sachverhalt gilt der „Grundbezug" $M \cdot p = P$. „Bezüglich des Grundbezuges" werden die beiden Aufgabentypen (Berechnung des Mengenpreises P und Berechnung des Einheitspreises) „durch die Reversibilität des Gedankenablaufs" zusammengehalten. Deswegen, so argumentiert Drenckhahn, ist das umgekehrte Verhältnis abgeleitet, es entsteht durch die „Reversibilität des Denkablaufs als Reprozität von Multiplikation und Division" [24, S. 494]. Man ist geneigt anzunehmen, daß Drenckhahn nicht nur einzelne Berechnungen, sondern ganz entsprechend die direkte und umgekehrt proportionale Funktion in sein gruppenoperatives Denken hineinnimmt. Die beiden Funktionen stehen aber nicht in vergleichbarer Beziehung wie Rechenoperation und ihre Umkehroperation; der o.g. „Grundbezug" kann auch gar nicht an die Schüler herangetragen werden.[40]

Drenckhahn legt nun in seinem Aufsatz einen methodischen Weg vor, der die Schüler von der empirischen Funktion zur mathematischen Funktion führen soll. Wir finden darin die aus dem traditionellen Unterricht bekannten Aufgabentypen in der üblichen Reihenfolge wieder: Schlußrechnung (mit geradem und indirektem Verhältnis), Dreisatzrechnung (mit geradem und indirektem Verhältnis), Prozentrechnung, Zinsrechnung, Verhältnisrechnung. „Den krönenden Abschluß dieser Stoffgestaltung" (das ist die „allgemeine Funktionsgleichung $y = a \cdot x$") erreicht der Schüler, wenn er den Lehrgang „langsam und stetig" durchläuft. Der Funktionsbegriff wird dabei immer mehr angeleuchtet; allerdings: „Er soll jederzeit nur soweit klar sein, als er gerade gebraucht wird" [24. S. 501], was doch nur heißen kann: als es der Autor gerade für zulässig hält. Am Ende des „Läuterungsprozesses" [24, S. 501] erstrahlt dann der Funktionsbegriff „in völliger Reinheit". Drenckhahn glaubt also, daß der Lernprozeß linear verläuft und genau steuerbar ist und daß die einzelnen vorausgeplanten Phasen in vorgeschriebener Dosierung den Schülern verabreicht werden können.

Drenckhahn ist mit Zielsetzung und Effizienz des traditionellen Unterrichts unzufrieden, er sieht aber Chancen im Mathematischen. Daß bei diesem Standpunkt Ablehnung bei anderen Didaktikern zu erwarten ist, zeigen die zögernden Formulierungen und die zahlreichen Rechtfertigungsversuche, die den Aufsatz durchziehen. Denn die Meinung, der Volksschüler sei zum „abstrakten" Denken überhaupt nicht fähig, ihm sei es aufgegeben, „konkret" zu denken und „wirklichkeitsgebunden" zu rechnen, war seinerzeit dogmatisiert. Bei unserer Kritik verkennen wir nicht die Bemühungen Drenckhahns und den Wert seiner Überlegungen. Zum Schluß seines Aufsatzes finden wir eine Äußerung, die zwar im

Traditionellen wurzelt, aber zugleich die Richtung einer möglichen Umgestaltung des Rechenunterrichts anzeigt: „Die Erfassung und Durchdringung der Wirklichkeit im Rechenunterricht hat zwei Seiten, eine sachinhaltlich gerichtete, deren Ausmaß vom Lebenskreis und der Lebensreife des Schülers abhängt, und eine vom Sachlogischen ins Mathematische transformierte, deren Höhenlage durch die alterstypische Auffassungsfähigkeit bedingt ist, und die rückwärts wieder wirksam wird; beide sind wesentlich durch den Funktionsbegriff miteinander verknüpft" [24, S. 507].

(b) Sehr viel leichter als Drenckhahn macht es sich H. Maier. In seinem Aufsatz [75] greift er die sicher nicht unberechtigte Kritik an dem modernen Mathematikunterricht auf, der häufig sehr formalisiert aufgebaut, „rein" fachmathematisch orientiert („Begriffe lernen zum Selbstzweck") sei und für dessen „pseudorealistische Aufgaben" konstruierte Sachverhalte typisch seien. Ein solcher „zweckhaft verkürzender und verzerrender liebloser(!) Umgang mit der Realität", der auch im traditionellen Sachrechnen vorgekommen sei, brauche nicht zu sein. Vielmehr — das sind Maiers Thesen — biete die Realität ein reiches und bedeutsames Anwendungsfeld für Aktivitäten und Begriffe der sogenannten „Neuen Mathematik", weil diese „wertvolle Darstellungsmittel zur Lösung von Sachrechenaufgaben" bereit stelle. Aus diesen Thesen zieht Maier einige Konsequenzen.

„Den fachlichen Kern des Sachrechnens bildet ... das Quantifizieren." Damit ist der Vorgang gemeint, „die in der Sache liegenden quantitativen bzw. numerischen Beziehungen aufzudecken, sie mit arithmetischen bzw. algebraischen Mitteln darzustellen" und numerisch weiterzuerbeiten. Während im traditionellen Rechenunterricht nur die Grundrechenarten und einfache Gleichungen behandelt wurden, sieht der moderne Mathematikunterricht neue Aktivitäten und Begriffe vor, wie z. B. „das Klassifizieren als Grundlage des Mengenbegriffs; das Vergleichen, Ordnen und Transformieren als Grundlage des Relations- bzw. Abbildungsbegriffs". Sie sollen „den durch das traditionelle Sachrechnen angesprochenen Bereich" ergänzen. Für diesen allerdings nur additiv erweiterten „Sachrechenbereich" führt Maier den Namen „sachbezogene Mathematik" ein und läßt aus „Quantifizieren" „Mathematisieren" werden. Entscheidend ist hier die Feststellung, daß sich substantiell gar nichts geändert hat.

Auch die Beispiele sind wenig überzeugend. Um „die Stellung der Ente in den verschiedenen Tierklassen" zu verdeutlichen, werden in einem ersten Beispiel die in der Mathematik(!) üblichen „Darstellungsmittel und Formalismen der Klassifikation" eingesetzt. Diese entpuppen sich allerdings als Venn-Diagramme, aus denen die Schüler formale, inhaltlich triviale Aussagen ablesen: „Alle Enten sind Schwimmvögel. Es gibt aber außer den Enten auch noch andere Schwimmvögel." Und so weiter! „Vielleicht soll später einmal die Ente auch als Haustier gekennzeichnet werden. Dabei stellt es sich heraus(!), daß nicht alle Enten Haustiere sind, aber auch nicht alle Haustiere Enten." — „Erhellung und Bewältigung von Sachsituationen"?

„Eine besondere Bedeutung haben die Abbildungen. So könnten beispielsweise die Schüler aus einer Funktionstabelle über Höhe über dem Meeresboden und Lufttemperatur die Zuordnungsvorschrift ablesen. Der Übergang zu numerischen Verfahren ist fließend. Ordnen lassen sich außerdem: Berge nach ihrer Höhe, Flüsse nach ihrer Länge" usw. (Beispiel 2). Hat man solches nicht immer schon gemacht und beispielsweise geographische Sachverhalte übersichtlich dargestellt? Was ist aber mit Zuordnungsvorschrift gemeint? Absolut neu ist dagegen das Notieren von „Farbmischungen als Verknüpfungen" (Beispiel 3). Das trifft auch für die Namensgebung von Aufgaben zu, bei denen Funktionen mit der Zuordnungsvorschrift $x \mapsto a + x$ in einem Größenbereich eine Rolle spielen: Diese heißen „Situationen mit dem Charakter einer numerischen Bewegung".

3.3 Rückkehr zum „Bewährten"?

Vor wenigen Jahren hat Strehl versucht, ein „neues Verständnis des Begriffs Sachrechnen" [119, S. 9] zu entwickeln. Dabei geht es vorrangig „um Entwicklung und Schulung mathematischen Denkens, wie es die Bemühungen zur Reform des Mathematikunterrichts in den Vordergrund gestellt haben" [119, S. 23]. Den üblichen kritischen Einwänden gegen das Sachrechnen will Strehl „eine Reihe von positiven Gesichtspunkten gegenüberstellen" [119, S. 25—26]. Von den vier genannten „Punkten", als Thesen apostrophiert, ist nur der erste nicht gleichermaßen bei den traditionellen Didaktikern formuliert: „Die im Sachrechnen auftretenden mathematischen Begriffe und Strukturen sind mathematisch relevant und stehen in engen Wechselbeziehungen nicht nur untereinander, sondern auch zu vielen anderen, scheinbar (!) rein mathematischen Begriffen, die in der Schule angesprochen werden." Wenn auch die Terminologie etwas eigenartig ist[41], so scheint sich doch in dieser These bereits die Schwierigkeit anzudeuten, den Begriff Sachrechnen festzulegen. In der Tat benutzt Strehl auch den Terminus „Angewandte Mathematik" [119, S. 25], ohne eine didaktisch befriedigende Erklärung dafür zu geben. Neuere Gebiete, wie z. B. Lineares Optimieren und Statistik, werden nur „kurz" angesprochen [119, S. 171 ff.], ihre Beziehungen zum „Sachrechnen" bleiben unklar; sie wirken eher, wie ihre Darstellungen im Buch, angehängt. — Auch die Begriffe „Anwenden von Mathematik" und „Mathematisieren" sollen das „Sachrechnen" inhaltlich bereichern [119, S. 23—25], aber sie entfalten sich nicht. Strehls Bemühungen, den „begrifflichen Hintergrund" (das ist im mathematischen Sinn gemeint) des traditionellen Sachrechnens verfügbar zu machen, ist anzuerkennen, aber er bleibt so sehr der Tradition verhaftet, daß nicht von einer Neukonzeption unter dem Einfluß der Reformbestrebungen gesprochen werden kann. Man findet in seinen Ausführungen die von uns als charakteristisch herausgestellten Eigenheiten des traditionellen Sachrechnens wieder.

Wir bemerken noch, daß mathematische Begriffe nicht immer fachlich einwandfrei verwendet werden. Das zeigt das Beispiel „Funktionsbegriff". Bei dieser Erklärung bleibt die Definitionsmenge außer acht [119, S. 164]: Proportionalität meint die „Gesamtheit aller zu einem gegebenen Paar verhältnisgleichen Größenpaare" [119, S. 163]. Überhaupt wird Proportionalität nicht konsequent als Funktion verstanden, „Funktion" von „Funktionsvorschrift" begrifflich nicht getrennt. Terminologische Klarheit scheint „einem verständigen Umgang mit der Sprache des Alltags im Wege (zu stehen)" [119, S. 163]. Hier zeigt sich wieder das „Denken von der Sache her", wozu das Herauslösen der in (umgangssprachlich gegebenen) „Sachen" verborgenen mathematischen Begrifflichkeit gehört; dieses aber gerade nur so weit, wie es die jeweilige (Unterrichts)situation günstig erscheinen läßt. Wir denken an Drenckhahns Konzeption.

4 Anwendungsorientierung

4.1 Zwischenbemerkung

Das Sachrechnen hatte sich allmählich zu einer „geschlossenen" Theorie entwickelt, die unterrichtspraktisch zwar nicht zufriedenstellte, die man aber laufend zu verbessern versuchte. Kritik und Reaktion auf die Kritik wiederholten sich: Das Sachrechnen stagnierte, es schien in eine Sackgasse geraten, aus der es nur neue Ideen herausführen konnten. Daher war es ganz verständlich, daß die Reform des Mathematikunterrichts, die die „reine" Mathematik für alle Schultypen salonfähig machte, auch das Sachrechnen erfaßte. Jedoch schlug das Pendel zunächst weit in eine andere Richtung aus. Der fachwissenschaftliche Einfluß, u. a. verursacht durch neuere Entwicklungen der Wissenschaft „Mathematik", führte in den Schulen zur sogenannten „Neuen Mathematik".[42]

In der Psychologie (Piaget, Dienes) fand sich eine wissenschaftliche Disziplin, die sich für die Begründung einer Fachdidaktik zu eignen schien und zwar unter folgenden Voraussetzungen: Einerseits werden über Handlungen mit konkreten Gegenständen durch „Verinnerlichung" Operationen im Denken ausgebildet, die sich ihrerseits in (Operations)systemen organisieren; andererseits werden auch fundamentale Begriffe der Neuen Mathematik von Handlungen („konkreten Operationen") abstrahiert. Daraus erhellt die enge Verwandtschaft zwischen den Denkstrukturen und den mathematischen Strukturen. Für den Unterricht sind (konkrete) Situationen zu konstruieren, die die zu behandelnden mathematischen Strukturen „enthalten". Auf die inhaltliche Bindung kommt es nicht an, die „Bewältigung" von Lebenssituationen ergibt sich von selbst mit dem Lernen von Mathematik.

Wichtig für uns ist dies: Das Sachrechnen verliert dadurch seine dominierende Stellung. Anwendungen sind nicht mehr integrativer Bestandteil im Aufbau von Mathematik, weil die „sach"inhaltliche Bindung von mathematischen Operationen aufgehoben ist. Das „Sachrechnen" wird sogar im Extremfall zu einer algebraischen Struktur ausgehöhlt. „Jeder überhaupt mathematisierbare Tatbestand ist didaktisch als Modell einer allgemeineren Struktur aufzufassen" [69, S. 86—87]. Die „Tatbestände" brauchen nicht auf „Realitätsnähe" überprüft zu werden. Die Frage nach der Realität von „Sach"aufgaben tritt zurück gegenüber der zu abstrahierenden mathematischen Begrifflichkeit (Struktur). Die Bedeutung von Inhalten wird nach innermathematischen Bedürfnissen festgestellt. Daher ist zu erklären, daß „Angewandte Mathematik" in didaktischen Konzeptionen, wenn überhaupt, in Einzelbeispielen (z. B. Lineares Optimieren, Wahrscheinlichkeitsrechnung) getrennt vom übrigen Stoff erscheint.

Es konnte und durfte nicht ausbleiben, daß nach dieser „rigorosen" Ausrichtung an der strukturmathematischen Konzeption der Anwendungsbezug im Mathematikunterricht heftig diskutiert wurde. Zahlreiche Veröffentlichungen machen dazu Vorschläge — fast ausschließlich in Beispielform. Die meisten Didaktiker blieben der Reform gegenüber offen; wesentliche Unterschiede aber gibt es insofern, als das zur „fachinhaltlichen Seite" (RM) ausgeschlagene und zurückschwingende Pendel an verschiedenen Stellen angehalten wird. — Am Beispiel des Vorschlags von Strehl sahen wir das Festschreiben entscheidender Eigenschaften des traditionellen Sachrechnens. Jetzt wollen wir uns mit einigen anderen Konzeptionen auseinandersetzen.

Die Vokabeln „anwendungsorientiert", „praxisorientiert" und „projektorientiert" weisen auf didaktische Positionen hin, die sich bewußt distanzieren von der Auffassung, im Unterricht könne und solle (vorwiegend) reine Mathematik (als Strukturmathematik) vermittelt werden. Es ist inzwischen in Mode gekommen, mindestens eins der oben genannten oder ähnlich gebildete Adjektive auf die eigene Auffassung von Unterricht zu beziehen. Jedoch ist zu beachten, daß kein Konsens über die inhaltliche Bedeutung besteht.

4.2 Anwendungsorientierte Unterrichtseinheiten

Die Autoren des Buches [6] legen kein geschlossenes Konzept eines „anwendungsorientierten Mathematikunterrichts" vor, wie es der Buchtitel zunächst vermuten lassen könnte. Vielmehr soll anhand von Beispielmaterial gezeigt werden, wie man sich das „Einbeziehen von Anwendungen der Mathematik in den Mathematikunterricht" [6, S. 9] vorstellt. Anwendungsorientiert signalisiert „eine Bevorzugung von offenen Situationen im Unterricht gegenüber ausformulierten Theorieteilen", „eine Akzentuierung der Beziehungen der Mathematik zur Realität", eine „Hervorhebung des Realitätsbezuges" [6, S. 10]; dabei ist die Rede von „der uns umgebenden Realität" [6, S. 9] und von der „Bedeutung der Mathematik für die Bewältigung von Aufgaben unseres Alltagslebens". Diese Termini haben wir im traditionellen Sachrechnen kennengelernt, und in der Tat ist auch das Beispielmaterial mit dem von Strauß vorgelegten vergleichbar. Die Kenntnis teils umfangreicher „fachfremder" Inhalte (Geographie, Physik usw.) erinnert uns an das dort diskutierte fächerübergreifende Moment. Während Strauß jedoch auch einen geschlossenen Lehrgang skizziert und damit seine Auffassung vom Mathematikunterricht genauer ausführt, wollen die Autoren hier ihr Beispielmaterial dem (jeweiligen) Unterrichtsgeschehen „angepaßt" wissen. Dabei setzen sie (offenbar) voraus, daß ihre Vorstellungen vom Mathematikunterricht „in der Regel" oder zumindest häufig praktiziert werden. Wir kommen später auf einige Ansätze aus dem Theorieteil des Buches zurück.

Das Beispielmaterial besteht aus sechs „Unterrichtseinheiten" (UE). Zwei davon wollen wir unter der uns interessierenden Problematik besprechen.

Das „Schwergewicht" der in Klasse 8 anzusiedelnden UE „Eisenbahn" liegt auf den beiden Themen „Fahrpläne lesen" und „Graphische Fahrpläne". „Mit diesen Themen soll den Schülern einsichtig gemacht werden, wie die komplizierten Überhol-, Bewegungs- und Laufzeitprobleme beim Zugeinsatz auf einem Streckennetz im Prinzip gelöst werden (graphische Fahrpläne) und wie die fertigen Fahrpläne möglichst übersichtlich zu Weg-Zeit-Tabellen gestaltet werden (Fahrpläne für Teilnetze, Technik des Einrückens von Zahlenkolonnen)." Dies sind die wichtigsten mathematischen Voraussetzungen: Graphische Darstellung linearer Funktionen und „Lesen" der Graphen stückweise linearer Funktionen; dazu kommt der Geschwindigkeitsbegriff. Es werden also hier aus dem Mathematikunterricht bereits bekannte Begriffe angewendet.

Versuchen wir nun die sechs Phasen der UE kurz zu kennzeichnen:

(a) *Streckennetze:* Die Schüler sollen mit den Streckennetzen der DB vertraut werden, insbesondere sollen sie Streckennetze lesen lernen.

(b) *Fahrpläne lesen:* wie unter (a), wenn man anstelle von Streckennetze Fahrpläne einsetzt.

(c) *Fahrpreise und Reisegeschwindigkeiten:* Fortführung der Ziele unter (b); ferner sollen die Schüler die Benutzung der Fahrpreistabelle lernen. (Kenntnisse aus dem Mathematikunterricht: einfache Durchschnittsberechnungen, Anfertigen von einfachen Graphiken.)

(d) *Graphische Fahrpläne:* Die Schüler sollen Graphen im Koordinatensystem, die aus Strecken bestehen, zeichnen und interpretieren (vgl. die oben zitierte Zielsetzung); sie sollen die Begriffe Geschwindigkeit und lineare Funktion anwenden.

(e) *Fahrpreise und Fahrpreisermäßigungen:* Wegen zahlreicher sachbezogener Einzelheiten sind die Themen komplex bei vergleichsweise geringer mathematischer Substanz.

(f) *Fahrkostenvergleich Eisenbahn — PKW:* Es handelt sich um Anregungen für („gute") Sachaufgaben, die ab Klasse 6 bearbeitet werden können.

Den einzelnen Phasen lassen sich als mathematische Lerninhalte vor allem das Arbeiten mit Tabellen und Diagrammen zuordnen, was sicher wichtig ist, aber ohnehin im Mathematikunterricht häufig auftritt. Für uns ist Punkt (d) der Kern der UE, der sich nahezu unabhängig vom Vorhergehenden in einer 8. Klasse behandeln läßt.[43]) Unter fächerübergreifendem Aspekt ist die UE durchaus positiv zu bewerten, nur erscheint uns Zeit und Aufwand für ihre Behandlung im Mathematikunterricht nicht gerechtfertigt, da die mathematischen Inhalte gegenüber anderen Sachverhalten zu sehr reduziert sind. Ferner ist bei der Länge der UE auch die Frage nach der Motivation der Schüler zu stellen.

Während in der UE „Eisenbahn" die zu benutzenden mathematischen Begriffe verfügbar sein sollten, werden in der UE „Landkarten" Lehrplaninhalte „über geographische Anwendungen eingeführt bzw. systematisiert". Wie bei Strauß' Vorschlag über die Bevölkerungsentwicklung Ägyptens ist auch hier nach der Verortung der UE zu fragen.[44])

Der Abschnitt 3 findet unsere besondere Aufmerksamkeit. Ganz traditionell (was hier keinen negativen Akzent hat) geht es zunächst unter Einbeziehung eines Kompaß um Erfahrungen über Richtungsunterschiede. Es heißt: Richtungsunterschiede werden „ohne eine explizite Einführung des Winkelbegriffs betrachtet". Wie stellen sich die Autoren aber nun die Begriffsbildung vor? Dazu wechseln sie zum Modell der Drehung, „der mehr dynamische Gesichtspunkt (soll) zum Tragen kommen".

Die entscheidenden Ausführungen bringen wir in Bild A1 als Reproduktion.[45]) Sie brauchen kaum interpretiert zu werden, die Ähnlichkeit mit traditionellem Vorgehen (und das ist jetzt negativ gemeint) ist evident.

Wir wüßten gern, *wie* man an Hand der Zeichnungen erklären kann, „was unter einem Winkel verstanden werden soll". Oder kommt der Winkelbegriff von selbst? Nehmen wir einmal an, es vollzieht sich beim Schüler eine Begriffsbildung, ist diese transferierbar, läßt sie sich auf Winkel an geometrischen Figuren übertragen oder wird dort wieder nur einfach gemessen. Ganz traditionell ist auch die Freude der Autoren an der „Klassifikation" der Winkel: Mit der Tabelle hat man wenigstens etwas „Greifbares"; auch wenn sie „Nulldrehung" und „Nullwinkel" enthält, aber die sind ja vom optischen Eindruck und von der Vorstellung her „klar genug" (!).

In der UE fehlt der schwierige den Mathematikunterricht betreffende Anteil[46]), die viel einfacheren Fakten aus der Geographie dagegen werden ausführlich (und ansprechend) dargestellt.

In der Diskussion dieses letzten Falles kann man die Frage aufwerfen, wie man jemandem zeichnerisch mitteilen kann, welche der beiden Drehungen man ausgeführt hat.

Es ergeben sich die Darstellungen [Abbildung] und [Abbildung] und für den allgemeinen Fall [Abbildung].

Wir schlagen vor, an Hand dieser Zeichnungen zu erklären, was unter einem Winkel verstanden werden soll.

Es empfiehlt sich nicht, eine der üblichen exakten Winkeldefinitionen zu geben; der optische Eindruck dieser Zeichnungen wird unterstützt durch die dabei vorgestellte Drehbewegung und ist so für die Schüler eindeutig und klar genug.

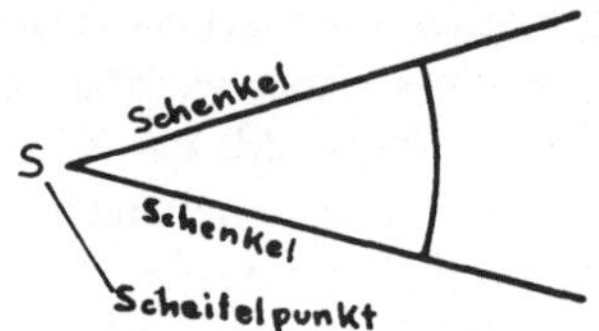

Wichtiger als ein leerer oder unvollständiger theoretischer Überbau ist es, Mißverständnisse auszuräumen, die durch den umgangssprachlichen Begriff »Winkel« als »finstere Ecke« entstehen können.

Dazu gehört, daß man etwa im Klassenraum untersucht, was Winkel, Ecken oder Kanten sind.

In Form einer Tabelle kann nun die Bezeichnung und Zuordnung von Winkeln geschehen:

Drehung mit dem Kompaß		Winkel	
Nulldrehung		Nullwinkel	
Vierteldrehung		rechter Winkel	
Halbdrehung		gestreckter Winkel	
Volldrehung		Vollwinkel	

Bild A1 [6, S. 37—38]

5 Praxisorientierung

5.1 Die Argumentationsbasis

Einige Autoren, die den traditionellen Rechenunterricht und den strukturorientierten Mathematikunterricht abgelöst haben wollen durch einen Ansatz, den sie praxisorientiert bzw. projektorientiert nennen, berufen sich explizit oder implizit auf die Arbeit [21] von Damerow, Elwitz, Keitel und Zimmer. In der Tat handelt es sich dabei um eine Kritik, die in einzelnen Punkten trifft, aber ein unterrichtliches Vorgehen impliziert, das sehr exakt auf ein bestimmtes gesellschaftspolitisch orientiertes Ziel ausgerichtet ist.

Einer Rezension[47]) vorangestellt ist die Bemerkung, daß hier endlich einmal „grundsätzlich die Frage gestellt (wurde), was der heutige Mathematikunterricht für Hilfestellungen
im zukünftigen Lohnarbeiterstatus der heutigen Schüler geben kann". Die gesellschaftliche Funktion der Mathematik wird exemplarisch analysiert am Rechnungs- und Kalku-
lationswesen eines Großbetriebes. Dabei kommen die Autoren zu der Auffassung, daß
der Mathematikunterricht andere Qualifikationen als bisher vermitteln muß, wenn die
Schüler später ihre Interessen und Probleme in der gesellschaftlichen Realität vertreten
bzw. lösen wollen. Letztlich geht es also auch hier um „Praxisferne", die durch neue aus
der „sozialen Funktion von Mathematik" resultierende Zielsetzungen zu überwinden ist:
Die Schüler sollen befähigt werden, in gesellschaftlicher Praxis „autonom und kompetent
zu urteilen und zu handeln" [21, S. 14] und „Fremdbestimmungen tendenziell zu überwinden" [21, S. 15].

Vor diesem Hintergrund wird das Sachrechnen[48]) kritisch analysiert. Unter anderem stellen die Autoren fest, daß isolierte (in sprachlicher Formulierung gegebene) Aufgaben mit
eindeutiger Frage Gegenstand des Sachrechnens sind. „Der Lösungsprozeß ist die Umkehrung des Entstehungsprozesses, denn: Aufgaben sind konstruiert, und ihre Entstehung
ist ihre Konstruktion." Somit sind sie „nicht der Realität entnommen, sondern willkür-
liche Kompositionen von mathematischen Kalkülen und Fragmenten der Realität" [21,
S. 143]. Obgleich das Sachrechnen „die Realität verfehlt", wird es aber nicht als neutral
oder etwa wie eine innermathematische Modellierung angesehen, sondern es hat „sehr
wohl programmatischen Charakter im Sinne eines ideologisch geprägten Wirklichkeits-
bildes" [21, S. 145]. Die Auswirkungen auf den Schüler seien derart, daß die Ausbildung
von Autonomie und (Entscheidungs)kompetenz durch Erziehung zu Abhängigkeit, Anpassung, Disziplinierung verhindert wird — und zwar bewußt. Damit zeichnet sich das
Realitätsbild der Autoren ab. Denn *die* Realität gibt es auch für sie nicht. Wenn sie zu
Recht die jeweilige Auffassung von der Realität für die Auswahl der Sachaufgaben verantwortlich machen, die der einzelne Didaktiker trifft, so müssen sie sich denselben Maß-
stäben unterwerfen und können nicht für sich in Anspruch nehmen, über die „tatsäch-
lichen Anwendungsprobleme" zu verfügen.[49])

Die o.g. Qualifikationen können in der Schule nur „in speziell geschaffenen Unterrichtssituationen (erworben werden), die mit den künftigen Lebenssituationen eine Identität
bestimmter Qualifikationen verbindet, welche in der Lebenssituation vorausgesetzt, in der
Unterrichtssituation hingegen entwickelt werden" [21, S. 133]. *Die* (!) Realität ist konstruiert, „wenn der mathematische Formalismus sich identifizieren läßt als eine in der
Realität vorhandene und wirksame, gesellschaftlich geleistete Abstraktion" [21, S. 144].

Vor allem auch unter Einbeziehung der in den folgenden Abschnitten diskutierten Konzeptionen stellen wir zum Teil vorgreifend fest:

Die Notwendigkeit mathematikbezogener Qualifikationen wird nicht in Zweifel gezogen,
da es Bereiche gesellschaftlicher Praxis gibt, die sie erfordern, wenn auch der Anteil
mathematischer Kompetenz bei der Beurteilung und Lösung solcher „mathematikhaltigen
Situationen" gegenüber gesellschaftlicher Autonomie und Kompetenz gering ist. So stellt
sich uns die Frage, wie man unterrichtlich an die mathematischen Inhalte heran-
kommt[50]), wie die Schüler also *Mathematik* lernen sollen. Oder gehen in den konstruierten
Unterrichtssituationen mathematische Begriffe und Methoden eine neue Verbindung mit
außermathematischen „Sachen" ein, so daß ein dem traditionellen Sachrechnen vergleich-

bares Konzept entsteht — unter anderem ideologischen Vorzeichen? Schließlich glaubten die traditionellen Rechendidaktiker auch nicht an eine Qualifikation durch Mathematik „an sich" und orientierten sich an *ihrem* Ziel der „Lebensbewältigung". Bemerkenswert ist diese Forderung an Unterrichtseinheiten: „Sie müssen soweit konkretisiert werden, daß sie eine Fehlinterpretation (!) ausschließen" [21, S. 133].[51] Soll und kann Mathematik überhaupt noch als Unterrichtsfach bestehen, wenn „mathematikhaltige" Qualifikationen unlösbar eingebunden werden in ganz bestimmte ideologische Tendenzen? Offensichtlich ist das auch gar nicht nötig, weil die Mathematikhaltigkeit der sogenannten „relevanten" Situationen dürftig ist. Zudem erscheint die Beziehung mancher Autoren zur mathematischen Disziplin „gestört", was übrigens bei den traditionellen Didaktikern nicht gleichermaßen der Fall war.

Die Argumentationsbasis ist als gesellschaftspolitische Grundposition anzusehen, die nicht selbst reflektiert wird, ja deren Reflexion nicht notwendig erscheint. Das gibt dem Anwendungsbezug dort den Anschein von „Objektivität", wo Realität unzulässig verkürzt wird. Dabei kommen den Autoren die Unzulänglichkeiten des modernen Mathematikunterrichts und die berechtigten kritischen Einwände an mancher Unterrichtspraxis entgegen. Jedoch, so wichtig Entscheidungskompetenz als Lernziel ist — das bleibt unbestritten —, so darf sie nicht einseitig als Fähigkeit zur Systemveränderung verstanden und in dieser Weise eingeengt ausgebildet werden. Die Didaktik als Wissenschaft muß kritisch sein, aber nicht allein gegenüber dem „traditionellen Sachrechnen" und der „neuen Mathematik". Anwendung kann doch nur kritisch beurteilen, wer sich auf mathematische Methoden einläßt und sich nicht durch Gewöhnung in einem vorgezeichneten Rahmen festlegen läßt. Man kann sich des Eindrucks nicht ganz erwehren, als fürchteten manche Autoren Bildung durch Mathematik, weil Lernen von Mathematik Fähigkeiten vermitteln könnte, mit denen ihre Intentionen behindert oder gar in Frage gestellt werden.

Um Fehldeutungen vorzubeugen, sei ausdrücklich gesagt, daß wir nicht die unterrichtliche Übernahme „gesellschaftlich relevanter Situationen" im obigen Sinne ablehnen — das Gegenteil ist richtig —, wir wollen diese nur genau so „objektiv" bearbeitet wissen wie andere Anwendungsbereiche auch.

Ein Vergleich mit dem „anwendungsorientierten Mathematikunterricht" zeigt Stellen gemeinsamer Kritik am „bestehenden" Mathematikunterricht, jedoch weichen die Argumentationen erheblich voneinander ab; z. B. bei der inhaltlichen Interpretation von „Realität" und bei der Beurteilung der „Reinen Mathematik" im Lernprozeß.

5.2 Praxisorientierter Mathematikunterricht

Ihre Reaktion auf den „modernen Mathematikunterricht", den sie im Sinne von Strukturmathematik verstehen, soll kein Verbesserungsvorschlag sein, sondern B. Burchhardt und S. Zumpe [17] wollen ein anderes Konzept vorlegen, das — wie es im Titel ihres Aufsatzes heißt — *notwendigerweise* „praxisorientiert" sein muß.

Der (!) moderne Mathematikunterricht wird von verschiedenen Ansatzpunkten aus heftig kritisiert, für sein Scheitern sei vor allem die „Fachorientierung" verantwortlich zu machen. So seien z. B. „entdeckendes Lernen im eigentlichen Sinne" und die Ausbildung kritischen Denkens über das Fach hinaus nicht möglich. Uns interessiert vor allem dies: „Das Problem des Zusammenhangs zwischen Umweltbewältigung und Erlernen mathematischer Fähigkeiten ist mit dem modernen Mathematikunterricht nicht gelöst." Das liege vor allem daran, „daß der Widerspruch zwischen den formalen Erkenntnisobjekten der Strukturmathematik und den Gegenständen und Beziehungen in der Umwelt nicht erkannt wird". Allerdings bleibt ungeklärt, was hier „Widerspruch" meint.

Dem „modernen" Mathematikunterricht wird nun folgende dem „praxisorientierten" Mathematikunterricht kennzeichnende These entgegengesetzt: „Die Unterrichtsinhalte eines praxisorientierten Mathematikunterrichts sollen nicht an fachwissenschaftlicher Systematik orientiert sein, sondern in den aktuellen und künftigen Lebenssituationen der Schüler gewonnen werden." Aus dem (ideologischen) Zusammenhang gelöst, könnte das auch ein traditioneller Rechendidaktiker gesagt haben. Zu fragen ist zunächst, ob denn die Systematik der Mathematik völlig belanglos bleiben soll (denn eine unmittelbare Orientierung an der Fachsystematik, d. h. ein Hinübernehmen der Fachsystematik gar auf axiomatischer Basis in den Unterricht, dürfte doch außer Diskussion sein), ob denn genügend aktuelle Situationen für das *Lernen von Mathematik* vorhanden sind und ob die Verfasserinnen die künftigen Lebenssituationen ihrer Schüler kennen.[52)] Jedenfalls haben die traditionellen Didaktiker, wie sich gezeigt hat, über diese prophetische Gabe nicht verfügt.

Die lebenspraktische Bedeutung der mathematischen Inhalte ist aber anders gemeint als wir sie weiter oben kennengelernt haben. Es geht jetzt im Anschluß und im Sinne von Damerow u. a. um die Frage, „welche Funktion die jeweilige Anwendung von Mathematik in ihrem sozialen Kontext hat". Dabei wird Realität als „gesellschaftliche Realität" aufgefaßt und so weiterargumentiert: Die künstliche, konstruierte Realität des „modernen Mathematikunterrichts" (z. B. strukturiertes Material) ist auf ein zielgerichtetes Lernen von mathematischen Begriffen angelegt, die einen hohen Grad an Allgemeinheit haben und infolgedessen nicht mit Beziehungen zur Umwelt des Schülers befrachtet sind. Darum lernen die Schüler nicht, „daß die gesellschaftliche Praxis die spezifische Ausprägung der Mathematik (und damit des Mathematikunterrichts) bestimmt und bestehende reale Zusammenhänge durch menschliche Tätigkeit (also auch durch Anwendung mathematischer Ergebnisse) verändert werden können". Also läßt sich Mathematik nur „inhaltsbezogen" erarbeiten. Auch diese Forderung finden wir im traditionellen Unterricht, der wichtige Unterschied liegt in der Beurteilung der *Relevanz* der Inhalte. Es heißt jetzt: „Ausgangspunkt und Ziel des Unterrichts" muß *die* (!) gesellschaftliche Praxis sein. In ihr sind die Auswahl der Inhalte und die Art ihrer Behandlung verankert. Es gibt keinen mathematischen Wissenszusammenhang. Hier deutet sich das fächerübergreifende und fächerintegrierende Moment des traditionellen Sachrechnens an.

Weiter wird behauptet: Der „moderne" Mathematikunterricht hindert die Schüler daran, „über den Ursprung der Mathematik und die Verwertung ihrer Ergebnisse im Rahmen der herrschenden gesellschaftlichen Verhältnisse nachzudenken", und mathematische Qualifikationen werden nach dem geltenden Herrschaftsprinzip zugebilligt. Darum gehörte dieser Mathematikunterricht in den „Bereich der Ideologie". Dann aber befindet er sich in guter Nachbarschaft zum praxisorientierten Mathematikunterricht, der ganz bestimmt dort angesiedelt ist.

Am Schluß ihrer Arbeit kritisieren die Verfasserinnen, daß der mathematische Modellbildungsprozeß bislang zu wenig beachtet wurde. Dieser Behauptung können wir uns nur anschließen, ebenso halten wir die folgenden drei Fragestellungen für wichtig: „In welcher

Weise tragen die zu behandelnden mathematischen Methoden zur Gestaltung ökonomischer, technischer und gesellschaftlicher Verhältnisse bei? — Welche Interessen stehen hinter dem spezifischen Gebrauch mathematischer Methoden? — Wie ist Umwelt mittels mathematischer Methoden erfaßbar und welche Grenzen der Mathematisierbarkeit sind zu beachten?"

Doch wir fragen weiter (in rethorischem Stil): Wo (in welchem Kontext), wann und wie aber sollen die dazu erforderlichen mathematischen Inhalte gelernt werden? Kann man ohne fachimmanente Gesetzmäßigkeiten wie etwa Systematik solche Probleme zufriedenstellend angehen? Trägt nicht gerade die von den Verfasserinnen kritisierte „Neutralität", die inhaltliche Offenheit mathematischer Begriffsbildungen zur Objektivierung der Anwendung von Mathematik bei? Ist nicht Einseitigkeit in der Urteilsbildung die Folge, wenn der Sachzusammenhang den Fachzusammenhang verdrängt und „Mathematik" nur in ganz bestimmten als relevant hingestellten Sachzwängen gelernt wird? Wie will man ohne gründliche Kenntnisse mathematischer Inhalte und Methoden „über den Ursprung der Mathematik" nachdenken? Wenn man mit dem Wort „Mathematik" argumentiert, „traditionellen" und „modernen" Mathematikunterricht gleichermaßen verurteilt, müßte man dann nicht sagen, was man mit dieser Vokabel inhaltlich meint? Oder wird „mathematisches" Handeln reduziert auf die Regeln eines einfachen Gesellschaftsspiels, die man sozusagen nebenbei lernt?

5.3 Praxisorientiertes Sachrechnen

„Praxisorientiertes Sachrechnen" überschreibt G. Graumann seinen Aufsatz [42]. Will diese Wortkombination auf eine Synthese von neueren und älteren Ansätzen hinweisen? Jedenfalls soll „praxisorientiert" eine Abgrenzung gegenüber „strukturorientiert", d. h. hier im fachmathematischen Sinne, ausdrücken. Das wird durch Rückgriffe auf die Ausführungen von Burchardt und Zumpe klar. In einer späteren Arbeit [43] präzisiert Graumann seinen Standpunkt. Er unterscheidet drei Ansätze für den Mathematikunterricht: Orientierung an der Wissenschaft Mathematik, an der „angewandten Mathematik als Hilfswissenschaft für andere Wissenschaften", an Problemen des „sogenannten täglichen Lebens". Letzteres meint „Praxisorientierung". Dadurch wird ein Unterricht initiiert, der gekennzeichnet ist durch: (1) Realitätstreue, (2) Problemorientierung, (3) Tendenz zum fächerübergreifenden Unterricht. Die Erklärung und Erläuterung dieser Begriffe erfolgt durch Literaturhinweise auf Burchardt und Zumpe [17], Damerow u. a. [21] und auf die eigene Arbeit [42]. Jedoch zielt das angegebene Beispielmaterial eher in die Richtung der Vorschläge von Strauß.[53] Das sei besonders hervorgehoben, weil andere auf die oben dargestellte Argumentationsbasis bezogene Arbeiten sich vom traditionellen Sachrechnen kompromißlos distanzieren.

Das sich in unseren Ausführungen ständig aufdrängende Problem RM — AM berührt auch Graumann, wenn er bei der Bearbeitung einer „Problematik" [42] neben fehlenden Sachinformationen auch Defizite an mathematischen Kenntnissen und Fertigkeiten feststellen muß. Diese Schwierigkeiten lassen sich seiner Meinung nach so kompensieren: Erarbeitung zusammen mit dem Sachproblem (nicht unbedingt abschließend); oder unreflektierte Übernahme; oder (vorläufiges) Zurückstellen der gesamten Problematik. Zu beachten ist natürlich, daß im angegebenen Beispielmaterial dieses Aufsatzes mathematische Begriffe und Methoden nur in verhältnismäßig geringem Umfang erforderlich sind und daß ein richtliniengemäßer Mathematikunterricht vorausgesetzt wird. Im Beispiel „Dachausbau" [43] heißt es an der Stelle, die die Volumberechnung eines „Walmdachkörpers" erforderlich macht: „Die Schüler kannten die Volumenformel für Spitzkörper noch nicht. Deren Herleitung wurde nun nicht angezielt, sondern es ging vielmehr um die Lösung des vorliegenden Problems. Durch den Unterricht wurde die allgemeine Formel vorbereitet, und die Schüler haben eine Vorstellung von ihrer Bedeutung." So selbstverständlich erscheint uns bei einem „praxisorientierten" Vorgehen die im letzten Satz aufgestellte Behauptung nicht. Man kann nicht an Einzelproblemen, die hier und da der „Lebenspraxis" entnommen sind, „Mathematik lernen" und nicht ohne intensive Beschäftigung mit mathematischer Denkweise eine „Vorstellung" von allgemeinen Formeln erhalten. Die Gefahr ist groß, daß diese nur unverstandene Symbolkombinationen werden, in die man einsetzt wie man am Knopf eines Radiogerätes dreht ohne zu wissen, was dabei technisch geschieht; und das will Graumann natürlich nicht.

Bei einem praxisorientierten Unterricht sollen sich die mathematischen Inhalte aus „Sachproblemen", für die Schüler relevanten „Lebenssituationen" ergeben. Auch das ist nicht unproblematisch, wie wir bereits gesehen haben. Die Einführung mathematischer Begriffe wird uns im Rahmen des „projektorientierten Mathematikunterrichts" erneut beschäftigen.

Mit seinen Arbeiten hat Graumann die Diskussion um die Gestaltung des Mathematikunterrichts von „lebenspraktischen" Bezügen her bereichert. Im Gegensatz zu vielen anderen Autoren erkennt und anerkennt er die Schwierigkeiten der Eingliederung fachinhaltlicher Begriffe.

6 Projektorientierung

In Münzingers Schriften [81], [82] wird der gegenwärtige Mathematikunterricht vor allem an zwei Stellen kritisiert: (1) Orientierung „ausschließlich an der Struktur und dem Aufbau der Wissenschaft Mathematik" [82, S. 122]; (2) Realitätsferne der Sachaufgaben, die zur Lösung „wirklicher Lebenssituationen" nichts beitragen [81, S. 83]. Der projektorientierte Mathematikunterricht will die Fehler des traditionellen Sachrechnens und des strukturorientierten Mathematikunterrichts vermeiden. Der Schüler soll erfahren, „daß ihm durch die Mathematik ein Hilfsmittel in die Hand gegeben wird, sich ihm aus der eigenen Umwelt stellende Probleme zu bewältigen" [81, S. 83]. Zunächst überrascht, daß man in der Zielsetzung an das Vokabular aus der Didaktik des traditionellen Sachrechnens erinnert wird. Deutlich hebt sich jedoch die folgende Erklärung ab [82, S. 218]: „Projektorientierter Mathematikunterricht ist das bewußte und gezielte ‚Sicheinlassen' auf gesellschaftliche Verhältnisse, und er geht von einem Bewußtsein um konfliktträchtige Machtstrukturen aus."

Die folgenden sechs kurz kommentierten Merkmale mögen der Erläuterung der Projektorientierung von Unterricht dienen: Wie der praxisorientierte Mathematikunterricht, so will der projektorientierte Mathematikunterricht seine Inhalte nicht fachimmanent begründen, sondern „aus der Umwelt, aus Problemen des alltäglichen Lebens, aus der Realität" [82, S. 214]. „Realität" muß „gesellschaftlich relevant" sein. Daraus resultiert ein entscheidendes Auswahlkriterium für den Unterricht („Realitätsbezogenheit"). – Zum anderen soll von den „Interessen und Bedürfnissen der Schüler" ausgegangen werden („Bedürfnisbezogenheit"). Es ist hier zu fragen, wer tatsächlich über die Aufnahme eines

Inhaltes entscheidet unter dem Kriterium, „aktuelle und zu erwartende, drängende Probleme der Gesellschaft besser zu verstehen und möglicherweise einer Lösung zuzuführen" — der Lehrer oder der Schüler? Oder identifiziert der Lehrer unkritisch *seine* „Bedürfnisbezogenheit" mit der seiner Schüler? — Wegen der Komplexität kann „Realität" nur interdisziplinär angegangen werden, Mathematik liefert einen Teilbeitrag zu einer insgesamt gesellschaftlichen Situation (,,Fächerintegration"). Eine vornehmlich mathematische Betrachtung der „Realität" ist gewiß abzulehnen, aber ist nicht eine dominant gesellschaftskritische Betrachtung genauso einseitig?[54]) — Weitere Merkmale des projektorientierten Mathematikunterrichts sind „kollektive Realisierung" (die am Projekt Beteiligten legen die Themen fest und erarbeiten sie in Kooperation, d. h. die soziale Komponente bezieht sich nicht allein auf die Unterrichtsform, sondern genau so auf die (richtigen!) Inhalte (,,soziale Relevanz")) und „Selbstevaluation" (Projektprodukt ist nicht der Lernprozeß, sondern ist Veränderung der Situation; hieran erfährt der Schüler die „Qualität des Gelernten").

Zahlreich sind die Fragen, die sich dem um einen kritischen Standpunkt bemühten Leser stellen, und sie gleichen den Fragen im Zusammenhang mit dem praxisorientierten Mathematikunterricht. Zunächst fällt auf, daß Münzinger (wie der „traditionelle" Didaktiker) den eigenen ideologischen Ansatz nicht reflektiert, vielleicht sogar die Notwendigkeit einer Reflexion (auch) nicht bemerkt. Die Folgen sind Einseitigkeit und Polemik. Worauf beziehen sich die angesprochenen „gemeinsamen Interessen" von Schüler und Lehrer? Auf Umgestaltung der Gesellschaft? Warum soll Mathematikunterricht nur auf Kapitalismus, freie Marktwirtschaft und beispielsweise nicht auch auf Sozialismus und Planwirtschaft abgeklopft werden? Ist nicht die Gefahr groß, daß die Schüler durch die Beziehung einseitiger Positionen gar nicht die Fähigkeit erlernen, abwägend, d. h. nach unserem Verständnis kritisch, zu urteilen? Wie soll der Schüler, der nur nach seinen Interessen einen Lehrgegenstand aussucht, Sachverhalte kennen und beurteilen lernen, die sich noch nicht in seinem Erfahrungshorizont befinden? Dazu paßt eine weitere Bemerkung bei der Besprechung der Unterrichtseinheit „Landwirtschaft im Mathematikunterricht": „Die im Unterricht herrschende Sprache ist die praktizierte Sprache des Schülers" [82, S. 218]. Ist die Entwicklung der Sprache durch den Rahmen häuslicher Umgebung abgesteckt? Und weiter heißt es zu derselben UE: „Realität wird so angegangen, wie sie sich Schülern darstellt: als Ganzes, der Erfahrungszusammenhang ist nicht teilbar, Mathematik erscheint nicht als isolierte Wissenschaft." Genauso wenig wie Mathematik als isolierte Wissenschaft dem Schüler „erscheinen" kann, wird sie sich ihm im Erfahrungszusammenhang offenbaren, sie ist „praktisch" nicht erfahrbar! Wie soll der Schüler dann aber lernen, „mathematikhaltige Probleme" zu erkennen, wie „zwischen inhaltlichen Sachzusammenhängen und formal-logischen bzw. rechnerisch-mathematischen Zusammenhängen zu unterscheiden", wie „Rechenprogramme zu entwerfen" usw.[55]) [82, S. 219]? Wann und wo sollen diese Qualifikationen erworben werden? Hält die Motivation so lange, daß auch Übungsphasen integriert sind? Nach Meinung Münzingers steht die „Fachkompetenz" der Mathematiklehrer u. a. einer Verwirklichung des projektorientierten Mathematikunterrichts entgegen. Wir fragen umgekehrt: Was wird in einem projektorientierten Mathematikunterricht aus der „Mathematik", die ja als Fach theoretisch keine Existenzberechtigung mehr hat? Will und kann man „Mathematik" gerade so weit auf die Bühne unterrichtlichen Geschehens bringen, wie es für die jeweiligen Schüler, die an einem Projekt arbeiten, angemessen und erwünscht ist? Da solcher Umgang mit

Mathematik nicht der „Wirklichkeit" entspricht, wie soll der Schüler dann die Anwendung der Mathematik in der Welt, in der er lebt, verstehen und beurteilen?

Eines Einstiegs wegen in dem Erlebnisbereich der Schüler Mathematik aufzuspüren, das ist ein derzeit wieder allgemein sehr beliebtes methodisches Vorgehen, „praxisnaher" Einstieg genannt. Bei Münzinger [81, S. 53] heißt es dazu: „Die Einstiegsaufgabe ist in dem Augenblick sofort vergessen und interessiert auch den Lehrer nicht mehr, wenn mit ihrer Hilfe ein mathematisches Problem entdeckt wurde." Diese Kritik an der Einführung mathematischer Begriffe trifft jedoch nur zur „Hälfte". Denn in den meisten Fällen wird Mathematik gar nicht entdeckt, sondern dem Schüler wird solches suggeriert. Nehmen wir als Beispiel die Einführung der negativen Zahlen. Zumeist wird unreflektiert das Soll-Haben-Modell oder das Thermometer-Modell dazu mißbraucht. Denn die negativen Zahlen werden in der „Praxis" gar nicht benutzt, wenn man mit den rot und schwarz gedruckten Zahlen seines Kontoauszuges rechnet oder Temperaturunterschiede bestimmt. So besteht gar keine Stringenz, sich negative Zahlen auf die genannte Weise zu verschaffen.[56] Darum muß die Praxis zunächst entstellt werden. Es fällt schwer einzusehen, warum man „Einführungen" dieser Art „anschaulich" zu nennen pflegt! Nach der Behandlung der negativen Zahlen kommt man dann auch nicht auf das Thermometer zurück, die Schüler benutzen das Meßgerät genau in derselben Weise wie vorher. Mathematisieren von Situationen? „Mathematik zur Bewältigung der Umwelt" oder „Umwelt zur Bewältigung der Mathematik"? [81, S. 53]. — Ob die Lehrer wirklich glauben, mit Situationen solcherart praxisbezogen gearbeitet zu haben? Jedenfalls scheinen viele von ihnen mit diesen Einstiegen zufrieden. Glaubwürdig ist die Einführung der negativen Zahlen dagegen innermathematisch: Man versucht, die Aufgabe $a - b$, $b > 0$; $a, b \in \mathbb{Q}^+$ mit zwei Additionsstäben zu veranschaulichen, und sieht, daß man dabei ins Leere stößt. Wenn man diesen Mangel beheben will, muß man die Punkte links vom Nullpunkt mit Zahlen besetzen. Das ist doch ganz „natürlich" und im eigentlichen Sinne des Wortes „praxisnah".

Dem „traditionellen" Irrtum[57] von der allgegenwärtigen Mathematik unterliegt leider auch Münzinger: „Wenn Mathematik in jedem Bereich unserer Umwelt eine Rolle spielt, dann muß auch zu jedem Thema aus beliebigen Lebensbereichen (der Schüler) Mathematikunterricht möglich sein"[58] [81, S. 54]. Wir wollen hier das „Praxisbeispiel Fußball" [81, S. 51 ff.] auf die uns interessierende Problematik hin befragen. Zitieren wir zunächst aus der Zielsetzung: „Das entscheidende Ziel der Unterrichtseinheit, womit sie sich von den traditionellen Formen sachbezogenen Arbeitens im Mathematikunterricht wesentlich abheben sollte, war, daß Verlauf und Ende der Einheit nicht dadurch bestimmt würden, wann bestimmte mathematische Inhalte von den Schülern selbständig beherrscht würden, sondern dadurch, wie und wann ein Fußballmeister ermittelt wird. — Mathematische Inhalte sollten nur in dem Umfang ermittelt werden, wie sie wirklich zur Bewältigung der gestellten Aufgaben erforderlich sind. Es sollte darauf verzichtet werden, für die Vollständigkeit fachlicher Inhalte zusätzliche Probleme zu konstruieren. — Da die Notwendigkeit einer Vervollständigung im fachwissenschaftlichen Bereich durchaus besteht, sollte eine anschließende Lehrgangsphase eines der angesprochenen mathematischen Themen wieder aufgreifen und inhaltlich ergänzen und Inhalte in die Systematik des Faches einordnen." Warum jedoch die Notwendigkeit einer Vervollständigung besteht und wie und wann die

Systematik des Faches gelernt werden soll, das bleibt genauso im Dunkeln wie bei der Praxisorientierung des Unterrichts.

Nach Diskussion über mögliche Themen, Themenauswahl und Materialbedarfsfeststellung (Tischfußballspiele) taucht endlich gegen Ende des Punktes „Klärung von organisatorischen Fragen" („K.-o.-System" oder „Jeder-gegen-jeden-System") zum ersten Male in der UE ein „mathematischer Gehalt" auf: „Anzahl der Spiele bei einem ‚Jeder-gegen-jeden-System' berechnen. (Kombinatorik) Spielpaare mit Relationstabelle darstellen. (Formel)" — Man wundert sich, in der nebenstehenden Spalte „Ein möglicher Unterrichtsablauf" bei der Berechnung eines unmittelbar interesssierenden Ergebnisses (Anzahl der Spiele bei 10 Mannschaften) die Variablenschreibweise und eine Formel vorzufinden[59]): „Es spielen n = 10 Mannschaften gegen n − 1 = 9 Gegner. Daraus ergibt sich eine Gesamtspielzahl von n · (n − 1) = 90 Spielen. Da aber jedes Spiel doppelt vorkommt, also 4 gegen 5, aber auch 5 gegen 4, hat bereits bei der Hälfte der Spiele jeder gegen jeden gespielt. Daraus ergibt sich die Formel für die Anzahl der Spiele wie folgt: Anzahl der Spiele $= \dfrac{n\,(n-1)}{2}$."

Im nächsten Abschnitt der UE geht es um „Bewertung der Spiele und Rangfolge der Mannschaften" *und* um die ganzen Zahlen. Wir reproduzieren als Bild A2 ein Stück aus den Spalten „Ein möglicher Unterrichtsablauf" und „mathematischer Gehalt", wozu nur wenige Bemerkungen nötig sind. — Die geforderten „Berechnungen" und „Anordnungen" lassen sich doch wohl besser ohne negative Zahlen durchführen. Hier identifiziert der *Lehrer* „Pluspunkte" und „Minuspunkte" mit positiven und negativen Zahlen! Die *Schüler* aber würden sich so verhalten wie der am Fußball Interessierte, der die Rangreihenbildung von Vereinen auf ganz „natürliche" Weise vornimmt, ohne die negativen Zahlen zu bemühen, ganz gleich, ob er sie in der Schule kennengelernt hat oder nicht. Wie soll sich dann aber die Bedeutung der negativen Zahlen beim Fußball und im Bereich (?) der ganzen Zahlen erweisen? — Als weitere Qualifikation wird anschließend genannt: „Im Umgang mit Tordifferenzen die Gesetze für die Anordnung und für die Addition in der Menge der ganzen Zahlen erkennen und anwenden". „Mathematischer Gehalt" sind dabei die „Regeln für die Addition ganzer Zahlen." — Werden mathematische Termini (ganze Zahlen, Gesetze, Regeln usw.), über die Konsens besteht, hier in anderer Bedeutung benutzt, oder haben die Autoren ihre eigene „Mathematik" entwickelt?

Für jedes Spiel gibt es 2 Punkte:
gewonnenes Spiel: 2 Pluspunkte
verlorenes Spiel: 2 Minuspunkte
unentsch. Spiel: 1 Pluspunkt
und 1 Minuspunkt
Die aus allen Spielen erworbenen Punkte werden wie folgt notiert:
1. FC Köln 20:16
An erster Stelle stehen die Plus-Punkte (20), an zweiter Stelle stehen die Minus-Punkte (16).
Die Mannschaft 1. FC Köln hätte in unserem Beispiel 20 Plus- und 16 Minus-Punkte im Verlauf des Spiels erworben.

positive und negative Zahlen, ihre Bedeutung beim Fußball und im Bereich der ganzen Zahlen.

Bild A2 [42, S. 65]

7 Sachrechnen zwischen lebensweltlichem und mathematischem Wissen

von Käte Meyer-Drawe

7.1 Szientifizierung der Lebenswelt oder Entmathematisierung der Mathematik?

Niemand wird in fachdidaktischen Diskussionen bestreiten, daß man im Mathematikunterricht von den Erfahrungen der Schüler auszugehen habe. „Die Forderung, Mathematik nicht als abstraktes, von der Realität isoliertes Wissen im Unterricht zu behandeln, sondern den Schüler sie auch als brauchbares Instrument zur Beschreibung, Erfassung, Darstellung von Sachverhalten und zur Lösung von Problemen aus der uns umgebenden Realität erfahren zu lassen, ist ein altes Anliegen des mathematischen Unterrichts" [34, S. 9].

Problematisch wird dieses selbstverständliche Prinzip, das unter dem Stichwort „Lebensnähe" sowohl in der schulpraktischen Diskussion als auch in der wissenschaftlichen Literatur aufzufinden ist [79], nicht erst dann, wenn man nach einer „kollektiven Beschreibung" seines Inhalts[60] sucht oder nach zeitresistenten Kriterien seiner Bestimmung. Vielmehr ist bereits grundsätzlich zu fragen, wie denn an die Erfahrung der Schüler anzuknüpfen sei.

In neueren Bemühungen, die „abstrakte" und „formale" Mathematik zugunsten praxisrelevanter Thematiken aufzubrechen, versucht man, den Mathematikunterricht an verschiedenen Bedürfnissen zu orientieren: So spricht man von „Problemorientierung", „Anwendungsorientierung", „Praxisorientierung", „Kreativitätsorientierung", „Handlungsorientierung", „Projektorientierung", „Schülerorientierung", „Umweltorientierung" und „Berufsorientierung". In der Fülle der Orientierungen scheint das Mathematische unterzugehen.

Es ist nämlich gar nicht so einleuchtend, daß „das Aufzeigen der Anwendbarkeit von Mathematik zur Lösung realer Problemsituationen eine wesentliche Einsicht in die Bedeutung der Mathematik für die Bewältigung von Aufgaben unseres Alltagslebens" ermöglicht [34, S. 10]. Denn mathematische Erkenntnis bedeutet mehr als das bloße „Umfingieren" lebensweltlicher Erfahrung. Sie ist eine Idealisierung der anschaulich gegebenen Realität, durch die denknotwendige, überzeitliche, identische und exakte Gegenstände und Strukturen konstruiert werden.[61] Weil es sich hier nicht um ein Regelwissen handelt, das in unserem alltäglichen Handeln fungiert, hat es der Mathematikunterricht ganz offensichtlich schwerer als andere Fächer; denn sein Gegenstand ist in unserer konkreten, intersubjektiven Erfahrung prinzipiell nicht auffindbar.

Diese grundsätzliche Überlegung soll nun nicht dazu verführen, das Pendel mathematikdidaktischer Trends wieder zur anderen Seite ausschlagen zu lassen: Mathematik als unzugängliche, abstrakt-formale Autorität. Vielmehr ist die Alternative: „Soll der Mathematikunterricht auf Lebensnähe und unmittelbar praktisch anwendbare Kenntnisse oder auf mathematische Bildung, strukturelles Denken bzw. allgemein Denkerziehung hinarbeiten?" [119, S. 9] falsch gestellt. Die Alternative zwischen der Entmathematisierung der Mathematik oder der Szientifizierung der Lebenswelt führt nämlich zu einem künstlichen Brückenschlag zwischen den konkret-kommunikativen Handlungsvollzügen alltäglicher Praxis und der mathematischen Erkenntnis, der die spezifischen Besonderheiten beider Sichtweisen verwischt und sie als strukturell gleiche Wissensweisen von nur gradueller Verschiedenheit behandelt. „Der Mensch besitzt das Bestreben", so meint Winter [131, S. 109], „über die Wirklichkeit zu sprechen, Zusammenhänge zu erkennen, Erklärungen zu finden, andere davon zu überzeugen, kurz: Erfahrungen zur Wirklichkeit rational zu ordnen. Im mathematischen Denken ist dieses allgemeine Bestreben ‚lediglich' rigoros hochstilisiert." Der Didaktiker muß also, um geeignete Inhalte zu finden, nach den „mathematischen Grundtätigkeiten" fragen, „die sich aus der ‚normalen', alltäglichen allgemeinen Denkpraxis heraus fortstilisiert haben und demgemäß bei ihrer Entwicklung noch am stärksten allgemeine (vor allem) kognitive Anlagen und Fähigkeiten mit beeinflussen können" [131, S. 107]. Der allgemeinen Entwicklung mathematischer Grundtätigkeiten entspricht dabei die individuelle Entwicklung der Lernenden, so wie sie sich in der Perspektive der Piagetschen Theorie der operativen Intelligenz darstellt: „Die logisch-mathematischen Operationen entspringen aus den Aktionen selbst, da sie das Produkt einer Abstraktion sind, die von der Koordination der Handlungen und nicht von den Objekten ausgeht. Beispielsweise werden die ‚Ordnungs'-Operationen der Koordinierung von Aktionen entnommen, denn, um eine bestimmte Ordnung in einer Reihe von Objekten oder einer Folge von Ereignissen zu entdecken, muß man imstande sein, diese Ordnung mittels Handlungen zu registrieren, welche (von den Augenbewegungen an bis zur manuellen Nachbildung) selbst geordnet sein müssen: Die objektive Ordnung wird also nur mit Hilfe einer den Aktionen selbst inhärenten Ordnung begriffen" [87, S. 263]. Die Operationen der formalen Phase schließen sich an eine „prälogische" oder „präoperative" Periode der Entwicklung an [87, S. 260]. Sowohl eine Legitimierung mathematischen Unterrichts in einer solcherart beschriebenen Genese menschlichen Erkennens als auch in einer „anthropologischen Konstante", wie sie sich scheinbar aus dem Ordnungsbestreben des Menschen ergibt, ist jedoch sehr problematisch, denn sie ist in einem fragwürdigen Menschenbild fundiert. Weshalb sollte der Mensch die Neigung haben, seine Wirklichkeit rational zu ordnen? Wird hier nicht eine historisch verhältnismäßig späte Gestalt menschlichen Selbst- und Weltverhältnisses zu einer anthropologischen Grundannahme fixiert und mathematisches Erkennen zu einer Wesenseigentümlichkeit hypostasiert?

Mathematische Erkenntnis ist vielmehr eine bestimmte Deutung der Realität, die als hypothetisches Wissen mittels mathematischer Begriffssysteme Voraussagen ermöglichen und Entscheidungen — z. B. in ökonomischen Bereichen — vorbereiten kann. Die Beherrschung der Natur durch die Unterstellung mathematischer Gesetzmäßigkeiten versprach zumindest zu Beginn der Neuzeit, die Lebensverhältnisse der Menschen im Sinne von mehr Humanität zu verbessern (Maschinen erleichtern die Arbeit, die Medizin kämpft erfolgreich gegen Seuchen und frühes Sterben usw.). Das Verfügen über Existenzbedingungen, denen man bis zu dieser Zeit eher ausgeliefert war, wurde möglich durch die Anwendung mathematischer Methoden: man unterstellte, daß Naturprozesse gesetzmäßig verlaufen, und konnte so Bedingungen erkennen und konstruieren, unter denen sich ganz bestimmte Vorgänge produzieren ließen. Diese Gesetze wurden aber nicht in den empirischen Vollzügen entdeckt. Vielmehr mußte z. B. Galilei gegen jede alltägliche Erfahrung annehmen, daß im luftleeren Raum alle Körper mit der gleichen Beschleunigung fallen. Er konnte kein Vakuum herstellen, und unsere Erfahrung zeigt uns tagtäglich, daß ein Stein schneller fällt als ein Blatt Papier, daß Rauch sogar aufsteigt, und ähnliches mehr. „Galilei tat seinen großen Schritt, indem er wagte, die Welt so zu beschreiben, wie wir sie nicht erfahren. Er stellte Gesetze auf, die in der Form, in der er sie aussprach, niemals in der wirklichen Erfahrung gelten und die darum niemals durch irgendeine einzelne Beobachtung bestätigt werden können, die aber dafür mathematisch einfach sind. So öffnete er den Weg für eine mathematische Analyse, die die Komplexheit der wirklichen Erscheinungen in einzelne Elemente zerlegt" [126, S. 107].

Die Physik ist der Prototyp der angewandten Mathematik, was allerdings weder in didaktischen Überlegungen noch in Schulbüchern hinreichende Beachtung findet. Im Gegensatz zur aristotelischen Naturbeschreibung ist die neuzeitliche mathematische Naturwissenschaft darauf aus, Naturprozesse zu manipulieren, herzustellen, technisch verfügbar zu machen. Es wird deutlich, daß das rationale Ordnungsstreben des Menschen nicht als anthropologische Fundierung mathematischen Denkens angenommen zu werden braucht. Vielmehr belehrt uns die Geschichte anderer Kulturen darüber, daß die Ausbildung der Mathematik als Methode neuzeitlicher Wissenschaft keine präobjektive ontologische Bestimmung ist. „Die klassischen Kulturen Vorderasiens, Indiens, Ostasiens, älter als die Kultur des Abendlands und ihr bis tief in die Neuzeit hinein politisch, wirtschaftlich, technisch, sittlich, metaphysisch gewachsen, wo nicht überlegen – sie alle haben mathematische Naturwissenschaft nicht als großes Denksystem, sondern allenfalls als handwerkliche Weisheit oder als Spiegelung der Metaphysik, kurz als eines der vielen Blütenbeete im Garten der Kultur entwickelt. Man kann die chinesische Mauer, die Tempel Indiens, die Basare von Bagdad bauen, man kann Welthandel auf Karawanenstraßen und mit Segelschiffen betreiben und die Jahre nach dem Lauf der Gestirne einteilen, ohne ein mathematisiertes Weltbild zu entwickeln" [127, S. 92 ff.].

So erweist sich Mathematik als Voraussetzung für eine besondere Weise des Welterkennens und nicht nur als Hochstilisierung eines Wesensmerkmals des Menschen. „Das Mathematische ist, als mente concipere, ein über die Dinge gleichsam hinwegspringender *Entwurf* ihrer Dingheit. Der Entwurf eröffnet einen Spielraum, darin die Dinge, d. h. die Tatsachen sich zeigen" [50, S. 70]. Angesichts dieser Bedeutung der Mathematik, ohne die die neuzeitliche Naturwissenschaft nicht denkbar wäre – sei es in bezug auf ihre positiven oder auch in bezug auf ihre negativen Konsequenzen –, erscheint es uns künstlich, Mathematikunterricht als eine Form alltäglicher Welt- und Selbstverständigung zu legitimieren.

Daß Mathematik nicht von sich aus auf die konkrete Wirklichkeit zeigt, muß als eine Schwierigkeit der didaktischen Reflexion aufgenommen werden, der man nicht dadurch begegnet, daß man sie unterschlägt. Vielmehr müssen wir den hypothetischen Charakter mathematischen Wissens erkennbar halten und von unserem lebenspraktischen Zurechtfinden in ständig wechselnden Situationen unterscheiden.[62]

Daß Mathematik als mente concipere einen eigenen Gegenstandsbereich konstituiert, bleibt verdeckt, wenn sie nicht unterschieden wird von anderen Formen lebensweltlichen Wissens. In der Anwendung mathematischen Wissens „bewältigen wir Umweltsituationen" nicht in der Weise, daß wir uns nun wieder zurechtfinden, nachdem wir

Störungen und Hindernisse beiseite geschafft haben, sondern es geht um die Exaktheit des Wissens, um Wiederholbarkeit des Erkenntnisprozesses, um Reproduzierbarkeit der Ergebnisse, primär um Erkennen und nicht um Tätigsein innerhalb konkreter Konfliktsituationen.

7.2 Zum Problem der Anwendung von Mathematik

Daß Mathematik abstrakt, formal, „lebensfern" u. ä. ist, sollte durch die vorangegangenen Überlegungen von der üblichen Pejoration befreit werden. Dabei hatten wir das „Mathematisieren" und nicht das „Quantifizieren" im Blick. Quantifizieren ist eine Tätigkeit, bestimmte Wirlichkeitsbereiche, die das zulassen, zumeist sogar von sich aus darauf verweisen, unter numerischen Aspekten zu beschreiben. Dabei werden geübte Verfahren benutzt, eine ausdrückliche Erkenntnisleistung erscheint als nicht notwendig. Die Unterscheidung zwischen „Mathematisieren" und „Quantifizieren" ist aus sachlichen und didaktischen Gründen notwendig. Dabei ist das eine keine Erweiterung des anderen.[63] Vielmehr zeigt sich uns im Mathematisieren von Umweltsituationen der Entwurf-Charakter mathematischen Wissens, so daß sich der Erfahrungshorizont des Lernenden *substanziell* ändert und sich nicht nur erweitert oder neu strukturiert. Der Lernende erkennt hier nämlich die Idealgestalt mathematischer Gegenstände, die nur als gedachte existieren und nicht als Objekte empirischen Erkennens. „Die mathematischen ‚Gegenstände' … sind Abstraktionen von solchen Physiognomien oder Bildern (z. B. vom Zählen, Anm. d. Verf.), festgelegte Deutungen im Sinne von Regeln, die man sich auferlegt, um immer wieder dasselbe Bild zu bekommen" [37, S. 129]. Es geht also um das „immer wieder selbe Bild". Mathematik ist ein denknotwendiger Zusammenhang identischer, überzeitlicher Elemente. In der Anwendung von Mathematik geht es also nicht darum, Situationen einmal so und das andere Mal in anderer Weise zu „bewältigen", sondern darum, daß dieselbe Physiognomie in verschiedenen Kontexten unterstellt werden kann, um so zu einer größtmöglichen Einheitlichkeit und Systematik zu gelangen.[64]

Diese Beschreibung steht quer zu dem üblichen Anwendungsbegriff, wie er in didaktischen Überlegungen zum Sachrechnen fungiert und von Oehl [85] zum ersten Mal terminologisch fixiert wurde. Ob sich in einer Sachsituation nämlich mathematische Erkenntnisweisen anwenden lassen, bemißt sich nach seiner Meinung zum einen an der besonderen Art des mathematischen Begriffs; zum anderen entscheidet darüber die psychologische Auffassung, „daß der Schüler die in der Sachsituation der Aufgaben *verborgene* mathematische Beziehung *entdecken* muß" [85, S. 112].[65]

Neuerdings hebt Griesel den von Oehl geprägten Begriff der Anwendung als „*Ausprägung* des Mathematischen aus der Sachsituation" im Unterschied zur *Aufprägung* [85, S. 112], in der wir den Hypothesis-Charakter der Mathematik wiedererkennen, betont hervor, indem er ihn zum didaktischen Prinzip erklärt: „*Für das gesteuerte Lernen von Mathematik ist es günstig, wenn die zu lernenden bzw. zu bildenden Begriffe vom Schüler selbst aus Umweltbezügen herausgelöst werden, weil dann die beste Gewähr besteht, daß sie vom Schüler auch wieder auf Umweltbezüge angewendet werden können*" [45, S. 62][66].

Was sich bei Oehl noch mystisch anhört, wenn er von dem „Herauswachsen des Begriffs" spricht, das der Schüler „erleben" soll[67], das wird bei Griesel zur nüchternen „Tatsache": „Das Prinzip besagt nicht, daß Umweltbezüge nur als mehr oder weniger äußerliche Motivation für die Einführung neuer Begriffe dienen sollen, sondern daß die Begriffe selbst aus den Umweltbezügen gewonnen, entwickelt, geschaffen werden. Das ist nicht dasselbe" [45, S. 62]. Bemerkenswert ist dann allerdings, daß Griesel ausgerechnet Beispiele wählt, die die Idealgestalt mathematischer Gebilde in unserem Sinne dokumentieren: negative Zahlen und den Begriff der Menge. „Die zweifellos elementarste Verwendung der negativen Zahlen ist nämlich die als Koordinaten, z. B. bei Pegelständen, Temperaturen, Kontoständen, Zeitangaben, Punkten der Zahlengeraden usw." [45, S. 67]. Ohne weiter auf die Konsequenzen dieser Auffassung einzugehen — Griesel schränkt sie selbst unmittelbar darauf ein, wenn er ausführt: „Schon bei der Einführung der Multiplikation für rationale (insbesondere zwei negative Zahlen) ist es nicht mehr möglich, das Prinzip anzuwenden, weil es keine Umweltbezüge gibt, aus denen heraus beispielsweise die (hier vereinfacht formulierte) Regel ,minus mal minus ergibt plus' herausgelöst werden könnte" [45, S. 69] —, sei hier darauf verwiesen, daß in den genannten Beispielen die Kenntnis der negativen Zahl als mathematischer Gegenstand nicht vorausgesetzt zu werden braucht, ja sogar hinderlich sein kann. Sowohl Kontostände als auch Pegelstände (was sich beliebig ergänzen ließe), behandelt man im alltäglichen Leben als „Größen". Man sagt 300 DM Soll und nicht − 300 DM; auch werden Pegelstände mit der Angabe „unter Null" versehen; Temperaturangaben sind mit Qualitäten verbunden[68].

Der mathematische Gebrauch der negativen Zahl oder der mathematische Gebrauch des Begriffs „Menge" unterscheiden sich ganz offensichtlich von unserer umgangssprachlichen Verwendung dieser Wörter.[69] Natürlich sind die mathematischen Begriffssprache und unsere umgangssprachliche Redeweise nicht vollständig inkompatibel. Vielmehr zeigt sich, daß wir einige Bedeutungen übernehmen können und andere substanziell ändern müssen. Ströker schlägt hier vor, die „Übertragung" von der „Transposition" einer Bedeutung zu unterscheiden. „Bei der ersteren handelt es sich schlicht um ein Übernehmen einer außerwissenschaftlich bereits gegebenen und erfaßten Bedeutung in den geoemtrischen Bereich (wir können allgemein sagen: in den mathematischen Bereich, Anm. d. Verf.), welche hier nur präzisiert wird und gleichsam eine scharfe Bedeutungs*umgrenzung* erhält, während bei der Transposition (,Übersetzung') eines Begriffs in die mathematische Sphäre eine Bedeutungs*modifikation* statthat" [120, S. 260].

Durch diese Unterscheidung erhält der *Anwendungsbegriff* eine neue Möglichkeit zur Differenzierung: Um Übertragung handelt es sich in Prozessen der *Quantifizierung*, denn hier brauchen die Beziehungen nicht mathematisch umgedeutet zu werden, es wird auf sie vielmehr nur ein numerischer Bezug angewendet. Bei der *Mathematisierung* handelt es sich im Unterschied dazu um eine Modifikation der Bedeutung: die wirkliche Situation wird zu einer identischen Struktur mit definiten Eigenschaften idealisiert.

7.3 Der Hypothesis-Charakter der Angewandten Mathematik

In einigen neueren didaktischen Überlegungen deutet sich eine Skepsis gegenüber einem allzu naiven Anwendungsbegriff an. Dementsprechend finden wir auch Bemühungen, die „Eigen"-Aktivität des Schülers zu thematisieren, ohne sie lediglich als entwicklungsnotwendige Phase auf dem Wege zur Rationalität von Erwachsenen einzuschätzen. So versucht z. B. Krummheuer [64, S. 531], die Sinnkonstituierung auf seiten der Schüler aufzuklären: „Der Kontext, in den ein Individuum eine Situation stellt, innerhalb dessen es einem Objekt eine Bedeutung zuweist, der also den Rahmen und die Bedingungen für die Erstellung eines Sinnzusammenhanges durch ein Individuum angibt, wird im allgemeinen die ‚Lebenswelt dieses Individuums' genannt." Wir können in diesem Rahmen nicht die bedenkliche Verkürzung des Lebenswelt-Begriffs, der auf die Phänomenologie Husserls zurückgeht, verfolgen, aber es wird dennoch deutlich, daß sie hier die Konstituierung von Sinn in das Subjekt zurückzieht, wohingegen sich Sinn in konkreten Kontexten vielmehr präpersonal durch spontane Akte, aber auch durch Sedimentierungen (z. B. in Traditionen) bildet, ohne das Produkt eines einzelnen Bewußtseins zu sein. Die Subjektivierung der Sinnkonstitution führt Krummheuer dann auch dazu, mathematisches Verstehen bzw. das Nicht-Verstehen mathematischer Zusammenhänge psychoanalytisch zu erklären.[70])

Was auf den ersten Blick als Möglichkeit erscheint, Mathematisieren als einen bestimmten Prozeß, in dem wir unsere Realität deuten, zu beschreiben, zeigt sich doch wieder als ein Denken, das den konkreten Vollzug des Mathematisierens überspringt. Durch den Filter der „Identitätsbalance" betrachtet, kommt das Anwenden mathematischer Methoden nur als Herstellen von Identitäten im Rahmen des „adoleszenten Egozentrismus" in den Blick.

Versuchen wir einmal, das Problem der Anwendung mathematischen Wissens auf Umweltsituationen so zu präzisieren, daß Fehlschläge nicht zu Lasten des Unvermögens einzelner oder der Retardierung von Entwicklungsvorgängen gehen, so müssen wir genau beschreiben, was sich im konkreten Vollzug des Mathematisierens ereignet. Es zeigt sich, „daß kein phantasiemäßiges Umfingieren der anschaulichen Raumgestalten zu den exakten Gestalten der Geometrie (auch der Mathematik im allgemeinen, Anm. d. Verf.) führt, sondern nur eine Methode der Idealisierung des anschaulich Gegebenen; und so für alle die naturwissenschaftlichen Bestimmungen, die dem Seienden als seine Bestimmungen an sich unterlegt werden" [53, S. 41]. Mit der Idealisierung wird nichts anderes geleistet „als eine ins Unendliche erweiterte Voraussicht des in der Erfahrung zu Erwartenden" [53, S. 41]. Mathematische Gestalten sind Limesgestalten der Erfahrung, die als solche innerhalb konkreter Vollzüge nicht anschaulich erfahrbar sind. Anwendung kann daher nur bedeuten, daß konkrete Umweltsituationen ganz bestimmten Hypothesen unterworfen werden und so exakte Erkenntnis ermöglicht wird. Und weiter: Angewandte Mathematik setzt die Idealisierung voraus und stellt deshalb einen besonders schwierigen Lerngegenstand dar, wobei die Schwierigkeiten aus der Struktur des Lernvollzugs und nicht allein aus den vielfach kritisierten Aufgaben stammen. Infolgedessen verschleiern das Prinzip der Lebensnähe oder das Prinzip der „Herauslösung eines Begriffs aus Umweltbezügen" (Griesel [45]) die Zumutung an den Schüler, der zunächst mit der Vertrautheit seiner Erfahrungsbezüge brechen muß, um sich die mathematische Sicht der Dinge zu öffnen, um dann diesen Zusammenhang von Konstrukten als ein „Kleid von Ideen" [53, S. 42 f.] seiner unmittelbaren, anschaulichen Erfahrung überzuwerfen.

Angesichts der diskutierten Schwierigkeiten muß man sich fragen, ob sich „Angewandte Mathematik" in der Schule überhaupt „lohnt". Man könnte doch auf das Mathematisieren verzichten und sich mit dem Quantifizieren oder dem Routinieren lebenspraktischer Zählverfahren begnügen. Dagegen spricht allerdings die historische Erfahrung der außerordentlichen Bedeutung mathematischen Erkennens, wie sie sich in folgendem Beispiel anschaulich ausspricht: Auf der ersten Genfer Konferenz über die friedliche Nutzung von

Kernenergie „trafen sich viele westliche und sowjetische Physiker zum ersten Mal, und viele bis dahin geheimgehaltene Information wurde öffentlich bekanntgegeben. Es war ein erwartetes und doch erstaunliches Erlebnis, daß sich die numerischen Werte bestimmter atomarer Konstanten, die in tiefem Geheimnis in verschiedenen Ländern unter entgegengesetzten politischen Systemen und Glaubensbekenntnissen gemessen worden waren, beim Vergleich bis zur letzten Dezimale als identisch erwiesen. Nichts Entsprechendes geschah bezüglich der beiderseitigen Theorien über Staat und Gesellschaft. Der sowjetische und der westliche Wissenschaftler sind durch ein Band geeint, das kein politischer Meinungszwist zerreißen kann: durch eine gemeinsame Wahrheit" [126, S. 6].

Daß Angewandte Mathematik als legitimer Gegenstandsbereich innerhalb des Mathematikunterrichts bestehen bleiben muß, läßt sich nach dem Ausgeführten nicht mehr anthropologisch oder entwicklungspsychologisch begründen. Vielmehr leuchtet jetzt eine Notwendigkeit ganz anderer Art auf: um die Gefahren und Vorzüge einer zunehmend technologisch verfügten Welt kritisch beurteilen zu können, muß der Unterschied zwischen den verschiedenen Weisen des menschlichen Wissens offen gehalten werden. So könnte es uns u. a. gelingen, die Lernenden zu qualifizieren, kritisch (d. h. unterscheidend) über die Grenzen und Möglichkeiten neuzeitlicher Wissenschaften, die als solche Prototypen der Anwendung mathematischen Wissens sind, nachzudenken und zu urteilen.

Anmerkungen zu Abschnitt AI

[1]) Richtlinien [91, S. 27]. Dieser Satz findet sich inhaltlich wieder in den Richtlinien [47, S. B7/3]. Gärtner [33, S. 50] drückt das so aus: „Der Sinn des Rechnens liegt im Sachrechnen. Aus der Wirklichkeit ist das Rechnen entstanden, auf die Wirklichkeit ist es, jedenfalls im Sinne des volkstümlichen Rechnens im täglichen Leben, stets bezogen. Daß die Zahlbegriffe in ihrem logischen Wesen eine von aller Erfahrung unabhängige Geltung besitzen, beeinträchtigt diese Tatsache nicht." Bezugnehmend auf den Marxismus—Leninismus meint Lassner [66, S. 642], daß „die natürlichen Zahlen mit ihren Rechengesetzen der Realität abgelauscht" sind.

[2]) Im Abschnitt „Didaktische Hinweise" finden wir unter Punkt e) dazu zwei Sätze! — Die Mathematiker wehrten sich gegen die Auffassung, „als ob Rechnen und Mathematik wesensgleich oder auch nur verwandte Dinge wären, als ob Mathematik nichts anderes wäre als die Fortsetzung des kleinen und großen Einmaleins". „Das Rechnen ist eine Sache der Praxis, des privaten oder amtlichen Geschäfts, sei es nun für den Rechnungsbeamten oder den Kaufmann, die Hausfrau oder den Zahlkellner. ... Die Mathematik aber ist ein hohes und hehres, sie ist in ihrer umfassenden Allgemeinheit beinahe der Königin der Wissenschaften, der Philosophie, ebenbürtig, in gewissem Betrachte ... ihr sogar überlegen" (Auerbach [2, S. 10—11]).

[3]) Während es in der Volksschule „Mathematik" nicht gab, ist die Vokabel „Sachrechnen" im gymnasialen Bereich unbekannt geblieben. Daher fällt geradezu auf, daß Fritzenkötter in seiner Schrift [32, S. 5] einen kurzen Abschnitt „Sachrechnen in der 7. Klasse" überschreibt. Dieser Terminus wurde aber nicht von den Empfehlungen [105] übernommen, bei deren Abfassung die Schrift [32] als Gutachten zugrundelag.

[4]) Wir bemerken noch, daß Oehl für den Bildungsplan des Faches Mathematik in [47] verantwortlich zeichnet.
Wer sich für das Sachrechnen aus historischer Sicht interessiert, sei auf das Buch [46] von Grosse hingewiesen. Auf S. 4 heißt es dort, daß „das (rechenunterrichtliche) Sachprinzip sowohl wie der Gedanke des sittlichen Bildungswertes des Rechnens ... sich wie ein roter Faden durch die ganze Entwicklungsgeschichte des Rechenunterrichts hindurch(zieht)". — Auch Kühnels 1916 erschie-

nene Rechendidaktik [65] ist sehr aufschlußreich für unser Thema. Vgl. dazu die Dissertation [99] von Schmidt.

[5]) Vgl. auch Oehl [85, S. 241].

[6]) Gärtner [3, S. 222] versteht das Lösen als ein Ableiten oder Finden der durchzuführenden Rechen-operationen aus der Sachlage, als ob Rechen-Zusammenhänge aus Sach-Zusammenhängen (logisch?) herleitbar wären, ohne daß diese zuvor dort versteckt wurden. Wir kommen darauf zurück.

[7]) Oehl unterscheidet nicht durchgehend streng zwischen Sach- und Textaufgabe. Klassifizierungen von in Textform gegebenen Aufgaben findet man häufig in der Literatur. Das ist sicher ein Indiz für die Schwierigkeit, den Lebensbezug in den Aufgaben zu erfassen, und ist als Teil des Versuches anzusehen, einen methodischen Weg zum Sachrechnen hin zu konstruieren. (Klassifizierungen u. a. in Palzkill [86], Maier [74, S. 155].)

[8]) „Die Bezeichnung ‚Bürgerliches Rechnen' weist .... darauf hin, daß es sich zunächst um ein Rech-nen der Erwachsenen im bürgerlichen Leben handelt, also um ein angewandtes Rechnen, das die Rechenfälle des Haushalts und teilweise auch des Berufslebens umreißt" (Gärtner [3, S. 219]). Die Termini „Bürgerliches Rechnen" und „Schlußrechnung" werden häufig synonym gebraucht.

[9]) Die Rechenbücher enthielten für die Volksschuloberstufe Sachgebiete wie „Gewinn und Verlust", „Rabatt und Skonto", „Hypotheken — Rentabilität — Bauen", „Von den Steuern", „Versiche-rungen", „Aus Land- und Forstwirtschaft". (Kruckenberg u. Oehl [63].)

[10]) Das heißt hier: bezogen auf die Erwachsenenwelt. „Wir versetzen ... unsere rechnenden Kinder, soweit es sich tun läßt, in die Rolle des rechnenden Erwachsenen" [33, S. 53]. Jeziorsky ist der Meinung, daß bereits Grundschulkinder stark an „lebenspraktischen Betätigungen der Erwachsenen interessiert (sind)", daß „die wirklichkeitsechten Sachthemen ... die Kinder geradezu (provozieren), sich ... rechnerisch zu betätigen" [55, S. 176 u. S. 187]. Damit ist die Kindgemäßheit der Aufgaben durch ihre Lebensechtheit fast schon gesichert.
Bemerkenswert ist eine Ausnahme unter den „traditionellen" Didaktikern. H. Karaschewski distanziert sich ausdrücklich von der weitverbreiteten Meinung, „daß im Volksschulrechnen nur lebenswahre Situationen und Zahlen vorkommen dürfen", um „generalisierende mathematische Gedankenbildung" zu ermöglichen [56, S. 48]. An anderer Stelle argumentiert er, „daß sich eine Problem- und Arbeitsbereitschaft an geläufigen, alltäglichen Bildern nur sehr schwach zu ent-wickeln vermag" und daß „Bilder" (Aufgaben) „kontrastreich, klar, dramatisch, dynamisch, außergewöhnlich" sein und möglichst eine gewisse „Situationskomik" enthalten sollten [56, S. 45]. (Vgl. dazu wiederum Jeziorsky [55, S. 205—206].)

[11]) Oehl spricht bezeichnenderweise von der „Leuchtkraft der Zahl" [85, S. 120].

[12]) Die Kennzeichnung der Stufen übernehmen wir von Maier [74, S. 158—159].

[13]) Es sei hier erwähnt, daß der traditionelle Rechenunterricht krampfhaft versuchte, fachliche Inhalte methodisch über das Wort zu erschließen, als ob umgangssprachlich Gemeintes im mathematischen Begriff ganz oder teilweise enthalten sein müßte. Wie viele Ungereimtheiten kann man da z. B. über die Einführung der Termini „gerade" und „ungerade" Zahl nachlesen! — Damerow u. a. [21, S. 134] machen aufmerksam auf die Identifizierung von „ökonomischen Begriffen mit ihrer umgangs-sprachlichen Bedeutung".

[14]) Vgl. dazu Maier u. Schubert [76, S. 79—80] (auf S. 80 wird auch Piaget bei der „Umsetzung" be-müht) und Ziegler [137, S. 225]. Letzterer unterscheidet bei Textaufgaben „eine verbale und eine mathematische Seite". Die verbale Seite besteht aus „Kategorien von Operatoren. Operatoren sind Anweisungen zum Handeln, also einer Tätigkeit. Man liest sie demnach am Tätigkeitswort ab, all-gemein: am Prädikat. Jedem dieser Operatoren ist eindeutig ein mathematischer Operator zugeord-net, die Zuordnung ist eine Zuordnung von Operatoren." Vgl. dazu auch Winter u. Ziegler [132, Bd. 5], Lehrerheft, S. 34—35, und die Entwicklung eines „Pfeildiagramms" im Schülerbuch [132, Bd. 5, S. 156 ff.]. „Verbale Operatoren" haben sicher umso mehr Einfluß auf das Löseverhalten der Schüler, je häufiger sie in demselben Sinn benutzt werden. Aufgaben aus dem Leben aber wer-den durch die Ausdrucksmöglichkeiten der Sprache in die jeweiligen Situationen eingebettet, hier sind „Schlüssel"- oder „Reizwörter" eher hinderlich, weil sie den Schüler fixieren auf starre Sche-mata.

Herr H. Trauerstein hat an einer größeren Stichprobe von Schülern des 3. Schuljahres den Zusammenhang zwischen Signalwort und Lösungsansatz untersucht. Ohne der detaillierten Endauswertung vorzugreifen, soll hier mitgeteilt werden, daß der Prozentanteil der Schüler, die eine Aufgabe richtig lösen, je nach Aufgabenart um 20 % bis 50 % fällt, wenn das Signalwort im Text auf eine Rechenoperation hindeutet, die nicht zur richtigen Lösung führt, weil die Gegenoperation erforderlich ist. Man darf daher vermuten, daß sich ein großer Teil der Schüler bei der Lösung einer Textaufgabe in erster Linie an Signalwörtern orientiert, ohne sich die Sachsituation zu vergegenwärtigen.

[15]) In der Tat kann der Übersetzungsmechanismus nur richtig funktionieren bei Textaufgaben, die einen mathematischen Term unter Gebrauch von mathematischen Termini „einkleiden"; z. B. dividiere die Differenz der Zahlen 97 und 52 durch 15. Das aber sind doch gerade die uninteressantesten Aufgaben.

[16]) So schlägt Ziegler [137, S. 255] vor, in diesen Fällen „von den Zuständen her auf die Operatoren vor(zu)stoßen". (Zustände sind Größen.)

[17]) Vgl. etwa Palzkill [86, S. 206–207] und Breidenbach [15, S. 197 ff.].

[18]) Sich „exakt" (d. h. unter Verwendung geometrischer Termini) im Leben ausdrücken, das ist prinzipiell nicht möglich, denn der Raum, in dem wir leben, ist ja nicht der mathematische Raum; sich „exakt" im Leben ausdrücken, das kann auch nicht als Einhaltung der logischen Regeln verstanden werden, sozusagen als Reinigung „des alltäglichen Denkens" von logischen Fehlern (dazu Winter u. Ziegler [132, Bd. 7], Lehrerheft, S. 12). Damit würde die mathematische Funktionssprache zu Lasten der Umgangssprache bevorzugt und ein Verständnis des Modelldenkens in der Mathematik erschwert, wenn nicht verhindert. – Folgende kleine Episode, die sich bei Meschkowski [77, S. 9] findet, kann dieses erläutern: „Nach einer Autofahrt durch die Lüneburger Heide wurde ein Physiker von Freunden gefragt, ob die Schafe schon geschoren seien. Die Antwort war: ‚Auf der mir zugewandten Seite nicht!'"

[19]) Darüber ist inzwischen so viel geschrieben, daß wir uns mit Hinweisen begnügen können. Die *Simplexmethode* geht auf Breidenbach [15] zurück und wurde mehrfach verändert, zuletzt von Winter u. Ziegler [132, Bd. 5], die den Simplex und die Verbindung von mehreren Simplexen unter den Terminis Baum fassen. Ihre Wirkung hat die Methode jedoch mehr auf theoretischem als auf unterrichtspraktischem Sektor entfaltet, weil sie sich weniger als Lösungshilfe denn als (graphische) Beschreibungshilfe für die „Struktur" von Sachaufgaben erwies.
Das *Dreisatzschema* ist eine Sammlung von Einzelverfahren, die nach bestimmten Riten genau festgelegt sind bis zum Unterstreichen des Ergebnisses und der räumlichen Anordnung der einzelnen Schritte. (Vgl. zur Handhabung von Notationsnormen Maier u. Schubert [76, S. 90–93].) Für das Erlernen der Dreisatzrechnung ist ein kleinschrittiger, in zahlreiche Fälle und Ansätze aufgesplitterter Unterrichtsgang entwickelt, der sich über mehrere Schuljahre erstreckt. Man denke an die Schlußrechnung mit geradem und ungeradem Verhältnis, direkte und indirekte Fragestellung, Zweisatz, Dreisatz, Schluß von der Einheit auf die Vielheit und umgekehrt, von einer Mehrheit auf ein Vielfaches der Mehrheit, auf einen Teil der Mehrheit, zusammengesetzter Schluß, Normalverfahren, Lösung am Bruchstrich (mit der ausführlichen Form, der verkürzten Form und der reinen Rechenform), Zerfällungsmethode, Lösung mit Hilfe der Verhältnisgleichung.
Auf die Schlußrechnung folgen *Prozent- und Zinsrechnung*, die wiederum streng in sich geschlossen aufgebaut sind und sich keineswegs als unmittelbare Anwendung der Schlußrechnung darstellen. Vielmehr läuft die „rechentechnische Analogie zur Schlußrechnung" der Auffassung der Prozentrechnung als „besondere Art des rechnerischen Vergleichens" zuwider [85, S. 279 ff.]. Formalsystematisches Vorgehen verhindert (oder zumindest behindert) „sachgebundenes Denken". Darum muß die Prozentrechnung situationsgebunden konzipiert werden.

[20]) Nicht ohne Grund warnt Oehl in seiner Methodik [85] ständig vor der Gefahr der Mechanisierung. Dabei wurde „angewandtes Rechnen" im Gegensatz zum „formalen Zahlenrechnen" immer als „Denkrechnen"(!) verstanden. Diese Vokabel findet man bei Jeziorski [55, S. 188].

[21]) Vgl. Winter u. Ziegler [132, Bd. 5], Lehrerheft, S. 34. – Nimmerrichter [84] unterscheidet „sachliche Beziehungen" und „sachrechnerische Beziehungen", was wohl das Gleiche meint. Die Bezeichnung „*Schluß*rechnung" weist in dieselbe Richtung. Vgl. auch Damerow u. a. [21, S. 135 u. S. 137, jeweils II. Textspalte].

[22] Beispiel [76, S. 90—91]: „Wieviele Kissen kann sie erwerben?" — Antwort: „Frau Müller kann noch 4 Kissen kaufen."

[23] Beispiel [85, S. 252—253]: „Für 1 Pf erhält man $\frac{7}{168}$ Eier." Dazu heißt es: „Die Mittelzeile ... ist sachlich nicht mehr realisierbar. Diese Mittelzeile soll gar nicht ausgerechnet werden, sie ist nur Durchgangsstufe beim Rechnen, die Zahlen erscheinen nur am Bruchstrich, ihr Ergebnis interessiert sachlich überhaupt nicht mehr." — Auch der Gebrauch zweier Rechenzeichen für die Division resultiert vorrangig aus der Sachgebundenheit des Rechnens.

[24] Kühnel [65, S. 169] meint: „Wir vergleichen die Ertragsfähigkeit, die Wirksamkeit, die Güte, und sind imstande, diesen an sich schwierigen Vergleichen einen zahlenmäßigen Ausdruck zu geben. Damit gewinnt die Hundertstelzahl einen qualitativen Charakter, sie wird zum objektiven Wertmaßstab für die verschiedensten Qualitäten."

[25] Der *mathematische* Funktionsbegriffs wird nicht einmal in der Oehlschen Arbeit fachlich richtig gebraucht!

[26] Zuvor werden Beispiele genannt wie: „Der zu zahlende Warenpreis wächst wie die Warenmenge."

[27] Auf der diesem Zitat folgenden Seite wird „Funktion" so erklärt: „Für jedes Wertepaar einer gegebenen Funktion gilt die gleiche Beziehungsgesetzlichkeit, die sich formelmäßig und auch sprachlich ausdrücken läßt. Diese die beiden Wertereihen verknüpfende, d. h. die Zuordnung regelnde Beziehung ist das Kernstück der Funktion, ist die Funktion selbst."

[28] Die traditionellen Didaktiker verwenden im allgemeinen sehr ungern den Terminus Funktion. Charakteristisch für ihre Art des In-Gebrauch-Nehmens der „Funktion" sind unverbindliche Bezeichnungen wie „funktionaler Zusammenhang", „funktionale Beziehung", „funktionale Abhängigkeit", „funktionales Denken" usw., die jeder für sich inhaltlich ausfüllt. — Das „funktionale Denken" faßt bei Karaschewski [56, S. 38] „anschaulich Auseinanderliegendes begrifflich zusammen und stiftet auf dem Wege der Begriffsverdichtung neue Beziehungen". Funktionales Denken wird hier also nicht unmittelbar mit dem mathematischen Funktionsbegriff in Verbindung gebracht. Vielmehr geht es dabei um das Verstehen der Einordnung einzelner Denkschritte in einen Gesamtzusammenhang, dieser kann z. B. eine Aufgabenlösung oder eine Aufgabenfolge sein. Die Erziehung zum funktionalen Denken ist Unterrichtsprinzip.

[29] Auch für Gärtner [33, S. 22] bleibt „der Funktionsbegriff außerhalb (des) Interessenbereiches (der Schüler)", weil das Bildungsziel der Volksschule nicht „wissenschaftlich-mathematisch", sondern „volkstümlich" ist.

[30] Von den Untersuchungsprojekten zum „Textrechnen" seien hier nur die „Empirischen Befunde" von Maier u. Schubert [76] aus dem Jahre 1978 genannt. Dort findet man weitere Hinweise.

[31] Schon Kühnel [65, S. 170] hatte 1916 im Zusammenhang mit der Prozentrechnung kritisiert, daß viele Aufgaben der Rechenbücher „lebensunwahr" seien, aber „mit dem Anspruche der Wirklichkeit (auftreten)." (Vgl. auch [65, S. 176—177] und Jeziorski [55, S. 189].) An anderer Stelle [65, S. 62] spricht Kühnel von der „Spannung zwischen der praktischen Bedeutung des Faches und der praktischen Wirkung des Unterrichts."

[32] Vgl. [115, S. 23—24]. Dieses Problem ist natürlich an dieser Stelle nicht neu (vgl. Kühnel [65, S. 224—229]) und bis heute in der Diskussion, ohne daß sich Fortschritte abzeichnen. Wir zitieren exemplarisch zwei neuere Arbeiten mit sehr verschiedenen Ansätzen: Beck [5] widmet sich der hochschuldidaktischen Aufgabe, die zukünftigen Lehrer auf die Zusammenarbeit in verschiedenen Fächern vorzubereiten, und Baireuther [3] gibt unterrichtspraktische Anregungen, wie man physikalische Themen in den Mathematikunterricht integrieren kann.

[33] Vgl. Strauß [115, S. 21 u. S. 17].

[34] Vgl. hierzu Kühnel [65, S. 65—69].

[35] Vgl. auch das Unterrichtsbeispiel [118, S. 454—459], in dem sich „auf ganz natürlichem Wege" die Flächenberechnung des Rechtecks „ergab"! Nach der Fußnote 8 auf S. 455 und nach den Ausführungen zum Funktionsbegriff in [115, S. 43] kann man allerdings bei mathematischen Sachverhalten unzureichende Kenntnisse des Autors nicht ausschließen.

[36] Hier wagt Drenckhahn, die „absolute" Bedeutung des „eigentlichen Sachrechnens" (Oehl [85, S. 120]) in Frage zu stellen.

[37] „Dem Modell des Lebens würde pädagogisch dann das Prädikat als lebensnahe Wirklichkeit zukommen, wenn die strukturbedingte Bezogenheit der sachlichen Komponenten des Sach-Zahl-Zusammenhanges aufeinander deutlich hervortritt und die in diesen vorkommenden Zahlen in der Größenordnung zutreffen; auf beiden, und nicht auf der ‚genauen‘ Zahl im einzelnen, beruht die Möglichkeit der mathematischen Erfassung der Wirklichkeit" [24, S. 491—492].

[38] Funktionen, um in moderner Terminologie zu sprechen, deren Definitions- und Wertemenge Teilmengen von Größenbereichen sind, gelten bei Drenckhahn nicht als mathematische Funktionen.

[39] Erläuternd(!) heißt es weiter [24, S. 498]: „Sinnfällig ausgedrückt, das im Vorwärts- und Rückwärtszählen wirksam wird, in der Negation von Addition und Subtraktion (additive Gruppe) und in der Reziprozität von Multiplikation und Division (multiplikative Gruppe), die jedesmal für sich genommen in einer Gruppe des sich gegenseitig Aufhebenden zusammengeschlossen sind."

[40] Der „Grundbezug", der offenbar Drenckhahn als Leitidee dient, kann als Funktionsgleichung mit drei Variablen aufgefaßt werden.

[41] An anderer Stelle ist von „konkreten(!) mathematischen Inhalten" die Rede [119, S. 24], was an „konkretes Denken", „Denken von der Sache her" erinnert. So wird auch ganz bedenkenlos gesagt [119, S. 23], Symmetrieachsen ließen sich nicht nur bei abstrakten(!) Figuren beobachten(!), „sondern auch bei Möbelstücken, Fahrzeugen, Brückenkonstruktionen und vielem mehr".

[42] Lenné [69, S. 77 ff.]. — Zum Anwendungsbezug in den KMK-Beschlüssen [25] vgl. Lörcher [71, S. 74—55].

[43] Dieser Punkt könnte in unseren Unterrichtsvorschlag „Lineare Funktionen" (B I 2.4) integriert werden. Allerdings würden wir den Modellcharakter dabei stärker herausarbeiten (Graphischer Fahrplan als Modell für den Zugverkehr auf vorgegebenen Strecken). Dann käme man wohl nicht auf folgende Feststellung in einer Situation, in der ein Intercity-Zug einen Eilzug überholt bei Vorhandensein nur eines Richtungsgleises: „Der zugehörige graphische Fahrplan zeigt, daß der Überholvorgang tatsächlich(!) auf dem Bahnhof von B-Stadt erfolgt."

[44] Man vergleiche auch Abschnitt 4 „Die Erde als Kugel" in der UE „Landkarten", der keinen Bezug zu mathematischen Inhalten der Klasse 6 hat. Ist überhaupt an eine Auswertung im Mathematikunterricht gedacht?

[45] Mit dem „letzten Fall" in der ersten Zeile der Reproduktion ist folgende Aufgabe gemeint: „Dreht Euch aus der Nordrichtung nach Westen. Wenn man in der Anweisung keinen Drehsinn angibt, ergeben sich die beiden Möglichkeiten der Vierteldrehung und der Dreivierteldrehung."

[46] Bezeichnenderweise besteht der „systematische Teil über Winkel" nach Ansicht der Autoren nur aus „Klassifikation, Benennung, Messung, Umgang mit dem Geodreieck"; es fehlt die Begriffsbildung. (Klassifikation bezieht sich auf die in der obigen Tabelle erfaßte Einteilung der Winkel.)

[47] betrifft: erziehung, 8 (1975), S. 68—69.

[48] Zu beachten ist, daß hier unter dem Terminus Sachrechnen „eine Vielzahl von teils traditionellen, teils modernen Konzepten zusammengefaßt" wird [21, S. 113]; darunter sind auch solche, bei denen der Terminus selbst gar nicht vorkommt.

[49] Vgl. insb. [21, S. 143—144].

[50] Der begrifflich sehr aufwendigen Untersuchung folgt eine (im wahrsten Sinne des Wortes: konstruierte) UE. Im Comic-Stil wird der Wettlauf dreier Schildkröten dargestellt, denen gesellschaftliche Interessengruppen entsprechen. Es geht wesentlich um den Leistungsbegriff, die mathematischen Inhalte sind sehr bescheiden. Das Interesse der Schüler an der UE soll an „äußerlichen Reizen" geweckt und dann auf die Sache verlagert werden [21, S. 151]. Die UE ist keine Werbung für den theoretischen Ansatz und ihre unterrichtliche Praktikabilität sehr fraglich. Auch die Rezensentin B. Schön (vgl. Anmerkung 47) äußert sich kritisch. — Die UE macht aber dem Leser das der Schrift [21] zugrundeliegende „Realitätsbild" sehr deutlich.

[51] Diese Bemerkung (und nicht nur diese allein) entspricht formal der in [21, S. 135] unter Punkt c) zitierten Forderung traditioneller Rechendidaktiker.

[52] Könnte vielleicht gemeint sein, daß Mathematik nach dem Vollzug einer Systemveränderung für die Mehrheit der Bevölkerung nicht mehr vonnöten ist?

[53]) Vgl. [115, S. 79]. Auch Darbietungsvorschläge für Sachaufgaben erinnern an Strauß (vgl. [117, S. 125], ferner Bergmann [7], sowie methodische Einzelheiten (vgl. [115, S. 12 ff.]). Behandelt werden in den beiden Aufsätzen die Themen „Kosten für ein Mittagessen" (einer vierköpfigen Familie) als Hörspiel dargeboten, „Reiseplanung", „Autokosten" (mit Diskussion der Lebenshaltungskosten, Finanzierung eines Neuwagens, Reparaturkosten usw.), „Dachausbau", „Körperformen und Maße von Verpackungen".
Graumann will die Begriffe „Umwelterfassung" und „Realitätstreue" nicht zu eng gefaßt wissen. So bezieht er in seinen Aufsatz [44] den Freizeitbereich ein, insofern als „der auf Freizeit bezogene Mathematikunterricht als Hilfe für den Lebensbereich Freizeit verstanden" werden soll. — Zum Thema „Mathematik und Freizeit" sei noch auf ein interessantes, in der „Mathematischen Schülerbücherei" (Leipzig) erschienenes Heft [100] hingewiesen. Im Vorwort heißt es: „Die Verschmelzung gesellschaftlich nützlicher Arbeit mit der Befriedigung persönlicher Freizeitinteressen wird immer mehr zu einem Merkmal sozialistischer Lebensweise."

[54]) Konsequenterweise gibt es eigentlich keinen „Projektunterricht Mathematik". „In Anbetracht der oft sehr ungünstigen schulischen Ausgangsbedingungen ... kann realistischerweise der Mathematikunterricht allenfalls an den Merkmalen des Projektunterrichts orientiert sein" [82, S. 214].

[55]) Folgendes Ziel steht am Ende UE: „Die (von den Schülern zusammengetragenen) Daten werden mit mathematischen Hilfsmitteln so aufbereitet, daß die empirisch erfaßbare Wirklichkeit der Bauern deutlich erkennbar und die Möglichkeiten und Grenzen des Einsatzes mathematischer Hilfsmittel einsehbar werden" [82, S. 220]. (Vgl. die UE von Strauß [115] „Bevölkerungsentwicklung in Ägypten" und unsere Bemerkung dazu.)

[56]) Die „Minus-Temperaturen" sind keine negativen Größen. Das Minus-Zeichen, etwa bei $-7°$, dient als Unterscheidungsmerkmal. Nur im „praxisnahen" Unterricht rechnet man den Temperatursturz von $5°$ am Abend und $-7°$ am Morgen so aus: $5° - (-7°) = 5° + 7° = 12°$. Ähnliches gilt für das Soll-Haben-Modell. Man braucht gar nicht erst die Multiplikation zweier „roter" Zahlen heraufzubeschwören. Auch die Anordnung der ganzen Zahlen will nicht passen zu den Sprechweisen: „Es wird kälter" und „Die Schulden werden größer".

[57]) Wir erinnern an unsere Ausführungen über Strauß. Einmal sagt er, daß sich Schwierigkeiten beim Lösen von Sachaufgaben reduzieren lassen, „wenn die Sachaufgaben in der Regel nicht ‚aufgegeben', sondern von den Schülern selbst entdeckt und entwickelt werden". Jedoch weist er dabei dem Lehrer die Aufgabe zu, „Unterrichtssituationen herbeizuführen, in denen sich aus Sachfragen ungezwungen Sachaufgaben ergeben" [116, S. 527].

[58]) Fast wörtlich findet sich diese Aussage wiederholt in seinen Schriften. Die zitierte These, deren Konditionalsatz unreflektiert bleibt, wird zur Arbeitshypothese erhoben. Ein hohes Maß an Überzeugtsein ist schon erforderlich, wenn die Planung einer UE auf der Grundlage dieser Arbeitshypothese so beginnt: „Ein Thema soll gesucht werden, das zunächst gar keinen mathematischen Inhalt vorgibt." Die Entscheidung fällt zugunsten des Themas „Fußball", „weil wohl die meisten Schüler vom Fußballsport sehr viel verstehen. ... Sie können im Mathematikunterricht insofern ganz gut mitreden" [81, S. 56].

[59]) Oder will man sich einmal betont mathematisch geben, indem „mathematischer (!) Gehalt" und „Qualifikation" formal überzogen werden?

[60]) So heben Maier u. Schubert [76, S. 100 ff.] u. a. hervor, daß „Lebensnähe" als Ausdruck einer subjektiven Einschätzung in einer „pluralistischen Gesellschaft" nicht für jedermann in der gleichen Weise zu beschreiben ist. Damit verschieben sie aber nach unserer Auffassung das Problem, ohne seine grundsätzliche Dimension überhaupt zu erreichen.

[61]) Vgl. Husserl [53, S. 41 ff.].

[62]) Der Hypothesis-Charakter des mathematischen Wissens kann an einem Beispiel verdeutlicht werden: Wenn wir die „Tatsache" der Unfälle mit tödlichem Ausgang im Straßenverkehr thematisieren, haben wir alle dasselbe Geschehen im Blick, aber wir betrachten es unter verschiedenen Gesichtspunkten. Unter diesen Perspektiven ist die statistische eine mögliche, das Geschehen zu strukturieren. Hierbei wird allerdings von ganz konkreten Bestimmungsmerkmalen der Situation abstrahiert: für den mathematischen Zugriff spielt es keine Rolle, ob ich die Opfer etwa kenne oder deren

Biographie besondere Merkmale aufweist. Vielmehr geht es darum, durch Idealisierung der Situation im Hinblick auf identische Strukturen, Voraussagen zu ermöglichen.

[63]) Diese Auffassung findet man auch bei Maier [75, S. 475] und bei Maier u. Schubert [76, S. 13].

[64]) Vgl. Glatfeld u. Schröder [40, S. 151 ff.].

[65]) Zur Kritik der Oehlschen Konzeption vgl. Meyer-Drawe [80].

[66]) Griesel spricht zwar von dem „Herauslösen (eines Begriffs) ... aus der Wirklichkeit", versteht diese aber als mehr oder weniger künstliche oder natürliche Umwelt [45, S. 68]. So stellt sich für ihn die Herauslösung eines Begriffs auch nicht als Problem, denn es gibt eine „natürliche Verwendung der Mathematik im täglichen Leben", hier liegen die „Rudimente mathematischer Begriffe", die „naive Verwendung mathematischer Begriffe" macht einen „natürlichen Zugang" möglich, u.a.m. (vgl. [45, S. 69]).

[67]) Vgl. Oehl [85, S. 115 oder S. 112].

[68]) Auch wenn uns Griesel sein Prinzip nahelegt, indem er scheinbare Synonyma für „Menge" aufzählt: „Schar, Gruppe, Herde, Haufen" [45, S. 69], um nur einige zu nennen, ist größte Skepsis geboten. Wie Neemann sehr deutlich aufzeigen kann, hat unser umgangssprachlicher Gebrauch des Begriffs „Menge" oder seiner Stellvertreter nur sehr bedingte Ähnlichkeit mit dem mathematischen. Mengen sind im Gegensatz zu Kollektionen, als welche man z. B. die Herde, die Schar usf. zusammenfassen kann, keine Anhäufung von „Dingen, sondern Extensionen, das heißt Gegenstands*bereiche* und *Abstraktionen*" [83, S. 386]. „Bei Kollektionen werden wirkliche individuelle Gegenstände als eine Einheit individueller Art betrachtet, der man als ganzen einen Namen bzw. eine bestimmte Eigenschaft zuordnen kann" [83, S. 386].

[69]) In konkreten Beispielen wird das Gemeinte sofort einleuchtend und die Zumutung für Lernende deutlich: Wenn wir nur ein Schaf wahrnehmen, sprechen wir nicht mehr von einer Schar (Menge), Schafherden überschneiden sich nicht u.ä.m.

[70]) Es ist aber durchaus problematisch, Beziehungen herzustellen zwischen sozialer Identität und mathematischer Äquivalenz.

II Überlegungen zu einer unterrichtsbezogenen Theorie

1 Bemerkungen zum Gebrauch einiger Termini

1.1 Reine und angewandte Mathematik

Man kann die wissenschaftliche Disziplin „Mathematik" nicht in einen „reinen" und einen „angewandten" Teil auseinanderdividieren.[1] Zahlreich sind die Gebiete, die zunächst allein dem „inneren" Aufbau der Mathematik dienten, und später dann „außer"-mathematisch verwendet wurden; andererseits hätte sich die mathematische Theorie als ein auf Axiomensysteme gründendes deduktives Begriffsgefüge ohne außermathematische Anstöße, Probleme und deren Lösung, die zu neuen Methoden und Modellen führten, nicht in der heute vorliegenden Form entwickelt.[2] Die Geschichte der Mathematik zeigt, daß die Forschung mal stärker an der „Theorie", mal stärker an der „Praxis" orientiert war.

Wie in jeder Disziplin gibt es auch in der Mathematik inhaltlich und methodisch unterschiedliche Arbeitsweisen. Ob man z. B. Grundlagenforschung treibt oder von einem Axiomensystem ausgehend deduktiv eine Theorie entwickelt oder Mathematik in außermathematischen Bereichen verwendet, das führt zu Schwerpunktbildungen und zu Spezialisierungen.

Auch für die Didaktik der Mathematik ist es u. E. nützlich, die Termini „Reine Mathematik" (RM) und „Angewandte Mathematik" (AM) für Schwerpunktbildungen als „relative" Abgrenzungen zu übernehmen.[3] Solange man Anspruch erhebt, Mathematik zu unterrichten, muß man Probleme, Denkweisen und Methoden aus beiden Bereichen miteinander und ineinander verschränkt zur Geltung bringen. Wir lehnen einen „strukturbezogenen" Mathematikunterricht, in dem deduktiv dargestellt (RM) und dann angewendet wird[4] (AM), ebenso ab wie einen „praxisbezogenen" Unterricht, in dem sich methodische Begrifflichkeit (RM) nicht entwickeln, erst recht nicht entfalten kann.[5] Verstehen wir unsere didaktische Position im Rahmen der „gemäßigten" Richtung, so stellt sich als zentrale Frage, in welchen Anteilen, mit welchen Inhalten und in welcher Verflechtung die beiden Bereiche in einer Konzeption von Mathematikunterricht eingehen sollen. Die vorausgegangenen Überlegungen haben deutlich gemacht, daß Anwendung oder Verwendung von Mathematik sich nicht von selbst versteht. Unterricht kann nicht von der Systematik des Faches allein, auch nicht von Anwendungen allein aufgebaut werden, vielmehr erhält er seine „didaktische Bündigkeit" von einer dynamischen Wechselbeziehung zwischen beiden Bereichen und den in ihnen wirkenden Methoden.

1.2 Sachrechnen

Dem Didaktiker des traditionellen Volksschulrechnens ist klar, was Sachrechnen „ist", er braucht keine Definition, wohingegen dieser Terminus den Lehrern anderer Schulformen weitgehend unbekannt ist. Neuere Schriften mit dem Anspruch eigenständiger Beiträge zum Thema streben zumeist eine „Klärung" an, tun sich damit aber schwer. So versteht Strauß [115, S. 2] unter Sachrechnen „die ‚Beschäftigung' mit Sachaufgaben". Dabei heißt Sachaufgabe „die Darstellung eines Sachverhaltes, die Angaben enthält, die sich in Zahlen und mathematische Symbole übersetzen lassen und mathematische Schlüsse ermöglichen". Es bleibt allerdings unerörtert, was „Sachverhalt" meint. Als unmittelbare Folgerung aus dieser Definition ergebe sich, „daß Sachaufgaben je nach Art der Darstellung eine oder mehrere sinnvolle Fragestellungen zulassen". „Eingekleidete Aufaben" — das sind „in Worte gekleidete abstrakte Zahlenaufgaben" — sollen sich per definitionen von „Sachaufgaben" abgrenzen. Alle „durch einen Wortlaut" dargestellten mathematischen Aufgaben werden „Textaufgaben" genannt. „Demnach sind einige Sachaufgaben auch Textaufgaben, aber nicht alle Textaufgaben sind Sachaufgaben". Die Ausführungen sind sehr vage.[6]

Aber auch das Nachlesen bei Maier u. Schubert [76, S. 11—13] bringt eher Verwirrung denn Aufschluß. Sie fassen Sachrechnen[7] auf als „ein vorübergehendes Umformen von vorgegebenen sachbezogenen quantitativen Bezügen zum Zweck der Informationsvermehrung über den Sachverhalt". Ihr Buch beginnt mit folgendem Satz: „Sachrechnen meint das Bearbeiten von Sachrechnungen." Zur Begriffsklärung von „Sachrechnung" untersuchen sie die Wortbedeutungen von „Sach" und „-rechnung". Dabei glauben sie, „reale Sachverhalte oder Geschehnisse"[8] bzw. „fachliche Mittel" zu entdecken.[9] Als weitere „aus dem Wort nicht unmittelbar zu entnehmen(de)" Kennzeichen wird der „Sachrechnung" „eine relativ eng begrenzte Frage oder Aufforderung zu dem vorgegebenen Sachverhalt", die Bereitstellung aller für die Rechnung nötigen Daten und die Begrenzung der Rechenschritte auf zwei bis sechs zugeordnet.[10] An anderer Stelle [76, S. 15] werden Sachrechnungen „als schulische Kunstform elementarisierter Sachprobleme" angesehen.

H. Winter [130, S. 99—101 u. S. 140] nennt Sachrechnen „ein Stück angewandter Mathematik". Wenngleich nicht explizit definiert, scheint doch aus dem Kontext seiner Arbeit hervorzugehen, daß Sachrechnen ein anderes Wort für Angewandte Mathematik im Schulunterricht (hier insbesondere der Sekundarstufe I) ist und daß dieser Sprachgebrauch sich rechtfertigt, weil das traditionelle Sachrechnen fortzuentwickeln ist „in Richtung einer stärkeren Anlehnung an die Mathematik". Dann brauchte das traditionelle Sachrechnen aber nicht grundsätzlich neu gefaßt zu werden.[11] Das will wohl auch Strauß ausdrücken, wenn er bemerkt, „daß eine Intensivierung des (gemeint ist: traditionellen) Sachrechnens und seine Integration in einen modernen Mathematikunterricht nötig und möglich ist" [117, S. 128]. Allerdings sind Winters Vorschläge mathematisch sehr viel tiefer angesetzt.

Es gibt weitere Möglichkeiten, „Sachrechnen" begrifflich festzulegen. Im Rahmen des Bereiches AM könnte man damit ein Teilgebiet bezeichnen, das sich inhaltlich etwa mit den traditionell unter diesem Terminus behandelten Sachverhalten deckt. Oder man versteht darunter eine „vorwissenschaftliche" Form der Angewandten Mathematik; ähnlich wie sich „Raumlehre" auf den vergegenständlichten Anschauungsraum und nicht auf den mathematischen Raum bezieht [39]. Dann behielte „Sachrechnen" aber weitgehend seine traditionelle Bedeutung, und eine Integration in eine moderne Konzeption des Mathematikunterrichts der SI ließe sich nicht begründen. Man würde die bildungspolitische und die gesellschaftliche Komponente des Sachrechnens für bestimmte Schülergruppen festschreiben, was ja gerade der Überwindung des ständischen Schulsystems und der „volkstümlichen Bildung" entgegensteht.

Wie im Abschnitt AI ausführlich dargelegt[12]), ist der Terminus „Sachrechnen" mit soviel Vorurteilen belastet und gibt zu soviel falschen Vorstellungen Anlaß, daß wir ihn nicht verwenden wollen in unserer Konzeption von Mathematikunterricht. Zudem ist er den meisten Lehrern ohnehin unbekannt. Dadurch vermeiden wir programmierte Mißverständnisse und sparen eine Vokabel ein.

1.3 Modell

In den Wissenschaften und auch im täglichen Leben pflegen wir mit Modellen zu arbeiten und in Modellen zu denken und zu handeln. Nach Stachowiak [109, S. 9] „können (wir) den Menschen geradezu als das modellbildende Wesen begreifen. Alles, was ihm neu und fremdartig erscheint, sucht er sich im Medium der Modellbildung anschauend, beobachtend, interpretierend, vergewissernd anzueignen."

Wir erinnern an Atommodelle; den Globus als Erdmodell; an Landkarten als Modelle von Teilen der Erde, die ganz unterschiedlichen Zwecken dienen; das Teilchen- oder Wellenmodell des Lichtes; antike oder neuzeitliche Modelle von der Welt, insbesondere an das geozentrische und das heliozentrische Weltbild[13]); an Stufenmodelle der Psychologie; die Modellschule; an den Computer als Gehirnmodell; die Modelleisenbahn; Modelle des Vektorraumes; Modelle des Peanoschen Axiomensystems; die Zahlengerade als Modell; an das Modell einer Brücke oder eines Gebäudes, das in einer Modellandschaft steht und nach dem in der Wirklichkeit das entsprechende Bauwerk entstehen soll; allgemeiner: an Denkmodelle und Anschauungsmodelle. – Im täglichen Leben stellen wir Situationen häufig einseitig oder zu einfach dar im Hinblick auf die Urteile, die wir darüber abgeben. Bewußt lassen wir Umstände weg, die uns nicht passen, die uns stören. So entstehen Gerüchte. Unbewußt verfahren wir, wenn durch Gewöhnung Modelle (starre Muster) sich ausgebildet haben, in die wir Situationen hineinzwängen, ohne die Notwendigkeit einer kritischen Beurteilung überhaupt noch zu erwägen.[14])

Nach Stachowiak [108, S. 136–137] hat ein Modell folgende Grundmerkmale[15]):

– „Modelle sind stets Modelle von etwas, nämlich Abbildungen und damit Repräsentationen gewisser natürlicher oder künstlicher ‚Originale‘, die selbst wieder Modelle sein können" (Abbildungsmerkmal).

– „Modelle erfassen nicht alle Eigenschaften des durch sie repräsentierten Original(systems), sondern nur solche, die den jeweiligen Modellerschaffern und -benutzern relevant erscheinen" (Verkürzungsmerkmal).

– „Modelle sind ihren Originalen nicht per se eindeutig zugeordnet. Sie erfüllen ihre Repräsentations- und Ersetzungsfunktion vielmehr immer nur (a) für bestimmte Subjekte, (b) unter Einschränkung auf bestimmte gedankliche oder ‚tatsächliche‘ Operationen und (c) innerhalb bestimmter Zeitspannen" (Subjektivierungsmerkmal).

Unsere Thematik grenzt die Fülle der Möglichkeiten ein. Uns geht es hier um außermathematische Situationen[16]), für die Ersatzsituationen oder Ersatzsysteme konstruiert werden, die mathematischem Instrumentarium zugänglich gemacht werden (können). Dem Konstruieren, der Synthese eines Modells, geht die Analyse des außermathematischen Sachverhaltes voraus. Das Ergebnis ist ein *mathematisches Modell*, das die komplexe reale Situation unter einer bestimmten Hinsicht gedanklich faßt. Das Modell ist also nicht eine möglichst genaue oder etwa „zutreffende" Beschreibung der Wirklichkeit, man will ja gerade deren Komplexität abbauen, damit sie einer Untersuchung zugänglich wird.[17] Ein mathematisches Modell einer realen Situation kann nicht als „richtig" oder „falsch" charakterisiert werden, sondern die Güte eines Modells ist zu messen an seiner Brauchbarkeit. Es ist bezüglich eines bestimmten Situationsaspektes (objektiv) oder bezüglich einer bestimmten Fragestellung (subjektiv) als „gut geeignet", „weniger" oder „gar nicht geeignet" zu beurteilen. Den mathematischen Aspekt als den von vornherein „wesentlichen" zu betrachten, ist unzulässig. Ein und dasselbe Modell kann für verschiedene Situationen verwendet, und ein und dieselbe Situation kann durch verschiedene Modelle beschrieben werden. Die Aufstellung eines Modells dient bestimmten Zwecken. Sie erfordert Kenntnisse aus der Sachsituation (des Sachzusammenhanges) und Kenntnisse aus der Disziplin, in der modelliert wird, d. h. aus deren Elementen man ein Modell baut. Modelle erfassen die Wirklichkeit nur unter ganz bestimmten Aspekten, unter welchen, darüber muß man allerdings nachdenken, damit der Einsatz wissenschaftlicher Methoden kontrollierbar bleibt. Durch Arbeiten (Operieren) im und am Modell soll letztlich Aufschluß gewonnen werden über die Wirklichkeit; z. B. möchte man Voraussagen über das Verhalten von gewissen Faktoren in einer Situation machen. Zunächst aber sind Folgerungen oder Arbeitsergebnisse nur für das jeweilige Modell richtig oder falsch. Daher ist ein Hinübernehmen der Ergebnisse in die Realität erforderlich: Rückübersetzung ist Deutung, nicht ein „deutige" Entschlüsselung von in mathematischer Symbolik vorliegender Information. Dabei geraten auch die Modelle selbst in die Reflexion: sie werden auf ihre Möglichkeiten und Grenzen hin geprüft, verfeinert, verworfen usw.

Mathematische Modelle kann man grob in zwei Typen ordnen: 1. deterministische Modelle, 2. stochastische Modelle. Kern eines deterministischen Modells sind Funktionsgleichungen, deren rechnerische Behandlung zu einer Lösungsmenge führt. Ein stochastisches Modell beschreibt die Wahrscheinlichkeit, mit der eine Zufallsgröße ihre verschiedenen möglichen Werte annimmt. Eine strenge Gesetzmäßigkeit mit einer (häufig eindeutigen und dann mit Sicherheit eintretenden) Lösung im deterministischen Modell entspricht einem mehr oder weniger zufallsbedingten Zusammenhang und den nur mit Wahrscheinlichkeit eintretenden Ergebnissen im stochastischen Modell.

Die (Be)nutzung von Mathematik, vor allem die gegenwärtig noch zunehmende Neigung, die Anwendung mathematischer Methoden auszudehnen, ist vor allem durch die Gesellschaft bedingt[18] und daher ein soziologisches Problem. Hier wird die gesellschaftspolitische Bedeutung der Mathematik evident. Aber auch die Entstehung und Fortentwicklung der gesamten Disziplin Mathematik vollzog sich nicht nach einem teleologisch immanenten Prinzip, sondern wurde vom Denken und Handeln der in ihrer jeweiligen Zeit verhafteten Menschen bestimmt. Daher ist selbst die „reine" Mathematik nicht (gesellschaftspolitisch) neutral oder wertfrei.[19]

1.4 Mathematisieren

Unter Mathematisieren verstehen wir das Erstellen von Modellen zur Beschreibung (außermathematischer) Situationen mit mathematischen Begriffsbildungen.[20] Dazu gehört das Herauslösen von solchen Informationen, die mathematisch verwertet werden können und sollen (Analyse), und das Inbeziehungsetzen der mathematischen Begriffe zu einer Einheit

(Synthese), eben zum Modell. Mathematisieren ist ein Prozeß, der auf ein Ziel gerichtet ist, etwa eine Situation (besser) zu verstehen, sie zu erklären, Zusammenhänge zu erkennen und darzustellen, Entscheidungen (in der Situation) zu finden. Man spricht z. B. in den Wirtschaftswissenschaften von Entscheidungs- und Erklärungsmodellen. Während der Entwicklung des mathematischen Modells bleibt der Bezug zur Situation ganz eng. In einer weiteren Phase verselbständigt sich das Modell, es wird Gegenstand mathematischer Überlegungen. Die benötigten Begriffe und Verfahren können bereits bekannt sein oder werden (teilweise) im Hinblick auf die spezielle Situation erst erarbeitet. Es versteht sich von selbst, daß so fundamentalen Begriffen wie Menge, Funktion, Gleichung usw. große Bedeutung zukommen muß. Der Schüler erfährt, daß Begriffe relevant werden, die er zuvor in ganz anderen Zusammenhängen kennengelernt hat, oder aber, daß seine bisherigen Kenntnisse ihn nicht weiterbringen. Letzteres motiviert zu neuen Begriffsbildungen, die aber nicht isoliert bleiben dürfen, sondern sachadäquat, das kann nur heißen: in mathematische Zusammenhänge, eingebunden werden müssen.

Wenn auch die formal-mathematische Beschreibung nur eine u. U. sehr begrenzte Hinsicht auf die Wirklichkeit gibt, kann sie doch erhebliche Bedeutung haben für die „Welt, in der wir leben". Durch das Modell wird die Komplexität eines Teilbereiches davon abgebaut, um diesen durchschaubar, sogar „berechenbar" und folglich in ganz bestimmter Weise beeinflußbar zu machen. Sind die Bestandteile korrekt zu einem Modell verbunden und folgen die Überlegungen mathematischem Brauch, so erhält man (durch Algorithmus, Rechnung, Beweis usw.) mathematisch wahre Aussagen. Inwiefern diese Aussagen aber brauchbar sind für eine Interpretation außermathematischer Probleme, inwiefern sie als Beurteilungskriterien dienen können und sollen, die Grundlage für Vorhersagen sind, inwiefern sie Hinweise auf steuernde Eingriffe in die Situation (Strategien) geben, welche Folgen vermutlich eine Verwendung der Modellergebnisse haben wird, das alles bedarf einer gesonderter Untersuchung, die nicht mehr mathematischer Art ist. Hierbei dominiert die Fähigkeit, Situationen einzuschätzen.

2 Orientierungen für Unterrichtskonzepte

2.1 Die Lernzielfrage

Natürlich kann man den Bereich AM auch in der Lernzielfrage nicht von der RM trennen, die Lernzielfrage im Fach Mathematik nicht vom Bildungsauftrag der Schule.[21] Bei der Antwort auf die Frage nach Lernzielen im Bereich AM wollen wir einige uns sehr wichtig erscheinende Akzente setzen, die aus dem Kontext dieser Studie verständlich sind; die Benutzung eines Lernzielschemas würde dabei hinderlich sein.

Unser *Leitsatz* lautet schlicht: Die Schüler müssen lernen zu mathematisieren. Was das im einzelnen bedeutet, soll nun dargelegt werden.

Beginnen wir mit dem folgenden schematisch dargestellten Prozeß[22], den es gilt, im Unterricht transparent zu machen: (Außermathematische) Situation → Idealisierte Situation → Mathematisches Modell für die Situation → Numerisch behandeltes Modell → In die Situation umgesetzte (mathematische) Ergebnisse. Die Termini geben „Zustände" an, die Pfeile weisen auf Tätigkeiten hin. Mathematisieren meint vor allem den Übergang vom 2. zum 3. Zustand. Häufig sind Situationen, wenn sie zur Bearbeitung vorliegen, bereits „vereinfacht", „typisiert" bezüglich des mathematisch Verwertbaren oder bezüglich des zu Verwertenden gewichtet, ein Stück von der Realität weg- und auf Mathematisierung hingerückt.

Man erhofft sich von den errechneten Ergebnissen im Modell Hilfen in und für die am Anfang des Schemas stehende Situation; falls diese nicht zufriedenstellend sind, wird das Schema nochmals durchlaufen. Anwendung von Mathematik auf außermathematische Situationen ergibt sich nicht von selbst und führt nicht von selbst zu „brauchbaren" und wünschenswerten Ergebnissen. Löst der Mathematisierungsprozeß aber ein Handeln aus, so erwarten wir, das es verantwortungsbewußt ist. Die folgende Aussage ist also keineswegs selbstverständlich: „Die ganze Mathematik nimmt bei der Erforschung und Umgestaltung der uns umgebenden Welt zum Wohle(!) der menschlichen Gesellschaft einen bedeutenden Platz ein" [89, S. 51]. In der Tat, die Anwendung von Mathematik erstreckt sich auf zahlreiche Gebiete: da stehen die biologischen und ökonomischen Bereiche den physikalischen und chemischen Disziplinen und der technischen Praxis nicht mehr nach. Der Schüler muß erkennen, daß die Verwendung mathematischer Begrifflichkeit in solchem Umfang nicht allein von der Mathematik her verständlich ist. Das führt weiter zu der nicht nur im Mathematikunterricht zu bearbeitenden Frage nach der gesellschaftlichen Bedeutung der Mathematik.[23]

Mathematisierungen sind nicht neutral, interessenunabhängig, wohl aber objektiv im Sinne von Nachprüfbarkeit. Daraus folgt: Die Schüler müssen erkennen, daß Modelle aus den Situationen nicht logisch (mit mathematischen Methoden) herzuleiten sind, sondern von den Intentionen des Subjekts abhängen, das die Wirklichkeit erkennen, beschreiben, beeinflussen will. Es kommt auf die Erfassung des Kontextes, des Sinnzusammenhanges an, in dem sich die Modellbildung vollzieht. Mangelnde oder gar fehlende Reflexion führt zur Identifizierung von Wirklichkeit und Modell und zum Absolutheitsanspruch mathematischer Beschreibung („Wissenschaftsgläubigkeit"). Wir haben die Gefahren aufgezeigt, daß der Mathematikunterricht Einstellungen programmieren kann, nach denen die Schüler (z. B. gesellschaftliche) Wirklichkeit als ein Gefüge mathematischer Strukturen auffassen lernen. Die Möglichkeiten und Grenzen der Modellbildung liegen in der Formalisierung, in dem Übergang von einer konkreten Situation zu einem abstrakten aus den Mitteln der Mathematik gefertigten Gefüge. Dieses vereinfacht, verzerrt, betont und vernachlässigt zugleich. Also müssen Konsequenzen diskutiert werden, die die Übernahme einer mathematischen Lösung nach sich zieht oder nach sich ziehen kann; und zwar von dem, der die Entscheidung trifft, und von den dadurch Betroffenen. Hier wird die Zugehörigkeit des obigen Leitsatzes zu dem allgemeinen Lernziel „Entwicklung von Kritikfähigkeit" deutlich. Kritikfähigkeit meint jedoch nicht die Argumentation von einer unreflektiert hingenommenen ideologischen Basis aus, gleich welcher Bauart, sondern erhebt den Anspruch auf Erkennen des eigenen Standortes und der sich daraus u. U. ergebenden Folgen.

Um unser Ziel zu erreichen, muß auch der Begriff des Modells Unterrichtsgegenstand sein, nicht in dem Sinn, daß ein Kurs über „Modelltheorie" eingeplant wird. Das ist im Philosophieunterricht der S II möglich. Uns geht es um Überlegungen, wie wir sie in Abschnitt A1.2 angestellt haben; sie können Anlaß für Gespräche werden. Zum anderen ist zu bedenken, daß die Bestandteile der hier interessierenden Modelle mathematische Begriffe sind. Will man „vernünftig" mit Modellen umgehen und sie nicht rezeptartig oder mit Sachzusammenhängen ideologisch oder ontologisch verklammert anwenden, muß man die Bausteine der Modelle kennen. Dem Schüler sind also Zugänge zum mathematischen Denken zu öffnen. Diese Forderung ergibt sich für uns bereits dann, wenn wir nur von der AM her argumentieren. Es ist des weiteren Aufgabe der RM, über die Stimmigkeit des Modells zu entscheiden, Lösungsmöglichkeiten (Eindeutigkeit oder Mehrdeutigkeit), Lösungsansätze zu entwickeln, die Angemessenheit des Kalküls zu beurteilen. Dazu kommt die numerische Behandlung des Modells in der Näherungsrechnung. Kein Mathematikunterricht kann Fachwissen dieser Art gering achten; den Schülern müssen Bausteine für die Mathematisierung und Regeln für ein fachgerechtes Umgehen damit verfügbar sein. Diese liefert die Realität eben nicht mit; auch lassen sich mathematische Begriffe, deren Kenntnis bei der Lösung von außermathematischen Problemen gerade wünschenswert erscheinen, nicht ,,nebenher'' in einem Schnellkurs sachadäquat ,,aneignen''.

Man darf natürlich Anwenden von Mathematik nicht auf ,,Bewältigen'' von Aufgaben unseres sogenannten Alltagslebens einengen und sich damit begnügen, die Schüler zum Lösen von Sachaufgaben traditionellen Stils zu qualifizieren.[24] Auch (und gerade) der Hauptschüler soll Einblick in die Bedeutung der mathematischen Anwendung erhalten (z. B. das von der Mathematik geprägte Funktionieren in der Wirtschaft (wirtschaftliche Prozesse) global verstehen), um Möglichkeiten, Grenzen und Gefahren wissen. Es geht um die Entwicklung von Verhaltensdispositionen, einschließlich der Fähigkeit, Situationen begründet zu beurteilen, damit im ,,Ernstfall'' Entscheidungshilfen verfügbar sind. Aber über dem ,,handelnden Menschen'' darf der zu Erkenntnissen befähigte, um Wissensbereicherung bemühte Mensch nicht vernachlässigt werden. Jedoch: Die Erziehung zur Mündigkeit und Autonomie in dem hier intendierten Sinn vollzieht sich in einem langen, alle Schuljahre umspannenden Prozeß, der nicht allein vom Mathematikunterricht initiiert und getragen werden kann. Und auch dieses sei gesagt: Nur in harter Arbeit lernt der Schüler das Instrumentarium für Mathematisierungen und seinen Gebrauch (also die von der Mathematik entwickelten Methoden und Denkweisen).

Die Diskussion des obigen Leitsatzes wäre unvollständig, würden wir folgende Qualifikationen unerwähnt lassen, die dem Prozeßcharakter des Mathematisierens immanent sind: Analysieren, interpretieren, gewichten, strukturieren, aufeinanderbeziehen, zusammenfügen, planen, Alternativen vergleichen, transferieren und nicht zuletzt sich kreativ verhalten. Dabei ist zu beachten, daß diese Qualifikationen sogar auf zwei Ebenen entfaltet werden müssen, der situativen und der formalisierten.

2.2 Inner- und außermathematische Anteile

Nun stellt sich die Frage, wie Mathematikunterricht zu gestalten ist, damit die obigen Lernziele Chancen auf Realisierung haben. Dabei geht es uns zunächst um die Anteile RM und AM am Mathematikunterricht.[25] Wir wollen versuchen, unsere Auffassung von der Ausgewogenheit beider Bereiche zueinander weiter zu konkretisieren. Daß dabei ein Spielraum bleiben muß — die Anteile sind nicht meßbar —, ist von der Unterrichtspraxis aus betrachtet kein Nachteil.

Die beiden Extreme (in überspitzter Formulierung): der fachorientierte Ansatz (Mathematik ohne Realität) und der projektorientierte Ansatz (Realität ohne Mathematik) sind für uns undiskutabel. RM und AM sollen eigenwertige Phasen des Unterrichts sein, die vielfältig ineinander und miteinander verzahnt sind und die eigene und gemeinsame Lernziele verfolgen. Mit dieser Forderung sind auch die folgenden Extreme ausgeschlossen, die Laugwitz [68, S. 235] so kennzeichnet: Die „Konservendosenmethode" und die „nachträgliche Mathematisierung"; d. h. Mathematik bereitstellen und bei Gebrauch abrufen bzw. erst in eine nicht-mathematische Disziplin eindringen und deren Sachverhalte dann nachträglich mathematisch durchleuchten. Ein weiteres Gegenbeispiel zu unserer Auffassung bietet der traditionelle Rechenunterricht, in dem Phasen von „Sachrechnen" und „Rechnen ohne Sachbezug" in Zyklen aufeinander folgen, wobei dem „Rechnen ohne Sachbezug" nur eine stützende und dienende Rolle zukommt und die Zyklen eher getrennt ablaufen als ineinandergreifen [36, S. 438], weil einzelne Themenbereiche für sich und in sich geschlossen behandelt werden.

„Eigenwertige Phasen" will besagen, daß AM weder auf Übungsteile beschränkt wird noch gleichsam als „Oasen" aufbereitet die „Wüste" der RM belebt. In der AM lernen die Schüler, „das mathematische Denken anwendungsorientiert weiterzuentwickeln" [68, S. 237] *und* mathematische Methoden als Instrumente zu gebrauchen. Es ist daher schon eine „gewisse" Orientierung an der Arbeitsweise der AM als mathematischer Disziplin erforderlich, wenn man beurteilen will, wie *tatsächlich* Mathematik verwendet wird (und nicht wie das in einigen didaktischen Vorschlägen geschieht). Trivialerweise sind Kenntnisse über die Sachverhalte erforderlich, die man mathematisieren will. Wir kommen darauf zurück.

Der Umfang der in die AM einzubringenden Sachverhalte kann sehr unterschiedlich sein: Einzelaufgaben, Unterrichtseinheiten, Schwerpunktkapitel. Letztere (z. B. Stochastik, Wahrscheinlichkeitsrechnung) müssen natürlich so bearbeitet werden, daß der Anwendungscharakter dominant bleibt und daß die Thematik sich nicht nach einer „Einführungsaufgabe" in der RM wiederfindet.

Auch lassen sich Sachverhalte hinsichtlich unserer Intentionen auffächern: Stehen mathematische Begriffsbildungen an, deren Verständnis über eine (Modell)situation erleichtert oder ermöglicht werden soll? Geht es um den Mathematisierungsprozeß oder um ein besseres Kennenlernen der „Sache" (aus utilitaristischen Gründen oder um Wissensbereicherung)? Oder werden Fähigkeiten, wie selbständiges Erarbeiten, Arbeiten in Gruppen mit Nachschlagen in Büchern über den Gegenstandsbereich oder über Mathematik, angestrebt? Hierbei spielt eine Rolle, ob die UE viel oder wenig Mathematik enthält, ob die benötigte mathematische Begrifflichkeit insgesamt schon zur Verfügung steht usw. Wenn einsichtiger Gebrauch mathematischer Begrifflichkeit Voraussetzung für Mathematisieren ist (Anwendung von Mathematik erfolgt nicht instinktiv), erfordert der Bereich AM auch eine Selbstdarstellung der Mathematik, wobei innermathematische Motivation, deduktives Vorgehen usw., eben von der Disziplin ausgeübte „Zwänge" legitimiert sein müssen. Begriffe kann man nicht isoliert lernen, sie müssen eingebunden sein in einen sinnvollen Zusammenhang und dieser kann nur ein innermathematischer sein. Wie sollen denn die außermathematischen Kriterien beschaffen sein, die Auswahl und Zusammenhang mathematischer Inhalte regeln und das Lernen mathematischer Begriffe ermöglichen? Und anders gefragt: Warum sollte man im Unterricht auf die Möglichkeiten verzichten, die in der Eigenart des Faches angelegt sind, und stattdessen versuchen, verkrampft schon den Anschein einer fachimmanenten Systematik wegzuargumentieren oder besser wegzudiskutieren. U. E. ist es verfehlt, der RM im Unterricht Existenz abzusprechen oder diese als notwendiges Übel hinzustellen.[26]) — Große Bedeutung haben ausgewählte (Grund)begriffe, die Leitideen gleich, durch begriffliche Zentrierung wesentlichen Anteil am Aufbau der RM haben und in ihren verschiedenen Ausprägungen Modelle für den angewandten Bereich sind. Als Beispiel nennen wir den Funktionsbegriff, der im Gegensatz etwa zum traditionellen Sachrechnen nicht im Hintergrund belassen bleibt. Die in der AM eingeführten Begriffe sind von dem jeweiligen Praxisbezug zu lösen, damit sie nicht der Situation verhaftet bleiben und transferierbar werden.

Ein sich über Jahre erstreckender Mathematikunterricht erfordert einen rational erfaßbaren Zusammenhang, eben ein System, in dem Begriffe verankert werden, deren Bildung die RM und die AM initiieren kann, und aus dem wiederum neue Begriffsentwicklungen hervorgehen (innermathematische Motivation). Ein solches System ist natürlich nicht zu verwechseln mit einer axiomatischen Theorie. Aber wir erwarten, daß ein an mathematischem Brauch orientiertes Vorgehen dem Schüler transparent werden muß, genau wie wir es für den Mathematisierungsprozeß forderten. Das ist entscheidend für das Lernen von Mathematik: RM wird dem Schüler nicht „vorgesetzt", sondern er ist am Aufbau beteiligt. Gegen eine fachliche Systematik wird häufig angeführt, sie verhindere kreatives Verhalten. Das ist sicher nicht richtig. Wie die Entwicklung der Wissenschaften und Künste zeigt, vollzieht sich Kreativität in Organisation und Form und nicht in un„verbindlicher" „Improvisation".

Becker u. a. [6] setzen sich mehrfach mit der Frage auseinander, ob es einen übergreifenden, strukturierenden, aus Anwendungen ableitbaren „Leitgedanken" für den Mathematikunterricht gibt. Dabei kommen sie zu einer kritischen Einschätzung, „ob es längere Sequenzen von ausschließlich anwendungsorientiertem Mathematikunterricht gibt, deren mathematische Anteile den inhaltlichen Kanon des Mathematikunterrichts über größere Bereiche hinweg abzudecken vermögen" [6, S. 16]. Eine Anwendungsorientierung in diesem Sinne dürfte auch wohl schwer zu finden sein, dafür ist Mathematik zu „unwesentlich" für die Wirklichkeit: Diese ist (und das ist doch beruhigend) eben nicht so beschaffen, daß man aus einer wie auch immer getroffenen Ordnung oder Organisation von außermathematischen Sachverhalten „Mathematik" einfangen kann. Wäre das so, dann würde sich in der Tat Mathematikunterricht als *Fach* erübrigen!

Entsprechendes gilt für die anderen besprochenen „Orientierungen". Bei der Beurteilung der jeweiligen Unterrichtsvorschläge hat man noch zu berücksichtigen, daß diese in einen Mathematikunterricht hineinprojiziert werden (müssen!), der fachliche Inhalte bereitstellt. Darum sollten Autoren, die ehrlich um den Mathematikunterricht bemüht sind, auf Adjektive zur Kennzeichnung ihrer Konzeption verzichten.

Problem — System ist ein anderes Begriffspaar, das neben AM—RM ein Spannungsfeld erzeugt, in dem Mathematikunterricht sich vollziehen sollte. Problemorientierter Mathematikunterricht kann als Gegenpol zum fachorientierten Mathematikunterricht aufgefaßt werden, dabei ist der „Anwendungs"aspekt von ganz untergeordneter Bedeutung. Niemand wird bestreiten, daß man nicht vernünftig Mathematik „treiben" kann, ohne sich mit „Problemen" auseinanderzusetzen — sowohl in der RM wie in der AM. Aber von der Ausrichtung auf einen einzigen Pol ist entsprechend den oben diskutierten Gründen abzuraten.[27]

2.3 Anwendungsfelder

Die Anwendung mathematischer Methoden gewinnt nicht zuletzt durch die Erschließung neuer Bereiche zunehmend Einfluß auf die Gestaltung unserer Lebensverhältnisse. Daraus könnte man voreilig den Schluß ziehen, hervorragend geeignetes Material für die AM gäbe es genug. Bestätigung dafür findet man allenfalls hinsichtlich der Anzahl der Publikationen in Büchern und Zeitschriften. Trotz großer Anstrengungen der Didaktiker aber herrscht allgemeine Unzufriedenheit über die Qualität des Beispielmaterials und die Art der Aufgaben.[28] Die Meinung der Autoren, oft einleitend formuliert, es gebe immer noch keine guten Beispiele, man stehe immer noch ganz am Anfang, scheint zwar merkwürdig (um nicht zu sagen grotesk), ist aber symptomatisch. Wenn man trotz intensiver Suche bisher nicht recht fündig wurde, stellt sich die Frage nach den Ursachen. Sind diese prinzipieller Art, werden nicht-einlösbare Ansprüche gestellt?

Die folgende Diskussion wird mit dem Ziel geführt, die *Verwendung mathematischer Methoden* in wissenschaftlicher und alltäglicher Praxis in der Schule zum Tragen zu bringen.

(a) **Auf der Suche nach Aufgaben im Alltäglichen.** Mit der großen Bedeutung der Mathematisierung für die Gestaltung unseres Lebensbereiches „Welt" ist noch nicht ihre Bedeutung im „Alltäglichen" erwiesen. Wir sind nach wie vor der Meinung[29], daß der Mathematik hier nicht die von manchem Didaktiker gewünschte Rolle zukommt. Man gewinnt allerdings den Eindruck, als seien einige Autoren ständig auf der Suche nach „geeigneten" Aufgaben[30], womit sie auch das Motivationsproblem[31] zu lösen glauben. In diesem Punkt hat sich gegenüber dem traditionellen Sachrechnen wenig geändert.

Mangels Masse kann kein Mathematikunterricht aus (sich im Leben der Schüler stellenden) „brennenden" Problemen aufgebaut werden. Daher tut man so, als ob die Schüler an einer bestimmten Stelle im Straßennetz einer fiktiven Stadt den Verkehrsfluß durch eine Ampelanlage regeln oder verbessern sollen. Oder man denkt sich „Anwendungen" aus, die Schüler im Rahmen des Mathematikunterrichts aus Gewohnheit als „lebensecht" akzeptieren, die es aber nicht sind, „weil niemand aus sachlichen Gründen im Zusammenhang mit solchen ‚Problemen' Rechnungen anstellen würde" [21, S. 133]. Im übrigen ist man rasch beim Gleichungssystem, bei der Formel, beim Rechnen; also doch nur „Einkleidungen" von innermathematischen Fragestellungen? Sollte man den Schülern (und sich selbst gegenüber) nicht ehrlich sein anstatt ihnen (und sich) weiszumachen, so sei es „in Wirklichkeit"? Dann müßten aber auch Vokabeln wie praxis- und lebensnah umsichtiger gebraucht werden.

Man stelle sich nun einmal aufgrund solcher Aufgaben unser alltägliches Leben vor! Da ginge es recht merkwürdig zu. Z. B. erhält man auf die Frage nach der Anzahl der Schüler einer Klasse Daten, aus denen man sich die gewünschte Information berechnen muß; entsprechend bei der Frage nach dem Alter eines Menschen. — Bevor man unter mehreren Angeboten aussucht, stellt man Verkaufsmatrizen auf. (Sprechen die Autoren aus Erfahrung und empfehlen sie solches Verhalten auch ihren Kindern?) — Der (vielzitierte) Malermeister ver(sch)wendet seine Arbeitszeit nach wie vor mit Inhaltsberechnungen von Flächen vielgestaltiger Formen; die Kostenfestlegung mittels Tabellen, zu denen ganz grobe „Überschlags"messungen ausreichen, ignoriert er. — Will die Hausfrau eine kreisförmige Tischdecke mit einer Spitze einfassen, mißt sie erst den Durchmesser, berechnet den Umfang und mißt die Länge der vorhandenen Spitze. Damit entscheidet sich, ob sie die Arbeit beginnen kann oder nicht. Hat die Hausfrau die Umfangsformel vergessen, leitet sie diese erst wieder her.

Auch Becker u. a. [6, S. 20] sind der Meinung, daß es „nur wenige mathematisch hinreichend reichhaltige Sachzusammenhänge (gibt), die den Schüler unmittelbar in einer aktuellen Situation betreffen". Aber wie soll man ihre anschließende Feststellung oder Folgerung verstehen? „Hierin liegt eine grundsätzliche Schwäche eines noch so realitätsnah gestalteten Mathematikunterrichts." Muß man nicht vielmehr davon ausgehen, daß der Mathematikunterricht Ziele intendiert, die nicht unmittelbar und direkt auf das Verhalten im täglichen Leben durchschlagen, weil die Erschließung dieses Bereiches und die dabei gewonnen und weiter fungierenden Erfahrungen von anderer Art sind?[32] Das mag man bedauern, kann dafür aber nicht das Fach Mathematik zur Rechenschaft ziehen.

Man findet den „traditionellen" Standpunkt, Mathematik „läge nur so herum", in zahlreichen neueren Arbeiten wieder. Wir zitieren und kommentieren die geltenden Richtlinien [93]. Einleitend zum Abschnitt 1.2 „Fachspezifische Grundtechniken" heißt es[33]: „Außer der Entwicklung des *begründenden*, des *findigen* und des *anwendungsorientierten Denkens* sollen im Mathematikunterricht geistige Grundtechniken gelernt bzw. ausdifferenziert werden, die sowohl im *alltäglichen Denken* ständig eingesetzt werden als auch innerhalb des *mathematischen Denkens* die Grundfertigkeiten darstellen." Der Verdacht, daß hier mathematisches Denken (ist damit logisches Denken gemeint?) und allgemeines Denken (was ist das überhaupt?) gleichgesetzt werden, verstärkt sich im Abschnitt 2.2: „Die strukturellen Leitbegriffe (der Mathematik) sind die Instrumente des allgemeinen Denkens, wie sie ohnehin im täglichen Leben zur intellektuellen Welterschließung verwendet werden. ... Im Mathematikunterricht der Grundschule werden die strukturellen Leitbegriffe ‚lediglich' im Sinne einer Präzisierung weiterentwickelt und einer ‚rechnerischen' Weiterverarbeitung zugänglich gemacht. Indem der Mathematikunterricht sich an den strukturellen Leitbegriffen orientiert, wird das *mathematische Denken* in das *allgemeine Denken* eingebracht. Damit ist eine wechselseitige Beeinflussung beider zu erwarten." Wenn das mathematische Denken „eingebracht" ist in das „allgemeine Denken" — nach Obigem ist es mit ihm im wesentlichen identisch — wie kann es dann zu einer wechselseitigen Beeinflussung kommen?

Außer den genannten Arten des „Denkens" gibt es in den Richtlinien u. a. noch ein „denkendes Zahlenrechnen"(!). Dagegen ist vom logischen Denken nicht die Rede, sondern nur von „logischer Durchdringung". Wird damit die Voraussetzung unterstellt, daß Denken (ohne Adjektiv) immer logisches Denken ist? In Punkt 1.2.5 findet man dann noch den Terminus „*strenges Denken*". Fazit: Durch Denken wird man wohl kaum dahinterkommen, was eigentlich „Denken" in den Richtlinien sein soll.

Der traditionelle Rechenunterricht hat den Unterschied zwischen dem aus dem Alltag vertrauten Umgang mit den Gegebenheiten des Lebens und der mathematischen Hinsicht, die mit zuvor situationsbestimmenden Komponenten bricht zugunsten der Anwendung einer Methode, nicht gesehen. Darum konnten die Schüler auch nicht ihr „sachrechnerisches Tun" beurteilen. Dieser schwerwiegende Fehler sollte sich nicht fortpflanzen. Daher müssen wir „Lebensnähe" im Mathematikunterricht anders sehen, mit „Wunschdenken" und unerfüllbaren Forderungen[34] ist es nicht getan. Auch täuschen wir uns, wenn wir vornehmlich in der handwerklichen Eigenarbeit (Tapezieren, Garage bauen, Ofenrohr anstreichen) oder im Autokauf für gewisse Schülergruppen Motivation von außen und Relevanz fürs Leben (wieder)gefunden zu haben glauben. Wir kommen an der Tatsache nicht vorbei, daß Mathematik erst nach intensiver Beschäftigung die berechtigten Hoffnungen erfüllen kann und daß hier Offenheit und Aufrichtigkeit den Schülern gegenüber einer modernen Art von Bauernfängerei bei weitem überlegen ist. Auch das ist eine, sicherlich nicht gering zu achtende Vorbereitung auf das Leben.

(b) **Der berufliche Bereich.** Das traditionelle Sachrechnen hat sich nie als berufsbezogenes Sachrechnen verstanden.[35]) Jedoch empfahlen die traditionellen Methodiker den Lehrern, sich unter den Berufen der Väter ihrer Schulkinder umzusehen, damit sie im Sachrechnen „lebensnah" arbeiten könnten. In moderner Diktion liest sich das beispielsweise so: „Für den Mathematikunterricht der Hauptschule ist eine stärkere Einbeziehung der zukünftigen Arbeitswelt notwendig." Dazu sollen mittels „einer empirischen Untersuchung am Arbeitsplatz" erforderliche und wünschenswerte Qualifikationen im Bereich Stochastik festgestellt und die Ergebnisse für curriculare Entwicklungen in der Hauptschule nutzbar gemacht werden [54].

Da die Verwendung von Mathematik das zentrale Anliegen des Fachrechenunterrichts ist, liegt die Frage nahe, ob die Bücher der berufsbildenden Schulen[36]) Anregungen für außermathematische Anwendungen in der allgemeinbildenden Schule geben. Nach unserem (pauschalen) Eindruck müssen wir diese Frage verneinen. Man findet unter den Titeln „Grundlegendes Rechnen", „Mathematik" oder „Praktisches Rechnen" die vier Grundrechenarten in $\mathbb{Q}$, Dreisatz, Prozentrechnen, Flächen- und Körperberechnungen, evtl. noch Quadratwurzelziehen (Näherungsrechnung fehlt!) als „Grundkenntnisse" oder „Grundwissen"[37]) systematisch geordnet, formalisiert dargestellt, rezeptartig abrufbar. Die Aufgaben, soweit sie nicht dem „reinen" Zahlenrechnen dienen, sind nicht besser als die Sachaufgaben der Bücher für allgemeinbildende Schulen, sie sind gelegentlich mit technischen Termini durchsetzt. In den berufsbezogenen Büchern „Fachrechnen für Kraftfahrzeugmechaniker" (Konditoren, Elektriker usw.) wird anhand von Textaufgaben mit den jeweiligen fachkundlichen Begriffen gearbeitet. Die Aufgaben sind häufig nach fachkundlichen Gesichtspunkten geordnet und fachkundlich eingeleitet. Ob dabei die jeweils spezifischen Sachverhalte, insbesondere ihre formelhaften Darstellungen, didaktisch zufriedenstellend aufgearbeitet werden, ist die Frage. Jedenfalls sind die Aufgaben keineswegs „allgemeinverständlich". Mathematik wird genutzt für ganz bestimmte beruflich ausgewiesene Zwecke. Der Anwendungsprozeß schrumpft dabei auf das „richtige" Einbringen von Formeln zusammen. Das ist nicht nur legitim, sondern bei berufsfeldspezifischen Sachverhalten erwünscht.[38]) Jetzt wird erneut deutlich, wie wichtig es ist, daß die Auszubildenden Mathematisieren (wie von uns dargelegt) in der allgemeinbildenden Schule gelernt haben.

Unseres Erachtens gibt die Berufschule wegen ihrer spezialisierten fachkundlichen Bereiche wenig Material für Anwendungen in der S I. Jedoch umgekehrt stellen sich von der beruflichen Situation her Forderungen an den Mathematikunterricht (Bereiche RM und AM) der allgemeinbildenden Schulen ([114], [72]). Diese sind unter didaktischer Sicht sorgfältig zu prüfen. So kann beispielsweise ein Katalog von „Minimalkenntnissen", der auf „spätere Verwendbarkeit" in der Ausbildung [72] angelegt ist, nicht konstituierendes

Moment für einen Mathematikunterricht sein. Die Gefahr einer Verkürzung auf Faktenwissen und auf ein Repertoire an Lösungsschemata und Lösungstechniken ähnlich wie beim traditionellen Sachrechnen scheint noch nicht gebannt, wie nicht nur die unqualifizierten „firmeneigenen" Eignungstests zeigen. Auch die Hauptschule darf keine vorgelagerte Berufschule werden.

(c) **Der fächerübergreifende Bereich.** Zahlreiche ernstzunehmende Aufgaben zur AM lassen Tendenzen erkennen, inhaltliche Zusammenhänge anderer Schulfächern zu entnehmen. Mathematik soll so verwendet werden, wie es sich vom jeweiligen Fach, von den fachspezifischen Fragestellungen her ergibt, also dem Stellenwert mathematischer Methoden angemessen, und nicht wie in „künstlich" zurechtgemachten Aufgaben gefordert. Die Öffnung des Mathematikunterrichts zu anderen Fächern ist unbedingt erforderlich, weil die Gefahr einer Abkapselung der mathematischen Begrifflichkeit sehr groß ist. Beispielsweise erkennen Schüler physikalische Gesetzmäßigkeiten häufig nicht als Funktionsterme, können die im Mathematikunterricht entwickelten Verfahren, wie das Auffinden von Gesetzmäßigkeiten in gegebenem Zahlenmaterial, nicht transferieren, verstehen die soziale Rolle der Mathematik nicht. Weitere Gründe für einen fachübergreifenden Unterricht: tiefer in außermathematische Situationen eindringen, bei denen Mathematik instrumentell gebraucht wird; die Nützlichkeit von Mathematik erkennen; sich motivieren lassen (aber wozu: sich intensiver mit Mathematik auseinanderzusetzen oder mit den jeweiligen außermathematischen Situationen?).

Typisieren wir nun verschiedene fächerübergreifende Möglichkeiten[39], die uns didaktisch relevant erscheinen. Wir halten dabei an der Fächertrennung im „klassichen Sinne" fest; eine überzeugende Alternative fehlt.

(1) *Integration von Unterrichtseinheiten zu Sachthemen in den Mathematikunterricht*
Die Sachthemen können nahezu allen Schulfächern entnommen werden, den Naturwissenschaften und der Technik genauso wie Politik, Sport und Wirtschaftslehre. Initiative und Durchführung liegen (allein) beim Mathematiklehrer. Bei jedem Beispiel stellen sich dem Lehrer von neuem didaktische und methodische Fragen[40] (zur Lokalisierung, zur engeren Zielsetzung, zum Zeitaufwand, zur Motivation) in Abhängigkeit von der zu verwendenden mathematischen Begrifflichkeit und dem außermathematischen Informationsgehalt.[41] Hinsichtlich der Anzahl der Beispiele und hinsichtlich ihres Umfanges soll insofern Angemessenheit gewahrt werden als die UE nicht längerfristig Lerninhalt eines Mathematikunterrichts wird.

Die Behandlung der hier angesprochenen Unterrichtseinheiten kann dahin tendieren, der Mathematik in dem gerade vorliegendem Sachverhalt einen zu hohen Stellenwert einzuräumen, was zu Verzerrungen und Fehleinschätzungen führt. Darum sind andere Möglichkeiten fächerübergreifenden Arbeitens, d. h. einer sinnvollen Koordination von Geben und Nehmen unter den Fächern, zu diskutieren.

(2) *Beteiligung mehrerer Fächer an einem Projekt*
In einem Fach steht die Erarbeitung eines umfangreicheren und vielschichtigen Problems oder Themas an, das längerfristig geplant ist oder sich spontan stellt. Fachdidaktisch aufbereitete „idealisierte" Materialien sind dafür nicht verfügbar. Das Fach Mathematik ist nicht initiativ, seine Beteiligung aber erwünscht. Da das Thema nicht zwischen den Fächern angesiedelt werden kann, muß ein Fach verantwortlich zeichnen, z. B. für das

Projekt „Kernenergie" die Physik oder die Politik. Von hier aus werden Materialen und Informationen beschafft, Aspekte koordiniert, Absprachen getroffen, Diskussionen unter Beteiligung mehrerer Lehrer angesetzt (nachdem Schüler und Lehrer über die nötige Sachkompetenz (!) verfügen) usw.. Der Verwirklichung stehen im schulischen Alltag erhebliche Widerstände, vor allem organisatorischer Art, entgegen. — Es gehört auch zu den Inhalten dieses Punktes, daß die Fachlehrer für Mathematik und Politik die gesellschaftliche, ideologische Bedeutung der Mathematik, z. B. durch Interpretationen von Schriften, mit den Schülern erörtern.

(3) *Anwenden von Mathematik in anderen Fächern*
Größere UE aus anderen Fächern in den Mathematikunterricht hineinzunehmen, ist genau so fragwürdig wie die Behandlung von Situationen in anderen Fächern unter einseitig mathematischem Aspekt. Anstatt Sachprobleme für den Mathematikunterricht aus anderen Fächern „herauszuholen" und ihre Behandlung am Mathematikunterricht zu orientieren, fordern wir eine stärkere Verwendung mathematischer Methoden „vor Ort". Das hat vor allem den Vorteil, daß die Situationen nicht nach den gerade behandelten mathematischen Begriffen und Methoden ausgesucht und zurechtgemacht sind, sondern in dem Gesamtzusammenhang des jeweiligen Faches belassen bleiben. Wir denken an hinreichend komplexe Probleme, deren Erschließung vom jeweiligen Fach aus interessant ist, sich aber rein mathematischer Betrachtensweise entzieht. Die Schüler werden inhaltlich sehr unterschiedliche Situationen mathematisieren, was wesentlich mehr bedeutet als das Ermitteln von Ergebnissen aus dem Zahlenmaterial bereits idealisierter und (weitgehend) mathematisierter Aufgaben. Insofern unterstützt der jeweilige Fachlehrer das wichtigste Lernziel der AM. Die fachspezifischen Methoden behalten bei der Erarbeitung der Situation ihren Stellenwert; die Bewertung erfolgt unter Offenlegung von Grenzen und Intentionen der Anwendung mathematischer Methoden. Die Diskussion vollzieht sich im Kontext des jeweiligen Faches und nicht oberflächlich und einseitig in einer soweit ausgedünnten Situation, daß die Problematik allein mit Mathematik lösbar erscheint. Die hier angestrebten Verhaltensweisen lernbar zu machen, ist eine der wichtigsten Aufgaben der Schule.
Daraus ergeben sich einige evidente Forderungen: Der Mathematikunterricht hat nicht nur das Instrumentarium zur Verfügung zu stellen, sondern auch Erfahrungen im Mathematisieren (im oben dargelegten Sinn) zu ermöglichen. Bei einer totalen Einbindung der Mathematik in überfachliche Zusammenhänge kann die hier geforderte (mathematische) Qualifikation nicht erworben werden. Und weiter: Anwenden von Mathematik geschieht hier ohne den Mathematiklehrer, von Besprechungen der Lehrer untereinander einmal abgesehen. Der betreffende Fachlehrer muß den mathematischen Anwendungsprozeß in seinem Fach verstanden (auch im wissenschaftstheoretischen Zusammenhang) und didaktisch durchdacht haben. Das zu ermöglichen, sollte eine selbstverständliche Aufgabe der Lehrerausbildung sein.

3 Möglichkeiten des Schulbuches

3.1 Vorbemerkungen

Für die unterrichtspraktische Verwirklichung unseres Konzeptes von Mathematikunterricht kommt dem Schulbuch[42]) große Bedeutung zu, weil es bei Wahrung der Bereiche

RM und AM (nach Anteil und Besonderheit) ihre Verflechtung zu einem Ganzen über Schuljahre hinweg sicherstellen kann. Bei einem guten Schulbuch sind RM und AM nicht auseinander zu dividieren, d. h. es lassen sich nicht die AM-Anteile herausnehmen und zu einem Buch „Angewandte Mathematik" zusammenfassen, ohnehin ist gar nicht jede Lehrbuchstelle eindeutig einem der Bereiche zuzuordnen.

Es ist klar, daß hier die eigentlichen Hindernisse zu überwinden sind: Kritisieren; Erwartungen, Forderungen, Ziele formulieren; Einzelbeispiele angeben; das alles ist erheblich einfacher als die Darstellung einer längeren zusammenhängenden Lernsequenz, die sich in Unterricht unserer allgemeinbildenden (oder berufsbildenden) Schulen auch tatsächlich umsetzen läßt. Jedoch kann, wie aus dem vorherigen Abschnitt folgt, ein Schulbuch nicht den gesamten Anwendungsbereich abdecken. Wir halten es für wünschenswert, wenn die Autoren sich von Vertretern der Fächer Physik, Geographie usw. bei der Bearbeitung der AM in Schüler- und Lehrerband anregen und beraten lassen.

3.2 Die Sachaufgaben des Schulbuches

Trotz anhaltender Kritik an den „Sachaufgaben" des Schulbuches gibt es wohl kaum einen Lehrer, der ernsthaft beabsichtigt, darauf zu verzichten. Hier ist nun die Frage zu stellen, welche methodischen Konsequenzen die Forderung „für das Mathematisieren zu qualifizieren" für diese „Textsorte" des Schulbuches nach sich zieht. Gemeint sind Aufgaben, die einen eng begrenzten, von Schülern der jeweiligen Lernstufe leicht durchschaubaren (meist schon idealisierten) außermathematischen Sachverhalt zum Inhalt haben, dessen Darstellung die Umgangssprache oder einfache fachsprachliche Bestandteile einer anderen Disziplin (z. B. Biologie, Physik) verwendet. Die Sachverhalte können auch als Reproduktionen von Zeitungsberichten oder ähnlichem Material gegeben sein. Wir gehen davon aus, daß der Lehrer von sich aus das Schülerbuch durch problematisierbares, aktuelles Material aus Zeitungen, Zeitschriften, Prospekten, Fernsehaufzeichnungen ergänzt und veraltete Daten austauscht.[43]

Sachaufgaben finden wir am Anfang oder am Ende einer der RM oder AM zugehörigen Lernsequenz, sie sind eingestreut oder bilden einen eigenen Abschnitt.[44] Häufigkeit und Lokalisierung lassen auf Lernzielsetzungen und methodische Maßnahmen schließen. Diese sind breit gefächert: Sachaufgaben sollen einen mathematischen Sachverhalt verdeutlichen; die Einführung neuer mathematischer Begriffe oder Verfahren nahelegen (wenn bei der Mathematisierung die vorhandenen „Instrumente" nicht ausreichen); die Anwendbarkeit von Begriffen über die Einführungssituation hinaus „verallgemeinern"; Übungsmaterial für die Handhabung mathematischer Modelle sein (Routine erwerben); die Anwendbarkeit in RM behandelter Begriffe zeigen; Mathematisierungsprozesse transparent machen und den Erwerb grundlegender Fähigkeiten für das Mathematisieren ermöglichen; außermathematische Situationen reproduzieren, die es zu analysieren gilt hinsichtlich der bereits darin eingebrachten mathematischen Begrifflichkeit oder hinsichtlich der sachlichen Inhalte; motivieren; kreatives Verhalten auslösen usw. Art und Behandlung einer Sachaufgabe sind abhängig von den Lernzielen, die man intendiert.

Wir wollen jetzt an einigen *Beispielen* andeuten[45], worauf es beim Mathematisieren in den hier interessierenden Klassen ankommt. Denn nur in wenigen Schulbüchern (und dort meist nur ansatzweise) werden Sachaufgaben für dieses Lernziel aufbereitet.

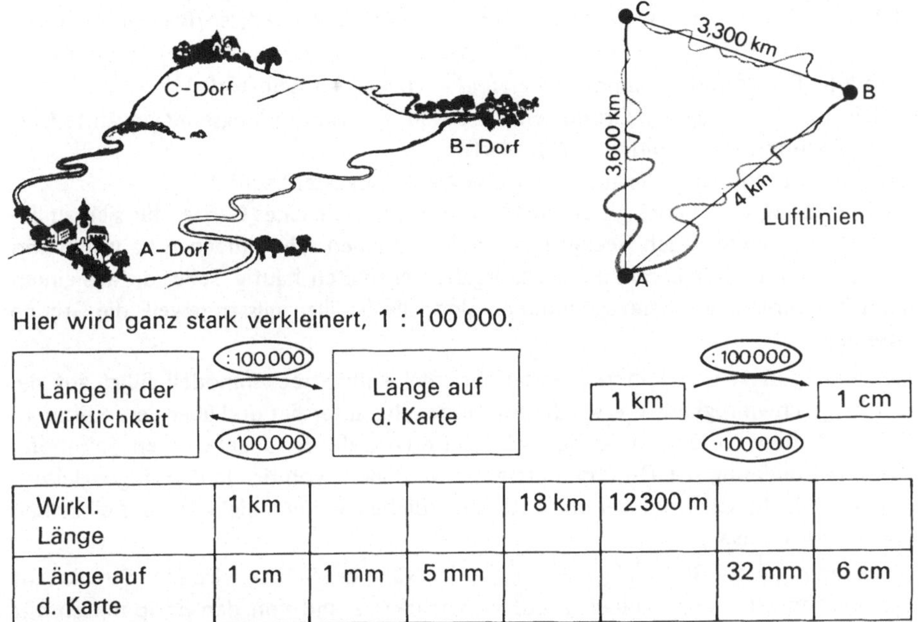

Hier wird ganz stark verkleinert, 1 : 100 000.

Länge in der Wirklichkeit	:100 000 → · 100 000 ←	Länge auf d. Karte

1 km	:100 000 → · 100 000 ←	1 cm

Wirkl. Länge	1 km			18 km	12 300 m		
Länge auf d. Karte	1 cm	1 mm	5 mm			32 mm	6 cm

Bild A3 [132, Bd. 4, S. 31]

(1) Denken in Modellen sollte bereits bei der Behandlung von geeigneten Themen in der Primarstufe Berücksichtigung finden. Als Beispiel nennen wir das Thema Maßstab. Winter u. Ziegler bringen in ihrem Schulbuch eine Zeichnung, die unseren Intentionen entspricht und die wir in Bild A3 wiedergeben.

(2) Auch das Streckennetz der Bundesbahn paßt hierher. Ansätze einer Behandlung in der S I unter dem Modellbegriff findet man bei Becker u. a. [6] in der Unterrichtseinheit „Eisenbahn".[46] Daraus zitieren wir die folgenden Aufgaben [6, S. 84—85]:

„1. Ist in der Bezeichnung ‚Streckennetz' der Begriff ‚Strecke' im mathematischen Sinn gebraucht?

2. Wodurch kann man auf dem Streckennetz

a) elektrifizierte von nicht-elektrifizierten Strecken,

b) Schnellzugstrecken von bloßen Eilzugstrecken unterscheiden?

3. Bahnhöfe sind in dem Streckennetz durch kleine schwarze Rechtecke markiert. Es gibt Bahnhöfe ohne Umsteigemöglichkeit, zum Beispiel Diepholz (auf der Strecke Bremen-Osnabrück), und es gibt Bahnhöfe mit Umsteigemöglichkeiten, z. B. Leer (Ostfriesland), wo die Strecken 217 und 280 zusammentreffen.
Auf der kürzesten Verbindung von Bremen nach Wilhelmshaven (Strecke 215) liegen die Umsteigebahnhöfe Delmenhorst, Hude, Oldenburg, Sande. Zähle für weitere Strecken alle auf ihnen liegenden Umsteigebahnhöfe auf:

a) Bremen — Wolfsburg (Strecken 210, 220)

b) Hannover — Hamburg (über Lüneburg; Strecke 150)

c) Hannover — Hamburg (über Walsrode, Soltau; Strecke 160)

5. Vergleiche auf dem ‚Streckennetz der DB im Raum Niedersachsen/Bremen/Ostwestfalen' und auf dem ‚Fernverbindungsnetz Norddeutschland' die Darstellungen der Eisenbahnverbindung Dortmund — Hamm — Bielefeld — Herford — Wunstorf.
Was fällt Dir auf? Was mag der Grund sein für die im Fernverbindungsnetz gewählte Darstellung der Verbindung Dortmund — Wunstorf?
Nenne andere Verbindungen, die auf die gleiche Weise dargestellt sind."
Es ist (in Forschung und Lehre gleichermaßen) legitim, Teile eines Ganzen für sich zu betrachten. So konstruieren auch Becker u. a. [6, S. 91] einen sehr einfachen Fahrplan und bauen diesen dann anschließend aus. Sachaufgaben enthalten häufig Teile, die aus einem komplexen Zusammenhang herausgenommen sind; die Schüler müssen jeweils die Gründe dafür einsehen.

Das Inbeziehungsetzen von Fahrzeit und Fahrstrecke im Streckenmodell führt auf die Durchschnittsgeschwindigkeit, die wiederum Modellcharakter hat und über deren Brauchbarkeit man in dieser Situation nachdenken sollte (Anzahl der angefahrenen Bahnhöfe, Haltezeiten, Abweichung der Durchschnittsgeschwindigkeit von der in den Zugbegleitern angegebenen Höchstgeschwindigkeiten, unterschiedliche Geschwindigkeiten auf einzelnen Streckenabschnitten usw.).

(3) Zur Bestimmung der Breite eines Flusses in der Nähe der Schule wird eine Strecke auf dem zugänglichen Ufer durch einen Bindfaden markiert und von den Endpunkten mit einem selbstgefertigten Winkelmesser oder mit einem Klein-Theodoliten ein „Punkt" (Baum oder Stein) nahe des anderen Ufers angepeilt [18].

Aufgaben dieser Art eignen sich gut, den Schülern bewußt zu machen, daß wir hier ein Stück Umwelt aufbereiten für einen ganz bestimmten Zweck, nämlich um eine uns interessierende Information zu erhalten. Dabei lassen wir fast alles, was uns sonst gefällt, außer acht: Die Strömung des Wassers, den Pflanzenwuchs an den Ufern usw. Wir reduzieren die Landschaft auf einen schmalen Streifen, den wir mit einem Bindfaden kennzeichnen, und zwei „Sehstrahlen". An der Tafel oder auf Zeichenpapier werden der Bindfaden und die Sehstrahlen gerade „Striche" und maßstabgetreu gezeichnet. Das ist das Modell der Situation, dem wir durch Messung die Breite des Flusses entnehmen. — Wozu kann uns die so ermittelte Größe nützen? Haben wir uns beim vorherigen Schätzen sehr geirrt? Wie genau ist eigentlich unser Wert?

Diese Aufgaben lassen sich auch anders angehen. Man fertigt zunächst eine Skizze und fragt nach den Informationen, die man sich für die Entwicklung eines Modells und damit zur Beantwortung der gestellten Frage verschaffen muß. Als Beispiel sei die Bestimmung der Höhe eines Fabrikschornsteins genannt. Später kann man fragen, was die *Berechnung* der Höhe des Modelldreiecks gegenüber der *zeichnerischen* Ermittlung eigentlich bringt.

(4) Die folgende Aufgabe ist nicht dem unmittelbaren Lebensbereich der Schüler entnommen. Sie enthält Daten, aus denen sich zwangsläufig das (gewünschte) Modell ergibt.
Zwischen den Punkten A und B soll ein geradliniger Tunnel durch einen Berg angelegt werden. Man mißt die Entfernung $L(AC) = 713$ m und $L(BC) = 619$ m zu einem Hilfspunkt C sowie die Winkelgröße $W(BCA) = 78{,}1°$. (a) Wie lang ist der Tunnel? (b) In welcher Richtung ist der Tunnel von A und B aus in den Berg zu treiben?

Ist diese Aufgabe mehr als eine Rechenaufgabe im Rahmen der Trigonometrie? Ist die Mathematisierung überhaupt vernünftig? Könnte man für die Lösung nicht ein maßstabgetreues Dreieck als Modell verwenden oder braucht man die trigonometrischen Sätze wirklich (Aufgabendaten und Lösungsgenauigkeit)? — In der Tat, so einfach kann man es sich beim Tunnelbau nicht machen! Genügt ein Hilfspunkt, welche Genauigkeit der Messung ist erforderlich, was erschwert die Beschaffung der gewünschten Daten für ein brauchbares Modell? — Beispiele für den Tunnelbau aus neuerer und älterer Zeit können die Diskussion abrunden.

(5) Aufgabe [41, 8B, S. 120]: Karl (Wohnort A) und Michael (Wohnort B) wollen gemeinsam eine 14-tägige Wanderung machen. Sie wohnen aber 45 km voneinander entfernt und gehen sich deswegen zunächst entgegen. Wir nehmen dabei an, daß eine geradlinige Wegverbindung zwischen (A) und (B) besteht. Karl legt durchschnittlich 4 km pro h zurück, Michael schafft durchschnittlich 5 km pro h. Beide marschieren morgens 6.00 Uhr los. Wann treffen sie sich? Wieviel km hat dann jeder zurückgelegt?

Man kann diese „ganz gewöhnliche" Bewegungsaufgabe einfach „rechnen" lassen, aber sie darüber hinaus, ja vor allem für das Ziel „Mathematisieren lernen" nutzbar machen. Auf eine Idealisierung deutet die Wendung „Wir nehmen dabei an, daß ..." hin. Des weiteren wird bzw. ist die Komplexität der Wirklichkeit abgebaut im Hinblick auf die Anwendung mathematischer Begriffe: Die Städte, besser Wohnungen, der Treff„punkt" werden dabei Punkte in der Ebene. Es wird mit gleichbleibenden Geschwindigkeiten gearbeitet, d. h. Steigungen, Ermüdungserscheinungen, evtl. Warten an Kreuzungen oder Bahnübergängen bleiben unberücksichtigt. Man nimmt einen Ausgleich vor und einen idealen Wanderer (oder Roboter) an, der keine Eindrücke, Erlebnisse hat, aber auch keine Anstrengungen kennt. Dementsprechend sind die zu erwartenden Ergebnisse. Diese müssen in die idealisierte Situation hineingedeutet (hineingetragen) werden, und daraus ergeben sich vielleicht Schlüsse bezüglich einer lebensweltlichen Situation. (Wie lassen sich „tatsächlich" Zeit und Ort für ein Treffen festlegen? Was kann die Mathematik dazu beitragen?)

Einige Modelle für die Situation der Aufgabe seien hier kurz dargestellt.

(a) Überlegt der Schüler nicht lange, so mag er wohl die Städte als Punkte und ihre Verbindung als Luft„linie" zeichnen (Bild A4).

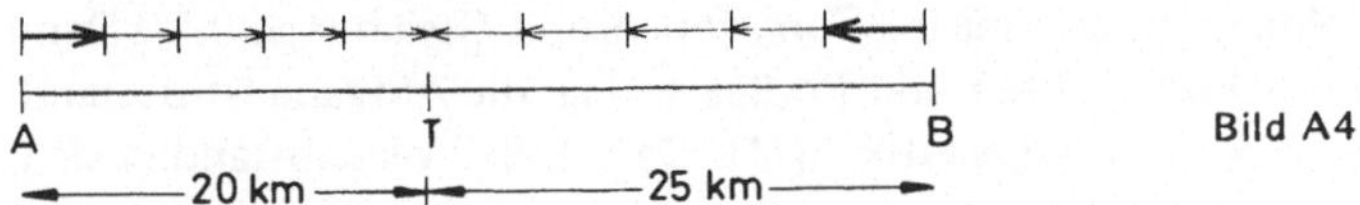

Hat die Zeichnung heuristische Bedeutung für den Schüler, so muß sie den Lösungsablauf in Gang halten. Dazu werden die Geschwindigkeiten der beiden Wanderer durch Pfeile ins Modell eingebracht und diese wiederholt aneinandergelegt. Ist die Zeichnung maßstabgetreu, so treffen bei einer „zurechtgemachten" Aufgabe die beiden Pfeilspitzen genau aufeinander, daher ist die Lösung ablesbar. Man kann den geschilderten Vorgang tabellarisch begleiten:

Zeitdauer	Weglänge	Zeitdauer	Weglänge
1 h	4 km	1 h	40 km
2 h	8 km	2 h	35 km
3 h	12 km	3 h	30 km
4 h	16 km	4 h	25 km
5 h	20 km	5 h	20 km
6 h	24 km	6 h	15 km

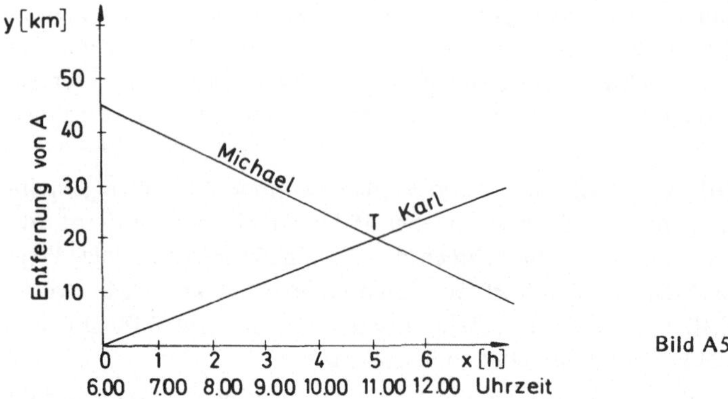

Bild A5

(b) Das folgende Modell (Bild A5) enthält nicht mehr so einfache Bestandteile. Es ist aber informativer, insofern als man die Entfernung der beiden „Modellwanderer" von A in Abhängigkeit von der Zeitdauer unter Zuhilfenahme des Funktionsbegriffs gut verfolgen kann. Dazu fragen wir nach der Funktionsvorschrift, nach einer zweckmäßigen Definitions- und Wertemenge. Welche Bedeutung hat das Durchzeichnen der Geraden für die modellierte Situation?

(c) Auch dieses Gleichungssystem ist ein Modell für die Aufgabe:

$$y = 4\,x \wedge y = 45 - 5\,x$$

Hier geht es ausschließlich um den Treffpunkt (zeitlich und räumlich).

Die Absichten, mit denen ein Lehrer eine solche Aufgabe in den Unterricht einbringt, hängen von der Klassenstufe, der Stoffeinbindung und der Lernzielsetzung ab. Beispielsweise will man die Schüler

— durch die Aufgabenstellung motivieren, sich mit einem für sie neuen mathematischen Sachverhalt zu beschäftigen oder bereits behandelte mathematische Begriffe und Kalküle für die Übungsphase anzunehmen (hier: lineare Funktionen und Gleichungen).[47] Dann ist die Bedeutung „lebensweltlicher" Fakten und Bezüge gering, die Aufgabe ist Bestandteil des „theoretischen" Aufbaus der Mathematik (RM). Das Modell verselbständigt sich, das zu Modellierende wird bedeutungslos;

— in einer frühen Klassenstufe bei geringen mathematischen Kenntnissen heuristische Wege finden lassen, was bei Verwendung des Modells (a) wegen der „einfachen" Zahlen möglich ist;

— eine idealisierte Umweltsituation, bei der es um „Bewegungen" geht, in ein Modell abbilden lassen. Sie erkennen dann, wie die Größen Länge, Zeitdauer, Geschwindigkeit unter dem Zusammenhang der Aufgabe strukturiert werden, daß diese Strukturierung mitteilbar ist unter der Voraussetzung der Kenntnis der verwendeten Begrifflichkeit und daß eine Rückbesinnung auf die lebensweltliche Ausgangssituation sich nicht von selbst versteht. Dabei wird man erörtern, ob in einem tatsächlich eintretenden Fall, wenn sich etwa die Gelegenheit für ein Treffen mit einem Schulfreund ergibt, die Mathematik hilfreich sein kann für die Festlegung von Ort und Zeit;

— anregen, eine Situation verschieden zu modellieren und die Modelle auf ihre mathematischen Bestandteile und ihre Aussagemöglichkeiten hin zu vergleichen.

Die Schulbuchautoren müssen trotz der langen Aufgabentradition noch sehr viel Detailarbeit für die Gestaltung ihrer Sachaufgaben aufwenden. Neben den üblichen Forderungen an Aufgaben[48] ist hier vor allem die Eignung für Mathematisierungen hervorzuheben. Die Schüler sollten wissen, warum sie sich an bestimmten Stellen einer Lernsequenz mit Sachaufgaben befassen, und angehalten werden, nach dem Grund zu fragen, wenn die Aufgaben nicht unmittelbar überzeugen. Darum heißt es in dem Schulbuch [41, 6B, S. 89]: „Überlege, welche Vorteile es hat, Anteile in Bruchzahlen anzugeben. Welche Aufgaben zu diesem Abschnitt haben deiner Meinung nach einen lebenspraktischen Bezug und welche Aufgaben dienen allein der Einübung des zuvor Behandelten?"

Natürlich lassen sich einige der oben aufgelisteten Zielsetzungen zufriedenstellend nur durch zusätzliche UE erreichen. Aber der Einsatz von Sachaufgaben ist methodisch nicht nur vertretbar, sondern erforderlich für den Lernprozeß, da bei einer Erarbeitung der Mathematisierung „im Kleinen" sich der Schüler nicht „erschlagen" zu lassen braucht von der Fülle der Problematik einer längeren UE. Man muß jedoch darauf achten, daß nicht der Eindruck entsteht, als sei jedes Problem vollständig formalisierbar. Diese Gefahr liegt dann nahe, wenn die Distanz zwischen Sachaufgabe und Modell sehr gering ist.[49] Auch aus anderen Gründen sind die Inhalte der Sachaufgaben nicht belanglos. Einige davon seien noch genannt. Sachaufgaben enthalten außermathematisches „Material", man kann Mathematisieren nicht lernen, wenn man die (Sach)inhalte stets außer acht läßt, insbesondere eine 'Deutung nicht für nötig hält. Und weiter: Sachaufgaben sind nicht ideologiefrei.[50] Beachtet man diese Tatsache nicht im Unterricht, kann sich bei Schülern unbewußt eine Einstellung fixieren, die sich allmählich zu einer nicht reflektierten Argumentationsbasis ausbaut. Andererseits darf man die inhaltlichen Informationen einer Sachaufgabe nicht überbewerten und daraus nach einer simplen Rechnung weitreichende Folgerungen „ableiten". Mit einer Zinsaufgabe zur Berechnung eines Kapitalzuwachses oder einer einfachen Prozentaufgabe zum Anstieg der Arbeitsproduktivität wird man wohl schwerlich den Kapitalismus bzw. den Sozialismus ab absurdum führen können. „Die gesellschaftlichen Arbeitsprozesse, die die vom Menschen gestaltete Realität strukturiert haben, geraten (dabei) ebenso wenig ins Blickfeld wie die konkreten, durch kollektive Arbeit charakterisierten Arbeitssituationen" [21, S. 146]. Erst wenn die Schüler sich in die keinesfalls trivialen Zusammenhänge der beiden grundverschiedenen Wirtschaftssysteme eingearbeitet haben, lassen sich Aufgaben dieser Art in eine Diskussion (in den Fächern Politik oder Gesellschaftslehre) kritisch einbeziehen.

3.3 Schulbuchkapitel zur angewandten Mathematik

Neben den Sachaufgaben kennt das Schulbuch auch Kapitel, die schwerpunktartig der AM gewidmet sind; im folgenden *Schwerpunktkapitel* genannt.

Als erstes Beispiel führen wir, gleichsam als „Fortsetzung" der obigen Aufgabengruppe, die Konzeption eines Kapitels aus, das den Modellbegriff für die Klassen 9/10 thematisiert. Wir haben dafür die „Simulation von Zufallsversuchen" gewählt, die sich besonders zur Herausarbeitung der Bedeutung stochastischer Modelle für die Lösung (realer) Probleme eignet. Die Schüler haben inzwischen zahlreiche deterministische Modelle kennengelernt, vielleicht das letzte beim Linearen Optimieren. Häufig spielt jedoch der Zufall eine entscheidende Rolle. Dann wollen wir wissen, *mit welcher Wahrscheinlichkeit* Vorgänge ablaufen oder Fakten zu erwarten sind. Hinzu kommt, daß viele interessante Probleme für eine Erschließung mit „exakten" Lösungsverfahren zu umfangreich und zu komplex sind. Der Rechenaufwand ist sehr hoch. Häufig fehlen auch geeignete Verfahren. In solchen Fällen versucht man, den Sachverhalt durch Modelle gedanklich zu fassen und im Rahmen dieser Modelle die Vorgänge real oder gedanklich nachzuahmen, d. h. zu simulieren. Wegen der Breite der Anwendungsmöglichkeiten läßt sich die Simulation nur an Beispielen darstellen; ein allgemeines Rezept gibt es nicht, woraus sich unmittelbare Konsequenzen für die unterrichtliche Behandlung ableiten.

Die *Simulation* hat in den naturwissenschaftlichen und technischen Disziplinen (z. B. Atomphysik, Plasmaphysik, Chemie, Hochfrequenztechnik, Kybernetik, Optik, Astrophysik) große Bedeutung erlangt. Die Schüler wissen, daß z. B. Kraftfahrzeugunfälle für das Testen von Gurten, Flugbedingungen bei der Erprobung von Prototypen und die Schwerelosigkeit bei der Ausbildung von Astronauten simuliert werden. Simulatoren verringern die Gefahr bei der Ausbildung von Piloten und Astronauten und senken die Kosten. Darüber wird man ein Unterrichtsgespräch anregen.

Die Schüler sollen in dem Kapitel lernen, Probleme angemessenen Schwierigkeitsgrades in stochastische Modelle zu übersetzen und diese mit Zufallsgeräten nachzuspielen, nachzuahmen, eben zu simulieren. Ihnen längst bekannte mechanische Zufallsgeräte sind z. B. Münzen, Würfel, Urnen, Glücksräder. Ein anderes für sie neues „Zufallsgerät" ist eine Tafel mit Zufallsziffern. Simulation eines Zufallsprozesses mit Hilfe von Zufallsziffern wird bekanntlich *Monte-Carlo-Methode* genannt. Es geht darum, unbekannte in Verteilungen eingebettete Werte über Stichproben zu schätzen. Wir sind der Meinung, daß nach einer allgemeineren Einführung in die Simulation von (realen) Situationen die Monte-Carlo-Methode als wichtiger Sonderfall ausführlich behandelt werden sollte. Eine solche UE wird man dazu nutzen, die *Konstruktion eines Modells* zu thematisieren: Ein Modell soll übersichtlich und einfach zu handhaben sein, andererseits aber die gegebenen zumeist komplexen Situationen in ihren gerade interessierenden Fakten möglichst genau widerspiegeln. Daher muß man sich gut überlegen, an welcher Stelle der Zufall wirkt und welche Vereinfachungen man vornimmt. Beschreiben die Ergebnisse des Simulationsprozesses die Situation unangemessen, so sind nicht der Simulationsprozeß oder die Berechnungen „falsch", sondern die Modellannahmen treffen nicht zu, das Modell eignet sich nicht für den intendierten Zweck. Sehr lehrreich sind Aufgaben, die von den Schülern mit exakten Lösungsmethoden (z. B. mit Baumdiagramm, Multiplikations- und Additionssatz der Wahrscheinlichkeitsrechnung) *und* durch Simulation gelöst werden. Das gibt Anlaß zu einem Vergleich der Modelltypen bezogen sowohl auf die Modellierung der gegebenen Situation als auch auf die Durchführung der vom Modell geforderten Arbeiten (Rechnung, Versuche) und die erhaltenen Ergebnisse (hier ist vor allem der Schwankungsbereich bei Simulationen zu beachten).

Wir skizzieren einen Vorschlag für dieses Schwerpunktkapitel[51]:

Phase 1: Einführung in die Simulation

An den Anfang stellen wir die „Aufgabe vom Rebhuhnschießen"[52]: 10 Jäger warten bei einer Teibjagd im Hinterhalt. Plötzlich fliegen 10 Rebhühner auf. Natürlich bleibt den Jägern keine Zeit für eine Absprache, wer auf welches Rebhuhn schießen soll. Jeder wählt nach Zufall ein Rebhuhn aus — zielt — und trifft. Die Jäger schießen gleichzeitig.

Werden alle 10 Rebhühner erlegt? Wieviel Rebhühner werden mindestens erlegt? Schätze, wieviel Rebhühner wahrscheinlich erlegt werden!

Dieser Aufforderung kann man aus der Situation der Aufgabe allein nicht nachkommen. Das Rebhuhnschießen läßt sich nicht so oft wiederholen, daß wir einen guten „Schätzwert" erhalten. Wünschenswert wäre ein Versuch, der leicht wiederholbar ist und in den für unsere Fragestellung wichtigen Fakten übereinstimmt. Die zufällige Entscheidung eines Jägers für ein bestimmtes Rebhuhn läßt sich durch das Ziehen einer Kugel aus einer Urne nachahmen. Wir *simulieren* das Rebhuhnschießen durch das Ziehen von 10 numerierten Kugeln (Urnenmodell mit Zurücklegen), fassen die Ergebnisse in einer Häufigkeitstabelle zusammen und berechnen das arithmetische Mittel als durchschnittliche Anzahl der erlegten Rebhühner. Bei der Simulation erlebt der Schüler unmittelbar den Zufallsmechanismus, das Unregelmäßige und Unvorhersagbare, aber auch das Sichererwerden der Schätzwerte bei Erhöhung der Durchführungszahl der einzelnen Versuche. Es sollten aber noch andere Modelle (z. B. Urnenmodell ohne Zurücklegen und Ziffernkreisel) auf ihre Eignung für die Simulation des Rebhuhnschießens hin überprüft werden. Dabei erkennen die Schüler, daß Folgen von „Zufallsziffern" entstehen. Wenn man von vornherein über tabellarisch erfaßte *„gleichverteilte Zufallsziffern"*, bei denen die Wahrscheinlichkeit ihres Auftretens für alle Ziffern gleich ist, verfügte, könnte man Simulationen sehr einfach durchführen.

Phase 2: Erstellen von Tabellen mit Zufallsziffern

Bevor der Schüler das „Werkzeug" Tabelle mit gleichverteilten Zufallsziffern vielseitig anwendet, soll er es kennenlernen; und zwar soll er Einblick in die Gesetzmäßigkeit von Zufallsziffern erhalten und auch verstehen, wie schwierig das Erstellen gleichverteilter Zufallsziffern ist. Damit geht man der Frage nach, wie sich Tabellen mit Zufallsziffern erstellen lassen. Zunächst wird das häufig anzutreffende Vorurteil ausgeräumt, als könnten wir uns eine Tabelle mit Zufallsziffern verschaffen, indem wir Ziffern hinschreiben, gerade wie sie uns zu-fällig ein-fallen. Die Schüler sind überrascht, wieviel Eigenschaften gleichverteilte Zufallsziffern haben müssen, wievielen Gesetzmäßigkeiten der Zufall sich also fügt. [53] Folgende Eigenschaften (bei hinreichend langen Zufallsfolgen) werden angesprochen: Für jede Stelle der Tabelle muß jede Ziffer die gleiche Chance haben, jede Ziffer muß ungefähr gleich häufig auftreten. — Etwa die Hälfte aller Ziffern muß gerade sein. — Hinter einer beliebig herausgegriffenen Ziffer muß in etwa 1/10 aller Fälle dieselbe Ziffer stehen. — In etwa 1/100 aller Fälle folgt dieselbe Ziffer zweimal.

Phase 3: Anwenden von Tabellen mit Zufallsziffern

Jetzt soll der Schüler die Vielseitigkeit der neuen Methode erfahren und mit ihr vertraut werden. Dazu simulieren wir längst bekannte Versuche: Einmaliger Münzwurf, mehrfacher Münzwurf, Würfelwurf und Drehen eines Glücksrades. Der Zusammenhang mit den Eigenschaften von gleichverteilten Zufallsziffern wird deutlich: Weil ungefähr die Hälfte aller Ziffern gerade bzw. ungerade ist (jede gerade und jede ungerade Ziffer hat die Wahrscheinlichkeit 1/2), läßt sich der Münzwurf nachahmen. Am Beispiel des Glücksrades zeigen wir, daß man in verschiedener Weise eine für das Problem passende Listetvon Zufallsziffern aus der Tabelle erstellen kann. Gerade in der Anpassung der Zufallsziffern an die Komponenten der Situation liegt ja die Schwierigkeit im Lösungsverlauf. Beim Münz- und Würfelwurf kann der Schüler seine theoretisch berechneten Wahrscheinlichkei ten mit den empirisch gefundenen relativen Häufigkeiten vergleichen und so Aussagen über die mit der Monte-Carlo-Methode zu erwartende Genauigkeit erhalten. Das ist für die Aufgaben der nächsten Phase von großer Bedeutung.

Phase 4: Die Monte-Carlo-Methode

Diese Phase kann eine Zusammenstellung von Aufgaben aus sehr unterschiedlichen Situationen sein.[54]) Zur Lösung brauchen wir nun keine langen Versuchsreihen mit mechanischen Zufallsgeräten mehr. Wie schon bemerkt, ist die Monte-Carlo-Methode keine explizite Methode wie das Lineare Optimieren, die man formalisiert darstellen kann. Bei einer vorgegebenen Aufgabe müssen wir die Tabelle der Zufallsziffern auf die jeweilige (reale) Situation zurüsten. Es kommt also darauf an, den Zufallsmechanismus zu erkennen. Um hinreichend gute Schätzwerte zu erhalten, darf die Anzahl der Simulierungen nicht zu klein sein. Die Schüler erfahren die Anwendungsbreite und die Effektivität der Monte-Carlo-Methode bei Problemen, die ihnen über Berechnungen etwa anhand von Algorithmen gar nicht zugänglich sind. Unschwer werden sie sich vorstellen, daß man in der angewandten Mathematik Probleme mit der Monte-Carlo-Methode zu bearbeiten versucht, solange eine andere „einfach" zu handhabende Lösungsmethode nicht existiert, und daß die Ergebnisse auch genügend Information enthalten können. In der Praxis werden Simulationen allerdings mit Hilfe von Computern durchgeführt, da mehrere tausend Wiederholungen erforderlich sind. Wir stimmen mit Simon und Holmes überein, wenn sie schreiben: „The way the student must explicitly structure problems in this method (Monte Carlo) is also necessary when problems are volved analytically — but the structuring process is too often done implicitly or without awareness, which often leads to the wrong model or unsound choice of a cookbook formula. This instruction is therefore of great value in teaching students what analytic methods are good for, and teaching how to use them correctly" [107, S. 287].

Ein Schwerpunktkapitel kann erforderlich werden, wenn die Begrifflichkeit den Rahmen einer engen Verflechtung mit der RM sprengt. Als Beispiel wählen wir die Stochastik.[55])

In Klasse 5 läßt sich das ereignisalgebraische Modell als Anwendungsbereich sehr gut in das mengensprachliche Begriffsnetz als innermathematisch orientierten Bereich integrieren. Begriffsbildungen der naiven Mengenlehre müssen zu Beginn der S I von Grundvorstellungen aus exemplifiziert werden, die die Schüler bereits in der Primarstufe erworben haben. Damit stellt sich die Frage nach der Art des Beispielmaterials, wenn man die bereits hinlänglich bekannten Plättchen und ähnliche Materialien nicht neu beleben will. Zwanglos kann man in Klasse 5 mengentheoretische Begriffe präzisieren sowie die zugehörige Terminologie fixieren[56]) und zugleich den Lehrgang inhaltlich anreichern durch die Entwicklung stochastischer Grundvorstellungen, deren Bedeutung für den Mathematikunterricht derzeit unbestritten ist.

In Klasse 6 wird man für „Wahrscheinlichkeitsrechnung — Statistik" ein selbständiges Kapitel aufnehmen, weil hier der angewandte Aspekt dominiert, wenn man über die relative Häufigkeit zum Begriff der Wahrscheinlichkeit kommen will. Zentral ist der Begriff des Zufallsexperiments. Jedem Versuch mit zufälligem Ausgang wird unter dem gerade interessierenden und entsprechend festzulegenden Beobachtungsaspekt die Menge aller möglichen Versuchsausgänge zugeordnet (Ereignis, Stichprobenraum). Die Teilmengen (Ereignisse) des Stichprobenraumes werden mengenalgebraisch verknüpft und beschrieben. In diesem Zusammenhang ist es wichtig zu beachten, daß die Schüler den Begriff Zufallsexperiment nicht nur mit den „Zufallsgeräten" Münze, Würfel, Roulette, Urne, Glücksrad assoziieren, sondern ihn auch benutzen in Situationen wie Verkehrszählungen durchführen, vollautomatische Warenproduktionen beschreiben, Getränkeautomaten bedienen. Die Schüler lernen, die relativen Häufigkeiten von Versuchsserien zu bestimmen, und erkennen deren Zufallsbedingtheit durch eigenes Experimentieren.

Die Einführung der Wahrscheinlichkeit kann über den intuitiv vorhandenen Begriff „Chance" motiviert werden. Der Unterricht muß deutlich machen, daß der Begriff Wahrscheinlichkeit eines Ereignisses nicht mathematisch eindeutig und zwangsläufig erfolgt (auch nicht „sachimmanent" ist!), sondern daß es für seine Festlegung verschiedene Möglichkeiten gibt. Bleiben die relativen Häufigkeiten eines Ereignisses A bei einer hinreichend großen Zahl von Versuchen nahe bei einer Zahl p, so läßt sich diese Zahl als brauchbarer Schätzwert für die Wahrscheinlichkeit p (A) des Ereignisses A verwenden. Damit hat man aufgrund von Vermutungen, Schätzungen, Zweckmäßigkeitserwägungen eine normierte Maßfunktion a → p (A) definiert von der Potenzmenge des Stichprobenraumes S in die Menge der nicht-negativen rationalen Zahlen kleiner oder gleich 1. Dieser Weg ist einer Einführung in die Wahrscheinlichkeitsrechnung vom Laplace'schen Wahrscheinlichkeitsbegriff bei weitem vorzuziehen. Die Schüler erkennen die Unterschiedlichkeit von Modell und Realität besser, eben weil die Festlegung der Wahrscheinlichkeit (in Grenzen) willkürlich ist. Der „klassische" Begriff erscheint dann als (bequemer) Spezialfall (Gleichwahrscheinlichkeit von Ereignissen), mit dem Wahrscheinlichkeiten berechnet werden können, auch wenn Wahrscheinlichkeiten von Elementarereignissen nicht bekannt sind.

Nach der Aufstellung eines Modells ergibt sich die Frage nach der numerischen Behandlung. In der AM wird mit gemessenen Größen gearbeitet. Diese sind grundsätzlich Näherungswerte (und häufig mit Angabe eines Intervalls versehen). Daher ist es wichtig zu wissen, wie sich beim Rechnen, ob man nun einen Rechenstift oder einen ETR benutzt, mit den in das Modell eingebrachten Größen Fehler fortpflanzen, wie man das Anwachsen des (prozentualen) Fehlers verlangsamen kann, welchen Fehler man im Ergebnis einer bestimmten Rechnung erwarten muß und welchen Stellen man trauen darf. Das sind Fragen der numerischen oder praktischen Mathematik, die sich beim Umgehen mit Zahlen in der RM nicht stellen. Der Numeriker hat es immer „nur" mit endlich vielen rationalen Zahlen zu tun. Der Einfluß von Rundungsfehlern, zweckmäßige Fehlerangaben, Fehlerkontrollen, der Verbleib der geltenden Ziffern, das Annullieren von unnützen Stellen, das alles lernt man nicht von selbst. Die Schüler an den Begriff des Näherungswertes und an das Arbeiten mit Meßwerten heranzuführen, gehört daher zu den vordringlichen Aufgaben der AM. Davon handelt Abschnitt B III. Begriffe und Verfahren der „Näherungsrechnung" lassen sich in allen Klassen behandeln und zwar integriert in geeignete Themen, was doch nichts anderes heißt, als frühzeitig situationsangemessen, „vernünftig" rechnen lernen; darüber hinaus sollte ein Schwerpunktkapitel „Näherungsrechnung" eingeplant werden.

Auch beim Gebrauch des Elektronischen Taschenrechners ist auf die Genauigkeit des Ergebnisses zu achten. Die eingegebenen und die ausgegebenen Zahlen sind nach fachgerechten Kriterien zu beurteilen. Kein Rechenhilfsmittel darf unreflektiert eingesetzt werden. Daher ist die Thematik des Abschnitts B III auch mit der Behandlung des ETR und daher mit Abschnitt B II verflochten.

Nur von wenigen Schülern wurde der Rechenstab jemals wirklich beherrscht. Seine Ablösung durch ein technisch modernes Gerät entspricht der Arbeitsweise der Berufswelt, in der Ignorieren technischen Fortschrittes unmittelbare, nicht selten verheerende, Auswirkungen hat. Mit dem ETR kann auch das im Unterricht verwendete Zahlenmaterial „realitätsnäher" sein. Die Zeitdauer der Ergebnisfindung und die Fehlerhäufigkeit lassen sich erheblich reduzieren gegenüber Rechenstäben, Tafelwerken und Nomogrammen, die nur durch zeitaufwendiges Üben und ständige Benutzung (ähnlich wie beim Kopfrechnen) einen Gebrauchswert erhalten. Der Schüler wird sich auf die Lösungsfindung konzentrieren und die kalkülisierbare Arbeit dem ETR überlassen. Dabei erfährt er, in welcher Weise moderne Geräte beim Lösen von Aufgaben einsetzbar sind. Ferner gibt der Rechner Kontrollmöglichkeiten beim Lösen von Problemen, der Schüler kann gegebenenfalls schnell entscheiden, ob sein errechnetes Ergebnis in den Sachzusammenhang paßt. Aber die Aufnahme des Abschnitts II in den Teil B hat noch weitere Gründe, wie wir gleich ausführen.

Von anderer Art ist die Strukturierung eines Kapitels aufgrund einer Problemfrage. So lassen sich z. B. Extremwertaufgaben in den Unterricht aller Klassen einbinden, da sie von sehr verschiedenen Inhalten und Modellen aus angegangen werden können. Verfügt der Schüler über hinreichende Kenntnisse, so ist die Verdichtung zu einem eigenen Schwerpunktkapitel sinnvoll, in dem Aufgaben unter derselben Fragestellung mit wechselnden Begriffen und Kalkülen mathematisiert werden.[57] — Übergreifender Aspekt, der sehr unterschiedliche Sachverhalte aus gesellschaftlicher Praxis und verschiedenen Schulfächern zusammenfaßt, kann auch ein mathematischer Begriff, ein Modell sein, z. B. die proportionale Funktion. In Schulbüchern (vorwiegend) für Hauptschulen findet man Kapitel zur AM, die mit „Größen" oder „Sachrechnen" überschrieben sind.[58]
Unter sehr verschiedenen Intentionen können Schwerpunktkapitel sinnvoll gestaltet werden. Jedoch muß der Zusammenhalt der Inhalte deutlich und für die Schüler einsichtig sein. Die Erfahrung zeigt nun, daß die didaktisch-methodische Aufarbeitung leicht in den Zugriff der RM gerät, insbesondere bei elementarisierten Modellen und Arbeitsweisen aus Bereichen der wissenschaftlichen Anwendung (Wahrscheinlichkeitsrechnung, Informatik usw.). Auf eine weitere Gefahr sei hingewiesen: Wenn AM *nur* isoliert in Schwerpunktkapiteln (vielleicht noch von der zuletzt genannten Art) auftritt, so bedeutet diese Trennung zwischen RM und AM praktisch die Ausschaltung der AM.

3.4 Die Rolle des Lehrerhandbuches

Das Lehrerhandbuch kann dem Lehrer helfen, die dem Schulbuch gesetzten Grenzen zu überschreiten — unter Wahrung des finanziellen Rahmens bei der Lernmittelbeschaffung.
(1) Materialien zur Anwendung von Mathematik in umfangreicheren, nur geringfügig idealisierten außermathematischen Situationen, bei denen sich der Mathematikunterricht auch stärker fächerübergreifenden Belangen öffnen kann, erscheinen verstreut in der Literatur. Diese steht dem Lehrer unter zumutbarem Aufwand im allgemeinen nicht zur Verfügung, darüber hinaus wäre eine Sichtung neben seinen zahlreichen anderen Verpflichtungen kaum möglich. Also bleiben selbst die (wenigen) brauchbaren Vorschläge weitgehend ungenutzt. Die Schulbuchautoren könnten im Lehrerhandbuch auf einige aus-

gewählte Beispiele hinweisen, besser noch: diese, als am Lehrbuch orientierte Unterrichtssequenzen aufbereitet, darstellen.

(2) Wir halten es für erforderlich, daß der Lehrer seinen Schülern auch über außermathematische Probleme berichtet, die mit mathematischen Hilfsmitteln tatsächlich bearbeitet wurden. Geeignet dafür ist die Klassenstufe 9/10, wenn die Schüler bereits Erfahrungen im Mathematisieren haben. Das Lehrerhandbuch sollte Situationen dieser Art (Projektierung von Produktionsanlagen; Rationalisierung von Prozessen ([8], [89, S. 47 ff.]); die zielgerichtete Herstellung von Prototypen; technologische Prozesse bei der Fertigung von Flugzeugen und automatischen Taktstraßen; Vergleiche der Rentabilität noch nicht gebauter Systeme [89, S. 47 ff.]; Transportprobleme; Anbauprobleme [97, S. 7–9]; usw.) auflisten und Literaturhinweise geben.

(3) Um ein sich anschließendes Unterrichtsgespräch effektiver zu gestalten, könnten Teile von Arbeiten mit gesellschaftspolitischem Bezug zum Mathematisierungsproblem hinzugezogen (und andiskutiert) werden. Geeignete Literaturangaben (unter Vermeidung von Einseitigkeit) sollte das Lehrerhandbuch enthalten. Von den in unserer Studie bereits benutzten Arbeiten eignen sich [8], [13], [89]; als weitere Titel seien [20] und [129] genannt.

Gedanken, die bei einem Unterrichtsgespräch wichtig werden könnten, mögen beispielhaft die folgenden Stellen verdeutlichen. Bei Berthold [8] heißt es: ,,Eines der Hauptkennzeichen der wissenschaftlich-technischen Revolution ist die Integration der Wissenschaft in den Produktionsprozeß .... Die Wissenschaft (u. a. die Mathematik) wird immer mehr zur unmittelbaren Produktivkraft''. ,,Die wissenschaftlich-technische Revolution (ist) organisch mit den Vorzügen des sozialistischen Wirtschaftssystems zu vereinigen.''[59] — In dem Aufsatz [20] von Dahrendorf lassen sich von den Schülern sehr einfach Stellen sammeln, die (a) die bisherige (Welt)wirtschaftslage, (b) den Einbruch unerwarteten Geschehens und (c) Folgerungen für die Zukunft beschreiben. Bisher galt ,,zum Beispiel die Annahme, daß die Kräfte des Marktes, solange man ihnen nicht in die blankgeputzten Speichen greift, alle Probleme der Wirtschaftsentwicklung schon wieder ins Lot bringen werden''... ,,und zum Beispiel die uneingestandene Voraussetzung ..., daß letzten Endes allein Wirtschaftswachstum unverzichtbare Bedingung ist.'' — Zur Kennzeichnung einer neuen Wirtschafts- und Gesellschaftsordnung müssen hier Schlagwörter genügen: ,,Nullwachstum'', mehr Lebenschancen für mehr Menschen, ,,von einer Expansionsordnung zu einer Stabilitätsordnung'', ,,die Befreiung der menschlichen Lebenstätigkeit aus den Fesseln einer mechanischen sozialen Arbeitsteilung'', ,,dem Einzelnen ein Maximum an Chancen zur Entfaltung seiner Fähigkeiten, Wünsche und Bedürfnisse'', ,,rekurrente Bildung'', ,,humanisierte Arbeitsbedingungen''. — Was hat die Mathematik dazu getan, daß ,,Menschen in Kästchen gesteckt werden, daß die Arbeitsteilung am Ende nicht Arbeit, sondern Menschen teilt'' [20] und was kann sie für den in Gang gekommenen Prozeß ,,im Spannungsfeld zwischen Humanisierung und Rationalisierung'' tun, ,,eine ‚menschenwürdige‘ Arbeitswelt ... zu schaffen'' [129]?

4 Der Funktionsbegriff als Beispiel für eine Leitidee

4.1 Terminologische Verabredungen

Wir legen zunächst einige Termini zum Relations- und Funktionsbegriff[60] dahingehend fest, daß wir später im Teil B darauf zurückgreifen können.

Eine zweistellige **Relation** R von einer Menge M nach einer (nicht notwendig von M verschiedenen) Menge N ist eine Teilmenge der Verbindungsmenge M × N. Inhaltlich wird
eine Relation durch eine Vorschrift gegeben, durch die Elementen der Menge M je ein
Element oder mehrere Elemente der Menge N zugeordnet werden. Wir beschränken uns
auf die Sprechweisen: „Relation von M nach N" und „Relation in M".

Funktionen (Abbildungen) sind spezielle rechtseindeutige Relationen. Eine Funktion von
einer Menge D nach einer Menge Z wird durch eine Funktionsvorschrift $x \mapsto f(x)$ gegeben, die jedem Element x der Menge D („Definitionsbereich") genau ein Element y aus
der Menge Z („Zielbereich") zuordnet. Die Menge der bei dieser Zuordnung tatsächlich
berücksichtigten Elemente ist die „Wertemenge" W $(W \subseteq Z)$. Bei D = W spricht man auch
von einer Funktion *in* dieser Menge. Man schreibt:

$$f: D \to W \text{ mit } x \mapsto f(x), \; x \in D, \; f(x) \in W$$

Das Element $f(x)$ ist der „Funktionswert", den die Funktion f an der „Stelle" x annimmt. Der Wert $f(x)$ wird in seiner Abhängigkeit von der Stelle x oft durch einen
Rechenausdruck („Term der Funktion") festgelegt. Eine mittels eines Funktionsterms
gebildete Gleichung der Form y = f(x) nennt man „Funktionsgleichung".

Die Teilmenge $f_D \subseteq D \times W$ ist eine Funktion, wenn sie für jedes $x \in D$ genau ein (d. h.
mindestens ein und höchstens ein) Elementepaar (x/y) enthält:

$$f_D = \{(x/y) \subseteq D \times W \mid y = f(x)\}$$

Es gibt verschiedene Möglichkeiten, *Relationen darzustellen*, und zwar mit Hilfe von
(a) Zuordnungspfeilen, (b) Zuordnungsgraphen, (c) Tabellen, (d) Elementepaarmengen,
(e) Maschinen, (f) Koordinatensystemen, (g) Vorschriften in Satzform, (h) Gleichungen,
(i) individuelle Graphiken.

Bei der Darstellungsform (a) sind die Elemente zweier Mengen ungeordnet auf der Ebene
ausgebreitet, Urbild und Bild werden jeweils durch einen Pfeil verbunden. Darstellung (b)
unterscheidet sich insofern von (a), als die Elemente der Mengen zunächst zweckmäßig
geordnet und dann durch Pfeile aufeinander bezogen werden. Sehr gern verwendet man
die Anordnung von Zahlen auf zwei parallelen Geraden. Der Bezug der Punkte braucht
aber nicht unbedingt durch Pfeile zu erfolgen, er kann auch mittels einer beweglichen
Marke oder durch Übereinanderliegen ausgedrückt werden (Doppelleiter, Rechenstab).
Diese sind als Maschinen (e) deutbar. Bei der Tabelle (c) werden zugeordnete Werte nebeneinander geschrieben, Pfeile erübrigen sich. Verzichtet man auf die Tabellenform und
schreibt die Werte in Klammern (x/f(x)), wobei der Reihenfolge der Elemente die Pfeil-
richtung bei (a) entspricht, so haben wir die Darstellungsform (d). Die Auffassung der Relation als Paarmenge wird beim Zeichnen des Graphen im Koordinatensystem (f) aktuali-
siert. Nicht immer gibt es für eine Funktion eine Gleichung y = f(x) oder eine einfache,
verwertbare Zuordnungsvorschrift in Satzform (g).

4.2 Grundsätzliche Überlegungen für eine Unterrichtskonzeption

(Mathematische) Begriffe können zu Leitideen für Unterrichtskonzeptionen werden, wenn
sie über Klassenstufen hinweg Begriffe auf sich zentrieren, Teilbereiche miteinander verbinden, zur Stoffbegrenzung beitragen, in verschiedenen Ausprägungen Modelle für außermathematische Situationen sind und den Aufbau von Mathematikunterricht durchsichti-

ger machen. Für eine Leitidee genügt es nicht, daß sie nur Teile der RM oder nur Teile der AM für sich strukturiert, sondern sie muß auch zur Verflechtung der Bereiche RM und AM wesentlich beitragen. Z. B. sind Menge, Zahl, Relation, Verknüpfung, Funktion, Größe solche Begriffe, die wiederum untereinander zusammenhängen. Wir haben für unsere Darlegungen den Funktionsbegriff ausgewählt.

Mit der elementaren Tätigkeit des Zuordnens beginnt die „Funktionenlehre". Durch Zuordnen setzen bereits Kinder in den ersten Lebensjahren Objekte in Beziehung zueinander: sie vergleichen Dinge (nach bestimmten Merkmalen), sortieren, ordnen ein und ordnen an, sie beachten die Lage von Gegenständen zueinander, erkennen verwandtschaftliche Verhältnisse bei Personen usw. Dadurch wird die Umwelt „geordnet" und erschließt sich dem Individuum in bestimmter Hinsicht. Ordnungsbegriffe vermitteln uns ein Wissen, „dem in den einzelnen Dingen selbst in keiner Weise mehr etwas Qualitatives entspricht. Sie haben nicht einen Beziehungspunkt wie die Dingbegriffe, sondern mehrere, mindestens zwei. ... Die Ordnungsbegriffe beziehen sich auf das komplexe Wahrnehmungsbild ..., sofern wir darin eine Menge Einzelinhalte, Einzeldinge unterscheiden, beachten, aufeinander beziehen und in Einheit auffassen" [134, S. 36—43]. Das Inbeziehungsetzen, Einanderzuordnen von Objekten kann nach J. Wittmann zu einem architektonisch, anschaulich faßbaren Ordnungsgefüge führen, zu dessen Beurteilung Ordnungsbegriffe erforderlich sind. Daher wird in den Ordnungsbegriffen die Wirklichkeit gedacht. „Darüber hinaus besitzen sie noch besonderen Erkenntniswert dadurch, daß sie selbst wieder das Fundament für eine besondere Klasse von Ordnungsbegriffen abgeben, nämlich für die Beziehungsbegriffe oder Relationsbegriffe, wie sie in den Begriffen der Finalität (Zweckmäßigkeit, Zielstrebigkeit), Kausalität (Ursache — Wirkung), Funktionalität, Grund und Folge, Bedingtheit, Verwandtschaft, Entwicklung, Verwandlung, Entfaltung, Umwandlung (Metamorphose) usw. vorliegen. ... Was die kausale Beziehung zu einer über reine formale Ordnungsbeziehungen hinausgehenden besonderen Beziehung macht, ist der Umstand, daß der eine von zwei so aufeinander bezogenen Inhalte nicht nur als zeitlich folgend, sondern auch als durch den andern bedingt gedacht wird" [134, S. 36—43]. Sieht man Wittmanns Überlegungen unter mathematischem Aspekt, so erhellt die Bedeutung des (mathematischen) Relationsbegriffs[61] für außermathematische Bereiche. Denn häufig sind Situationen, in denen Ordnungsbegriffe gebraucht werden, durch zwei- oder mehrstellige Relationen beschreibbar, und unter ihnen wiederum sind Funktionen häufig. Mathematisieren heißt dann, Gegebenheiten, z. B. in der Anschauung Strukturiertes (Wittmann), mit Hilfe des Relationsbegriffs zu analysieren, zu beurteilen und (sofern möglich) in eine Gesetzmäßigkeit zu fassen. Beziehen wir hier noch Lennés Meinung ein [69, S. 261]: „Wirkungs-, Beeinflussungs- und Kausalzusammenhänge begegnen dem Schüler auf Schritt und Tritt. Mit Hilfe verallgemeinerter Funktionsvorstellungen könnte er sie — und vielleicht besonders adäquat — identifizieren lernen."

Unsere Ausführungen machen einerseits deutlich, daß eine Einführung des Funktionsbegriffs über die „klassischen" Funktionen oder gar die Beschränkung darauf dem Schüler Möglichkeiten der Verwendung verbaut oder doch diese rigoros einengt, und legen andererseits nahe, vom (allgemeinen) Relationsbegriff her den Funktionsbegriff anzugehen, um Vorerfahrungen und Vorwissen stärker zur Geltung zu bringen. Bei dem methodischen Weg vom „Allgemeinen zum Besonderen" kann der Schüler ein umfangreiches Erfahrungsmaterial (Zuordnungen wurden in vielfältiger Weise zwischen realen Objekten,

Zahlen, Größen vorgenommen) im Lernprozeß aktivieren, so daß sich der Funktionsbegriff als bedeutsamer Relationstyp herauskristallisiert. Die geistige Auseinandersetzung mit außer- und innermathematischen Problemen erfolgt natürlich zunächst nicht in mathematischer Sprache. Allmählich wird den Schülern ihr Verhalten, ihr Handeln in Situationen (durch unterrichtliche Maßnahmen) deutlich (gemacht); sie beginnen, die benutzten „Werkzeuge" bewußt „in Gebrauch zu nehmen". Damit werden diese selbst Gegenstand der Betrachtung; das bedeutet Präzisierung, Bezeichnung durch Sprache, Abgrenzung, Einbettung in begriffliche Zusammenhänge, inhaltliche Anreicherung. Dabei können außermathematische Situationen hinderlich sein, so daß der Unterricht eine Zeitlang im Bereich der RM verläuft. Es ist ein langjähriger im Wechsel zwischen RM und AM verlaufender Lernprozeß, der zur Bildung eines mathematisch sauberen Funktionsbegriffs nötig ist und in dem die Kenntnis wichtiger Funktionstypen vermittelt wird.[62] Hat der Schüler gemäß seinen Fähigkeiten und den Gegebenheiten des Unterrichts sich die Begriffe zu eigen gemacht (nicht als passiven Besitz, sondern als zu aktivierendes Instrumentarium), so ist er qualifiziert, inner- und außermathematische Probleme erfolgreich zu bearbeiten, die zuvor außerhalb seiner Möglichkeiten lagen, und er hat die Voraussetzungen erworben, Einseitigkeit und Situationsgebundenheit zu überwinden, kritische Einstellung zu erlernen und sich weitere (aus RM und AM resultierende) Bildungsmöglichkeiten zu erschließen.

4.3 Verflechtungsmöglichkeiten

Definitions- und Wertebereich von Funktionen sind in der AM häufig Mengen von *Größen* (Größenbereiche)[63]. Bei der Analyse von Sachverhalten kommt es also darauf an, Größen desselben Bereichs oder Größen aus verschiedenen Bereichen aufeinander zu beziehen, aufeinander abzubilden, sie zu Elementepaaren zu verklammern und diese Verklammerung zu beschreiben mittels einer Funktion. Im traditionellen Unterricht hat man sich zu oft mit Sachaufgaben begnügt, in denen nach einer Größe („benannten Zahl"(!)) gefragt und diese mit einem Standardverfahren berechnet wurde. Viel wichtiger ist es, Gesetzmäßigkeiten in einem Größenbereich zu untersuchen, die mit (gesetzmäßigen) Veränderungen in einem (anderen) Größenbereich zusammenhängen, und zu fragen, ob und gegebenenfalls wie eine übergreifende Gesetzmäßigkeit faßbar ist; und kritischer: ob und gegebenenfalls inwiefern die gesetzmäßige Beschreibung situativ überhaupt „vernünftig" ist. Natürlich sind die direkt und umgekehrt proportionalen Funktionen weiterhin relevant. Es stellt sich daher die Aufgabe, die unter dem Namen „Bürgerliches Rechnen" bzw. unter der Bezeichnung der Lösungsmethode „Dreisatzrechnen" laufenden traditionellen Bereiche neu konzipiert zu integrieren.

Die verschiedenen Darstellungstypen für Funktionen (Relationen) sind von großer Bedeutung; ihre Beziehungen untereinander erkennen die Schüler am besten, wenn man an Beispielen die Darstellungstypen auseinander entwickelt. Ferner muß diskutiert werden, welche Vor- und Nachteile die einzelnen Darstellungen haben und welche spezifischen Merkmale der jeweiligen Funktion sie besonders treffend zum Ausdruck bringen. Daher hängt die im Einzelfall zu wählende Darstellung von den Gegebenheiten eben der Situation ab.

Wie der Funktionsbegriff in der AM zur Stoffintegration beitragen kann, zeigt besonders deutlich die *Beschreibende Statistik*: Merkmale werden definiert, den Merkmalsausprägungen absolute und relative Häufigkeiten zugeordnet; das Datenmaterial wird in Tabellen, Schaubildern und im Koordinatensystem übersichtlich dargestellt, geordnet, gegliedert und beschrieben. Man benötigt einen sehr allgemeinen Funktionsbegriff, z. B. bei der Abbildung einer Menge von Gegenständen oder Personen auf eine Menge von Prädikaten (Merkmalsausprägungen); aber auch die wichtigen speziellen Funktionen, wie Treppenfunktionen, Funktionen mit Absolutbetrag, lineare und stückweise lineare Funktionen, quadratische Funktionen, sind als Modelle in diesem für die Verwirklichung der Ziele der AM so wichtigen Gebiet unverzichtbar.

Der *elektronische Taschenrechner* (ETR) kann als methodisches Hilfsmittel in die Behandlung des Funktionsbegriffs integriert werden; insofern ist er mehr als Rechenhilfsmittel. Der ETR verfügt über bequeme Zugriffsmöglichkeiten zu Funktionswerten, wodurch Zuordnungen zwischen Zahlenmengen (und deren Umkehrrelationen) „greifbar" werden. Die Konstantentaste übernimmt bereits in der Orientierungsstufe die Rolle einer Funktionsvorschrift (Operator), so daß der ETR in der gesamten S I ein funktionsfähiges Operatormodell ist. Ferner lassen sich mit dem Rechner auch Graphen von zusammengesetzten (verketteten) Funktionen anfertigen, wodurch Probleme mathematisierbar werden, die ohne dieses Hilfsmittel gar nicht unterrichtsrelevant wären.

Im Abschnitt B I wollen wir die „Funktionenlehre" unterrichtspraktisch thematisieren und Möglichkeiten für die alle Klassen der S I umfassende Behandlung des Funktionsbegriffs und die Erarbeitung der „klassischen" Funktionen aufzeigen. Wir haben ein „mittleres" Leistungsniveau gewählt, das sich nach unten und oben differenzieren läßt. Die Ausführlichkeit schwankt. Wir konnten nicht durchweg so detailliert beschreiben wie etwa bei der Thematisierung des Funktionsbegriffs in Klasse 7. Solche Teile haben wir aber besonders dazu genutzt, grundsätzliche Überlegungen herauszustellen. Die Unterrichtsplanung ist so angelegt, daß sie mit Aufgaben aus der RM und der AM angereichert werden und umfangreichere Themen zur AM aufnehmen kann (muß); die einzelnen Unterrichtsabschnitte lassen sich längerfristig mit Gebieten der AM verschränken, wie oben für die beschreibende Statistik angedeutet.[64] Die Thematik „Funktionen als geometrische Abbildungen" haben wir nicht angesprochen. — Zur Erläuterung unserer Vorstellungen, auch zur „Belebung" des Textes, beziehen wir Ausschnitte aus Schulbüchern, insbesondere aus dem Unterrichtswerk [41], punktuell ein. Die Reproduktionen haben natürlich nicht die gleiche Aussagekraft wie der Konzeptionstext, da hier medienspezifische Faktoren und Wertungen hineinspielen, mit denen der Aufbau der Funktionenlehre nur bedingt zusammenhängt. Das ist auch bei Hinweisen auf Schulbuchseiten zu beachten.

Der Behandlung des ETR als ein „Stück Funktionenlehre" soll im anschließenden Kapitel II dann ausführlicher nachgegangen werden. Der Taschenrechner ist eine Maschine, die im Gegensatz zu gedachten, gemalten oder aus Pappe gebastelten „Operator-Maschinen" tatsächlich „funktioniert". Nicht nur glatten, sondern auch wirklichkeitsnahen Eingabewerten ordnet dieser „schwarze Kasten" blitzschnell und i. a. richtig den entsprechenden Ausgabewert zu. Damit unterstützt der elektronische Taschenrechner eine experimentelle, anwendungsbezogene Erarbeitung des Funktionsbegriffs über den dynamischen Aspekt dieses Begriffs. Für die Ausarbeitung eigener Unterrichtskonzeptionen wäre die Verschmelzung beider Kapitel zu einem einzigen eher hinderlich, darum haben wir davon abgesehen.

Anmerkungen zu Abschnitt A II

[1] Es sei hier an F. Klein erinnert, dessen Unterscheidung (im Sinne einer „Zweiteilung der gesamten Mathematik") von „Präzisionsmathematik (Rechnen mit den reellen Zahlen selbst)" und „Approximationsmathematik (Rechnen mit Näherungswerten)" aus heutiger Sicht nicht mehr hilfreich ist: „Die Approximationsmathematik ist derjenige Teil unserer Wissenschaft, den man in den Anwendungen tatsächlich gebraucht; die Präzisionsmathematik ist sozusagen das feste Gerüst, an dem sich die Approximationsmathematik emporrankt" [60, S. 5].

[2] Ohne auf das erkenntnistheoretische Problem des Wirklichkeitsbezugs mathematischer Begriffe näher einzugehen, wollen wir doch zwei Zitate nebeneinanderstellen. „Der Gegenstand der Mathematik (liegt) nicht im formalen Operieren mit Gedankendingen, sondern unmittelbar in den strukturellen Eigenschaften der Materie" [66, S. 643]. Und: „(Ein) Mißverständnis besteht in der Verweisung der Mathematik in den Rahmen der materiellen Welt" [2, S. 12]. — Laugwitz stellt in [67] den geschichtlichen Wandel von der Auffassung der Verwendung von Mathematik ab Beginn des 19. Jahrhunderts dar.

[3] Die Abkürzungen RM und AM bezeichnen fast durchweg *unterrichtliche* Schwerpunkte.

[4] Laugwitz [67, S. 235] spricht treffend von „Konservendosenmethode".

[5] Lassner [66] zitiert aus dem Programm des IX. Parteitages der SED, auf dem u. a. für die Mathematik „eine weitgesteckte Grundlagenforschung" und „die zügige Überprüfung wissenschaftlicher Erkenntnisse in die Praxis" gefordert wurde, und bemerkt anschließend: „Die tägliche Praxis beweist, wie wichtig eine solche prinzipielle Orientierung ist. Jede zeitweilige Einseitigkeit, jede praktizistische Haltung gegenüber der Wissenschaftsentwicklung muß unweigerlich zu Verlusten und zum Rückstand führen."

[6] Es bleiben viele ganz naheliegende Fragen offen: Unterscheiden sich Textaufgaben von Sachaufgaben nur durch die Art der Darstellung? Warum sind eingekleidete Aufgaben keine Sachaufgaben? Warum wird „Außermathematisches" nicht in die Definition hineingenommen, es ist doch gemeint, wie aus dem Kontext hervorgeht? An anderer Stelle [117, S. 122] wird das Sachrechnen ausdrücklich als „praktische Hilfe zur Lebensbewältigung" verstanden. Was heißt bei Strauß „Übersetzung" und inwiefern sollen „Angaben" „mathematische Schlüsse ermöglichen"? usw.

[7] Maier u. Schubert verwenden auch noch die Termini „Textrechnung" [76, S. 11] und „Textrechnen" [76, S. 105].

[8] „Das Bestimmungswort *Sach* weist darauf hin, daß sich diese spezielle Art mathematischer Aufgaben auf die Realität bezieht."

[9] Das sind „Zahloperationen, also die Anwendung mündlicher und schriftlicher Rechenverfahren auf die Maßzahlen von Größen, auch in Verbindung mit dem Lösen einfacher Zahlgleichungen oder -ungleichungen."

[10] Auch Strehl [119, S. 10 u. S. 25] geht auf die Bestandteile des Wortes zurück, nachdem er sich zunächst auf S. 9 mit einer Erklärung schwer tut. „Unter den Sachen sind die Gegenstände des täglichen Lebens zu verstehen, und wenn darüber rechnerische, also quantitative Aussagen gemacht werden sollen, so haben wir es entweder mit Stückzahlen ... oder mit Maßzahlen zu tun."

[11] In Winter u. Ziegler [132, Bd. 7], Lehrerheft, S. 11, findet man folgenden Satz: „Da das Wort ‚Sachrechnen' aber allgemein gebräuchlich ist, wollen wir es dabei belassen und es als *den Versuch verstehen, die Umwelt mit Hilfe mathematischer Verfahren zu ordnen.*" — Vom „sachrechnerischen Denken" sagt Winter [130, S. 100], es sei „durch eine wechselseitige Begegnung zwischen Mathematik und Welt bestimmt". Auf derselben Seite nennt er Sachgebiet „einen realen Phänomenbereich". Man fragt nach dem (philosophischen?) Grund.

[12] Vgl. auch die kritischen Anmerkungen zum Sachrechnen in Glatfeld [35, S. 61—62], Strehl [119, S. 14—18] und Meyer-Drawe [80].

[13] Vgl. die Ausführungen von Litt [70] zum Verhältnis von Subjekt, Methode, Objekt und seine Bedeutung für das Menschsein. — „Das ‚Bild' der Natur, das uns die rechnende Naturwissenschaft vorhält, ist nach Inhalt und Struktur abgestimmt auf die spezifische Fragestellung, mit der das methodisch disziplinierte Denken des ‚Verstandes' an sie herantritt. ... Das ‚Bild' hingegen, in

dem die Natur dem sich absichtslos ihr Hingebenden gegenwärtig ist, ist weder seinem Inhalt noch in seiner Struktur durch ... eine wissenschaftlich-methodische Einstellung des ihr Begegnenden bestimmt" [70, S. 72—73].

[14]) Anstatt unmittelbar aus dem täglichen Leben nehmen wir ein Beispiel aus der Dichtung: Shakespeares „Othello" baut sich mit Jagos Hilfe ein Modell, „denkt" und handelt blind darin. Erst ein Ereignis, das ihn existentiell trifft (Desdemonas Tod), vermag Othello zur Erkenntnis bereit und fähig zu machen: mit seinem Modell bricht „seine Welt" zusammen, woraus er für sich die Konsequenz zieht.

[15]) Als grundlegende Literatur zum Modellbegriff ist Stachowiak [108] anzusehen. Weiter sei verwiesen auf Stachowiak [109] und Schaefer u. a. [94].

[16]) Wir beschäftigen uns also z. B. nicht mit Modellen für innermathematische Situationen, mit Modellen als Konkretisierungen etwa eines Axiomensystems oder einer Struktur.

[17]) Nach Steinbuch [111, S. 11] sind „Denkmodelle, die in simplifizierender Weise ein partielles Verständnis ermöglichen, ein notwendiger methodischer Trick des menschlichen Denksystems, um mit Sachverhalten fertigzuwerden, die seine Kapazität eigentlich überschreiten".

[18]) Näheres bei Hinfuß [51, S. 4—16].

[19]) Eine Autorin aus der DDR sieht das so [13, S. 609]: „Nun sind die rein fachlichen Inhalte der Wissenschaft Mathematik für sich genommen gewiß nicht ideologisch einzuordnen. Ganz anders sieht das freilich aus, wenn man die Frage nach dem ‚Ursprung' mathematischer Erkenntnisse und ihren ‚Verwendungszweck' stellt. Hier werden die ideologischen Positionen bereits ganz deutlich. Erst recht werden sie im Bereich des Mathematikunterrichts sichtbar, in dem mathematisch-fachwissenschaftliche Erkenntnisse eng mit pädagogisch-didaktischen und erziehungswissenschaftlichen Maximen verbunden werden, wo von einer ‚Ideologiefreiheit' also nicht die Rede sein kann."

[20]) Der Terminus „Mathematisieren" wird in der didaktischen Literatur nicht einheitlich benutzt. Z. B. verstehen die Richtlinien [47, S. B7/3] unter Mathematisierung „eine didaktische und methodische Neuorientierung" des „Rechen- und Raumlehreunterrichts der (Volksschul)oberstufe" auf einen „mathematischen Unterricht der Hauptschule" hin. — Für andere wiederum faßt „Mathematisieren" den Prozeß von der Problemstellung aus einem außermathematischen Bereich bis zur Hineinnahme des „Rechenergebnisses" in denselben Bereich und wird auch auf innermathematische Probleme bezogen. — Damerow u. a. ersetzen den Terminus Mathematisierung durch Explikation. Zur Begründung siehe [21, S. 128]. — Maier [74, S. 158] nennt (wie schon weiter oben gesagt) die 1. Stufe beim Lösen einer Textaufgabe „Quantifizierung". Später in [76, S. 13] findet man (bei unverändertem Begriffsinhalt) eine zweite Vokabel: Die „Übersetzung von der Umgangssprache in die Sprache der Arithmetik bzw. des Rechnens" wird Mathematisierung genannt.

[21]) Zur Orientierung sei auf die (vor allem in ihrem inhaltlichen Aussagegehalt sehr heterogene) Aufsatzsammlung „Stellung der Mathematik an allgemeinbildenden Schulen" im „Zentralblatt für Didaktik der Mathematik", 7 (1975), hingewiesen.

[22]) Für Aufgaben, die nur „Einkleidungen" mathematischer Sachverhalte sind, ist das Schema natürlich nicht relevant.

[23]) „Mathematik wofür, Mathematik für wen — das ist auch eine Frage von Parteilichkeit." „Die Einheit von Wissenschaftlichkeit, Parteilichkeit und Lebensverbundenheit setzt sich nicht spontan durch, sondern erfordert vom Lehrer tiefe politische Einsichten, klare parteiliche Haltung und eine ständige schöpferische Arbeit" [13, S. 614 u. 615].

[24]) „Sachrechnen für die Dummen — Angewandte Mathematik für die Klugen?" als Analogie zu oder als Folgerung aus der Behauptung eines Zeitungsartikels: „Rechnen für die Dummen — Mathematik für die Klugen?" Worin besteht dann die Überwindung des traditionellen Rechenunterrichts? Will man den Schülern mathematische Begriffsbildungen ermöglichen, Hilfen für Idealisierungen geben oder sie im vorwissenschaftlichen Umgang mit den Objekten des vergegenständlichten Anschauungsraumes [39] belassen? — Für die DDR schreibt Bollmann am Schluß ihres Aufsatzes [13], „(es liege) durchaus im Interesse der Arbeiterklasse ..., jedem Schüler hohes exaktes mathematisches Wissen und Können zu vermitteln." — Nach einem Zeitungsbericht der „Neuen Westfälischen" vom 26.1.1980 (aufgrund einer dpa-Meldung) hat auch die BRD bemerkt, daß aufgrund

der technischen Entwicklung Arbeitskräfte gebraucht werden, „die in den Schulen vor allem mehr abstraktes und planerisches Denken und Kreativität erlangen". Ferner sei es falsch, für die Zukunft anzunehmen, „die Arbeitnehmer würden sich in zwei Kategorien spalten, von denen die eine ein immer höheres Wissen für anspruchsvolle Tätigkeiten brauche, während die andere für einfacher werdende Arbeiten (aufgrund von Rationalisierungen, Anmerkung des Verf.) mit einer immer geringeren Befähigung auskommen".

[25]) Becker u. a. [6, S. 17] teilen die Inhalte des Mathematikunterrichts so auf: „Art und Anteil von Theorie bzw. Theorieteilen einerseits, Informationen über außermathematische Sachverhalte und Zusammenhänge andererseits." Theorie meint Inhalte, „die sich einer mathematischen Theorie einordnen lassen, also Axiome, Definitionen, Sätze, Beweise, begriffliche Konstruktionen und Algorithmen".

[26]) In dem Buch [89, S. 54] wird z. B. von der Logik gesagt, sie habe innerhalb der Mathematik und in der technischen Praxis „einen Triumphmarsch vollbracht". Die Übernahme der Elemente der mathematischen Logik in die Lehrpläne wird dazu beitragen, „die Gewöhnung an ein klares logisches Denken und die richtige Aufgliederung und Synthese der Urteilsbildung herauszuarbeiten". „Diese logische Strenge ist heute keine Laune der Mathematiker, sondern eine praktische(!) Notwendigkeit" [89, S. 58]. Und weiter heißt es dort: „Mit voller Verantwortung kann man sagen, daß es für den künftigen gesellschaftlichen Fortschritt bedeutend wichtiger ist, die Schüler zum logisch einwandfreien Denken zu erziehen, als diese große Aufgabe durch die Betrachtung spezieller und häufig nur der Form nach angewandter Beispiele zu ersetzen." Vgl. auch [89, S. 65].

[27]) Steinberg konstruiert in seinem Aufsatz [110] eine „Brücke zwischen Problem und System" aus unterrichtspraktischen Bausteinen. Dabei beschreibt er die Ausgewogenheit zwischen Problem und System. Einerseits: „Problemorientierung darf sich nicht auf Einstiegsfragen beschränken, sie muß dort in die Spannweite des Problems überdies sehr sorgfältig auf das Folgende abgestimmt werden." Andererseits: „Systematik darf nicht wie ein mathematik-spezifisches Dogma wirken, sie muß sich vielmehr dem genannten Zyklus einordnen und für den Lernenden die Funktion eines gedanklichen Ordnungsgefüges gewinnen."

[28]) Die hier angesprochene Problematik läßt sich treffend erläutern anhand zweier Zitate, die aus ein und demselben Aufsatz [104, S. 298 u. 304] stammen. Da heißt es zunächst: „Stochastische Methoden gewinnen in allen Lebensbereichen und in fast allen Wissenschaften zunehmend an Bedeutung. Die einfachsten unter ihnen gehören heute zu den elementaren Kulturtechniken; jedermann sollte zweckmäßig über sie verfügen können." Und dann: „Es mangelt nicht an Aufgaben mit Glücksspielcharakter, auch nicht an Aufgaben bzw. Situationen mit konstruiertem bzw. stark idealisiertem Wirklichkeitsbezug. Wir brauchen darüber hinaus Situationen, die α) tatsächlich existieren und noch nicht ‚vormathematisiert' sind, β) exemplarisch sind in bezug auf das gestellte Leitziel, γ) trotzdem motivieren, und somit dem Anspruch, unter dem die Stochastik antritt, erst eigentlich genügen. Bei der Suche nach solchen Bezügen (in der nahen Zukunft gewiß die mühsamste Aufgabe bei der didaktischen Bewältigung der Stochastik) müssen verschiedene, teilweise recht neue Wege eingeschlagen werden."

[29]) Vgl. Glatfeld [34, S. 416—417].

[30]) Diesen Eindruck fanden wir bestätigt in dem Werbeprospekt „aktuell" aus dem Hirschgraben-Verlag vom Juni 1980. Dort heißt es: „Wenn ein Mathematiklehrer segeln geht, fällt auch einiges für den Mathematikunterricht ab." Her X „wird demnächst von seinen Eindrücken berichten".

[31]) Für Schüler oder Lehrer — das ist nur noch die Frage bis man den eben zitierten Prospekt gelesen hat: „An attraktiven Problemen aufgehängt, kann eben auch der Erwerb ‚handwerklicher Grundfertigkeiten' Ihren Schülern schon Spaß machen, bei ihnen die Bereitschaft wecken, spontan ausdauerndes(!) Interesse an der Mathematik zu finden."

[32]) Die auf den Raumbegriff bezogenen Ausführungen in Glatfeld u. Schröder [39] gelten entsprechend für den Realitätsbegriff. Die phänomenologische Methode geht aus von den ausdrücklich fungierenden Hinsichten der Kinder, also von ihrem Verständnis der Realität. Diese ist wesentlich verschieden von der durch mathematische Begriffsbildungen geprägten und geformten „Vergegenständlichung" oder Formalisierung der Lebenswirklichkeit.

Es ist doch ein Paradoxon, wenn Strauß [117, S. 128] glaubt, „die richtige (gemeint ist die mathematische) Verwendung der Begriffe ‚mindestens‘ und ‚höchstens‘ (ergebe) sich aus dem natürlichen Sprachgebrauch" bei der Bearbeitung von lebensnahen Sachaufgaben; oder wenn das mathematische Unterrichtswerk „Einführung in die Mathematik" laut Prospekt „Gymnasium ‘81" des Verlags Diesterweg-Salle dies verspricht: „Ausgangspunkte sind in der Regel Sachsituationen, aber auch mathematische Problemstellungen. Durch Bezug zur Umwelt des Schülers wird ein natürlicher(!) Zugang zur Mathematik angestrebt." Schüler [103] glaubt sogar, „daß jeder mathematische Text von einer für (den Schüler) erfahrbaren, meist sogar greifbaren Wirklichkeit spricht", daß sich das mathematische Denken an Gegenständen, wie Stäben, Karton, Knetmasse usw. „hochrankt" und daß Pfeilbilder, Funktionsgraphen, Mengenbilder usw. „isomorphe Modelle der zu erfassenden Wirklichkeit sind".

33) Hervorhebungen sind von uns vorgenommen.

34) Man nehme z. B. die folgenden Forderungen (Strauß [115, S. 24]) an eine Sachaufgabe ernst. Sie soll „a) für die jeweilige Altersstufe interessante Fragen enthalten und das Rechenergebnis wünschenswert erscheinen lassen, b) nach Möglichkeit zu Schlüssen führen, die das eigene Verhalten des Aufgabenlösers beeinflussen oder fremdes Verhalten (bzw. Naturvorgänge) erklären können." Ferner: „c) Der Sachverhalt muß im wesentlichen bekannt oder leicht zu überschauen sein; evtl. neue Informationen dürfen nicht zu zahlreich sein und müssen in ein vorbereitetes Gefüge eingeordnet werden können."

35) Vgl. z. B. Strauß [115, S. 23].

36) Unter dem Titel „Mathematik in der Teilzeit-Berufsschule" ist eine Aufsatzsammlung im „Zentralblatt für Didaktik der Mathematik", 12 (1980), zusammengefaßt, die sich als „Situationsbeschreibung der Vermittlung mathematischen Wissens in der (Teilzeit)berufsschule" versteht.

37) Zu den in der Berufsschule relevanten Inhalten vgl. Blum [11, S. 73—74].

38) Inwieweit der Fachrechenunterricht sich auf mögliche Veränderungen im Fach, auf eine eventuelle spätere Umschulung, auf Allgemeinbildung einstellen soll, bleibt hier unerörtert. Blum [11] und Sträßer [114] sprechen diese Problematik an.

39) Metzger [78] klassifiziert Fächerverbindungen und diskutiert diese unter wechselnden Aspekten. Vgl. auch die Aufsatzsammlung „Fächerübergreifender Unterricht" im „Zentralblatt für Didaktik der Mathematik", 12 (1980).

40) Becker u. a. [6] geben im einleitenden Kapitel unter Bezugnahme auf ihr Beispielmaterial Hinweise hierzu.

41) Um vor übertriebenen Hoffnungen zu warnen, sei noch ein „Negativ-Beispiel" angeführt. Nehmen wir als ansprechenden Titel für eine UE „Mathematik am Mofa". Dabei sollen Fragen bearbeitet werden, wie sie sich im Leben auch stellen. Die Motivation scheint gesichert: Wenn man es aber nicht bei einem Erfahrungsaustausch zum Mopedfahren bewenden lassen will, berechnet man Finanzierungsmöglichkeiten. Aber welche Rolle spielt der Rechenstift tatsächlich beim Kauf? Geht man von den einfachen Aufgaben über Ratenzahlungen und laufende Kosten zu Berechnungen an Motor und Reifen über, so werden bereits Sachinformationen benötigt, die nicht mehr entwickelt werden können. Was nützt es aber, Formeln vorzugeben und Größen einzusetzen? Wirkungsweise und „Frisieren" des Motors werden damit kaum besser verstanden; das „Fahrgefühl" gibt bessere Antworten auf die Fragen, die „das Leben stellt"!

42) In diesem Zusammenhang sei vor allem der Analysestrategie wegen auf die Arbeit [113] hingewiesen. Hierin beschreibt Sträßer seine Inhaltsanalyse von (1972/73 benutzten) Schulbüchern, bei der Buchteile in drei Textsorten (Darstellung außermathematischer Situationen; Präsentation mathematischer Theorieteile; Aufgabensammlungen) klassifiziert wurden, die er nach speziellen Schwerpunkten untersuchte.

43) Datenmaterial stellen etwa die Deutsche Bundesbahn, die Statistischen Landesämter, das Institut der Deutschen Wirtschaft, (Bau)Sparkassen zur Verfügung. — Überlegungen zu Sachaufgaben enthält auch der Aufsatz [71] von Lörcher.

44) Vgl. dazu etwa Lenné [69, S. 273—275], Strauß [115, S. 2—4], Damerow u. a. [21, S. 135, S. 140—141].

[45]) Warzel [125 S. 356] bemerkt, bei ausschließlicher Beachtung dieses Ziels „(setze) sich beim Schüler die Meinung (fest), daß sich durch den Einsatz der Mathematik lebensweltliche Fragen gar nicht lösen lassen, ja, daß Mathematik ein Instrumentarium darstellt, mit dem man Fragen und Probleme in Formales hinein verflüchtigen ... kann".

[46]) Vgl. dazu auch Glatfeld [38, S. 136]. Dort wird skizziert, wie man das Intercity-Netz in eine Unterrichtsreihe zur Geometrie der Primarstufe hineinnehmen kann.

[47]) Ein weiteres Beispiel hat Warzel [125] dargestellt.

[48]) Z. B. Aufgaben sollen interessant sein, zum Fragen veranlassen, problemorientiert gestaltet sein, kreatives Verhalten begünstigen, zur Bearbeitung motivieren und leistungsdifferenziert angeboten werden können. Solche Forderungen lassen sich wegen der Individualität der Schüler natürlich nicht generell erfüllen, noch sind sie für alle oben genannten Zielsetzungen sachlich angemessen.

[49]) Hat man für ein Begriffssystem keine passenden Sachaufgaben, so werden rasch einige „Einkleidungen" zurechtgemacht, mehr oder weniger „maßgeschneidert". Die Schüler müssen dann später die versteckte Operation suchen, was verständlicherweise als lästig empfunden wird.

[50]) Dazu bringen wir zwei Zitate.

(1) Unter der Überschrift „Früh übt sich, was ein Beamter werden will" kommtiert G. Lauscher in der Ausgabe „Die Zeit" vom 12.3.1976 einige Sachaufgaben des Unterrichtswerkes [132, Bd. 7]. Zunächst wird eine Aufgabe von S. 40 zitiert, in der es unter Einbeziehung der beihilfefähigen Kosten um die Berechnung des Beitrages für die Krankenversicherung geht. — „Daß Beamte nicht faul sind, wird dem Schüler am Beispiel des Zolls erläutert." (Aufgabe auf S. 65). — „Auch Doppelverdiener des öffentlichen Dienstes finden im Lehrbuch für den Knaben ihre Berücksichtigung." (Aufgabe auf S. 16). „Freilich sieht es im Alter des Beamten, insbesondere für desssen — nicht doppelt verdient habende — Witwe, gar nicht so gut aus. Das muß man sich rechtzeitig überlegen. Deshalb soll der junge Schüler die Aufgabe auf Seite 39 (wird zitiert) lösen." — Den Schluß bildet eine Aufgabe von S. 19, in der das Gewicht des menschlichen Gehirns am Ende des 1. Lebensjahres angegeben ist und das Wachstum im 2., 3. und 4. Lebensjahr als Bruchteil des Gewichtes jeweils am Ende des vorhergehenden Jahres. Zu bestimmen ist das Gewicht am Ende des 4. Lebensjahres. Kommentar: „Es ist aber nicht auszuschließen, daß mancher Schüler bei weiterer Zunahme des Gewichts seines Gehirns einen Teil davon auf die sich ihm bietenden Möglichkeiten im öffentlichen Dienst verwendet. In Abwandlung eines bekannten Sprichwortes: ‚Früh sorgt sich, wer versorgt sein will.' "

(2) Unter dem Motto: „Die Kinder in westdeutschen Schulen tun uns wirklich leid; man bringt sie mit viel Raffinesse um das herum, was sie eigentlich wissen müßten" bringt Schietzel [98] einige Sachaufgaben aus dem Aufsatz „Sozialistische Wehrerziehung auch im Mathematikunterricht und in mathematischen Arbeitsgemeinschaften", erschienen 1970 in der Zeitschrift „Mathematik in der Schule". Die von Großbombern, chemischen Waffen, Auswurftrichtern, Bombenteppichen usw. handelnden Aufgaben sind mit militärstrategischen und ideologischen Hinweisen versehen. Daher verzichtet Schietzel auf einen Kommentar und empfiehlt den Lesern „eine gehörige ‚Denkpause'."

[51]) Vgl. zum Folgenden den Unterrichtsvorschlag in [41, 9 B, S. 170—176]. — Bereits auf frühen Klassenstufen, etwa bei der Behandlung gleichwahrscheinlicher Ereignisse, läßt sich die Monte-Carlo-Methode vorbereiten. Anregungen und Beispiele in [41, 6 B, S. 156—158].

[52]) Engel [26, S. 70]. Die Aufgabe ist sehr konstruiert und daher (auch hier) einfach darzustellen. Die Vorteile einer nicht so weit „zubereiteten" Aufgabe für die Einführungsphase sind offenkundig.

[53]) Vgl. etwa Engel [26, Abschnitt 6.1].

[54]) Siehe dazu auch Becker u. a. [6, UE „Warteschlangen"].

[55]) Vgl. dazu [41, 5 B, Kapitel „Mengen"] und [41, 6 B, Kapitel „Wahrscheinlichkeitsrechnung — Statistik"].

[56]) Später wird das Begriffsnetz „Mengenlehre" zur Mengenalgebra ausgebaut und Grundlage eines Schwerpunktkapitels „Informatik".

[57]) Vgl. dazu das Heft „Extremwertprobleme IV" aus der Zeitschriftenreihe „Der Mathematikunterricht", das im Jahre 1982 erscheint.

[58]) Winter u. Ziegler haben in die Bände 5 und 6 ihres Schulbuches [132] auch je ein Kapitel „Sachrechnen" aufgenommen. Dazu heißt es im Lehrerheft zu Band 5, S. 34: „Das Sachrechnen (verstanden als Rechnen mit Größen) wurde bewußt in einem eigenen Kapitel zusammengefaßt, weil es sich bei Größen um Dinge eigener Art und nicht um Zahlen oder ‚benannte Zahlen' handelt." Und auf S. 6: „Als Grundgedanken (für das Kapitel) haben wir das Umsetzen eines umgangssprachlichen Textes in mathematische Operationen unter Zuhilfenahme des Lösungsbaumes in den Mittelpunkt gestellt." Zur Fortsetzung vgl. Lehrerheft zu Band 6, S. 6.

[59]) „Das, was die osteuropäischen Länder Sozialismus nennen", so meint Dahrendorf [20], „ist nichts anderes als Kapitalismus mit anderen, weniger tauglichen Mitteln, also eine sozialökonomische Organisation mit dem beherrschenden Ziel der wirtschaftlichen Expansion".

[60]) Die Funktionaleigenschaften der elementaren „klassischen" Funktionen hat Krauskopf [62] zusammengestellt.

[61]) Im obigen Wittmannschen Zitat ist natürlich nicht der mathematische Relationsbegriff gemeint, auch werden keine mathematischen Relationen angesprochen.

[62]) Lenné [69, S. 273] spricht von Bestimmungs- und Funktionsgleichungen „als Kulturtechniken zur Lösung praktischer Probleme".

[63]) Zu den Begriffen Größe und Größenbereich sei auf die Arbeiten [58] und [57] von Kirsch und auf die leicht lesbare Darstellung von Strehl [119, S. 27 ff.] hingewiesen.
Der von A. Kirsch eingeführte „Bürgerliche Größenbereich" G ist eine Menge von Größen mit folgenden wesentlichen Eigenschaften:
(1) In G ist eine (innere) *Verknüpfung* Addition (+) erklärt, so daß es zu A, B ϵ G genau ein C ϵ G gibt mit A + B = C.
  Es gelten das Assoziativgesetz (A + B) + C = A + (B + C) und das Kommutativgesetz A + B = B + A.
(2) In G ist eine *Relation* (<) erklärt, so daß man beliebige Größen A, B ϵ G vergleichen kann. Es gilt, falls A $\neq$ B : A < B oder B < A. Die Kleinerbeziehung ist eine Ordnungsrelation.
(3) Größen lassen sich *vervielfachen*, d. h. mit natürlichen Zahlen multiplizieren. Für n ϵ $\mathbb{N}$ und A ϵ G gibt es stets ein B ϵ G, so daß n $\cdot$ B = A.
(4) Zwei beliebige Größen aus G sind *kommensurabel*, d. h. für A, B ϵ G gibt es stets ein r ϵ $\mathbb{Q}^+$, so daß r $\cdot$ A = B ist.

[64]) Koßwig hat einen Vortrag [61] über Beschreibende Statistik so gegliedert, daß mehrere seiner Abschnitte Pendants zu unseren Ausführungen sind; dabei zeigt sich die integrierende Kraft des Funktionsbegriffs besonders deutlich.

B Beiträge zur Unterrichtspraxis

I Die Funktionenlehre im Kontext von reiner und angewandter Mathematik

1 Erarbeitung einer Erfahrungsgrundlage in der Primar- und Orientierungsstufe

1.1 Erfahrungen zum Relationsbegriff in der Primarstufe

Eine am Funktionsbegriff sich orientierende Unterrichtsplanung beeinflußt den Aufbau des Stoffes und die Auswahl der Aufgaben bereits wesentlich in den Klassen 1 bis 6. Ohne daß eine begriffliche Fassung des Begriffes angestrebt wird, geht es darum, der Relation (Funktion) eine vorrangige Stellung im Kanon der Lehrinhalte zuzuerkennen. Dabei wird der Begriff von elementaren Tätigkeiten her aufgearbeitet. In Klasse 7 steht dann ein Erfahrungspotential zur Verfügung, daß den Schülern den Zugang zum mathematischen Funktionsbegriff öffnet, also eine Thematisierung und sprachliche Fixierung ermöglicht. Wem es nur um ein Abhaken von Inhalten geht, braucht solche „aufwendigen" didaktischen Maßnahmen natürlich nicht. Sie sind dem eher hinderlich, der auf direktem Wege seine Ziele sehr viel schneller ansteuern kann, indem er den Funktionsbegriff seinen Schülern gegen Ende der Sekundarstufe I „präsentiert".

„Im weiteren Sinne beginnt das Lernen der Mathematik, ehe das Kind zur Schule geht und wird durch die Grundschule und darüber hinaus fortgesetzt" [128, S. 7]. Vorschulkinder sind nicht nur fähig, Zuordnungen nachzuvollziehen und bestimmte Zuordnungsregeln zu beachten. Sie stellen selbst fortwährend Zuordnungen her [35, S. 65—67]. Im Grundschulunterricht wird der Relationsbegriff systematisch berücksichtigt unter Beachtung der ihn konstituierenden Merkmale. Dabei ist es sinnvoll, Spiele aus der Vorschulzeit in der Grundschule wieder aufzunehmen und sie reflektierend weiterzuführen. Die Schüler erkennen, daß in zahlreichen mathematischen und außermathematischen Situationen Zuordnungen von Bedeutung sind. Entscheidend ist natürlich die *Art der Aufarbeitung* im Hinblick auf das von uns gesteckte Ziel, mithin die Interpretation der Wendung „im weiteren Sinne" aus dem obigen Zitat.

Die folgenden *Beispiele* wollen unsere Auffassung erläutern, dem Grundschullehrer stufenübergreifende Anregungen geben und dem Lehrer der SI darlegen, daß Funktionen ab Klasse 7 begrifflich sinnvoll in den Mathematikunterricht integriert werden können. Die Beispiele sind natürlich nicht alle eindeutig einer Stufe zuzuordnen, sondern sind u. U. mehrfach unter wechselnden (vertiefenden) Aspekten wieder aufzugreifen.

Sachverhalte aus ganz verschiedenen Bereichen [35, S. 67—70] können von dem Begriff der Zuordnung aus diskutiert werden, wobei auch die Frage nach der Umkehrung zu stellen und gegebenenfalls inhaltlich zu interpretieren ist:

Personen und Namen; Dinge und Bezeichnungen; Dinge und Eigenschaften; Ware und Preis; Autotypen und Firmenembleme; zugelassene Autos und Kennzeichen; Mitgliedschaft in einem Verein; Bilderrätsel; Wortspiele; Würfelspiele; Verwandtschaftsverhältnisse. — Die Wagen eines bestimmten Zuges sind für Zielbahnhöfe bestimmt. Darüber gibt das Kurswagenverzeichnis der Deutschen Bundesbahn Auskunft. Mehrere Wagen können denselben Zielbahnhof anfahren, aber die Reisenden würden böse Überraschungen erleben, wenn sie sich nicht auf die Zuordnung Wagen — Zielbahnhof verlassen könnten! Lehrreich ist in diesem Zusammenhang auch die Besprechung einer elektronisch ausgedruckten Fahrkarte. — Mit Arbeitsmaterial lassen sich einfache Abbildungen durchführen. Enthält ein solcher Kasten rechteckige (quadratische und nicht-quadratische), runde und dreieckige Plättchen verschiedener Farbe und Größe, so kann man etwa einen „Tannenwald" bauen lassen und diesen in einen „Laubwald" überführen mittels der Vorschrift (Bild B1): Ordne den quadratischen Plättchen nicht-quadratische Plättchen und den dreieckigen Plättchen runde Plättchen zu unter Beibehaltung der anderen Eigenschaften (Farbe, Größe). Modifizierungen des Beispiels: Anstelle einer Vorschrift werden das Urbild und ein Teil des Bildes gegeben, die Gesetzmäßigkeit ist zu erkennen und die Lücken sind auszufüllen. Oder: Ein Tannenwald (Laubwald) wird in einen anderen Tannenwald (Laubwald) übergeführt bei alleiniger Änderung der Farbe der Plättchen oder ihrer Größe (es entsteht ein Wald mit großen bzw. kleinen Bäumen). Die Schüler erfahren, daß das Bild abhängt von der Menge der Bausteine des vorgegebenen Waldes und der Zuordnungsvorschrift und daß jeweils zwei Bausteine zusammengehören, ein Paar (Baustein des Urbildes/ Baustein des Bildes) sind.

Bild B1

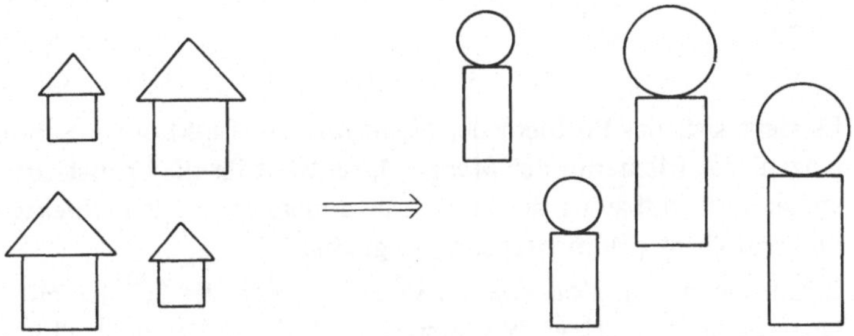

Bild B2

Bild B3

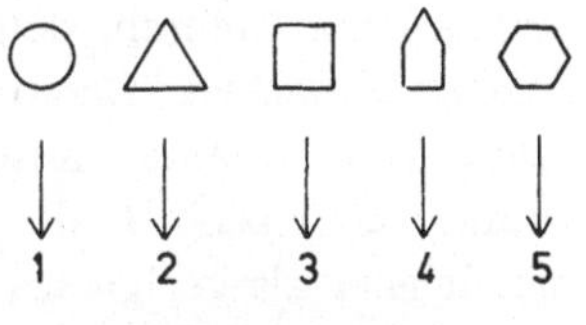

Zahlreiche Relationen sind eng mit der Einführung und Erarbeitung der natürlichen Zahlen verflochten: Einer (endlichen) Menge wird die *Anzahl* ihrer Elemente zugeordnet (Bild B2). Das ist das Ergebnis eines Zählprozesses, der unabhängig von der Numerierung ist. Bild B3 beschreibt die Stellung der Elemente in einer *Kette*, jedes Element erhält jetzt eine „passende" Nummer. Dabei wird eine Gesetzmäßigkeit deutlich, und die „geometrische" Relationsvorschrift „hat mehr Ecken als" impliziert in der Zahlenfolge die „arithmetische" Relationsvorschrift „ist größer als". Letztere wiederum hängt zusammen mit „hat mehr Elemente als" in einer Menge von Mengen. — Überhaupt spielt das Vergleichen eine große Rolle: Z. B. in einer Menge von Stäben (Strecken): ist kürzer als, ist länger als, ist so lang wie; oder in einer Menge von Plättchen: hat eine andere (dieselbe) Farbe als (wie); unter Personen (nach verschiedenen Eigenschaften); unter Türmen, Häusern, Preisen. Weitere Zuordnungsbeispiele: Zahl — Teilmenge; Zahl — Vielfachmenge; Zahl — Rest bei der Division durch eine feste Zahl; die Hälfte (das Doppelte) von Zahlen; Quadratzahlbilden; Fortsetzen von Zahlenfolgen (Bild B4 und Bild B5 zeigen Beispiele in verschiedener Notierung. Später werden die Gesetzmäßigkeiten als Funktionsterme aufgefaßt und angegeben.).

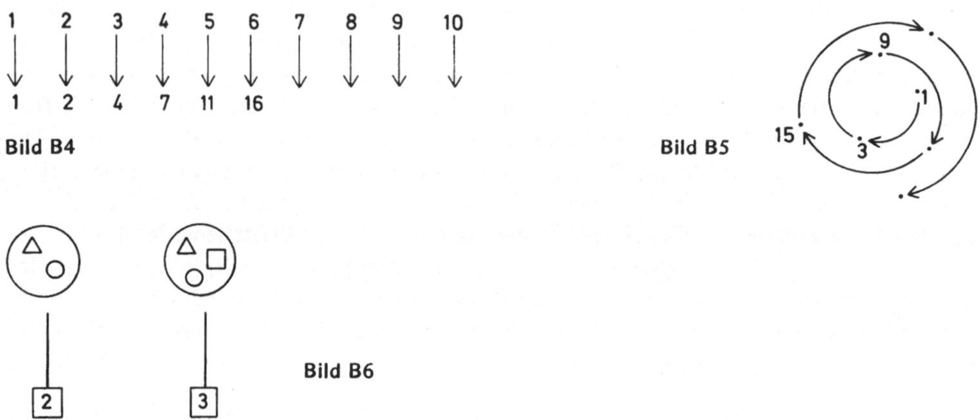

Bild B4

Bild B5

Bild B6

Es stellt sich das Problem der *Notation*. Die funktionale Schreibweise, etwa z(M) für die Anzahl der Elemente der Menge M, entfällt für die Primarstufe. Sehr instruktiv und auch später verwendbar ist der Pfeil. Eine andere die beiden Objekte eng aufeinander beziehende Darstellung (Elementepaar!) zeigt Bild B6.

Erfahrungen zum *Koordinatensystem* machen die Schüler mit Karnaughdiagrammen und Gitternetzen. In einer Wetterstation sind Schüler vielleicht aufmerksam geworden auf einen Barographen. Der Lehrer nehme eine Graphik mit in den Unterricht, lasse Ableseübungen durchführen, den Kurvenverlauf beschreiben, über Werte vorhergehender Tage Aussagen machen. Daran kann später die systematische Behandlung des Koordinatensystems unmittelbar anschließen. Man beachte, daß Anfangsabschnitte des Zahlenstrahles ab Klasse 1 als Anschauungsmittel häufig benutzt werden. — *Tabellen* lernen die Schüler als geeignetes Mittel kennen, Zahlenmaterial darzustellen und auszuwerten (auf Gesetzmäßigkeiten hin zu überprüfen, z. B. Verknüpfungstabelle). Ähnliches gilt für (Relations)tabellen, deren Elemente im Tabelleneingang keine Zahlen sind.

Diskutieren wir ausführlicher als Beispiel [35, S. 70—71] das kleine 1 × 1. Dieses muß jeder Schüler sicher beherrschen. Aber mit einem so engen Lernziel darf man sich nicht begnügen. Vielmehr sind zahlreiche Möglichkeiten einer zwanglosen Anbindung an Begriffe, gerade auch im Rahmen unseres Themas, wahrzunehmen. Einige davon wollen wir aufzeigen.

Jede Addition und Multiplikation kann in $\mathbb{N}$ als Funktion aufgefaßt werden: $x \mapsto x \circ n = y$. Durch den Operator $\circ n$ wird einer natürlichen Zahl x eindeutig die Zahl y zugeordnet. Seit den Vorschlägen von Z. P. Dienes findet der Operatorcharakter der Zahlen im allgemeinen in den Unterrichtswerken der Primar- und Orientierungsstufe angemessene Berücksichtigung. Der Operator wird modelliert durch eine Maschine. Dabei entsprechen sich Eingang E und Urbild, Maschinenprogramm (Rechenbefehl, Arbeitsvorschrift) und Operator, Ausgang A und Bild. Die Maschine „funktioniert", wenn sie für einen Eingabewert eindeutig einen Ausgabewert liefert. Die Nutzung von Maschinen (Automaten, Computern) ist den Schülern bekannt z. B. gibt ein Computer auf richtigen Abruf (Befehl) bei Eingabe eines Autokennzeichens Name und Anschrift des Fahrzeughalters an. Daß der Definitionsbereich festgelegt werden muß, ist durchaus von der Maschine her verständlich.

Das kleine 1 X 3 stellt sich in einer „Funktionstabelle" und mittels einer „Maschine" wie in Bild B7 dar.

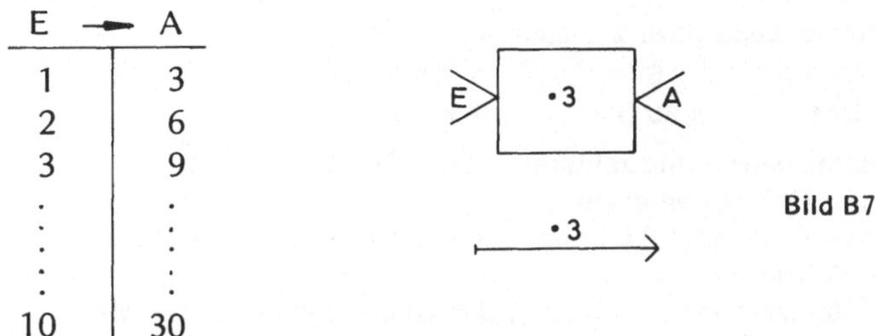

Bild B7

Der Rechenbefehl („Zuordnungsvorschrift") lautet: „Multipliziere mit 3" oder: „Verdreifache". Man beachte, daß der Pfeil als Notationsmittel Verschiedenes beinhalten kann (hier: Zuordnung und Rechenbefehl).

Den Schülern müssen zahlreiche Beispiele gegeben werden, damit sie erkennen, daß und wie (je nach Programmierung) eine Maschine eine Eingabe „umfunktioniert". Als reale Maschinen[1]) eignen sich die Elektronikrechner mit Konstantentaste.

Erfahrungen mit Funktionsleitern sind nicht weniger wichtig. Drehen wir die Tabelle von Bild B7 um 90° und unterlegen wir den Zahlen je eine Strecke, so erhalten wir die Funktionsleiter von Bild B8.

Hier sollte auch die „Skalendarstellung" von $x \mapsto x + 3$ einbezogen werden (Analogie). Die Schüler werden bemerken, daß diese speziellen Zahlenfolgen ihnen sehr häufig begegnen.

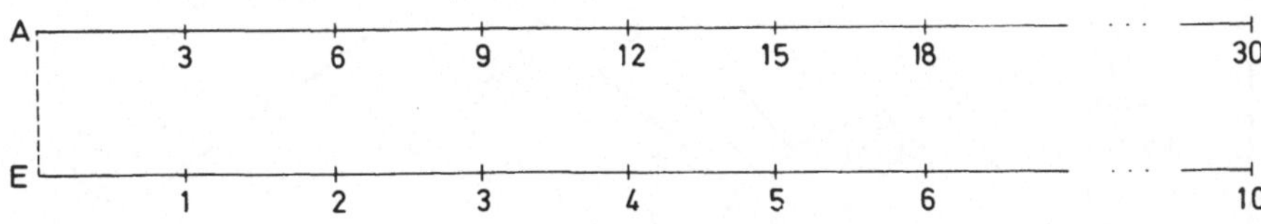

Bild B8

Wie ihre Kenntnisse bei der Analyse solcher Darstellungen sich erweitern und vertiefen, hängt nicht zuletzt von der Gewichtung und Behandlung des Stoffes ab, der vorausging.

Nach der bereits oben erwähnten Zuordnung Ware — Preis kann genauer gefragt werden. Im Geschäft ist der Preis auf einem Becher aufgeklebt (Zuordnung). Kauft man nun 2, 3, ... Becher, welchen Betrag verlangt die Kassiererin? — In ihrem Unterrichtswerk „Neue Mathematik" sehen Winter u. Ziegler für das 4. Schuljahr sogar die weitreichende Fragestellung von Bild B9 vor.

Eine andere sehr schöne Anwendung des kleinen 1 × 3 (Bild B10) finden wir in demselben Unterrichtswerk für das 2. Schuljahr. Die unmittelbare Weiterführung dieser Aufgabe ist die maßstäbliche Zeichnung.

An der Tankstelle

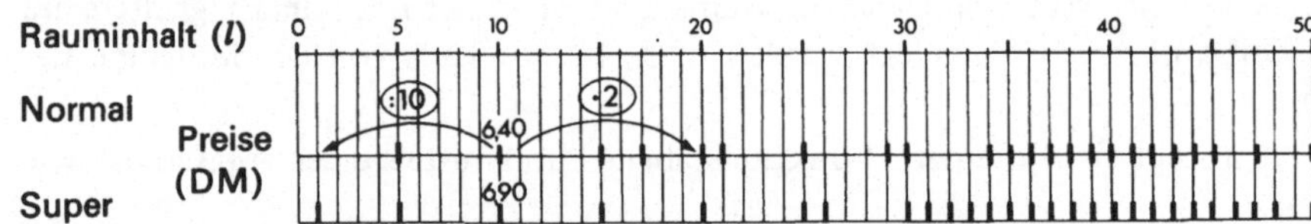

a) Finde die gesuchten Preise. Lege dazu 2 Listen an.

	1 l	5 l	15 l	
Normal	0,64 DM	3,20 DM	9,60 DM	...

b) Frau Weiß tankt 49 l Normalbenzin und zahlt mit einem 100-DM-Schein.
c) Herr Weiß tankt für 33,12 DM Superbenzin.
d) Der Tank von Herrn Bergs Auto faßt 53 l. Er hat noch 12 l im Tank. Er tankt voll und legt einen 50-DM-Schein hin.
e) Frau Walther läßt ihr Auto waschen (5,50 DM), das Öl auffüllen (13,60 DM) und tankt 28 l Normalbenzin. Kommt sie mit 50 DM aus?

Bild B9 [132, Bd. 4, S. 90]

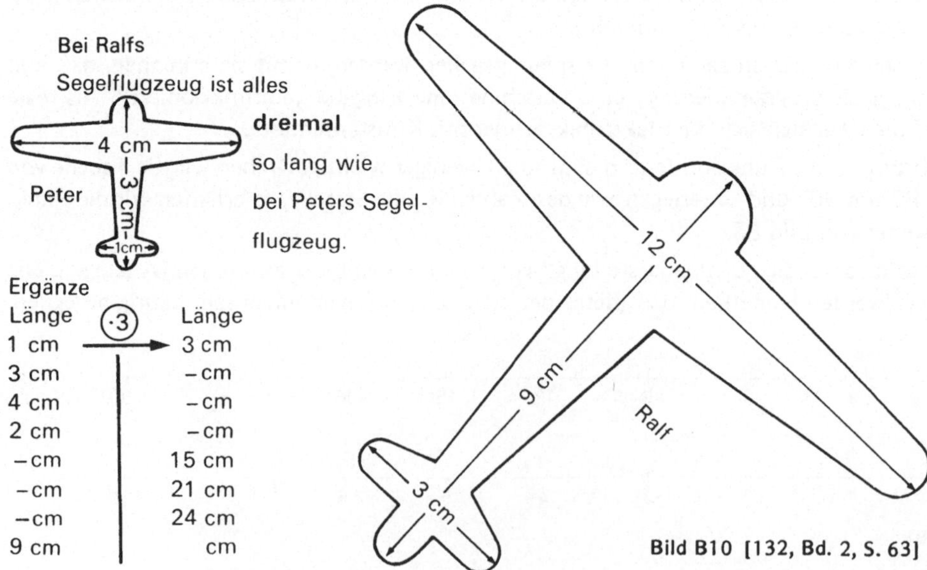

Bild B10 [132, Bd. 2, S. 63]

1.2 Erfahrungen zum Relationsbegriff in der Orientierungsstufe

Der Themenkreis „*Die Menge der natürlichen Zahlen*" durchzieht alle Klassen der Primarstufe und findet sich wieder in einem Kapitel der Unterrichtswerke für das 5. Schuljahr. Dieses muß das Vorwissen der Schüler einbringen und von ihrem Verständnis des Begriffs „natürliche Zahl" ausgehen. Eine Wiederholung nach Art der Primarstufenmathematik, eine detaillierte „Einführung" des Zahlbegriffs über bijektive Abbildungen und Äquivalenzklassen oder mit Hilfe eines Axiomensystems (etwa des Peanoschen Axiomensystems) sind didaktisch nicht zu rechtfertigen.[2] Sucht man nach einem zentralen Begriff, der gleichsam Schlüsselbegriff für die Behandlung der natürlichen Zahlen ist, so bietet sich der Relationsbegriff an. Ausgehend vom Pfeildiagramm wird „Relation" im propädeutischen Sinn als „Beziehung zwischen Elementen von Mengen" verstanden und mit Hilfe der Produktmenge ausgebaut. Der Relationsbegriff dient dazu, die Menge N_0 hinsichtlich der Anordnung ihrer Elemente aufzuschließen. Benutzt werden u. a. die Begriffe Nachfolger, Vorgänger und die Eigenschaft, daß jede natürliche Zahl einen Nachfolger, die Folge der natürlichen Zahlen also kein Ende hat. Nach den Begriffen, die das Zählen fundieren, läßt sich die Kleiner-Relation zwanglos anschließen. Der Zahlenstrahl ist dafür wichtigstes Modell. Schon diese wenigen Bemerkungen zeigen die Bedeutung des Relationsbegriffs für die Menge N_0 in der Orientierungsstufe. Andererseits — und das ist für uns jetzt wichtig — werden Vorstellungsgehalte des Relationsbegriffs anhand verschiedener Darstellungstypen und zahlreicher in den Stoff der 5. Klasse integrierter Beispiele weiterentwickelt und präzisiert. Wir erläutern den Ansatz in einigen Punkten.

Das Lesen und Analysieren von Pfeildiagrammen wird intensiviert (Bild B11). Dabei fallen Pfeilbilder auf, denen besondere Eigenschaften der Beziehung entsprechen: Gegen-

Wir legen die Menge $M = \{1, 2, 3, 4, 5\}$ zugrunde. Welche Zahlen von M stehen in der Kleinerbeziehung $x < y$?

Wir zeichnen ein Mengenbild und stellen die Kleinerbeziehung durch Pfeile dar: $2 < 5$ stellen wir durch einen Pfeil von 2 nach 5 dar. Es ergibt sich das Pfeilbild von Abb. 62.3.

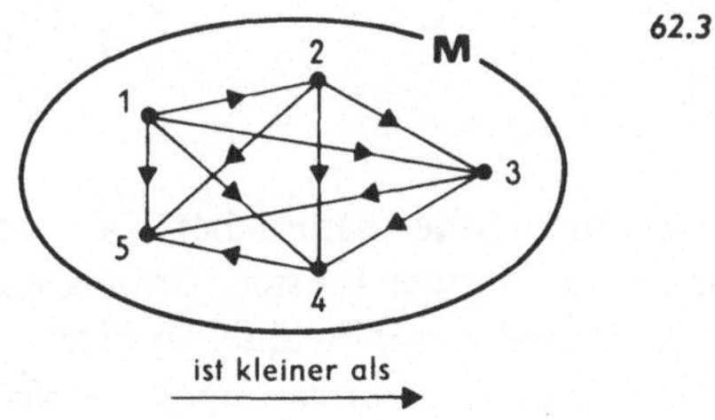

Aus dem Pfeilbild lesen wir ab:
Von 1 gehen Pfeile zu allen anderen Zahlen: 1 ist kleiner als jede andere Zahl der Menge M.
Von 5 geht kein Pfeil aus: 5 steht zu keiner anderen Zahl von M in der Kleinerbeziehung.
Von jeder anderen Zahl geht ein Pfeil zu 5: jede andere Zahl von M ist kleiner als 5.
Warum geht kein Pfeil von 3 nach 2? 3 ist nicht kleiner als 2. Es muß aber einen Pfeil von 2 nach 3 geben!

Bild B11 [41, 5B, S. 62–63]

pfeil, Überbrückungspfeil, Ringpfeil. Entsprechendes gilt für Verknüpfungstafeln, da jetzt die arithmetischen Gesetze einen anderen Stellenwert erhalten als in der Grundschule. Allmählich werden Variable in den Sprachgebrauch einbezogen.

Im Zusammenhang mit Punktdarstellungen im Gitternetz wird die Paarschreibweise bei Relationen angewandt. Unser Beispiel „Einmaldrei" kann wieder auftreten. Dabei erweist sich eine Funktionsdarstellung als hilfreich, bei der man Zahlenstreifen durch „Sichtfernter" zieht (Bild B12). Die Darstellung dieser Beziehung als Punktmenge im Gitternetz entsteht unmittelbar daneben. Ein ähnliches Modell kann man für die Addition (z. B. mit dem Operator (+ 3)) herstellen. Wir halten ein wiederholtes Einbringen von ergiebigen Sachverhalten oder Beispielen in den Unterricht für empfehlenswert, wie wir es an den (analogen) Sachverhalten „Einmaldrei" und „Einsunddrei" angedeutet haben.

Bei den Aufgaben sollten die Übersetzungen von einer Darstellung in eine andere mit anschließender Beurteilung berücksichtigt werden. Z. B.: Gegeben ist die Menge M = {0, 1, 2, 3, 4}. Fertige für die Beziehung „x ist Nachfolger von y" ein Pfeildiagramm an. Trage dann die Paare als Punkte in ein Gitter (x auf der Rechtsachse, y auf der Hochachse) ein. Löse die Aufgabe anschließend für die Beziehung „x ist Vorgänger von y". Vergleiche!

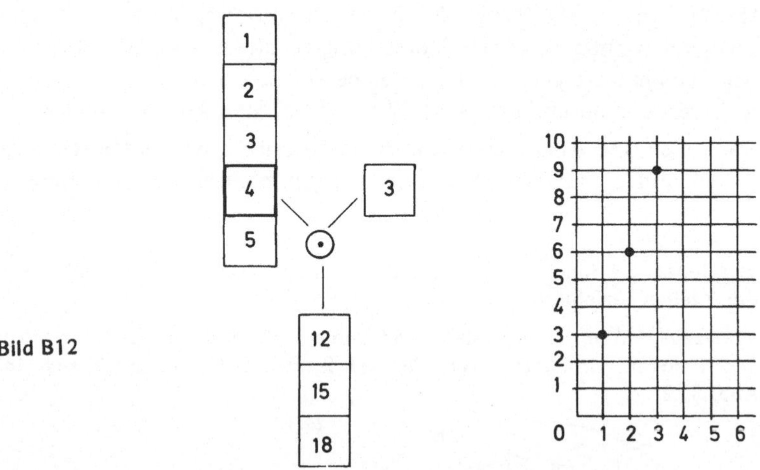

Bild B12

In der *Teilbarkeitslehre* wird die Behandlung des Begriffs der natürlichen Zahl weitergeführt. Sie ist im Unterricht zu lokalisieren Ende Klasse 5 oder (besser) Anfang Klasse 6. Hier treten die einzelnen Zahlen als Elemente von $\mathbb{N}$ und ihre individuellen Eigenschaften stärker in den Mittelpunkt der Untersuchung, wohingegen zuvor die Menge $\mathbb{N}$ mit den in ihr definierten Verknüpfungen Unterrichtsgegenstand war. Es geht im Themenkreis „Teilbarkeit" um ein vertieftes Verständnis von Aufbau und Struktur der natürlichen Zahlen und teilweise geordneter Mengen. Die Schüler verbinden die Sprechweisen „a ist Teiler von b" und „b ist Vielfaches von a" bereits mit dem Zusammenhang Relation und inverse (Umkehr)relation. Die Eigenschaften der Teilbarkeit werden auf den Relationsbegriff bezogen, ihre Untersuchung wird vom Relationsbegriff her initiiert. Die Diskussion vielfältiger Veranschaulichungstypen (Teilertabelle, Pfeildiagramm und daraus abgeleitet das Teilerdiagramm) und ihre Auswertung erweisen sich inhaltlich als sehr ergiebig, insofern als sie zu wichtigen Begriffen führen; z. B. gemeinsame Teiler und Vielfache, größter gemeinsamer Teiler, kleinstes gemeinsames Vielfaches. — Unter anderem Aspekt betrachtet wird hier intensiv an und mit einer Relation gearbeitet, die später für eine Thematisierung des Relationsbegriffs zur Verfügung steht.

Der inhaltliche Mittelpunkt der Klasse 6 ist die Menge Q_0^+. Zur Einführung der multiplikativen Gruppe der *positiven rationalen Zahlen* verwendet man das Operatormodell. Diesem fällt aber noch eine weitere ebenso wichtige Aufgabe zu, nämlich die Erfahrungsgrundlage für den in Klasse 7 zu erarbeitenden Funktionsbegriff auszubauen.

Im Operatormodell werden die rationalen Zahlen als Abbildungsvorschriften aufgefaßt. „$\frac{n}{m}$" ($n, m \in \mathbb{N}$) ist nicht nur ein Zeichen für eine Klasse von Brüchen, veranschaulicht auf dem Zahlenstrahl, sondern kann eine Vorschrift f sein, die eine Größe s eines Größenbereichs genau auf eine Größe r abbildet. In der Funktionsgleichung[3]) $r = \frac{n}{m} \times s$ ist $\frac{n}{m} \times$ die Funktionsvorschrift f, $\frac{n}{m} \times s$ der Funktionsterm und Definitions- und Zielbereich z. B. eine Menge D von Längen: $s, r = f(s) \in D$. Wir schreiben:

$$s \xrightarrow{\ f\ } r.$$

Diese Funktion läßt sich als „Maschine" deuten, die eingegebene Längen „streckt" oder „staucht". Name der Maschine ist die Abbildungsvorschrift (der Operator), s und r sind als Eingabe bzw. Ausgabe Zustände. Die Abbildungsvorschrift kennzeichnet also die Maschine, sie ist ihr Programm.

Mit der Operatorauffassung der positiven rationalen Zahlen wird nicht nur der Relationsbegriff „im allgemeinen", sondern eine spezielle Funktion, die proportionale Funktion, vorbereitet und ihre Anwendbarkeit in verschiedenen Sachbereichen erfahren. Man schreibt später anstelle von $y = \frac{n}{m} \times x$ die Funktionsgleichung $y = a \cdot x$. An zwei Sachaufgaben soll der Funktionscharakter des Bruches deutlich werden.

(1) In Bild B13 geht es darum, Zuordnungen von Größen (Programme von Bruchmaschinen) in „Wertetabellen" darzustellen.

(2) Mit der Anwendung von Bruchmaschinen auf Größen lassen sich etwa unter dem Thema: „Bestimmen von Bruchmaschinen zu gegebenen Eingangs- und Ausgangsgrößen" Dreisatzaufgaben behandeln.

Aufgabe[4]) [41, 6B, S. 50]: 12 kg Äpfel kosten 7,20 DM. Wieviel kosten 7 kg?

Wir überlegen uns, welche Maschine für 12 kg Äpfel 7 kg herausgibt.

Lösung (a)

Das „leistet" eine $\frac{7}{12}$-Maschine:

$$12\ \text{kg} \longmapsto \boxed{\frac{7}{12}} \longrightarrow 7\ \text{kg}$$

Daher müssen wir 720 Pf in dieselbe Maschine geben, um das Ergebnis zu erhalten:

$$720\ \text{Pf} \longmapsto \boxed{\frac{7}{12}} \longrightarrow x\ \text{kg}$$

Wir rechnen $\frac{7}{12} \times 720$ Pf aus.

Ist die Maschine auf das Programm $\frac{3}{7}$ eingestellt, so gibt sie z. B. für einen 21 cm langen Stock einen 9 cm langen Stock heraus. Ist das Programm der Maschine $\frac{8}{3}$, so wird für den 21 cm langen Stock ein 56 cm langer Stock herausgegeben.

Damit ein solcher Austausch zustande kommen kann, muß die Maschine eine Vorschrift haben, nach der sie Stöcke austauscht. Die Vorschrift ist das Programm, der Name der Maschine. Man kann die Vorschrift etwas ausführlicher in einer *Liste* darstellen. In ihr sind Eingabelängen und Ausgabelängen einander gegenübergestellt:

Programm: $\frac{2}{5}$

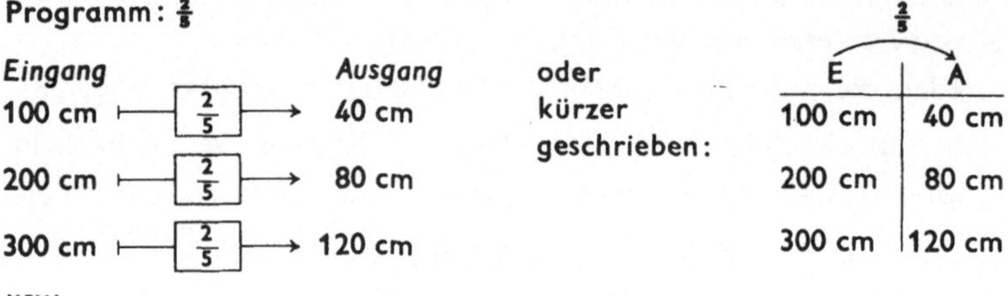

usw.

Eine solche Liste nennt man eine **Wertetafel.**
Durch das Programm, also durch den Bruch, wird jeder Eingabelänge genau eine Ausgabelänge zugeordnet. Weil es unendlich viele Längen gibt, kann man eine Liste nicht vollständig aufschreiben. Natürlich können in Wertetafeln außer Längen auch andere Größen auftreten.

Bild B13 [41, 6B, S. 51—52]

Lösung (b)

Anwendung einer $\frac{1}{12}$-Maschine ergibt: 1 kg Äpfel kostet 60 Pf.

Anwendung einer $\frac{7}{1}$-Maschine ergibt: 7 kg Äpfel kosten 420 Pf.

Das gesuchte Programm lautet also: $\frac{7}{1} \circ \frac{1}{12} = \frac{7}{12}$. Es entsteht durch *Verkettung* von Operatoren:

$$12\,\text{kg} \longrightarrow \boxed{\tfrac{1}{12}} \longrightarrow 1\,\text{kg} \longrightarrow \boxed{\tfrac{7}{1}} \longrightarrow 7\,\text{kg}$$

$$720\,\text{Pf} \longrightarrow \boxed{\tfrac{1}{12}} \longrightarrow 60\,\text{Pf} \longrightarrow \boxed{\tfrac{7}{1}} \longrightarrow 420\,\text{Pf}$$

$$720\,\text{Pf} \longrightarrow \boxed{\tfrac{7}{12}} \longrightarrow 420\,\text{Pf}$$

In der Orientierungsstufe sollte man die Schüler allmählich an die *funktionale Schreibweise* gewöhnen; z. B. L(AB) für die Länge der von den Punkten A und B begrenzten Strecke oder h(A) für die relative Häufigkeit. Dabei muß aber klar sein, daß die Schreibweise eine Zuordnung beinhaltet und daß es hier zweckmäßig ist, sich von der Pfeildarstellung zu lösen.

Formeln, z. B. für den Flächeninhalt von Rechtecken oder den Rauminhalt von Quadern, sollten nicht vorrangig dazu dienen, „lebenspraktische" Aufgaben schematisch zu lösen durch Einsetzen und Ausrechnen. Die genannten Formeln gehören zu den ersten „*Funk-*

tionsgleichungen", die die Schüler kennenlernen. Sie müssen unter diesem Gesichtspunkt interpretiert und gebraucht werden. Betrachten wir beispielsweise Rechtecke, die alle dieselbe Seitenlänge a haben, d. h. halten wir in der Gleichung A = a · b die Größe a fest. Dann ist jedem b ein Flächeninhalt A zugeordnet. Verdoppeln wir b, was hat das für Konsequenzen für A?

Es dürfte kein Zweifel sein, daß eine erfolgreiche Erarbeitung des Funktionsbegriffs in Klasse 7 entscheidend davon abhängt, nicht so sehr welche Inhalte in den Klassen 1 bis 6, sondern *wie* diese behandelt wurden.

2 Thematisierung des Funktionsbegriffs in den Klassen 7/8

2.1 Die Thematisierung des Relationsbegriffs

Wir meinen, daß viele Gründe dafür sprechen, den Funktionsbegriff in Klasse 7 verfügbar zu machen. Eine späte Ausformulierung ist vergleichbar der Einführung des Rechenstabes kurz vor Schulabgang: man hatte den Rechenstab zwar noch „gehabt", lernte aber nicht mit ihm umzugehen oder gar ihn zu nutzen. Wir wollen die didaktisch-methodische Frage nach einem Konzept für die Erarbeitung des Funktionsbegriffs global so beantworten: Unter Bezugnahme auf das „Prinzip" vom Allgemeinen zum Besonderen behandeln wir zunächst Relationen mit M ≠ N, dann schränken wir auf M = N ein. Den Funktionsbegriff führen wir als Sonderfall des Relationsbegriffs ein. Nach Erarbeitung des „allgemeinen" Funktionsbegriffs untersuchen wir die proportionalen Funktionen.

Für Klasse 7 ist es erstmals zu empfehlen, den Relationsbegriff eigenständig zu behandeln[5], um den Schülern zu ermöglichen, den aus inner- und außermathematischen Situationen bekannten Sprachgebrauch „Beziehung zwischen Elementen von Mengen" zum Relationsbegriff zu präzisieren. Gleichzeitig sollen mit dem Relationsbegriff natürlich auch neue Sachverhalte an die Schüler herangetragen und schon bekannte (vor allem mathematische) Sachverhalte vertieft werden.

In den ersten Beispielen für Relationen ist M ≠ N. Der Erschließung liegt die „dynamische" Auffassung: „Relation als Zuordnung" zugrunde. Die sprachliche Formulierung erfolgt in einer (zweistelligen) Aussageform. Wir lassen im Pfeildiagramm die Pfeile zwischen den Elementen fort und schreiben diese dann als „Anfangs"- und „Endpunkte" der Pfeile hin. Unter Einbeziehung auch anderer Darstellungstypen führen wir die Schüler zu einer neuen Deutung der geordneten Paare, als Lösungsmenge von zweistelligen Aussageformen, und kommen zu der „statischen" Auffassung: „Relation als Paarmenge". Erst in einem späteren, deutlich abgehobenen Schritt fassen die Schüler schließlich die Lösungsmengen als Teilmengen von Verbindungsmengen auf. Dabei zeigt sich ihnen erneut die Anwendungsfähigkeit des Begriffs „Verbindungsmenge". Es ist von untergeordneter Bedeutung, ob man die mengenbildende Eigenschaft der Aussageform in die Mengenoperatorschreibweise aufnimmt. Dann werden umgekehrt Teilmengen von Verbindungsmengen inhaltlich interpretiert. Beispiele verdeutlichen, daß man nicht alle „Beziehungen" (vor allem nicht solche aus dem „täglichen Leben") durch eine Relationsvorschrift mathematisch beschreiben kann.

Ganz wesentlich ist die Verwendung der verschiedenen Veranschaulichungsmöglichkeiten: Zu den einzelnen Beispielen sind (im allgemeinen) mehrere Darstellungen zu erarbeiten und hinsichtlich ihrer Aussagekraft zu bewerten, andererseits sind vorgegebene Relationsdarstellungen inhaltlich durch Relationsvorschriften (zweistellige Aussageformen) zu beschreiben, also zu „lesen" und zu interpretieren.

Es folgt die Spezialisierung auf den Fall $M \neq N$. Die zugehörige Pfeildarstellung läßt sich entwickeln aus dem allgemeinen Fall, indem die Menge M zunächst zweimal gezeichnet wird. Die Schüler erkennen, daß sie mit *einem* Mengenbild auskommen, und daß sie darin viel Besonderheiten, Auffallendes beobachten können, dem sie inhaltlich nachgehen; also: sie üben sich im Analysieren.

Die Beispiele und Aufgaben müssen sehr verschiedene Relationen enthalten, z. B. rechtseindeutige, linkseindeutige, eineindeutige, zu einigen Relationen inverse Relationen usw. Die inhaltliche Beschreibung der inversen Relation ist eine gute Aufgabe, sich in der Formulierung und im Umgang mit mathematischen Termini zu üben. Die Eigenschaften werden aber noch nicht verselbständigt (durch Definition) und Relationen noch nicht charakterisiert durch ihre Eigenschaften.

Für die Unterrichtsplanung zu unserem Gesamtthema kann die Relationslehre hier abgeschlossen werden. Will man allerdings den allgemeinen Relationsbegriff weiter ausbauen, so müssen die Schüler jetzt umfangreiches Beispielmaterial für Relationen *in* einer Menge durcharbeiten und dabei auf Gemeinsamkeiten und Unterschiede achten: also mit den Methoden des Analysierens, Vergleichens und Klassifizierens Eigenschaften von Relationen entdecken. Die Relationen werden im Lehrgang eigenständige Objekte. Allerdings darf diese Erarbeitung nicht schematisch und systematisch erfolgen; sie bleibt stets eng orientiert an Beispielen, vor allem mathematischen Inhaltes. Dabei verselbständigen sich die Eigenschaften. Reflexivität, Irreflexivität, Symmetrie, Antisymmetrie und Transitivität werden gekennzeichnet anhand eines Übersetzungskatalogs im Pfeildiagramm, in der Tabelle und im Relationsgraphen und sprachlich schärfer gefaßt. Die „Abhängigkeit" der Eigenschaften von der Menge, auf die die Relationsvorschrift bezogen ist, wird verdeutlicht, indem man die Variablen in ein und derselben Aussageform durch Elemente verschiedener Mengen ersetzt.

Einige Relationstypen heben sich heraus: Häufig treten Eigenschaften bei Relationen gebündelt auf. Das führt zu einer Klassifizierung von Relationen nach Typen. Die wichtigsten werden durch Namensgebung ausgezeichnet: die Äquivalenz- und Ordnungsrelation. Es ist zu erarbeiten, daß die Äquivalenzrelation reflexiv, symmetrisch und transitiv ist und daß Ordnungsrelationen antisymmetrisch und transitiv sein müssen, aber reflexiv oder irreflexiv sein können. Die Schüler lernen, was diese Relationen in einer Menge bewirken und welche Rolle dabei den genannten Eigenschaften zukommt. Die Aufnahme dieser Relationstypen in den Unterricht sollte auch dazu dienen, bereits früher behandelte mathematische Sachverhalte zu vertiefen (Klasseneinteilung von Mengen, Rangordnung der Elemente von Mengen). Der Schwerpunkt liegt im Bereich der reinen Mathematik.

2.2 Die Funktion als spezielle Relation

Aus dem bisherigen Material muß ersichtlich werden, daß rechtseindeutige Relationen von besonderer Wichtigkeit sind. Jetzt sollen die Schüler anhand eines breiten Angebotes von geeigneten inner- und außermathematischen Sachverhalten diese Erfahrung ausbauen, so daß die Auszeichnung bestimmter rechtseindeutiger Relationen, eben der Funktionen, vernünftig erscheint (Bild B14). Das wiederum motiviert die eingehende Untersuchung ihrer Eigenschaften und Anwendungsmöglichkeiten mit den Zielen: Die Schüler müssen die definierenden Eigenschaften der Funktion in Beispielen erkennen und durch Beispiele belegen und allmählich die mathematische Terminologie beherrschen lernen. Mit besonderer Sorgfalt werden die verschiedenen Darstellungen für Funktionen eingearbeitet und jeweils auf ihre Aussagemöglichkeiten hin beurteilt und untereinander verglichen; d. h.

Vorübung

Bei einer Geheimschrift wurden die Buchstaben des Alphabets durch dreistellige Ziffernfolgen ersetzt. Zum Verschlüsseln wurden nur die Ziffern 0, 1, 2 verwendet. Leider ist nur noch ein Teil des Codes vorhanden (Abb. 32.1).

a) Zeichne ein Pfeildiagramm des vollständigen Codes.

b) Gib den Code als Menge von geordneten Paaren an. Beachte: An der ersten Stelle eines jeden Paares steht ein Buchstabe; an die zweite Stelle kommt die Codezahl: {(A/000), ..., }.

c) Übersetze: 112/021/111/011   012/102/011/022/200/200
            101/011/022/111   120/122/011/022/200

d) Es gibt 27 dreistellige Ziffernfolgen mit den Ziffern 0, 1, 2, jedoch nur 26 Buchstaben. Welche Ziffernfolge ist bei diesem Code nicht benutzt worden?

Dieser Code ist eine Relation zwischen der Menge der Buchstaben und der Menge der dreistelligen Ziffernfolgen mit den Zahlen 0, 1, 2. Buchstaben und Codezahlen sind einander zugeordnet.

32.1

Buchstabe	Codezahl
A	000
B	001
C	002
D	010
E	011
F	012
G	020
H	021
	022
W	211
X	212
Y	220
Z	221

Ein Code ist also eine Relation, bei der von jedem Element der Startmenge *genau ein* Zuordnungspfeil ausgeht. Der Mathematiker nennt derartige Relationen **rechtseindeutig.**

Elemente, von denen Zuordnungspfeile ausgehen, nennen wir **Originalelemente.** Die Elemente, bei denen Zuordnungspfeile enden, heißen **Bildelemente.**

Beispiele

1. An den Waggons der Deutschen Bundesbahn sind Schilder angebracht, die den Zielbahnhof des Wagens angeben. Einige Waggons haben die gleichen Schilder.
Abb. 33.1 zeigt eine rechtseindeutige Relation von der Menge der angegebenen Waggons nach der Menge der gezeichneten Schilder. Gleiche Schilder sind nur einmal aufgeführt.

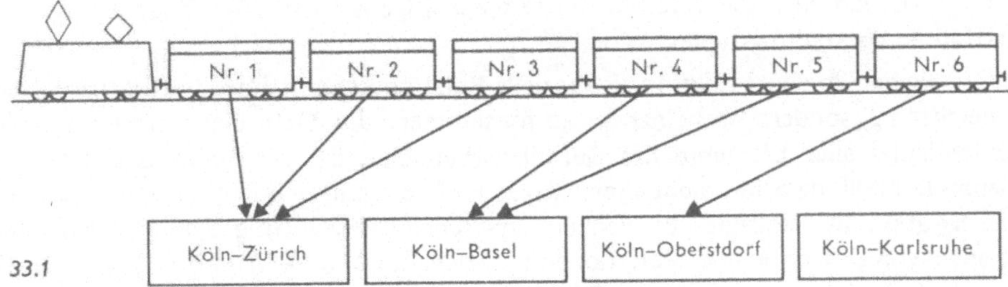

33.1

Jedem Waggon muß *genau ein* Schild zugeordnet sein, denn:

a) An einem Waggon muß *mindestens ein* Schild angebracht sein, damit der Zielbahnhof bekannt ist.

b) Einem Waggon darf nur *höchstens ein* Schild zugeordnet sein, denn er kann nicht zu verschiedenen Zielbahnhöfen zugleich fahren.

Wäre die Relation nicht rechtseindeutig, so könnten sich die Reisenden beim Einsteigen gar nicht orientieren.

Bild B14 [41, 7B, S. 32—34]

2. Die Abb. 33.2 und die Tabelle zeigen dieselbe Relation. Es ist eine Relation *in* einer Menge. Die Aussageform hierzu lautet: „8 minus *x* ergibt *y*".

33.2

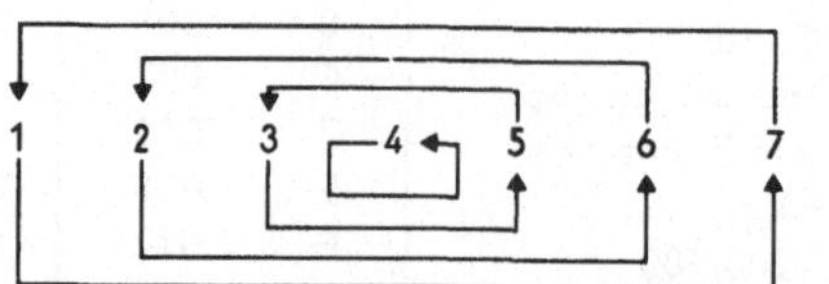

S \ Z	1	2	3	4	5	6	7
1							x
2						x	
3					x		
4				x			
5			x				
6		x					
7	x						

Auch hier ist jedem Originalelement genau ein Bildelement zugeordnet. Andernfalls wäre die Differenz 8 — *x* nicht eindeutig.

Überprüfe die einander zugeordneten Zahlen mit Hilfe der Aussageform.

Bei diesem Beispiel einer rechtseindeutigen Relation ist jedes Originalelement zugleich auch Bildelement.

Du siehst: Bei rechtseindeutigen Relationen kommt es nicht so sehr darauf an, ob Start- und Zielmenge gleich oder verschieden sind. Dagegen ist wichtig, daß einem Original- element jeweils *genau ein* Bildelement zugeordnet ist.

Aufgaben

1. a) Welche Vorteile hätte ein Arbeiter, der mehrere verschiedene Stempelkarten besitzt?
   b) Welche Vor- und Nachteile ergeben sich, wenn einer Ware mehrere verschiedene Preise zugeordnet werden?
   c) Welche Schwierigkeiten treten auf, wenn in der Inhaltsangabe dieses Buches einem Kapitel verschiedene Seitenzahlen zugeordnet wären?

Bild B 14 Fortsetzung

akzentuiert werden hier die funktionsspezifischen Eigenschaften der längst bekannten und vertrauten Darstellungstypen.

Man sollte die beiden eine Funktion als spezielle Relation kennzeichnenden Eigenschaften nicht gleichzeitig, sondern nacheinander ausformulieren: die Rechtseindeutigkeit und die Berücksichtigung aller Elemente des Definitionsbereiches bei der Zuordnung. Die ver- schiedenen Darstellungsarten dienen jetzt dazu, die Bedingungen durchsichtig zu machen, die eine Relation als Funktion auszeichnen. Uns scheint sehr wichtig, daß nebeneinander Funktionen von D nach W und Funktionen in D behandelt werden und daß man für D Größen- und Zahlenmengen nimmt. (Die formale Funktionsschreibweise unterscheidet hier auch nicht.) Die Abhebung der „globalen Zuordnung" von Definitions- und Ziel- menge und der „Detail-Zuordnung" zweier Elemente in der Funktionsvorschrift durch zwei verschiedene Symbole ist mathematisch und didaktisch sinnvoll.[6] In der anschließen- den Phase halten wir es für wichtiger, das eine oder andere ergiebige Beispiel sehr gründ- lich unter allen auf dieser Stufe möglichen und sinnvollen Aspekten durchzuarbeiten [41, 7B, S. 38—40], als eine große Anzahl von Übungsaufgaben zu „rechnen".

Inwieweit man die Rechenstäbe als Funktionsleitern[7] einbeziehen wird, ist nicht zuletzt eine Frage der verfügbaren Zeit. Mit Hilfe des vertrauten Additionsstabes erkennt man Mengen differenzgleicher (summengleicher) Zahlenpaare als Funktionen: $x \mapsto a + x$ (bzw.

$x \mapsto a - x$). Im Nomogramm sind die Zuordnungspfeile untereinander parallel bzw. schneiden sich in einem Punkt. Analogien fordern zur Konstruktion von Doppelleitern heraus, an denen sich leicht quotientengleiche (produktgleiche) Zahlenpaare auffinden lassen.

Der Mangel, daß zu jedem a in den Funktionen $x \mapsto \frac{a}{x}$ (bzw. $x \mapsto a \cdot x$) eine spezielle Funktionsleiter gehört, motiviert zu einem logarithmisch eingeteilten Rechenstab (Multiplikations- und Divisionsstab). Dieser ist natürlich heute für die Schüler kein Rechenhilfsmittel mehr, als charakteristische Darstellung von Funktionen und als Beispiel für eine nichtäquidistante Skala ist er aber von großer Bedeutung, weil die „funktionale Abhängigkeit" sich hier in geometrischer Gesetzmäßigkeit ausdrückt. Der Operatorgedanke läßt sich auf mehrfache Weise zwanglos in die Doppelleiterdarstellung hineininterpretieren.

Das Aufgabenmaterial zu dieser Phase (Bild B15) enthält Situationen aus den Bereichen RM und AM. Es soll mit den neuen Begriffen vertraut machen (Übungsphase), aber auch schon Möglichkeiten für eine Bearbeitung von Sachverhalten mit dem Funktionsbegriff geben. Man wird die Schüler anhalten, sich bewußt zu machen, worum es bei einer Aufgabe (gerade wenn sie umgangssprachlich dargestellt ist und „lebensnah" erscheint) geht.

5. Die Abb. 43.3 zeigt die Entwicklung des Verkehrs „Auto im Reisezug" (mit Personenzug beförderte Pkw).

   a) Zeigt die Grafik eine Funktion? Gib gegebenenfalls Definitions- und Zielmenge an.
   b) Beurteile die Verbindungslinien in der Koordinatendarstellung.
   c) Wie lautet die Paarmenge?

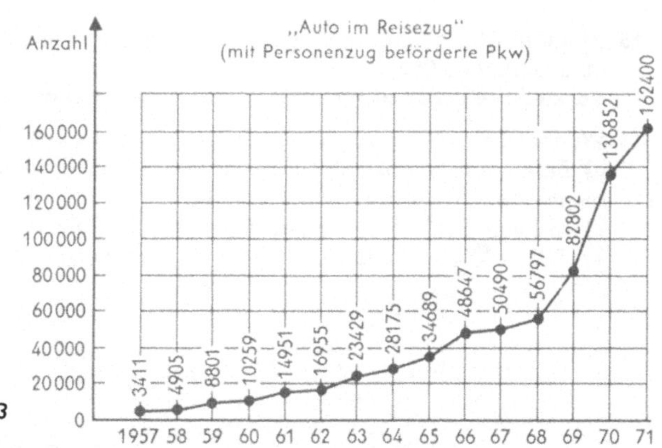

43.3

11. Die Abb. 46.3 und 46.4 geben die Anzahl der besetzten und unbesetzten Bahnhöfe, Haltepunkte und Haltestellen der Bundesbahn an.
   a) Worin unterscheiden sich beide Darstellungen?
   b) Beurteile die Verbindungslinien und Schraffuren.
   c) Beschreibe die dargestellten Funktionen.

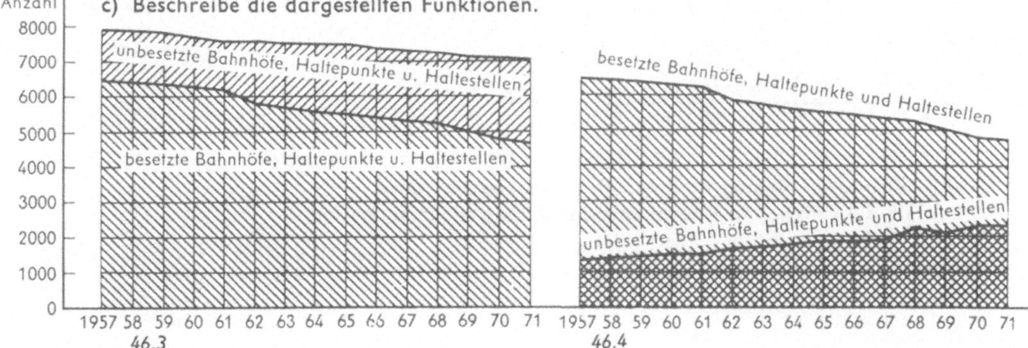

Bild B15 [41, 7B, S. 46–48]

14. Jedes Feld eines Schachspieles ist durch ein Buchstaben-Zahlenpaar eindeutig bestimmbar.

a) Vergleiche Abb. 47.1 mit f = {(a/2), (b/2), (c/1), (c/3), (d/2), (e/1), (f/3), (g/2), (h/2), (h/3)}.
Ist diese Relation eine Funktion?

b) Wieviel Figuren müssen mindestens weggenommen werden, damit eine Funktion entsteht? Wieviel Möglichkeiten gibt es?

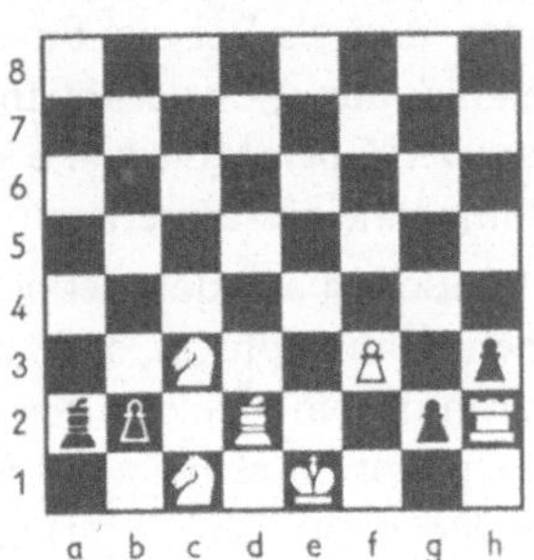

47.1   47.2

15. Ist die in Abb. 47.2 dargestellte Relation von D = {1, 2, 3, 4, 5} nach Z = {1, 2, 3, 4, 5, 6} eine Funktion? Begründe!
Verkleinere gegebenenfalls D so, daß eine Funktion entsteht.

16. Während eines Polartages am Nordkap geht die Sonne nicht unter (Abb. 47.3).
a) Bestimme den Abstand der Sonne vom Horizont zu jeder vollen Stunde. Gib als Paarmenge an: f = {..., (7 Uhr/15 mm), ...}.
b) Ist f eine Funktion? Gib gegebenenfalls Definitions- und Zielmenge an.
c) Gib f in Koordinatendarstellung an. Vergleiche mit Abb. 47.3.

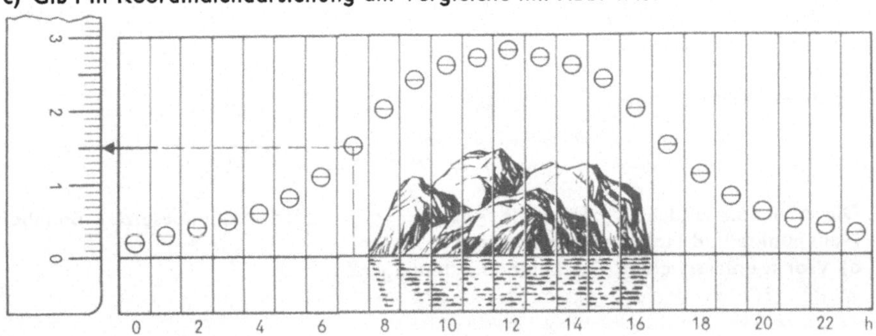

47.3

17. a) Fülle die Tabelle aus.

x	0	1	2	3	4	5	6	...
$x \cdot \frac{3}{2}$								

b) Zeichne ein Nomogramm für die angegebenen Paare.
c) Gib die Funktion in Koordinatendarstellung (Paarmenge) an.

Bild B 15 Fortsetzung

24. Wie lautet die Zuordnungsvorschrift und die Paarmenge der in Abb. 48.1 dargestellten Funktion?

Z \ D	0	1	2	3	4	5	6
6							×
5						×	
4					×		
3				×			
2			×				
1		×					
0	×						

x	f (x)
0	9
1	10
2	11
3	12
.	.
.	.
.	.

x	3	6	9	...
f (x)	1	2	3	...

48.1   48.2

25. Wie lauten die Zuordnungsvorschriften der in Abb. 48.2 dargestellten Funktionen?

Bild B 15 Fortsetzung

Wichtig ist auch die kritische Beurteilung von Funktionsdarstellungen auf ihren jeweiligen Aussagewert hin. Das Aufsuchen von Funktionsvorschriften aus Graphik oder Koordinatenpaaren schließt an Aufgaben aus den Klassen 1 bis 6 an, in denen Zahlenfolgen fortzusetzen sind.

Nicht nur in dieser Phase, bereits in Primar- und Orientierungsstufe, sind immer wieder Funktionen eines bestimmten Typs aufgetreten: die proportionalen und umgekehrt proportionalen Funktionen. Auf diese Funktionstypen hin soll nun spezialisiert werden. Ihnen liegt arithmetisch die Produktbildung $x \cdot y = z$ zugrunde, später wird dann bei den linearen Funktionen die Summenbildung $x + y = z$ „funktional" ausgewertet.

2.3 Proportionale und umgekehrt proportionale Funktionen

Funktionen in $\mathbb{Q}$ mit einem Term der Form $f(x) = a \cdot x$, also einer Funktionsgleichung $y = a \cdot x$, heißen *(direkte) Proportionen*, Funktionen in $\mathbb{Q} \setminus \{0\}$ mit einer Funktionsgleichung $y = \frac{a}{x}$ *umgekehrte Proportionen*. (a bezeichnet eine konstante rationale Zahl.)

Für die (direkte) Proportionalität gelten die Funktionalgleichungen

$$f(r \cdot x) = r \cdot f(x) \quad \text{für alle} \quad r \in \mathbb{Q} \; ; x, x \cdot r \in D$$

und

$$f(x_1 + x_2) = f(x_1) + f(x_2); x_1, x_2, x_1 + x_2 \in D;$$

ferner ist

$$f\left(\frac{x_1 + x_2}{2}\right) = \frac{f(x_1) + f(x_2)}{2} ; x_1, x_2, \frac{x_1 + x_2}{2} \in D$$

und

$$f(x_1) < f(x_2) \quad \text{für} \quad x_1 < x_2 \quad \text{und} \quad x_1, x_2 \in D \subseteq \mathbb{Q}_0^+.$$

Für die umgekehrte Proportionalität gilt die Funktionalgleichung

$$f(r \cdot x) = \frac{1}{r} \cdot f(x) \quad \text{für alle} \quad r \in \mathbb{Q} \setminus \{0\}, x, r \cdot x \in \mathbb{Q},$$

und es ist:

$$f(x_1) > f(x_2) \quad \text{für} \quad x_1 < x_2 \quad \text{und} \quad x_1, x_2 \in D \subseteq \mathbb{Q}^+.$$

Im wichtigen Sonderfall a = 1 gilt

$$f(x_1 \cdot x_2) = f(x_1) \cdot f(x_2); x_1, x_2, x_1 \cdot x_2 \in D.$$

Die Umkehrrelationen zur direkten und umgekehrten Proportionalität in $\mathbb{Q}$ bzw. in $\mathbb{Q} \setminus \{0\}$ sind wieder Funktionen.

Als erste „klassische" Funktionstypen sind (direkte) Proportionen und umgekehrte Proportionen selbst Unterrichtsgegenstand. Ihre Eigenschaften werden aus den verschiedenen Funktionsdarstellungen unter Berücksichtigung von Kontrastbeispielen entwickelt. Die Merkmale fungieren bei zu mathematisierenden Situationen als Kriterien für die Anwendbarkeit der genannten Funktionen. Solche Situationen handeln von zwei (nicht notwendig verschiedenen) „bürgerlichen Größenbereichen", die sich aufeinander beziehen lassen. Kann man nun in diese Beziehung die hier anstehenden Eigenschaften als strukturierende Elemente hineininterpretieren, so läßt sie sich mit einer direkten oder umgekehrten Proportionalität beschreiben, deren Definitions- und Wertemengen Größenbereiche sind. Wie das geschehen kann, zeigen wir jetzt auf. Da hinsichtlich der Verknüpfungen „Addition" und „Multiplikation" und der „Kleinerrelation" Isomorphie zwischen einem bürgerlichen Größenbereich und $\mathbb{Q}^+$ und folglich auch zwischen zwei beliebigen bürgerlichen Größenbereichen besteht [57], brauchte man die genannten Funktionen nur in $\mathbb{Q}^+$ (und später in $\mathbb{Q}$) zu behandeln. Der Lernprozeß verläuft aber anders: Das zu erarbeitende Modell sind nicht die in $\mathbb{Q}$ definierten direkt und umgekehrt proportionalen Funktionen, sondern ihre Eigenschaften, die zu einer Beschreibung der jeweiligen Situation und zu Berechnungen führen. Durch das Zuordnen von Größen und durch das Rechnen mit Größen bleibt der Schüler näher an der Situation. Jedoch wäre es verfehlt, hier proportionale Funktionen in Zahlenmengen auszuschließen, mit denen er ja bereits häufig konfrontiert wurde beim Aufzeigen arithmetischer Gesetzmäßigkeiten (Doppelzahlfolgen), an Rechenstäben usw. Gerade ein Nebeneinander von Aufgaben aus der reinen und angewandten Mathematik macht den Funktionsbegriff für den Schüler in einem hohen Maße verfügbar.

Unser einführendes Beispiel ist eine Sachsituation. Das Problem besteht daher in der Mathematisierung, also der Erarbeitung eines geeigneten (über die Situation hinaus verwendbaren) Modells. Den Aspekt der Anwendung (AM) verbinden wir mit dem Ausbau der „Theorie" (RM). Die Mengen D und W unseres Einführungsbeispiels sind Teilmengen von Größenbereichen. Wir beginnen mit dem allgemeinen Fall, bei dem D und W verschieden sind, und behandeln dann Abbildungen eines Größenbereichs auf sich.

Ein einfaches Beispiel aus dem Warenkauf wird gründlich durchgearbeitet. Entscheidend ist die Aktivierung des Vorwissens und der Vorerfahrungen aus dem Mathematikunterricht und aus der Lebenswirklichkeit. Die folgenden reproduzierten Schulbuchseiten (Bild B16) zeigen eine Möglichkeit, *proportionale Funktionen* so aufzubereiten, daß eine für Anwendungen wie für die Behandlung weiterer Funktionstypen tragfähige Basis entsteht.

Funktionen zwischen Größenbereichen

Direkte Proportionalität

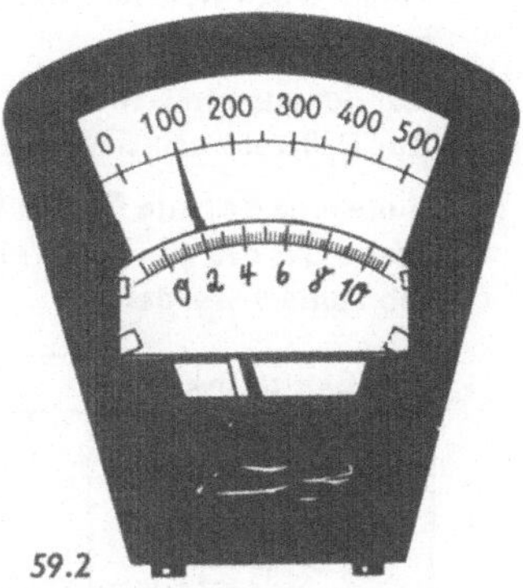

Funktionen mit quotientengleichen Elementenpaaren finden in vielen Bereichen des täglichen Lebens, der Wirtschaft und der Naturwissenschaften Anwendung. Dann sind die Paare jedoch keine Zahlen-, sondern Größenpaare. Größen sind dir bekannt. Es gibt einfache und zusammengesetzte Größen; z. B. 3 h oder 56 $\frac{km}{h}$. Nenne weitere Beispiele.

Ein Metzger verkauft Schinken. 100 g kosten 2 DM. Um nicht jedesmal den Preis ausrechnen zu müssen, fertigt sich der Metzger einen Papierstreifen an, auf dem die entsprechenden Preise eingetragen sind.

59.2

a) Durch den Zeiger der Waage wird jedem Gewicht des Schinkens genau ein Preis zugeordnet (Abb. 59.2); z. B. 100 g $\longmapsto$ 2 DM

oder: 0,1 kg $\longmapsto$ 2 DM

f = {(0 kg/0 DM), (0,1 kg/2 DM), (0,2 kg/4 DM), (0,3 kg/6 DM), (0,4 kg/8 DM), (0,5 kg/10 DM)} ist also eine Funktion von der Definitionsmenge der angegebenen Gewichte (in kg) nach der Zielmenge der Geldbeträge (in DM) (vergleiche Abb. 60.1–60.3). Weshalb gehört das Größenpaar (0 kg/0 DM) zu f? Begründe!

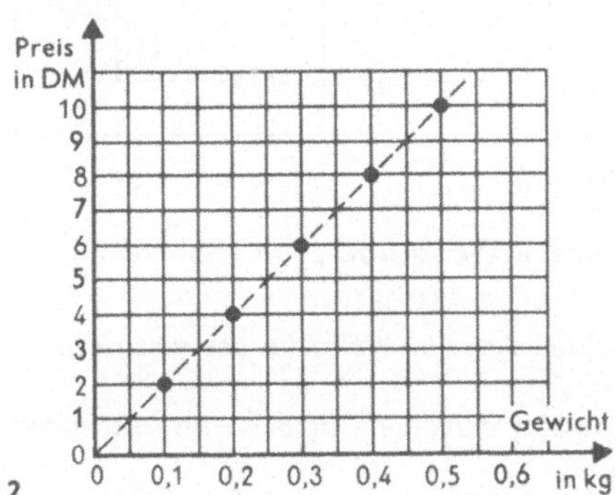

60.2

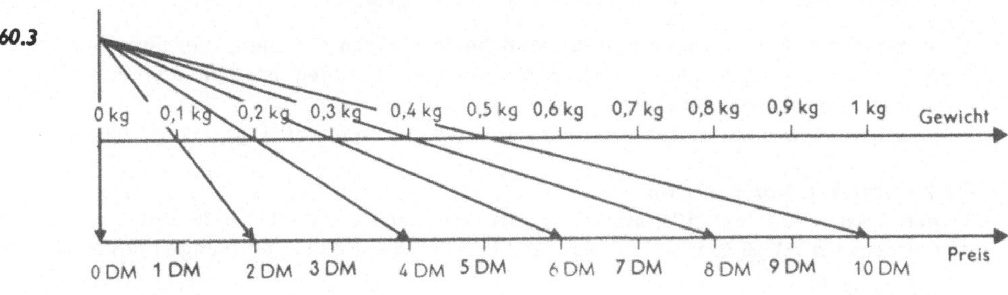

60.3

Bild B16 [41, 7B, S. 59—63]

b) Nun wollen wir überlegen, wie man den Papierstreifen der Abb. 59.2 anfertigen kann. Dazu hat der Metzger zuvor die Preise in einer Tabelle berechnet (Abb. 61.1). Er wußte:

Zur *Summe von Gewichten* des Schinkens gehört die *Summe der entsprechenden Preise.*
Zur *Differenz von Gewichten* des Schinkens gehört die *Differenz der entsprechenden Preise.*

Stelle eine Tabelle für die Gewichte 0,0 kg, 0,1 kg, 0,2 kg, . . ., 1 kg auf und berechne die Preise auf die gleiche Weise. Gib jeweils an, welche Größen addiert oder voneinander subtrahiert werden.

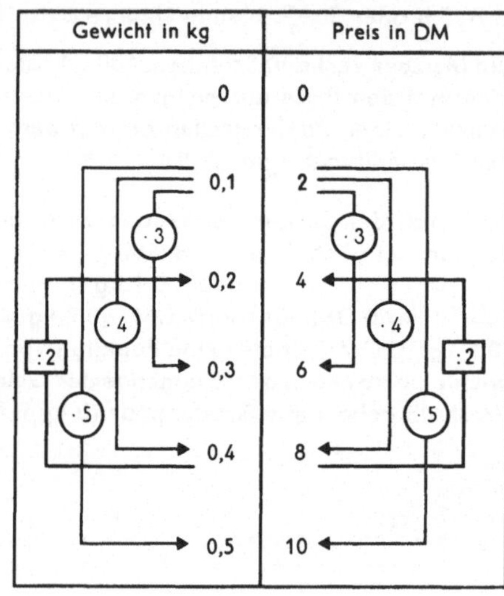

61.1   61.2

c) Die Frau des Metzgers hat die Preise auf andere Weise überprüft (Abb. 61.2). Sie wußte:

Zum *Vielfachen eines Gewichtes* des Schinkens gehört *dasselbe Vielfache des entsprechenden Preises.*
Zu einem *Teil eines Gewichtes* des Schinkens gehört *derselbe Teil des entsprechenden Preises.*

Stelle eine Tabelle auf für die Gewichte 0 kg, 0,05 kg, 0,10 kg, 0,15 kg, . . ., 0,45 kg. Berechne die Preise auf die gleiche Weise. Gib die jeweiligen Operatoren an.
Zeichne zu dieser erweiterten Funktion f′ ein Nomogramm.

d) In modernen Fleischereien benutzt man heute vielfach Waagen, die Gewicht und Preis zugleich anzeigen (Abb. 62.1). Auf derartigen Waagen braucht man nur den jeweiligen *Einheitspreis* einzustellen.
Der Metzger muß dazu ausrechnen, wieviel DM für 1 kg (= 1000 g) des Schinkens zu zahlen sind. Er geht davon aus:
0,1 kg Schinken kostet 2 DM.
Wegen 1 kg = 0,1 kg · 10 kostet 1 kg des Schinkens 2 DM · 10 = 20 DM.
Wie du sehen wirst, ist es zweckmäßig, den Einheitspreis wie auf der Waage in Abb. 62.1

Bild B16 Fortsetzung

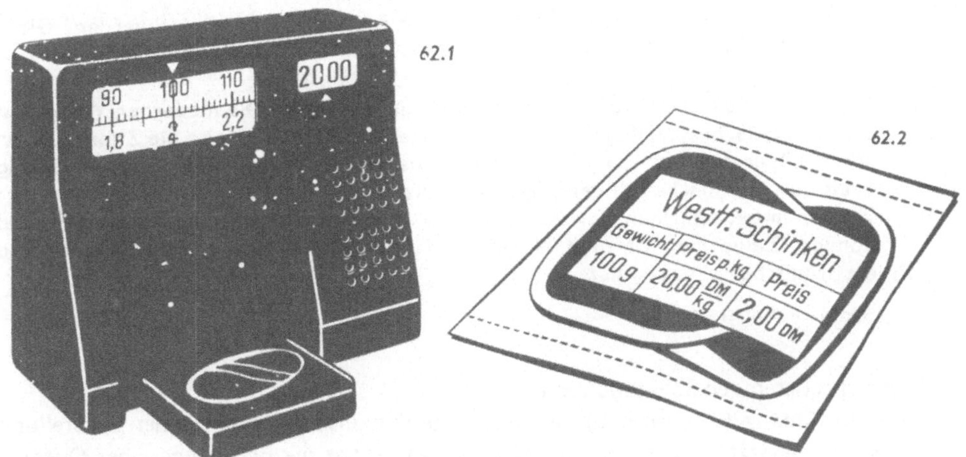

mit 20 $\frac{DM}{kg}$ anzugeben. Du mußt allerdings beachten, daß der Einheitspreis kein „richtiger" Preis ist; Preise sind Geldbeträge, sie werden in DM oder in einer anderen Währung angegeben. Der Einheitspreis ist eine neue zusammengesetzte Größe.

Die Benennung $\frac{DM}{kg}$ setzt sich aus den Benennungen der Größen der beiden Größenbereiche zusammen. Dem Einheitspreis entnimmt man sofort, wieviel DM für 1 kg des Schinkens zu zahlen sind. Man sagt auch: Der Schinken kostet 20 DM pro kg.

Bei abgepackten Waren ist meist außer dem Preis der Packung auch der Einheitspreis angegeben (vergleiche Abb. 62.2).

Zu der Größe $E = 20 \frac{DM}{kg}$ kann man auch durch eine Division der Größen eines Größenpaares kommen, und zwar so:

$$(0,1 \text{ kg}/2 \text{ DM}) \in f: E = \frac{2 \text{ DM}}{0,1 \text{ kg}} = \frac{20 \text{ DM}}{1 \text{ kg}} = \frac{20 \cdot (1 \text{ DM})}{1 \cdot (1 \text{ kg})} = 20 \cdot \left(\frac{1 \text{ DM}}{1 \text{ kg}}\right) = 20 \cdot \left(1 \frac{DM}{kg}\right) = 20 \frac{DM}{kg}$$

Man kann auch von anderen Größenpaaren der Funktion f ausgehen.

e) Die Funktion hat also die Zuordnungsvorschrift $x \longmapsto x \cdot 20 \frac{DM}{kg}$. Jetzt ist auch ersichtlich, weshalb der Einheitspreis die Benennung $\frac{DM}{kg}$ haben muß, denn z. B. für $(0,3 \text{ kg}/6 \text{ DM}) \in f$ ist:

$$0,3 \text{ kg} \quad \longmapsto \quad 6 \text{ DM}$$
$$0,3 \text{ kg} \quad \cdot 20 \text{ DM/kg} \quad 6 \text{ DM}$$
$$0,3 \text{ kg} \quad \longmapsto \quad 0,3 \text{ kg} \cdot 20 \text{ DM/kg}$$

$0,3 \text{ kg} \cdot 20 \frac{DM}{kg} = 0,3 \cdot (1 \text{ kg}) \cdot 20 \cdot \left(1 \frac{DM}{kg}\right)$
$= (0,3 \cdot 20) \cdot \left(1 \text{ kg} \cdot \frac{1 \text{ DM}}{1 \text{ kg}}\right)$
$= 6 \cdot (1 \text{ DM}) = 6 \text{ DM}$

Fülle die Tabelle aus. Mach dir jeweils klar, welche Benennung die zugeordnete Größe haben muß.

Gewicht	Preis
$X \longmapsto$	$X \cdot 20 \frac{DM}{kg}$
0 kg $\longmapsto$	
0,1 kg $\longmapsto$	
0,2 kg $\longmapsto$	
0,3 kg $\longmapsto$	$0,3 \text{ kg} \cdot 20 \frac{DM}{kg} = 6 \text{ DM}$
0,4 kg $\longmapsto$	
0,5 kg $\longmapsto$	

f) Berechne auf die gleiche Weise mit Hilfe der Zuordnungsvorschrift die Preise für 0,000 kg, 0,025 kg, 0,050 kg, 0,075 kg, 0,100 kg, 0,125 kg, . . ., 0,450 kg, 0,475 kg, 0,500 kg.

Bild B 16 Fortsetzung

∇ g) Wieviel DM (Pf) müssen für 1 kg bzw. 1 g des Schinkens bezahlt werden? Gib den
Einheitspreis in $\frac{DM}{g}$, $\frac{Pf}{g}$, $\frac{Pf}{kg}$ an.

In unserem Beispiel waren die Operatoren Einheitspreise. Die modernen Waagen sind
Elektronik-Rechner. Gibt man den Einheitspreis ein – legt man also die Zuordnungsvorschrift (Operator) fest – so gibt die Waage das Gewicht an und rechnet den zugehörigen
Preis aus. Vergleiche mit den logarithmischen Skalen, auf denen auch Funktionen mit
Zuordnungsvorschriften der Art $x \longmapsto x \cdot a$ ($a \in \mathbb{B}$; $a \neq 0$) dargestellt werden
können. Zeige die Vor- und Nachteile der logarithmischen Skalen gegenüber den
$\triangle$ elektronischen Waagen auf.

Bild B 16 Fortsetzung

Wir interpretieren den Schulbuchtext:
Gleich zu Anfang (Abschnitt a)) wird das Zusammenspiel verschiedener Darstellungen
methodisch genutzt. Der Zeiger der Neigungswaage hat die Bedeutung eines Operators,
der auf mechanische Weise die funktionale Zuordnung vornimmt, hier aber mathematisch
noch nicht beschreibbar ist. Zugehörige Werte werden abgelesen, als Paarmenge notiert
und in ein Pfeildiagramm (nicht reproduziert) übersetzt. Jetzt stellen wir die Elemente der
Paarmenge als Punkte in einem Koordinatensystem dar. Das Nomogramm, nicht als
graphische Rechentafel oder als Hinführung zum graphischen Rechnen gedacht, soll den
Zusammenhang, die arithmetisch noch zu formulierende Gesetzmäßigkeit (Zuordnungsvorschrift) in geometrischer Weise ausdrücken.
Mit b) beginnt die Analyse der Funktion, die zum Auffinden ihrer Eigenschaften führen
soll. Die Funktionstabelle wird untersucht. Es geht darum, die beim Einkauf üblichen
Rechnungen unter dem Funktionsaspekt zu reflektieren, bewußt zu machen, also die Veränderungen der Bildgrößen auf Veränderungen der Originalgrößen zu beziehen. Die Schüler sollen hier erkennen, daß die Addition und die Vervielfachung von Größen die Addition bzw. Vervielfachung der zugehörigen Bildgrößen bedingt (und umgekehrt).[8]
Solche Reflexionen und Analysen reichen weit über das hier gesteckte Nahziel hinaus. Die
Schüler sollen lernen, wie man sich komplexere Situationen gedanklich erschließen kann,
und sich daran gewöhnen, längere Zeit bei ein und demselben Problem zu verweilen. Das
Erreichen dieser Ziele wäre gewiß ein wesentlicher Beitrag zur Fähigkeit, Mathematik
anzuwenden.
Zur Fortsetzung und Auswertung der Analyse wird ein zweites Operatormodell benötigt.
In d) führen wir eine elektronisch arbeitende Waage ein, deren Wirkungsweise wir mathematisch beschreiben wollen. Dabei werden die Größen, die in den einzelnen Spalten der
Funktionstabelle nach Größenbereichen getrennt aufgelistet sind, „zusammengebracht".
Haben wir bisher in den einzelnen Größenbereichen gerechnet, so soll jetzt eine Rechen-
vorschrift entwickelt werden, die diese Isolierung aufhebt. In dieser Forderung ist die
tiefergehende Frage nach einer anderen (einfacheren) Beschreibung und Charakterisierung
der durch die Sachsituation festgelegten Abbildung eines Größenbereichs auf einen anderen enthalten. Die Erarbeitung des „Funktionsoperators" (nach dem wir in a) fragten),
der Zuordnungsvorschrift und der Quotientengleichheit erfolgt über den „Einheitspreis".
Dieses im täglichen Leben gebräuchliche Wort wird hier übernommen, präzisiert und für
Rechnungen verfügbar gemacht. Sinnfälligen Ausdruck finden die Paare zusammenge-
höriger Größen mit dem Einheitspreis in den Aufschriften abgepackter Waren.

Bei der Bestimmung des Einheitspreises lernt der Schüler, daß man durch (formale) Division zweier Größen aus verschiedenen Größenbereichen zu einer neuen Größe gelangt, deren Einheit sich aus den Einheiten der ursprünglichen Größen zusammensetzt. Die Behandlung dieser „Division" im Mathematikunterricht zahlt sich auch im Physikunterricht aus.

Bisher hat der Schüler vornehmlich Größen in einem Größenbereich addiert, nach der Kleinerrelation verglichen, sie mit positiven rationalen Zahlen multipliziert. Bei der Flächeninhaltsberechnung von Rechtecken hat er aber bereits zwei Größen eines Bereiches miteinander multipliziert, was ihn aus dem Bereich herausführte. Jetzt soll er die Erfahrung machen, daß es ebenso vernünftig sein kann, Größen aus „ganz verschiedenen" Bereichen durcheinander zu dividieren (und miteinander zu multiplizieren).[9] Solche „Verknüpfungen" sind kaum schwerer verständlich als etwa die „Herleitung" [34, S. 55—56] von 7 m · 3 m = 21 m². Wir schließen an die bekannte Vereinbarung über die Angabe des „Preises" (abgepackte Ware) an. Wie läßt sich der Betrag berechnen, der einem Standardgewicht der betreffenden Ware (z. B. 1 kg) entspricht, wenn man etwa 100 g davon für 2,00 DM gekauft hat. Man probiert es auf verschiedene Weise und stellt fest, daß der einfachste Weg über die Division führt. Dabei erhält man eine Größe aus einem ganz anderen Bereich, deren Einheit sich aus den Einheiten der ursprünglichen Größen zusammensetzt.[10] In einem weiteren Schritt muß sich unser Handeln bewähren; es ist zwar formal möglich, zwei beliebige Größen durcheinander zu dividieren, aber nicht immer ist das sinnvoll.[11] Die neue Größe mit der Einheit $\frac{DM}{kg}$ ist anschaulich deutbar, sie beschreibt einen realen Sachverhalt und vermittelt zwischen zwei Größenbereichen. Jetz wird die Quotientengleichheit erarbeitet und dabei die Mittlerrolle des Funktionsoperatcrs zwischen den beiden Größenbereichen herausgestellt. Man kann eine Größe aus dem Definitionsbereich mit der neuen Größe nach den „Regeln der Bruchrechnung" multiplizieren und erhält den zugehörigen Funktionswert. Damit ist es gelungen, Sprechweisen wie 7 DM pro Kilogramm („Kilopreis") oder 3,5 t pro Monat oder 45 km in der Stunde („Stundenkilometer") rechnerisch verfügbar zu machen, sie also als Bestandteile in ein Modell zu übernehmen.

Die Zuordnungsvorschrift e) mit der Proportionalitätskonstanten ist eine „verfeinerte" Kennzeichnung der Funktion, die in ersten Aufgaben erprobt wird (f), bevor man in die Übungsphase eintritt. Besondere Beachtung gilt der Funktionsgleichung y = a · x (später $y = \frac{a}{x}$), da die Schüler mit Funktionsgleichungen bisher kaum gearbeitet haben.

Als Zusammenfassung, als Ausformulierung der Arbeitsergebnisse, erhält man die „Definition" der direkten Proportionalität und eine Beschreibung ihrer Eigenschaften. Letztere kommen Kriterien gleich, die in vorliegenden Situationen zur Entscheidungsfindung beitragen, ob eine direkte Proportionalität den zu untersuchenden Sachverhalt modellieren kann (soll) oder nicht. Natürlich brauchen im Unterricht nicht alle genannten Eigenschaften behandelt zu werden. Keineswegs ist ein Auswendiglernen in formalisierter Form sinnvoll.

An weiteren Sachverhalten muß nun mit den Eigenschaften proportionaler Funktionen gearbeitet werden. Die Behandlung physikalischer Gesetzmäßigkeiten[12] (z. B. Ausdehnung einer Feder in Abhängigkeit von dem anhängenden Gewicht: Hookesches Gesetz)

3. Fünf Autos durchfahren mit unterschiedlichen Durchschnittsgeschwindigkeiten eine längere Strecke:

Auto	A	B	C	D	E
benötigte Zeit	15 h	12 h	10 h	7,5 h	6 h
Geschwindigkeit	40 $\frac{km}{h}$	50 $\frac{km}{h}$	60 $\frac{km}{h}$	80 $\frac{km}{h}$	100 $\frac{km}{h}$

a) Lassen sich entsprechende einander zugeordnete Größen addieren oder voneinander subtrahieren? Begründe!
b) Sind die Größenpaare produktgleich?
c) Gib die Einheitsgröße und die Zuordnungsvorschrift an. Worüber gibt die Einheitsgröße Auskunft?
d) Stelle die Funktion im Koordinatensystem dar.

21. Klaus bastelt ein Holzhaus. Es soll $\frac{1}{2}$ ($\frac{2}{3}$) mal so groß werden wie das Puppenhaus seiner Schwester (Abb. 72.1).
a) Liegt dieser Aufgabe eine direkt proportionale Funktion zugrunde? Begründe!
b) Welche Maße hat das Holzhaus? Fülle die Tabelle in Abb. 72.2 aus.

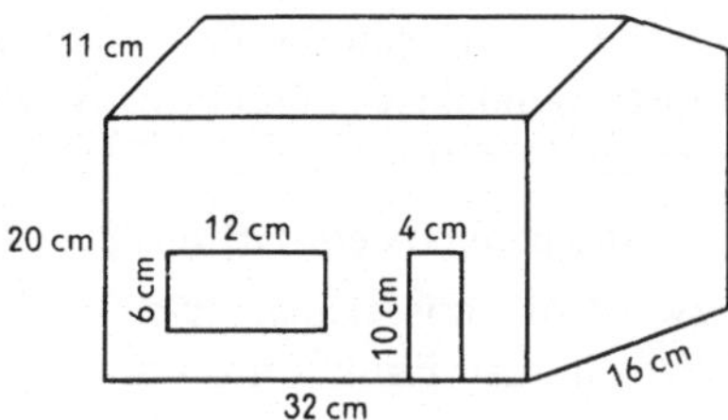

72.1

	Puppen-haus	Holz-haus
Länge	32 cm	
Breite	16 cm	
Höhe	20 cm	
Fensterlänge	12 cm	
Fensterbreite	6 cm	
Türhöhe	10 cm	
Türbreite	4 cm	
Dach	11 cm	

72.2

22. Drei Autos legen in einer bestimmten Zeit verschiedene Strecken zurück (Abb. 72.3). Wie lautet die jeweilige Einheitsgröße? Welches Auto ist am schnellsten?

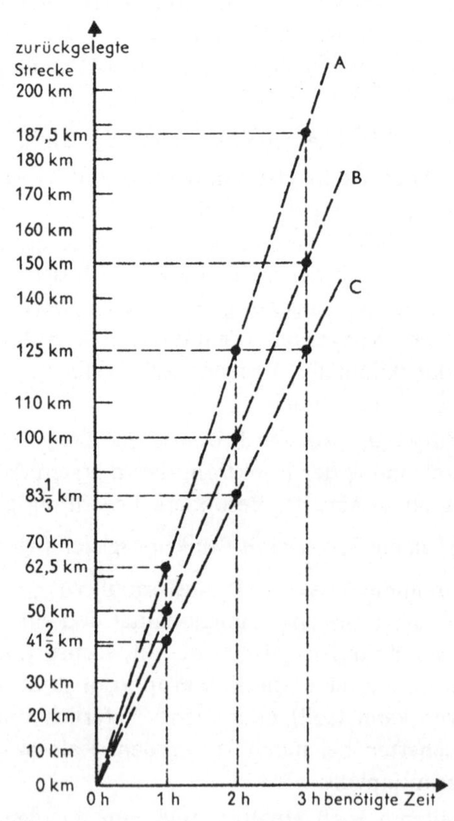

72.3

Bild B17 [41, 7B, S. 72 u. S. 82]

23. Die verbrauchte Strommenge wird in Kilowattstunden (kW · h) berechnet. Der Strom-
preis beträgt $12\frac{Pf}{kW \cdot h}$.
   a) Wieviel DM kosten 310 kW · h, 410 kW · h, 5600 kW · h?
   b) Ein elektrisches Heizgerät benötigt in 1 Stunde 2000 Watt oder 2 kW (Kilowatt).
   Die verbrauchte Strommenge beträgt also 2 kW · h.
   Wieviel DM kostet es, wenn das Gerät 2, 4, 7 Stunden in Betrieb ist?

Bild B 17 Fortsetzung

dient nicht nur der Verzahnung von Mathematik- und Physikunterricht; das sind ganz
ausgezeichnete Beispiele für die Anwendung von Mathematik im Mathematikunterricht.

Die Erarbeitung der *umgekehrt proportionalen Funktion* sollte analog durchgeführt werden [41, 7B, S. 73 ff.]. Zu beachten ist jedoch, daß man bei den einzelnen Eigenschaften die inhaltlichen Unterschiede zur proportionalen Funktion herausstellt.

Das Aufgabenmaterial von Bild B17 zeigt „*Anwendungen*", die nicht einfach formal gerechnet werden können, sondern durchzuarbeiten sind. Sie bauen den behandelten Stoff
weiter aus. Aufgabe 21 führt zu Proportionen in *einem* Größenbereich, der Operator ist
ein Zahloperator. In Aufgabe 22 wird auf die Steigung der Geraden in Abhängigkeit von
der Proportionalitätskonstanten durch die Koordinatenpaare aufmerksam gemacht.[13]
Funktion und Umkehrfunktion treten in Aufgabe 23 auf. Bei Aufgabe 3 handelt es sich
um eine umgekehrte Proportionalität.

Durch die Merkmale der direkten und umgekehrten Proportionalität hat der Schüler
Strukturen kennengelernt, die auf sehr verschiedene Sachverhalte „passen". Daher ist zu
beachten, daß er immer wieder mit (nicht-trivialen) Sachaufgaben konfrontiert wird, die
mit diesen Funktionen nicht (oder nur teilweise) beschreibbar sind. Die Gefahr einer
Fixierung auf die beiden behandelten Funktionen ist in unserer Konzeption jedoch
gering, da wir in die vorhergehenden Phasen ständig sehr verschiedene Funktionen eingebracht haben. Zwei Beispiele schließen wir zur Erläuterung an.

Dem Schulbuch von Winter und Ziegler ist die Darstellung einer Wanderung (Bild B18)
entnommen. Die Schüler erkennen daran sehr gut, daß eine Rechnung nur sinnvoll ist,
wenn ein gesetzmäßig erfaßbarer Zusammenhang besteht, der der Rechnung zugrundege-
legt werden kann. Ist das im täglichen Leben die Regel oder die Ausnahme?!

Dies ist das zweite Beispiel[14]: Die Mineralölfirmen stellen ihren Kunden eine Darstellung
für die Funktion h ↦ V zur Verfügung, wobei die Höhe h den in cm gemessenen Ölstand
in einem 1000 l, 1500 l, 2000 l fassenden Tank meint und V das noch zur Verfügung
stehende Öl in l angibt. Vier Skalen sind auf einer Scheibe kreisförmig angeordnet. Über
dieser Scheibe ist eine weitere Scheibe mit 4 Fenstern drehbar angebracht. Die Fenster
können als Platzhalter gedeutet werden, einer für die Elemente des Definitonsbereichs,
drei für die Elemente der verschiedenen Wertebereiche. Bringt man nun den in seinem
Tank gemessenen Ölstand von z. B. 70 cm in das vorgesehene Fenster, so erscheint für den
1 500-l-Tank der Inhalt 638 l (Maschinendarstellung). — Handelt es sich um direkte
Proportionalitäten? Zeichne den Graphen der durch Wertepaare gegebenen Funktion.
Welche Form muß ein Öltank haben, damit die Funktion h ↦ V eine Proportionalität ist?

1. Beispiel

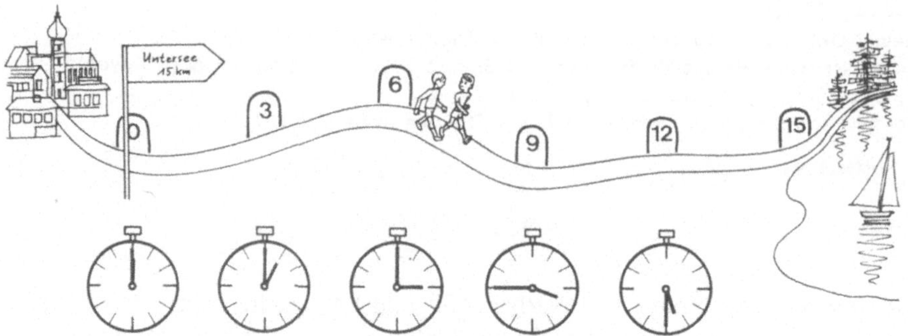

Klaus und Axel wandern zum Untersee. Beschreibe das Bild. Wie weit sind die Jungen in 3 Stunden gekommen? Wie lange brauchen sie für 12 Kilometer? Wann werden sie am Ziel sein?

Es kommt in dem Bild nur auf die Kilometersteine und die Uhren an. Wir zeichnen:

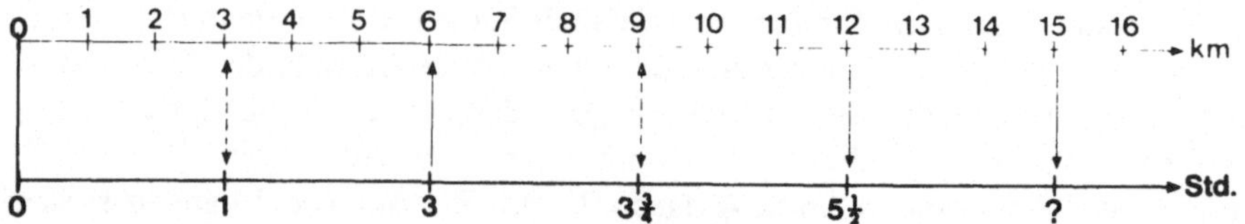

Die Stunden sind nicht gleichmäßig auf die Kilometer verteilt. Man kann deshalb nicht berechnen, wann Klaus und Axel den Untersee erreichen.

Bild B18 [132, Bd. 6, S. 169]

Die bisherigen Lerninhalte unserer Unterrichtsplanung erfassen die „traditionelle Dreisatzrechnung", in deren Aufgaben drei Größen gegeben sind und eine Größe zu bestimmen ist. Der Rechenunterricht, insbesondere der Volksschule, hat versucht, in der „Dreisatzlehre" eine weitgehend schematisch anzuwendende Fallunterscheidung zu vermitteln. Auch mit immer raffinierteren methodischen „Tricks" war jedoch kein zufriedenstellender Lernerfolg zu erreichen. Eine Verbesserung sollte vielmehr in der entgegengesetzten Richtung gesucht werden: in der Vereinfachung durch Vereinheitlichung. Die „Schlußweisen" des Dreisatzes müssen als das gelehrt werden, was sie mathematisch sind; d. h. worauf sie sich gründen, nämlich auf die Eigenschaften proportionaler Funktionen kommt es an. Darin zeigt sich die Bedeutung einer Zentrierung auf einige wenige Begriffe, insbesondere für die AM. Gewiß sind auch die Funktionsgleichungen $y = a \cdot x$ und $y = \frac{a}{x}$ „Schemata"; aber solche, die verallgemeinerungsfähig sind und einen mathematischen Begriff verfügbar machen, der Grundlage für weitere Modellierungen ist.

Für die Dreisatzrechnung typische Aufgaben sind bereits in den vorhergehenden Phasen unserer UE behandelt. Trotzdem ist ein eigener kurzer Abschnitt darüber zu empfehlen.

Während es uns bisher vornehmlich um die Erarbeitung der Funktionen $x \mapsto ax$ und $x \mapsto \frac{a}{x}$ ging, liegt der Akzent jetzt auf einem Typ von Sachaufgaben, die im „täglichen Leben", in Physik, Chemie usw. wiederholt auftreten. Dabei handelt es sich um die Errechnung eines (Einzel)wertes, der einem vorgegebenen Wert durch einen vom Schüler zu errechnenden „Operator" zugeordnet wird. Dieser Einzelwert ist mit den drei anderen Größen in einem proportionalen Zusammenhang einbettbar.

An den Anfang der Unterrichtsreihe stellen wir plakativ die Aussage: Sonderangebot — 100 g Mocca nur DM 2,—. Damit ist die Wiederholung der Eigenschaften der Proportion eingeleitet, aus denen sich zwei Lösungswege für Sachaufgaben ergeben. Zunächst werden der Quotient aus zwei gegebenen einander zugeordneten Größen und der gesuchte Wert über eine Größenmultiplikation ermittelt. Die beiden Paare gehören zu einer den Sachverhalt modellierenden Funktion, für die der errechnete Quotient Proportionalitätskonstante ist. Die Verkäuferin kann leicht zu jedem beliebigen Gewicht den zugehörigen Preis ausrechnen. — Interessiert man sich nur für einen einzigen Preis, so bietet sich der zweite Lösungsweg an. Dieser benutzt den Zuordnungsgedanken bei Verwendung von Zahloperatoren. Das Einheitsgrößenpaar erscheint nicht als Quotient. Rechnungen werden in ein- und demselben Größenbereich (Tabellenspalte) durchgeführt und eventuelle Rechenvorteile durch geschickte Wahl der Operatoren eingebracht. Auf das Zwischengrößenpaar kann man durch Verwendung eines Bruchoperators (Verkettung zweier Operatoren, wie aus der Klasse 6 bekannt) verzichten. Bild B19 stellt beide Verfahren übersichtlich gegenüber. Es eignet sich als Diskussionsgrundlage für einen Vergleich (Gemeinsamkeiten, Unterschiede, Vor- und Nachteile).

Analog wird der „umgekehrte Dreisatz" behandelt. In beiden Fällen ist die Anzahl der Aufgaben sinnvoll zu begrenzen.

d) Vergleiche Elkes Rechnung mit Mutters Rechenweg. Gibt es Gemeinsamkeiten? Welche Unterschiede stellst du fest?
Offensichtlich entsprechen sich beide Rechenwege.

Elke bestimmt mit Hilfe des gegebenen Größenpaares die Proportionalitätskonstante (Einheitsgröße) E:	Mutter schließt vom gegebenen Größenpaar auf das Einheitsgrößenpaar:
$E = \frac{2\,DM}{100\,g} = 0{,}02\,\frac{DM}{g}$	$1\,g = 100\,g : 100 \qquad 2\,DM : 100 = 0{,}02\,DM$
Mit Hilfe der Zuordnungsvorschrift berechnet sie den gesuchten Preis:	Mit Hilfe des Einheitsgrößenpaares berechnet sie den gesuchten Preis:
$250\,g \longmapsto 250\,g \cdot 0{,}02\,\frac{DM}{g}\ (= 5\,DM)$	$250\,g = 1\,g \cdot 250 \qquad 0{,}02\,DM \cdot 250 = 5\,DM$
Elke wendet einen *Größenoperator* E an und führt die Rechenoperationen mit Größen beider Größenbereiche *zugleich* aus.	Mutter wendet *Zahlenoperatoren* an und führt dieselben Rechenoperationen in beiden Größenbereichen *parallel* aus.

Mutters Rechenverfahren heißt direkter Dreisatz. Warum wohl?

Bild B19 [41, 7B, S. 87]

Der Anwendungsradius der behandelten Begriffe und Verfahren wird thematisch vergrößert durch Einbeziehen von weiterem im täglichen Leben und in anderen Fächern üblichen und bewährten Vokabular. Dabei macht man deutlich, daß die Vorgehensweise im Modell sich nach mathematischen Gesetzen richtet, logisch stringent ist, daß aber im Sachbereich Verabredungen getroffen sind, gesellschaftliche Konventionen sich ausgebildet haben oder (etwa beim Verkauf von Waren) Einzelpersonen (Händler) von Voraussetzungen ausgehen, die sich logischen Gesetzen nicht fügen. Die „Schluß"rechnung vollzieht sich in der Dreisatzstruktur des Modells und nicht im Sachbereich.

In außermathematischen Situationen verwendet man gelegentlich das Wort „*Verhältnis*". Z. B. spricht man von Wohnverhältnissen in bestimmten Stadtteilen; von Torverhältnissen; von sozialen Verhältnissen; von Mischungsverhältnissen; von guten und veränderten Verhältnissen; von einem Beweis, der verhältnismäßig schwer war; — und will damit (durch eine Situation aufeinander Bezogenes) vergleichen, auch wenn nicht explizit das Bezugsobjekt dabei genannt wird. (Man beachte noch die Sprechweise: das soziale „Verhalten" eines Menschen.) Den quantitativen Vergleich von Paaren von Objekten drückt man aus durch die Wendung „sich (zueinander) verhalten wie".[15]) Solche „Verhältnisse" sind für die AM interessant. Die Schüler sollen lernen, mit diesem Sprachgebrauch dargestellte Situationen daraufhin zu befragen, ob sie sich vernünftig mathematisieren lassen, und gegebenenfalls, ob sich das Modell der proportionalen Funktion dafür eignet. — Soll man diesen Sprachgebrauch aber präzisieren im Sinne einer mathematischen Begriffsbildung? In neueren didaktischen Veröffentlichungen wurde wiederholt ([132, Bd. 6], [119, S. 155 ff.]) versucht, die Verhältnisrechnung des traditionellen Rechen-/Mathematikunterrichts [47] zu verbessern, um sie für die Lösung von Dreisatz- und Prozentaufgaben verfügbar zu haben und die proportionalen Funktionen vorzubereiten. Dazu wird die Verhältniszahl[16]) als weiterer „Aspekt der Bruchzahl" (neben dem Operator- und Zustands- „Modell") thematisiert.

Das Verhältnis a : b ist begrifflich ein Quotient oder eine Bruchzahl (manchmal als Proportionalitätskonstante deutbar) und für sich genommen wenig attraktiv. Es muß ein zweites Paar von Zahlen (oder Größen) hinzukommen, mit dem verglichen wird. Die Verhältnisgleichheit (als Äquivalenzrelation in $\mathbb{N} \times \mathbb{N}$) aber veranlaßt den Ausbau einer Theorie, die das Umgehen mit Verhältnisgleichungen, den Übergang zur Produktgleichung usw. zum Inhalt hat. Die „Verhältnisrechnung" ist ein schwieriges Unterrichtsthema geblieben, das fängt schon bei der Motivation an. Es ist zudem kritisch zu fragen, ob nicht das zusätzliche dritte „Modell" das Verständnis für die Bruchzahlen (in oder kurz nach der Einführungsphase) eher behindert. Als Alternative zu den zitierten Vorschlägen bietet sich an, die Präzisierung des Verhältnisbegriffs und den Aufbau der Theorie, eben den gesamten Begriffsapparat der Verhältnisrechnung, in den Bereich der RM und folglich in die Geometrie der Klassen 9/10 zu verlegen. Mit den Merkmalen der proportionalen Funktion kann man die in Verhältnis stehenden Daten einer außermathematischen Situation mit Quotientengleichheit und Proportionalitätskonstante beschreiben. „Verhältnis" ist dann kein mathematischer Terminus, wohl aber wird in den Klassen 7/8 reichlich Erfahrungsmaterial für eine spätere Behandlung erworben.

So gibt etwa der Maßstab von Zeichnungen oder Karten das „Verhältnis" zwischen Karten- und Reallänge an: Die Länge einer bestimmten Strecke auf der Karte verhält sich zur Länge der „wirklichen Strecke" wie 1 cm zu 1 000 000 cm. Davon kann man im Unterricht ausgehen. Ein Ausschnitt aus einer Wanderkarte, auf der geplante Wanderungen durch Streckenzüge eingezeichnet sind, bietet zahlreiche Möglichkeiten für motivierende Aufgaben. Eine Auswertung zeigt Bild B20.

Wir sagen auch: Eine bekannte Kartenlänge *verhält sich* zu der zugehörigen Reallänge
wie 1 cm zu 100 000 cm. Dieses **Verhältnis** können wir benutzen, um andere Größenpaare zu bestimmen.
Offensichtlich muß dem Dreifachen einer bestimmten Kartenlänge auch das Dreifache
der zugehörigen Reallänge entsprechen; der halben Kartenlänge die halbe Reallänge;
der Summe von Kartenlängen die Summe der zugehörigen Reallängen; der Differenz
von Kartenlängen die Differenz der Reallängen (Abb. 97.2).

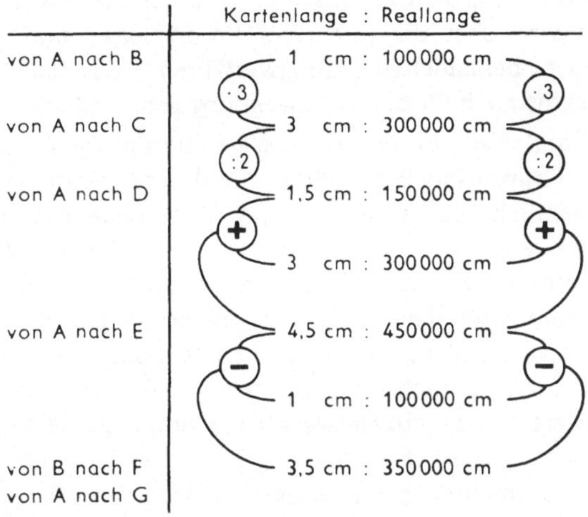

97.2

Diese Eigenschaften hast du bereits in einem anderen Zusammenhang kennengelernt.
Weißt du, wie man die Karte in Abb. 97.1 herstellt?
Der Reallänge 100 000 cm soll als Kartenlänge $\frac{1}{100\,000}$ von 100 000 cm entsprechen. Der
Reallänge 300 000 cm muß dann als Kartenlänge $\frac{1}{100\,000}$ von 300 000 cm zugeordnet
werden. Kurz: $100\,000 \text{ cm} \longmapsto \frac{1}{100\,000} \cdot 100\,000 \text{ cm}$
$\phantom{\text{Kurz: }}300\,000 \text{ cm} \longmapsto \frac{1}{100\,000} \cdot 300\,000 \text{ cm}$

Bei der Herstellung der Karte im Maßstab 1 : 100 000 werden also alle Reallängen so
verkleinert, daß eine Kartenlänge gerade das $\frac{1}{100\,000}$ der zugehörigen Reallänge ist.
Die Zuordnungsvorschrift $X \longmapsto \frac{1}{100\,000} \cdot X$ regelt also die „Übersetzung" der
Reallängen in die Kartenlängen.
Ähnliche Zuordnungsvorschriften hast du schon bei direkten Proportionalitäten kennengelernt. Überprüfe die Größenpaare auf Quotientengleichheit. Gib die Einheitsgröße an
und vergleiche sie mit der Maßstabsbezeichnung. Du erkennst: Der Maßstab gibt ein
Verhältnis zwischen Kartenlänge und Reallänge an. Dieses Verhältnis kann offensicht-
lich als Proportionalitätskonstante aufgefaßt werden (vergleiche Seite 77).

Obgleich wir mit Größen arbeiten, ist diese Proportionalitätskonstante selbst aber keine
Größe. Warum?

Bild B20 [41, 7B, S. 97—98]

Über das Aufsuchen bekannter Eigenschaften wird der Bezug zu dem vorher behandelten
Stoff aufgezeigt. Das „Verhältnis zweier Längen" stellt sich als Quotient oder als Bruch
heraus, die Verhältnisgleichheit ganz selbstverständlich als Quotientengleichheit. Unter
dem Aspekt der Funktion ist der Maßstab die Proportionalitätskonstante. Sie ist eine

Zahl, keine Größe. Hier zeigt sich erneut, wie wichtig es ist, in der „Funktionenlehre" nebeneinander mit Zahlen und Größen zu arbeiten. Abbildungen eines Größenbereichs auf sich, bereits zur Einführung der Bruchzahlen in Klasse 6 verwendet, erweisen sich jetzt als wichtige Sonderfälle. Das wird im folgenden bestätigt.

Durch das Einbeziehen von „Prozentsatz", „Grundwert" und „Prozentwert" lernen die Schüler Situationen zu mathematisieren, die in vielen Bereichen, vor allem in der Wirtschaft, von großer Bedeutung sind. Mathematisch beherrschen die Schüler die *Prozentrechnung* mit ihren Kenntnissen über die (direkten) Proportionen und die umgekehrten Proportionen und den zuvor behandelten Lösungsverfahren. Sie sollen nun erkennen, daß und wie der Funktionsbegriff auch für dieses Anwendungsgebiet genutzt werden kann.

Prozentrechnen ist ein Sonderfall von proportionalen Zuordnungen in einem Größenbereich, wobei (analog den konventionellen Maßeinheiten) der Operator eine konventionell festgelegte Bezugszahl (nämlich 100) als Nenner hat. Nicht neue mathematische Begriffe und Zusammenhänge, sondern anwendungsbezogene Inhalte bestimmen den Lehrgang. D. h. auch dieses: Der Terminus Prozentsatz steht nicht am Ende einer längeren Einführungsphase, wird nicht nach „Vergleichsaufgaben" als etwas ganz Neues „vorgestellt"; sondern wir gehen davon aus, daß das Wort den Schülern aus dem täglichen Leben bekannt ist. Der Unterricht muß deutlich machen, warum man mit Prozentsätzen arbeitet, was man unter „Grundwert" und „Prozentwert" und unter der Wendung „wächst um p %" versteht und wie man rechnerisch damit umgeht.[17] Die Zinsrechnung ist der wichtigste Sonderfall der Prozentrechnung. Wir empfehlen hier den „Weg vom Besonderen zum Allgemeinen", d. h. von der Zinsrechnung zur Prozentrechnung fortzuschreiten.

Die Schüler kennen die Wörter Zinsen (Z), Kapital (K) und Zinssatz (p). Daher bieten sich für den Einstieg (Bild B21) Berichte und Anzeigen aus Tageszeitungen, Prospektmaterial der Banken und Sparkassen an. Mit Hilfe der proportionalen Funktionen gelingt es, Gesetzmäßigkeiten für die Berechnung von Z, K und p zu finden. Erst dann verallgemeinern wir zu Prozentgröße (P), Bezugsgröße (B) und Prozentsatz (p). Dieser Aufbau hat den Vorteil, daß die Schüler die drei Grundbegriffe und ihre Berechnung in ein- und demselben Sachzusammenhang (Geldwesen) und in ein- und demselben Größenbereich verstehen lernen bei optimalem Einsatz ihres Vorwissens. Prozentgröße und Bezugsgröße sind ja (im allgemeinen) sehr verschiedenen Größenbereichen und sehr verschiedenen Situationen aus Wirtschaft und Handel entnommen. Beim umgekehrten Weg vom „Allgemeinen zum Besonderen" (Zinsrechnung wird als Spezialfall der Prozentrechnung erkannt) belasten daher nicht-mathematische Fakten die Einsicht in das mathematische Beziehungsgefüge.

Zwischen P, B und p (= a %) besteht folgender Zusammenhang: $P = \frac{a}{100} \cdot B$. Je nachdem welche Variable fest gewählt wird, ergeben sich verschiedene Funktionsgleichungen in

---

Viele Leute sparen Geld. Sie stellen einem Geldinstitut einen Geldbetrag, **Kapital K** genannt, zur Verfügung und erhalten dafür jährlich **Zinsen Z** zu einem bestimmten **Prozentsatz** oder **Zinssatz.** 5% (Prozent: lat. centum = hundert) bedeutet 5 v. H. (von Hundert), also $\frac{5}{100}$.

Lassen Sie Ihr Geld für sich arbeiten!
Bei uns 5 % Zinsen für Ihr Sparguthaben!

Bild B21 [41, 7B, S. 104]

zwei Variablen vom Typ der direkten und umgekehrten Proportionalität. Deren Eigenschaften sind jetzt inhaltlich mit den neuen Begriffen zu interpretieren: ver-n-facht sich B, so ver-n-facht sich P (bei festem Prozentsatz) usw. Weiter zeigt sich, daß $\frac{a}{100}$ dem Maßstab im zuvor behandelten Sachverhalt entspricht.

Rechnerisch gibt es verschiedene Möglichkeiten. Löst man Gleichungen (die durch Ersetzen einer Variablen in einer Funktionsgleichung durch eine gegebene Größe entstanden) auf der Grundlage bisher erworbener Erfahrungen, so wird der Umgang mit Formeln geübt und die in Klasse 8 systematisch zu behandelnde Gleichungslehre weiter vorbereitet. Man kann aber auch den Zuordnungsgedanken stärker in den Vordergrund rücken, handelt es sich doch um die Abbildung eines Größenbereiches auf sich mittels einer Bruchmaschine. Sprachlich korrespondiert damit die Benutzung des Wortes "Prozentoperator" anstelle von „Prozentsatz". Dann werden die drei „Grundaufgaben" nach dem von der Primarstufe her bekannten „Operatorschema" gelöst: Eingangsgröße und Operator bekannt, Ausgangsgröße gesucht (Vervielfachen einer Größe); Eingangsgröße und Ausgangsgröße bekannt, Operator gesucht (Division zweier Größen aus demselben Bereich); Operator und Ausgangsgröße bekannt, Eingangsgröße gesucht (Eingang und Ausgang der Maschine vertauschen, Umkehroperator verwenden. Umkehrfunktion!).

Abschließend wird die Zinsrechnung wieder aufgegriffen, um das mathematische Modell zu verfeinern. Die Annahme eines proportionalen Anwachsens der Zinsen mit der Anzahl der Jahre ergibt für kleinere Zeitspannen t und kleinere Kapitaleinlagen eine brauchbare Näherung, ermöglicht die Durchführung einer einfachen Überschlagsrechnung. Der tatsächliche Kapitalzuwachs, beschreibbar durch Zinseszinsen, sollte aus folgenden Gründen (wenn auch kurz) diskutiert werden: Die Schüler erkennen die Bedeutung einer näherungsweisen Beschreibung eines Sachverhaltes, und sie bearbeiten anhand des Wachstums bei Zinseszinsen ein weiteres wichtiges Beispiel für eine nicht-proportionale Funktion. Folgende Möglichkeiten der Behandlung bieten sich an: Exemplarische Berechnung anhand eines Beispiels, Benutzung von Zinstabellen, Diskussion graphischer Darstellungen [102, S. 123—124].

Zu den hier unter den Vokabeln „Verhältnis", „Prozentsatz" usw. diskutierten Bereichen gibt es zahlreiche sinnvolle Aufgaben; Bild B22 enthält Beispiele.[18] — Gerade diese Phase des Lehrgangs kann wesentlich dazu beitragen, die Schüler zu qualifizieren, mit Berichten aus den Medien, aus Parteiprogrammen usw. kritisch umzugehen.

Prozentoperatoren größer als 100 % und Zinsberechnungen für kürzere Zeiträume als ein Jahr werden nicht zum „Problem gemacht", finden aber Berücksichtigung. Entsprechendes gilt für das Vokabular Rabatt, Skonto, Einkaufs- und Verkaufspreis, Preisnachlaß, Kredit, Rate usw. Auch die Schüler sollten Aufgabenmaterial mitbringen (Prospekte, Zeitungsartikel). Verglichen mit traditionellen Konzeptionen erfährt das Prozentrechnen eine starke Einschränkung. Der veränderte Ansatz wirkt sich einmal in der Anzahl der Aufgaben und zum anderen darin aus, daß für praxisferne, künstlich kompliziert gestaltete Aufgaben kein Platz mehr vorhanden ist.

Bei der Mathematisierung außermathematischer Situationen muß der Schüler fragen, welche Größenbereiche sich aufeinander beziehen (abbilden) lassen, und dann gegebenenfalls tiefer, welche gesetzmäßigen Veränderungen in einem Größenbereich Veränderungen in dem anderen Bereich nach sich ziehen. Dazu ist die genaue Kenntnis der Situation er-

15. Ein Meinungsforschungsinstitut befragt 2000 Wahlberechtigte, davon 53% Frauen, nach ihrer voraussichtlichen Wahlentscheidung. Das Ergebnis:

	Frauen	Männer
Partei A	40%	30%
Partei B	30%	50%
Partei C	10%	10%
Unentschieden	20%	10%

Welche Anteile für die 4 Gruppen ergeben sich daraus für die gesamte Stichprobe?

16. Lies die Zeitungsanzeige in Abb. 113.1 durch.
Berechne den Anteil von Handelsspanne, fixen Kosten, Verkaufskosten und Verdienst bei den folgenden Verkaufspreisen.
a) 7900 DM   b) 8700 DM   c) 11300 DM   d) 24000 DM

Verbraucheraufklärung Bielefelder Autohändler
WUNDER
sollten Sie nach Aufhebung der Preisbindung nicht erwarten.
Sie denken vielleicht: Jetzt kann ich mit dem Autohändler verhandeln, 300 oder 500 DM Nachlaß erhalten – vielleicht sogar noch mehr!
Sie glauben: das sei möglich.
Wir möchten Sie nicht enttäuschen, denn...
15% Unsere Handelsspanne,
das ist die Differenz zwischen Ein- und Verkaufspreis, beträgt durchschnittlich 11 bis 17% (seit 25 Jahren unverändert)
9% Unsere fixen Kosten
für technisches und kaufmännisches Personal, Raumkosten, Zinsen und fachliche Personalschulung betragen 9%.
4% Unsere Verkaufskosten
bis zur blitzblanken Übergabe des Neuwagens, für Garantieerfüllung – eine Selbstverständlichkeit für Sie – und Kulanz betragen weitere 4%; einschließlich Verkäuferlohn.
2% Unser Verdienst
sind die verbleibenden 1 bis 2%, wenn durch den Weiterverkauf des Gebrauchtwagens kein Verlust entsteht.
Dieser Verdienst ist Voraussetzung für unsere Existenz, vor allem aber auch für einen guten undendienst.
Deshalb erwarten Sie von uns keine unseriösen Lockangebote sondern scharfkalkulierte Leistung!

113.1

18. Bei Tarifverhandlungen einigt man sich auf eine Erhöhung von 4%. Dazu kommt ein fester Betrag von 30 DM für alle Beschäftigten.
a) Wie hoch ist die prozentuale Steigerung für zwei Personen mit Einkommen von 940 DM bzw. 2650 DM?
b) Die Statistiker errechnen eine durchschnittliche Erhöhung von 5,5%. Wie hoch ist das Durchschnittseinkommen?

Bild B22 [41, 7B, S. 112 u. S. 113]

forderlich, sonst sind Informationen einzuholen oder Beobachtungen anzustellen, gegebenenfalls durch (physikalische oder chemische) Versuche. Zur Erfassung von Gesetzmäßigkeiten sind Kriterien nützlich: Konstatiert der Schüler etwa, daß eine Funktion wächst oder fällt, so muß ihn die Frage nach der Regelmäßigkeit interessieren. Sind die Gesetzmäßigkeiten einfach beschreibbar, so läßt sich ein Rechenkalkül entwickeln, der es erlaubt, aus gegebenen Daten (Größen) andere Daten (Größen) zu berechnen. Dabei erweisen sich die Proportionen und umgekehrten Proportionen als geeignet wegen ihrer rechnerischen Handhabung. Bild B23 enthält diese Überlegungen als Schulbuchtext.

In dem folgenden Abschnitt sind Sachaufgaben zusammengestellt, bei denen man nicht von vornherein weiß, ob es sich um Funktionen direkter oder umgekehrter Proportionalität handelt, oder ob keines von beiden vorliegt. Die Abb. 92.1 zeigt ein Ablaufdiagramm zur Lösung derartiger Aufgaben.
Aus Abb. 92.1 (Seite 92) ergeben sich folgende Schritte:

1. Zwischen welchen Größenbereichen besteht eine funktionale Beziehung? – Wir zeichnen eine Tabelle und tragen die Tabelleneingänge ein.

2. Welche Größen sind einander zugeordnet? Welche Größen sind gesucht? – Wir tragen die gegebenen Größen in die Tabelle ein.

3. Liegt dem Sachzusammenhang eine direkte oder umgekehrte Proportionalität zugrunde? Wir überprüfen mit Hilfe der Tabelle die entsprechenden Eigenschaften.

4. Wie soll die gesuchte Größe bestimmt werden? Wenden wir das direkte oder umgekehrte Dreisatzverfahren an, oder bestimmen wir sie mit Hilfe der entsprechenden Zuordnungsvorschrift?

5. Falls keine direkte oder umgekehrte Proportionalität vorliegt, muß nach einem anderen Lösungsweg gesucht werden.

Bild B23 [41, 7B, S. 91]

Wir wollen jetzt weitere anwendungsfähige Modelle behandeln. Mit der Erarbeitung des Begriffs der linearen Funktion wird in Klasse 8 die Funktionenlehre systematisch fortgeführt.

2.4 Lineare Funktionen

Funktionen in $\mathbb{Q}$ mit einer Funktionsvorschrift der Form $x \mapsto ax + b$, also einer Funktionsgleichung $y = a \cdot x + b$, heißen *lineare Funktionen*. a und b bezeichnen konstante rationale Zahlen. Der Graph einer linearen Funktion ist eine Teilmenge der Geraden, deren Anstieg durch a bestimmt wird und die mit der y-Achse den Punkt (0/b) gemeinsam hat. Eine kennzeichnende Eigenschaft der linearen Funktionen ist die Quotientengleichheit der Differenzenpaare $\frac{\Delta y}{\Delta x}$. (Sonderfall: Quotientengleichheit von Wertepaaren bei Proportionen.) Ferner gilt wie bei den (direkten) Proportionen:

$$f\left(\frac{x_1 + x_2}{2}\right) = \frac{f(x_1) + f(x_2)}{2}.$$

Die Umkehrrelationen zu linearen Funktionen in $\mathbb{Q}$ sind wiederum lineare Funktionen in $\mathbb{Q}$, sofern $a \neq 0$ ist; ihre Funktionsgleichungen sind $y = \frac{1}{a}x - \frac{b}{a}$. Die Gleichung für die Umkehrrelation zur Funktion $y = b$ lautet $x = b$.

Inzwischen haben die Schüler die Menge $\mathbb{Q}$ kennengelernt. Daher erweitern wir zunächst das Koordinatensystem, indem wir als x-Achse und als y-Achse Zahlengeraden benutzen. Damit die Schüler beliebigen Zahlenpaaren aus $\mathbb{Q} \times \mathbb{Q}$ Punkte zuordnen lernen, sind jetzt Funktionen, deren Definitions- und Zielbereiche Teilmengen von $\mathbb{Q}$ sind, darzustellen.[19] Man kann auch geometrische Figuren (n-Ecke) nach Vorgabe der Koordinaten der Eckpunkte in ein Koordinatensystem zeichnen, diese dann spiegeln (Vorbereitung der Umkehrfunktion) oder verschieben und die Koordinaten der abgebildeten Figuren angeben lassen. Aus der Fülle des erarbeiteten Materials werden solche Funktionen ausgezeichnet, deren Graph Teilmenge einer Geraden ist; sie erhalten den Namen „lineare Funktionen". Die neue Funktion wird also durch ihren Graphen definiert (geometrische Kennzeichnung). Damit ist die Aufgabe gestellt: Untersuchung dieses Funktionstyps, also vor allem Auffinden der Funktionsgleichung (arithmetische Kennzeichnung). Wenngleich Funktionsterm und Funktionsgleichung nicht zu den wesentlichen Merkmalen des Funktionsbegriffs gehören, lassen sich doch gerade viele mathematisch wichtige Funktionen mit ihrer Hilfe treffend beschreiben, sie sind für inner- und außermathematische Anwendungen ein besonders gut zu handhabendes Modell. Jedoch besteht die Schwierigkeit für den Schüler darin, daß es sich um eine sehr verdichtete Kodifizierung des im Pfeildiagramm oder in der Tabelle dargestellten und zumeist weit darüberhinausgehenden Zusammenhangs handelt.

Wir zeigen im folgenden eine Vorgehensweise, die man synthetisch-konstruktiv nennen kann. Als methodisches Hilfsmittel [35, S. 71—72] setzen wir das in vielen Situationen bewährte Maschinenmodell ein. Zuordnungsvorschrift und Funktionsgleichung der linearen Funktion werden somit über Verkettungen von Operatoren erarbeitet, wobei wir uns die Operatorauffassung von Addition, Subtraktion, Multiplikation und Division zunutze machen. Im Gegensatz zu Klasse 7 spielt sich die Erarbeitung der linearen Funktion vorwiegend in Zahlenmengen (in der RM) ab.

Synthetisches Vorgehen verlangt, daß man die Schüler zuvor über den geplanten Aufbau informiert. Anderenfalls würden sie blind dem Lehrer folgen, und eine Chance wäre vertan, beim Erschließen dieses komplexen Sachverhaltes eine Methode zu lernen, die sich bei der Bearbeitung von inner- und außermathematischen Problemen häufig bewährt. Dies sind die einzelnen Schritte:

(1) Das Ergebnis einer gezielten Wiederholung des Maschinenmodells und des Zusammenhangs mit der graphischen Darstellung (Übertragen der Eingabe-Zahlen auf die x-Achse und der Ausgabe-Zahlen auf die y-Achse) halten wir wie folgt fest:

Jede rationale Zahl a bestimmt eine Multiplikationsmaschine: [Vervielfache mit a]. Diese stellt Funktionen dar mit $D \subseteq \mathbb{Q}$, der Funktionsvorschrift $x \mapsto a \cdot x$ und der Funktionsgleichung $y = a \cdot x$. Ihre Graphen sind Teilmengen von Geraden durch den Punkt (0/0) des Koordinatensystems.

Inhaltliche Ausgangsbasis ist die aus Klasse 7 vertraute direkte Proportionalität $y = a \cdot x$, $a \neq 0$, $D \subseteq \mathbb{Q}^+$, die jetzt als lineare Funktion erkannt wird. Wir verallgemeinern hier aber gleich in zweierlei Weise: (a) a kann beliebiges Element aus $\mathbb{Q}$ sein. (b) D kann eine beliebige Teilmenge von $\mathbb{Q}$ sein. Dabei bleiben die kennzeichnenden Eigenschaften der Proportionalität erhalten.

(2) Auch aus Klasse 7 bekannt sind Funktionen mit der Vorschrift $x \mapsto x + b$, ihre Darstellung am Zahlenstrahl und ihre charakteristische Eigenschaft, differenzgleiche Zahlen-

paare zu liefern. Jetzt wird die Funktionsvorschrift x ↦ x + b mittels Operatoren interpretiert. Analog zu obiger Feststellung erhalten wir:

Jede rationale Zahl b bestimmt eine Additionsmaschine: [Füge b hinzu]. Diese stellt Funktionen dar mit $D \subseteq \mathbb{Q}$, der Funktionsvorschrift x ↦ x + b und der Funktionsgleichung y = x + b. Ihre Graphen sind Teilmengen von Geraden.

Die Darstellung der Funktionen y = x + b, $D \subseteq \mathbb{Q}$ im Koordinatensystem zeigt ihre Zugehörigkeit zur Klasse der linearen Funktionen. Damit ist ein weiterer Funktionstyp als linear erkannt. — Im Aufgabenteil sollen die Schüler durch Variieren von a und b deren Bedeutung für die Lage des Graphen im Koordinatensystem erfahren. Jedoch intendieren wir hier nicht unbedingt eine quantitative Beschreibung der Geradensteigung als Quotient von Differenzenpaaren (Kongruenz der Steigungsdreiecke), sondern begnügen uns zunächst mit einer qualitativen Beschreibung.

(3) Hintereinanderschalten von zwei Maschinen verschiedener Typen (Verketten eines Multiplikations- und Additionsoperators) führt auf die Funktionsgleichung y = a · x + b, die mittels ihres Graphen als lineare Funktion identifiziert wird (Bild B24). Das dürfte nach gründlicher Vorarbeit keine Schwierigkeiten bereiten. Rückblickend erscheinen nun die in den Schritten (1) und (2) behandelten Funktionen als Sonderfälle.

Vorübung

Schalte zwei Maschinen hintereinander, und zwar eine ·2-Maschine und eine +3-Maschine. Gib die Zahlen aus der Menge D = {− 4, − 3, − 2, − 1, 0, 1, 2, 3, 4} in den Eingang der 1. Maschine. Fertige eine Tabelle an nach Art der Abb. 12.1 (S. 103) und zeichne den Graphen in ein Koordinatensystem. Handelt es sich um eine Funktion? Wie lautet die Zuordnungsvorschrift?

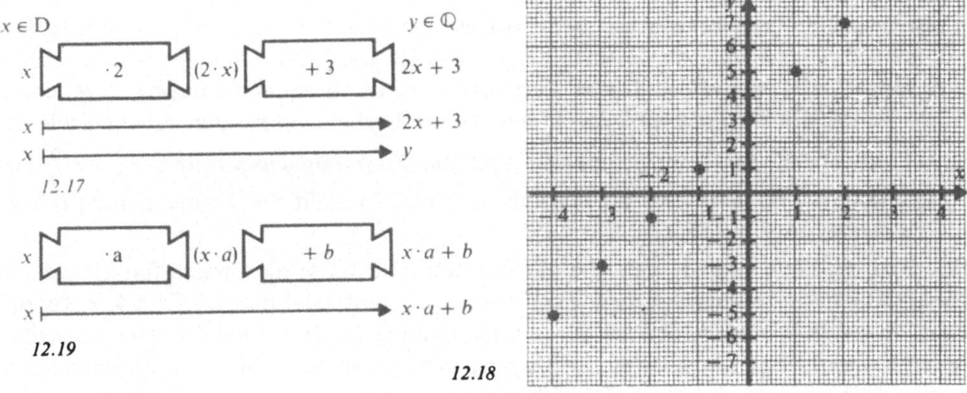

Abb. 12.17 zeigt die beiden Maschinen hintereinandergeschaltet.
Die Maschinenverbindung ordnet *jedem x* aus der Definitionsmenge D *genau ein y* aus der Zielmenge ℚ zu. Du entnimmst der Abb. 12.17 unmittelbar die Zuordnungsvorschrift der Funktion f:

f: x ↦ 2x + 3, x ∈ D

Ihre Funktionsgleichung lautet: y = 2x + 3.
Die Abb. 12.18 zeigt den Funktionsgraphen. Du erkennst, daß es sich um eine lineare Funktion handelt.

Bild B24 [41, 8B, S. 111−112]

Wir halten als Ergebnis fest:

Hat eine Funktion von $D \subseteq \mathbb{Q}$ nach $\mathbb{Q}$ die Zuordnungsvorschrift $x \mapsto ax + b$, also die Funktionsgleichung $y = ax + b$, so ist sie eine lineare Funktion. Ihr Graph ist Teilmenge einer Geraden.

Die umgekehrte Fragestellung, ob sich alle Geraden im Koordinatensystem durch eine Gleichung dieser Art beschreiben lassen, wird nicht thematisiert. Im Aufgabenteil läßt sich aber eine Problematisierung anbahnen, zumal in der gesamten Unterrichtsphase immer wieder zu Funktionsgraphen die Zuordnungsvorschriften zu bestimmen sind; eine „Technik", die für Anwendungen wichtig ist. — Der Einfluß der Konstanten b und a auf die Lage der Geraden, deren Teilmenge Graph einer Funktion mit der Gleichung $y = ax + b$ ist, wird durch Zeichnung und Deutung von Parallelenscharen bzw. Geradenbüschel im Koordinatensystem untersucht.

Bei der Erarbeitung der linearen Funktion sind Anwendungsbeispiele einzuflechten, so daß Definitions- und Zielmenge auch Teilmengen von Größenbereichen sind. Die Schüler erkennen nun u. a., daß und inwiefern die in Aufgabe 13, Bild B17, dargestellte Sachsituation eine umfassendere und angemessene Modellierung erfährt: Wegen der Grundgebühr kann die Funktion nicht mehr als Proportionalität angenommen werden.

(4) Auch bei der Erarbeitung der Umkehrfunktion nutzen wir das Maschinenmodell voll aus. Vorbereitende Aufgaben werden sinnvollerweise schon bei den Spezialfällen der Schritte (1) und (2) gestellt; einführende Übungen zu Umkehrrelationen greifen bekannte Relationen aus den vorhergehenden Klassen auf. Dabei beachtet man insbesondere, daß die Tabelle der Umkehrrelation durch Spiegelung der ursprünglichen Tabelle an der Diagonalen entsteht.

Lassen wir ein Maschinenpaar mit dem Programm $(\cdot\, a)$, $a \neq 0$, und $(+ b)$ rückwärts laufen, so stellt sich die Frage, ob die damit definierte Relation eine Funktion ist und welche Vorschrift sie kennzeichnet. Durch Vertauschen von Eingang und Ausgang sowie durch Ersetzen der Einzeloperatoren durch ihre Gegen(Umkehr)operatoren erhalten wir das Maschinenmodell der Umkehrfunktion und die Zuordnungsvorschrift $x \mapsto \frac{1}{a} x - \frac{b}{a}$. Der Spezialfall $a = 0$ ist gesondert zu behandeln. Bild B25 stellt die Formalisierung des an Beispielen behandelten Sachverhaltes dar.

Die Reproduktion zeigt ferner, wie auf geometrische Weise die Umkehrfunktion durch Spiegelung des ursprünglich gegebenen Graphen entsteht. Gibt man die Zahl 4 (x-Koordinate) in das Maschinenmodell der durch die Gleichung $y = 2x + 3$ bezeichneten Funktion, so erhält man 11 (y-Koordinate) im Ausgang. Wenn man die Zahl 11 in die Umkehrmaschine gibt, kommt 4 heraus. Das ist also die y-Koordinate des zur Umkehrfunktion $y = \frac{1}{2} x - \frac{3}{2}$ gehörenden Paares (11/4). Die Graphik 13.7 zeigt diesen Vorgang im Koordinatensystem.

Wenngleich die Aufgabenteile zu den einzelnen Schritten auch „praxisnahe" und anwendungsbezogene Aufgaben enthalten sollten, erscheint es sinnvoll, diese Phase durch einen Abschnitt abzuschließen, der sich (nahezu) ausschließlich mit außermathematischen Anwendungen befaßt. Dadurch lernen die Schüler die Anwendungsfähigkeit des Begriffes der linearen Funktion besser kennen und so die Funktion als Modell benutzen. Man kann entsprechend Bild B26 in die Thematik einführen. Darin wird ein Beispiel darstellt mit

Die Abb. 13.7 zeigt dir, wie im Koordinatensystem aus dem Zahlenpaar (4/11) der Funktion $y = 2x + 3$ das Zahlenpaar (11/4) der Umkehrfunktion $y = \frac{1}{2}x - \frac{3}{2}$ wird. Du siehst, daß entsprechende Koordinaten und daher entsprechende Punkte bezüglich der Winkelhalbierenden symmetrisch liegen müssen.

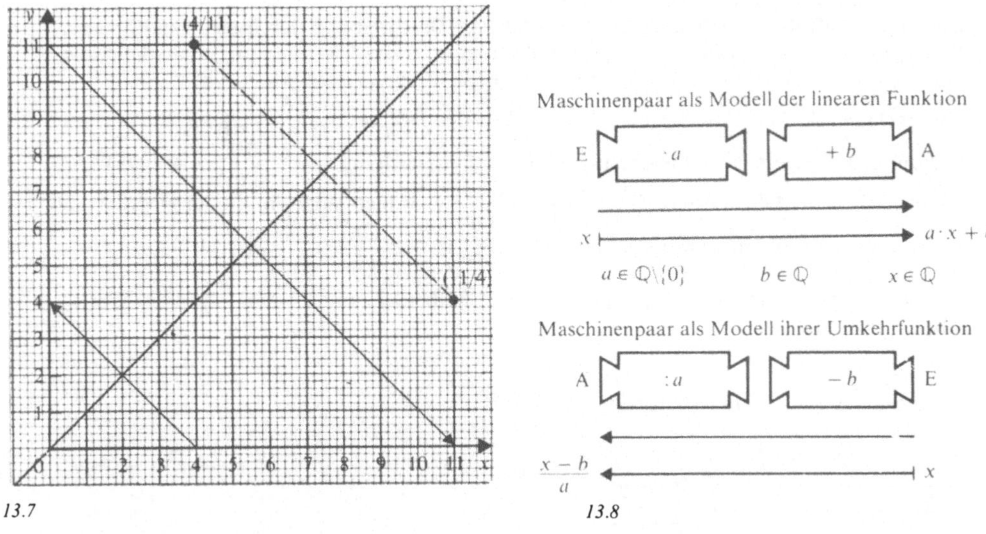

13.7   *13.8*

Erläutere die Abb. 13.8. Sie zeigt dir Maschinenpaare als Modelle für die lineare Funktion und ihre Umkehrfunktion. Wir können also sagen:

Zu jeder linearen Funktion $x \longmapsto a \cdot x + b, a \neq 0$ in ℚ läßt sich die *Umkehrfunktion* $x \longmapsto (x - b) : a = \frac{1}{a}x - \frac{b}{a}$ in ℚ bilden. Die Graphen von Funktion und Umkehrfunktion sind spiegelbildlich zur Winkelhalbierenden der Felder I und III des Koordinatensystems.

Bild B25 [41, 8B, S. 117]

dem Ziel, den Prozeß der Modellierung für die Schüler durchsichtig und ihnen die Notwendigkeit einer die Erarbeitung begleitenden Interpretation bewußt zu machen. Insbesondere ist die Frage wichtig, ob man die Punkte der jeweiligen Graphen verbinden sollte, was man damit bezweckt (Übersichtlichkeit wird verbessert, aber Zwischenwerte haben keinen Sachbezug). Die letzte Frage auf der reproduzierten Seite zielt auf eine weniger starke Idealisierung des Problems, das mathematische Modell wird der Wirklichkeit besser angepaßt (Treppenfunktion). − Unter welchen Bedingungen liegen die Punkte der beiden Graphen auf parallelen Geraden?

Neben Kosten-Verbrauchsaufgaben, Lohntarifvergleichen, Zinsaufgaben, Bewegungsaufgaben usw. sind vor allem auch physikalische Anwendungen zu berücksichtigen; und auch solche Aufgaben sind einzustreuen, die sich nicht mit linearen Funktionen beschreiben lassen.[20]

Allmählich kann man dazu übergehen, den Gebrauch der Maßeinheiten einzuschränken und mit Maßzahlen zu arbeiten.[21] Dafür spricht die Vereinfachung in der Schreibweise

Beispiel 1

Das Taxiunternehmen (A) verlangt als Fahrpreis pro km 1 DM und zusätzlich für jede
Fahrt eine Grundgebühr von 2 DM. Ein anderes Taxiunternehmen (B) verlangt keine
Grundgebühr, dafür aber pro km 1,50 DM als Fahrpreis.
Vergleiche die Angebote beider Unternehmen.
Der in der Aufgabe enthaltene Sachverhalt läßt die Beschreibung durch eine Funktion zu.
Wir legen als Definitionsmenge die Menge der Längen 1 km, 2 km, ... zugrunde. Über die
dazwischenliegenden Längen (z. B. 2,5 km) wird somit keine Aussage gemacht.

Unternehmen A: Die Vorschrift $x \longmapsto 1\dfrac{DM}{km} \cdot x + 2\,DM$ ordnet jeder in der Einheit km

angegebenen Länge x einen Geldbetrag zu. Funktionsgleichung: $y = 1\dfrac{DM}{km} \cdot x + 2\,DM$

Unternehmen B: Die Vorschrift $x \longmapsto 1{,}50\dfrac{DM}{km} \cdot x$ ordnet jeder in km ausgedrückten

Länge x einen Geldbetrag zu. Funktionsgleichung: $y = 1{,}5\dfrac{DM}{km} \cdot x$

Die den Längen 1 km bis 10 km zugeordneten Geldbeträge sind in den folgenden Wertetabellen dargestellt:

Unternehmen A		Unternehmen B	
x	y	x	y
1 km	3 DM	1 km	1.5 DM
2 km	4 DM	2 km	3,0 DM
3 km	5 DM	3 km	4,5 DM
4 km	6 DM	4 km	6,0 DM
5 km	7 DM	5 km	7,5 DM
6 km	8 DM	6 km	9,0 DM
7 km	9 DM	7 km	10,5 DM
8 km	10 DM	8 km	12,0 DM
9 km	11 DM	9 km	13,5 DM
10 km	12 DM	10 km	15,0 DM

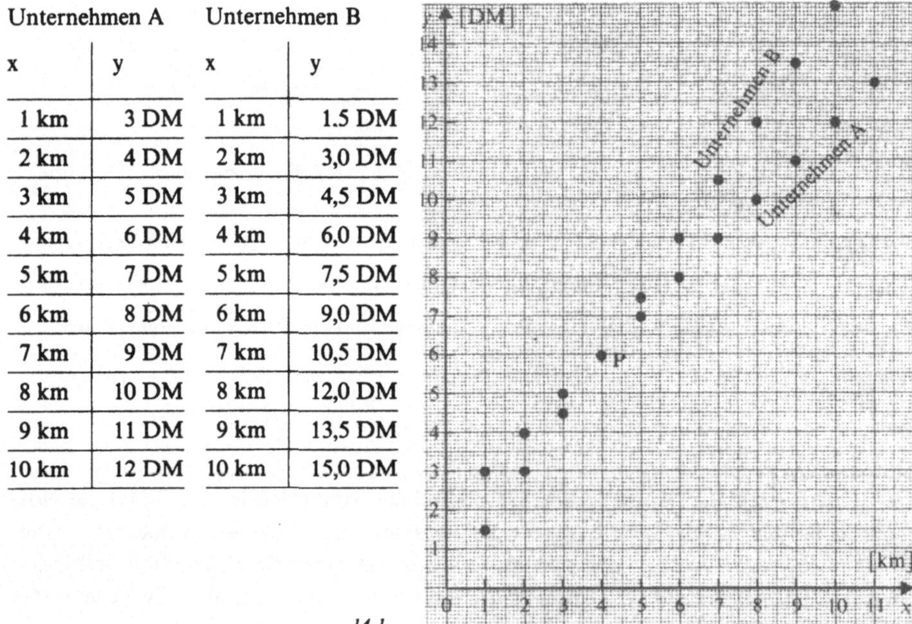

14.1

Es fällt auf, daß man bei Strecken bis zu 3 km mit dem Unternehmen B günstiger fährt, daß
bei einer Strecke von 4 km beide Unternehmen den gleichen Preis verlangen und daß ab
5 km das Unternehmen A günstiger ist.
Sehr schön kann man diesen Sachverhalt im Koordinatensystem ablesen (Abb. 14.1).
Beschreibe die Graphen. Beachte vor allem ihren gemeinsamen Punkt P.
Wie würden die Verbindungslinien zwischen den Punkten der Graphen verlaufen, wenn
ergänzend festgelegt wird, daß jeder angefangene Kilometer voll zu bezahlen ist?

Bild B26 [41, 8B, S. 119]

bei komplizierteren Termen. Man leitet diesen Übergang bereits ein, wenn man sich in den Tabelleneingängen mit der Angabe der Maßeinheit begnügt und in die Tabellenfelder Zahlen einträgt. Aber diesem Schritt sollte, wie in dem skizzierten Lehrgang dargelegt, eine sorgfältige Beachtung des Größenbegriffs in der AM und ein Nebeneinander von Funktionen über Größen- und Zahlenmengen vorausgehen. Bei der Beschreibung von Sachverhalten Größen hinreichend lange zu notieren, ist auch eine Hilfe für die Schüler, Anwenden von Mathematik zu lernen.

Da in Klasse 8 lineare Gleichungen in einer Variablen systematisch behandelt werden, kommt auch der Funktionsgleichung $y = ax + b$ große Bedeutung zu. Die Frage nach der arithmetischen Lösung von Aufgabentypen des reproduzierten Beispiels (Bild B26) bleibt hier noch offen. Sie stellt sich aber schon jetzt, wenn die Graphik die gewünschte Genauigkeit nicht liefert oder der Schnittpunkt der Geraden weit außerhalb des Zeichenblattes liegt. Wie man Lösungsmengen von linearen Gleichungssystemen rechnerisch bestimmt, wird als Problem in die Klasse 9 hinübergenommen.

3 Ausbau der Funktionenlehre in den Klassen 9/10

3.1 Lineare Optimierung

An die Diskussion und die Lösung des o.g. Problems anschließend und darauf aufbauend wird als Anwendungsfeld die lineare Optimierung in zwei Variablen[22] erarbeitet. Dies sind Gründe, die für eine umfassende Behandlung dieses Verfahrens sprechen:

(1) Das Prinzip des linearen Optimierens läßt sich bereits an einfachen Aufgaben erfassen, zu deren inhaltlichem Verständnis keine langwierige Einführung nötig ist.

(2) Das lineare Optimieren dient der Anwendung und Vertiefung wichtiger mathematischer Begriffe, vor allem des Funktionsbegriffs, und erweitert das Erfahrungsfeld zum Aufgabentyp „Extremwertbestimmung".

(3) Anhand des graphischen Lösungsverfahrens können die Schüler die große Leistungsfähigkeit graphischer Darstellungen erfahren. Sie üben sich im Interpretieren von Diagrammen, indem sie die einzelnen Punkte des Lösungspolygons situationsbezogen deuten. Die Auswirkungen von Änderungen der Zielfunktion bei gleichbleibendem Lösungspolygon auf die Problemstellung können diskutiert und somit erstellte Diagramme weiter ausgeschöpft werden.

(4) Die Schüler gewinnen einen gewissen Einblick, welche ökonomischen Sachverhalte heute auf welche Weise mit mathematischen Methoden angegangen werden. So will man z. B. in einem Produktionsbetrieb unter ganz bestimmten Bedingungen (optimale) Entscheidungen treffen. Da ein numerisches Durchspielen einer größeren Anzahl von möglichen Entscheidungen nicht durchführbar ist, vage Abschätzungen mit anschließender Erprobungsphase ebenfalls ausgeschlossen sind, stellt sich die Frage nach einer mathematischen Modellierung. Die Schüler sollen Aspekte kennenlernen, unter denen Entscheidungen gewünscht werden, und auch Methoden, die Entscheidungen (maximale Maschinenauslastung, optimales Fertigungsprogramm, günstige Transportwege, günstige Absatzstrategien usw.) herbeiführen. Dabei können sie die Rolle der Mathematik durchschauen und die Art der Entscheidungen von den Methoden aus beurteilen lernen.

Im folgenden stellen wir eine UE vor, die auf AM ausgerichtet ist, aber die Erarbeitung von Inhalten der RM in ihren Aufbau einbezieht.

Wir schließen an die Begriffe lineare Funktion und lineare Gleichung mit einer Variablen an und betrachten die Funktionsgleichung $y = mx + n$ (Definitions- und Zielmengen der Funktionen sind Teilmengen von $\mathbb{Q}$) unter dem Aspekt der Gleichungslehre. Dazu gehen wir von der linearen Gleichung mit zwei Variablen $ax + by + c = 0$ ($a, b, c \in \mathbb{Q}$) aus und fragen nach der Lösungsmenge. Es liegt nahe, den Zusammenhang mit den linearen Funktionen aufzudecken und ihre Lösungsmenge graphisch darzustellen. Kann jede Gleichung $ax + by + c = 0$ als Funktionsgleichung gedeutet werden? Das ist die Frage, deren Aufschlüsselung eine Fallunterscheidung erfordert, je nachdem ob die Koeffizienten a oder b ungleich oder gleich Null sind. Dabei wird gezeigt, wie sich aus der genannten Gleichung die vertraute Form $y = mx + n$ gewinnen läßt, wenn nicht $b = 0$ ist.

Die Konjunktion *zweier linearer Gleichungen* mit zwei Variablen heißt *System:*

$$a_1 x + b_1 y = c_1$$
$$a_2 x + b_2 y = c_2$$

Nach den bisherigen Vorarbeiten (einschließlich Klasse 8) ist klar, daß die Lösungsmenge eines solchen Systems die Schnittmenge der Lösungsmengen der einzelnen Gleichungen ist. Diese gilt es graphisch darzustellen und (mit möglichst geringem formalen Aufwand) zu diskutieren. Dabei bleiben die Sonderfälle $(a_1, b_1) = (0, 0)$, $(a_2, b_2) = (0, 0)$ ausgeschlossen. Je nachdem, ob die beiden Geraden sich schneiden, parallel sind oder zusammenfallen, ist der Graph der Lösungsmenge des Systems eine Einermenge, die leere Menge oder eine Gerade. Auf eine algebraische Deutung der Fälle mittels der Koeffizienten a_1, a_2, b_1, b_2 und der Absolutglieder c_1, c_2 muß (und kann) man verzichten, wenn der Begriff Steigung einer Geraden in Klasse 8 nicht quantitativ behandelt wurde. Der Schüler soll aber lernen, wie sich ein komplexer Sachverhalt über Fallunterscheidungen erfassen läßt (innermathematische Motivation).[23]

Als algebraische Lösungskalküle sollten das Einsetzungsverfahren, das Gleichsetzungsverfahren und das Additionsverfahren behandelt werden.

Die Erarbeitung der *linearen Ungleichungssysteme* kann zunächst analog erfolgen. Die Schüler lernen, daß die lineare Ungleichung $ax + by \leqslant c$ eine Halbebene mit und ohne Randgerade darstellt, je nachdem das Gleichheitszeichen eingeschlossen ist oder nicht. Die Konjunktion von zwei Ungleichungen führt zum linearen Ungleichungssystem, das graphisch gelöst wird. Demnach ist die Lösungsmenge die Schnittmenge von Halbebenen. Folgende Möglichkeiten werden erörtert: Winkelfeld, Streifen, Gerade, leerer Graph.[24]

Dieser Abschnitt kann so angelegt werden, daß er die lineare Optimierung nicht nur durch den Aufbau des Modells sondern durch die Wahl der Aufgaben „inhaltlich" vorbereitet (Bild B27).

Der Übergang zu Systemen mit mehr als zwei Ungleichungen bereitet kaum Schwierigkeiten. Dabei werden die für das lineare Optimieren typischen Gebiete aufgebaut.

Die *lineare Optimierung* ist jetzt soweit vorbereitet, daß zu den Aufgaben mit graphisch zu bestimmender Lösungsmenge eines linearen Ungleichungssystems „nur" noch die Optimierungsbedingung tritt, also die Auswahl eines Wertes mit extremalen Eigenschaften. Das nicht-triviale Einführungsbeispiel von Bild B28 ist dem Erfahrungsbereich der Schüler entnommen und in seinen Sachbezügen unmittelbar verständlich.

Vorübung

Zwei Schüler stellen Tonarbeiten — und zwar Vasen und Krüge — her.
Für die Herstellung einer Vase benötigen sie 4 Stunden und für die Herstellung eines Kruges
2 Stunden. Insgesamt stehen ihnen 12 Stunden Zeit für diese Arbeit zur Verfügung.
Das Material für eine Vase kostet 1,— DM und das Material für einen Krug 2,— DM. Für das
Material wollen sie höchstens 6,— DM ausgeben.

1. Ergänze in der folgenden Tabelle die noch fehlenden 10 Möglichkeiten, die die beiden
Schüler für die Herstellung der Vasen und Krüge haben.

Anzahl der Vasen x	0										
Anzahl der Krüge y	0										

2. Stelle die Zahlenpaare (x/y) der Tabelle in einem Koordinatensystem dar und begründe,
daß dieses „Herstellungsproblem" durch die folgenden Relationen beschrieben werden kann:

$x \geq 0, y \geq 0$
$4x + 2y \leq 12$
$\quad x + 2y \leq 6 \qquad (x/y) \in \mathbb{Z} \times \mathbb{Z}$

Bei vielen praktischen und wissenschaftlichen Problemen, die mit Hilfe mathematischer
Methoden gelöst werden, treten außer Gleichungen häufig Ungleichungen auf. Im nächsten
Abschnitt werden wir auf solche Anwendungen ausführlich eingehen. Zur Vorbereitung
müssen wir lernen, wie man die Lösungsmengen von Ungleichungen und von Ungleichungssystemen bestimmen kann.

Bild B27 [41, 9B, S. 24]

Die für die sukzessive Entwicklung eines mathematischen Modells für die Maximumaufgabe wichtigen Textstellen des Beispiels werden in einer Tabelle mit den Fragen „Was ist
zu beachten?" und „Welches Ziel soll erreicht werden?" erfaßt und zunächst ausführlich,
dann als Kurzform ins „Mathematische" abgebildet. So erhält man durch ein lineares Ungleichungssystem die Menge D der zulässigen Werte und durch eine lineare Gleichung
z = ax + by eine Zielfunktion (x, y) ↦ z mit D als Definitionsbereich. Lösung der Maximumaufgabe ist jedes Zahlentripel (x, y, z) mit (x, y) ∈ D und z maximal.

Zunächst wird man bei der Bestimmung der Lösungswerte *experimentell* vorgehen[25]:
Wir listen alle möglichen Anzahlen für x und y tabellarisch auf, errechnen jeweils den
zugehörigen z-Wert und suchen dann das Extremum heraus. Das numerische Durchspielen
ist bei einer großen Anzahl von Werten umständlich, bei sehr vielen oder gar unendlich
vielen Einsetzungen gar nicht möglich. Daher stellt sich die Frage nach einem mathematischen Kalkül.

Manches spricht dafür, das *graphische Verfahren* im dreidimensionalen Koordinatensystem zu veranschaulichen; u. a. wird auf diese Weise ein tieferer Einblick in den mathematischen Zusammenhang ermöglicht.[26] In die x-y-Ebene werden die Werte des Definitionsbereichs D eingetragen und die zugehörigen z-Werte z ↦ f (x, y) = ax + by, (x, y) ∈ D,
durch Strecken markiert. Die Endpunkte dieser Strecken liegen in einer „ansteigenden
Ebene", der maximale z-Wert erscheint als „äußerster Punkt". Nun erkennt man: Für die
Lösung ist eine räumliche Darstellung nicht erforderlich. Die Verbindungen von Punkten,
die gleiche Höhe über der (x, y)-Ebene haben („Niveaulinien"), bilden eine Schar paralleler Strecken. Senkrecht in die x-y-Ebene projiziert erhalten wir Bildstrecken, die
Teilmengen von parallelen Geraden sind und sich beschreiben lassen durch

$$\{(x, y) \mid y = -\frac{a}{b} x + \frac{z}{b}\}$$

Maximumaufgaben

Die Schüler und Schülerinnen einer Klasse beschließen, eine Fahrt zu machen. Zur Deckung der Unkosten wollen sie Bastelarbeiten ausführen, um auf diese Weise möglichst viel Geld zu verdienen.
Einige Schüler stellen Puppenstuben und Bauernhöfe her.
Für jede Puppenstube und jeden Bauernhof benötigen sie jeweils eine Sperrholzplatte. Insgesamt stehen ihnen 8 Platten zur Verfügung. Die Anzahl der Puppenstuben darf höchstens 4 sein, da nur für sie Puppenmöbel vorhanden sind.
Weiter ist auch die Anzahl der Bauernhöfe begrenzt, weil nur für 6 Höfe Tiere gesammelt werden konnten.
Für die Herstellung einer Puppenstube sind 5 Nachmittage, für die Herstellung eines Bauernhofes 2 Nachmittage erforderlich. Für die gesamte Arbeit sind höchstens 25 Nachmittage vorgesehen. Der Verkaufspreis für die Puppenstuben und Bauernhöfe wird so festgelegt, daß der Gewinn bei einer Puppenstube 16,− DM und bei einem Bauernhof 8,− DM beträgt.
Wie viele Puppenstuben und Bauernhöfe müssen die Schüler herstellen, damit ein möglichst hoher Gesamtgewinn für die Reisekasse erzielt wird?

Um dieses schwierig erscheinende Problem übersichtlich darzustellen, müssen wir es „*mathematisieren*":
Wir bezeichnen
mit x die Anzahl der Puppenstuben und mit y die Anzahl der Bauernhöfe,
die hergestellt werden können.
Den wesentlichen Inhalt des Problems können wir nun mathematisch so erfassen:

Tabelle 1

Wichtige Textstellen	Mathematische Formulierung	
	ausführlich	kurz
Was ist zu beachten? a) Für jede Puppenstube und jeden Bauernhof wird jeweils eine Sperrholzplatte benötigt. Insgesamt stehen höchstens 8 Platten zur Verfügung.	x Platten $+ y$ Platten ≤ 8 Platten	$x + y \leq 8$
b) Die Anzahl der Puppenstuben darf höchstens 4 sein.	x Puppenstuben ≤ 4 Puppenstuben.	$x \leq 4$
c) Die Anzahl der Bauernhöfe darf höchstens 6 sein.	y Bauernhöfe ≤ 6 Bauernhöfe	$y \leq 6$
d) Für eine Puppenstube sind 5, für einen Bauernhof 2 Nachmittage anzusetzen. Höchstens 25 Nachmittage sind verfügbar.	$5x$ Nachmittage $+ 2y$ Nachmittage ≤ 25 Nachmittage	$5x + 2y \leq 25$
Welches Ziel soll erreicht werden? Der Gesamtgewinn z soll möglichst groß werden. Der Gewinn bei einer Puppenstube beträgt 16,− DM, bei einem Bauernhof 8,− DM.	$16x$ DM $+ 8y$ DM $= z$ DM	$16x + 8y = z$

Bild B28 [41, 9B, S. 30]

$- \frac{a}{b} x + \frac{z}{b} \}$. Der y-Abschnitt ist umso größer, je größer z ist und umgekehrt.[27] Folglich läßt sich die Lösung der Maximumaufgabe so reduzieren: Aus einer Menge von parallelen Geraden wird die Gerade gesucht, deren Achsenabschnitt maximal ist und die noch (mindestens) einen Punkt mit dem Lösungspolygon gemeinsam hat. Damit haben wir das graphische Lösungsverfahren.

An Beispielen konstruieren wir jetzt analog Modelle für die Normalform der Minimumaufgabe. Auf die allgemeine (formalisierte) Darstellung der Normalform von Maximum- und Minimumproblemen mit 2 Variablen und einschränkenden Bedingungen kann man verzichten.

Im Vergleich zur experimentellen Bestimmung des Optimums aus (endlich vielen) berechneten und tabellarisch erfaßten Werten wird das graphische Verfahren als ein Kalkül erkannt, der bei Modellen mit linearen Ungleichungen in zwei Variablen funktioniert. Zur Erhöhung der Genauigkeit können die Koordinaten des aus der Graphik als optimale Ecke erkannten Punktes mit einem algebraischen Verfahren berechnet werden. So läßt sich an dieser Stelle die rechnerische Lösung von linearen Gleichungssystemen sinnvoll einbringen.

Beim *Eckpunktberechnungsverfahren* werden die Koordinaten aller Eckpunkte berechnet und in die Zielfunktion eingesetzt. Der größte oder kleinste Wert ist das Optimum. Dieses Verfahren ist von der Graphik unabhängig. Es kann im Unterricht angewendet werden, wenn die Schüler verstanden haben, daß (im allgemeinen) die Zielfunktion in (mindestens) einem Eckpunkt des Lösungspolygons ihr Maximum oder Minimum annimmt.

Durch ein reichhaltiges Aufgabenmaterial sollen die Schüler erstens mit der Lösungsmethodik vertraut werden, zweitens sich Sonderfälle (z. B. ganzzahliges Optimieren) erschließen und die verschiedenen Möglichkeiten für Lösungsmengen (Einermenge. leere Menge, unendliche Menge) kennenlernen und drittens Einsicht gewinnen in die Vielfalt der Anwendungsfelder für das lineare Optimieren.

Der Lehrer wird über „wirkliche" Probleme berichten, die sich in der Praxis stellten und gelöst wurden. Daran lernen die Schüler, daß das graphische Verfahren und das Eckpunktberechnungsverfahren zwar geeignet sind, Einblick in die Lösungsmethodik zu geben, erkennen aber auch deren Grenzen, weil die in der Praxis auftretenden Probleme häufig Hunderte und Tausende von Variablen haben, zu deren Bewältigung andere Verfahren und EDV-Anlagen nötig sind. Ferner sollte deutlich werden, daß die Einschränkung auf die Linearität (lineare Ungleichungssysteme, lineare Zielfunktionen) mathematisch und rechentechnisch begründet ist, weil sich ein aus solchen Bestandteilen konstruiertes Modell verhältnismäßig leicht bearbeiten läßt.

Schick [96] hat die Transportprobleme als wichtigste Klasse der Optimierungsprobleme soweit didaktisch aufgearbeitet, daß sie in den Mathematikunterricht der Sekundarstufe I eingebracht werden können. Die Lösungsmethode besteht darin, eine (zulässige) Ausgangslösung zu bestimmen und diese iterativ zu verbessern (Stepping-Stone-Verfahren). Es handelt sich um eine „echte" Elementarisierung, da in der Praxis „im Prinzip" nach diesem Verfahren gearbeitet wird. Ein weiterer wesentlicher Vorteil besteht darin, daß die Anzahl der Variablen nicht mehr auf zwei beschränkt ist. Eine weiterführende Behandlung von der linearen Algebra aus ist in der Sekundarstufe II möglich.

3.2 Quadratische Funktionen

Funktionen in $\mathbb{R}$ mit einer Funktionsvorschrift der Form $x \mapsto ax^2 + bx + c$, also einer Funktionsgleichung $y = ax^2 + bx + c$, heißen *quadratische Funktionen*. $a \neq 0$, b und c bezeichnen konstante reelle Zahlen. Der Graph einer quadratischen Funktion heißt Parabel.

Zu Beginn der Klasse 9 wurden lineare Gleichungssysteme graphisch und rechnerisch gelöst. Bei der Untersuchung von linearen Gleichungs- und Ungleichungssystemen und bei ihren Anwendungen im Bereich des linearen Optimierens haben wir den Funktionsbegriff am Beispiel der linearen Funktion vertieft. Jetzt führen wir die Funktionen- (und Gleichungs-)lehre systematisch fort.

Die Funktionen $x \mapsto x^2$ **und** $x \mapsto \sqrt{x}$: Die quadratische Funktion $x \mapsto x^2$ in $\mathbb{Q}$ leitet den Themenbereich „Reelle Zahlen" ein. Das Quadrieren rationaler Zahlen erzeugt eine Funktion in $\mathbb{Q}$, die sich hier zunächst durch die geordneten Paare (x/x^2) darstellt: $F = \{(x/x^2)|x \in \mathbb{Q}\}$. Um ihren Graphen zu finden, fertigen wir eine Tabelle an, zunächst mit $x \in \mathbb{Z}$, dann zur Erhöhung der Genauigkeit auch für $x \in \mathbb{Q} \setminus \mathbb{Z}$, denn die Punkte zu den ganzzahligen Wertepaaren liegen weit auseinander. Bei der Frage nach der Genauigkeit der Zeichnung thematisieren wir, daß zwischen zwei beliebigen rationalen Zahlen unendlich viele rationale Zahlen existieren, die erstes Element eines Zahlenpaares (x/x^2) sind. Aber: Selbst wenn wir alle rationalen Zahlen berücksichtigen, dürften wir uns den Graphen noch nicht „durchgezogen" vorstellen; es gibt weitere nicht-rationale Zahlen auf der Zahlengeraden, sogar unendlich viele. Fragen wir nämlich nach Zahlen x, deren Quadrat (x^2) gleich 9 oder $\frac{16}{25}$ ist, finden wir eine Antwort, aber nicht mehr für $x^2 = 5$. In diesem Fall entnehmen wir dem Graphen, wo die gesuchte Stelle auf der x-Achse ungefähr liegt. Kommen wir beim Einschachteln aber zu einem Ende? Wenn nicht, bedeutet das anschaulich, daß die rationale Zahlengerade lückenhaft ist. Ziehen wir den Graphen aber durch, so sind die unendlich vielen Punkte, deren x-Werte nicht rational sind, graphisch erfaßt. Damit wird anschaulich vorweggenommen, daß jeder Stelle der Zahlengeraden eine Zahl zugeordnet werden kann und werden soll.

Die Behandlung der Umkehrfunktion von $x \mapsto x^2$, $x \in \mathbb{Q}_0^+$, und von $x \mapsto x^2$, $x \in \mathbb{Q}^-$, führt die Funktionenlehre weiter und bereitet die Untersuchung von Funktionen in $\mathbb{R}$ vor. Die Definition des Zeichens $\sqrt{}$ wird hier in engem Zusammenhang mit dem Quadrieren als Umkehroperation und der Wurzelfunktion als Umkehrfunktion gesehen. So kommt die falsche Auffassung $\sqrt{9} = \pm 3$ gar nicht erst zustande. Über eine Tabelle mit dem Eingang $x/\sqrt{x}$ und durch Spiegelung eines Astes der Parabel an der Winkelhalbierenden können wir die Wurzelfunktion $x \mapsto \sqrt{x}$ zeichnen. Man beachte, daß bei der Spiegelung der Parabel $y = x^2$, $x \in \mathbb{Q}_0^+$, dieses die Definitionsmenge der Umkehrfunktion ist: $D = \{x|x = \left(\frac{m}{n}\right)^2, m, n \in \mathbb{N}_0, n \neq 0\}$. Bei $D = \mathbb{Q}_0^+$ ist $x \mapsto \sqrt{x}$ keine Funktion in $\mathbb{Q}_0^+$ mehr (wohl aber die Quadratfunktion). Ihren Wertebereich kennen wir hier noch nicht.

Wir thematisieren die Lückenhaftigkeit der Zahlengeraden also zunächst mit Hilfe des Funktionsbegriffs (anschließend geometrisch über den Flächeninhalt des Quadrates), um die Themenkreise Zahlen und Funktionen möglichst eng zu verklammern.

Als Eigenschaft von Quadrat- und Wurzelfunktion erarbeiten wir an Beispielen die Monotonie. Die Regel „Für $r < s$ gilt $r^2 < s^2$ und $\sqrt{r} < \sqrt{s}$." zeigt, wie Rechengesetze für die $<$-Relation „funktionentheoretisch" interpretierbar sind (und umgekehrt).

Beim numerischen Rechnen treten irrationale Zahlen nicht auf: $\sqrt{2}$ cm gibt es in der „Praxis" nicht; hier wird ausschließlich mit rationalen (Näherungs)werten gearbeitet (Tabellen, Rechenstäbe, Rechner). Dabei ist es völlig belanglos, ob eine Dezimaldarstellung periodisch ist oder nicht. Sollen aber quadratische Funktionen und Gleichungen, die trigonometrischen Funktionen, die Exponentialfunktionen, die logarithmischen Funktionen behandelt werden, so daß sie als Modelle zur Verfügung stehen, dann ist zunächst die unterrichtliche Aufarbeitung der reellen Zahlen erforderlich.[28]) Allerdings übersteigt jeder Versuch, über einen anschauungsgebundenen Zugang hinaus ein fachwissenschaftlich orientiertes Konstruktionsverfahren zu entwickeln und zu analysieren, das Aufnahmeniveau der Lernenden dieser Altersstufe. Überdies wäre ein solcher Weg nicht zu motivieren und der zeitliche Aufwand nicht zu rechtfertigen.

Bei der Thematisierung der quadratischen Funktion gehen wir davon aus, daß die Zahlbereichserweiterung von $\mathbb{Q}$ nach $\mathbb{R}$ inzwischen erfolgt ist.[29]) Somit besteht das Koordinatensystem aus zwei reellen Zahlengeraden. Nun läßt sich die Funktion $y = x^2$ leicht auf $\mathbb{R}$ fortsetzen. Da jedes $x \in \mathbb{R}$ quadriert werden kann, haben wir als Definitionsbereich ganz $\mathbb{R}$ zur Verfügung. Jede nicht-negative reelle Zahl ist dann aber auch Bild. Um das einzusehen, wendet man auf ein beliebiges $y \in \mathbb{R}_0^+$ die Verkettung „zuerst Wurzelziehen, dann Quadrieren" an: $y \mapsto \sqrt{y} \mapsto (\sqrt{y})^2 = y$ und verfolgt die Schritte am Graphen.

Aufschlüsselung des Zieles: Unser Ziel ist die Analyse der Funktion $x \mapsto ax^2 + bx + c$, $D = \mathbb{R}$, wobei folgende Akzente gesetzt werden: (1) Erkennen des Graphen der allgemeinen quadratischen Funktion (seiner geometrischen Verwandtschaft zu $x \mapsto x^2$) aus der Funktionsgleichung; (2) Untersuchen des Funktionsgraphen auf wichtige Eigenschaften; (3) Betonen der engen Beziehung zwischen den Lösungen quadratischer Gleichungen und den Nullstellen zugehöriger quadratischer Funktionen und Herleiten des rechnerischen Verfahrens zur Lösung quadratischer Gleichungen; (4) Durchführen von Fallunterscheidungen zur Aufschließung mathematischer Sachverhalte und zur Erarbeitung von Kalkülen (Bedeutung der Koeffizienten a, b, c für den Funktionsgraphen von $x \mapsto ax^2 + bx + c$ und die Lösung der quadratischen Gleichung $ax^2 + bx + c = 0$ (Diskriminante)); (5) Mathematisieren von Problemen mittels quadratischer Funktionen und Gleichungen.

Bemerkungen zur Konzeption: Unsere Konzeption zeichnet sich dadurch aus, daß die genannten Aspekte sehr eng miteinander verflochten sind. Der Aufbau ist synthetisch-konstruktiv[30]) ähnlich wie im Abschnitt „Lineare Funktionen". Von $x \mapsto x^2$ ausgehend entwickeln wir schrittweise „vom Einfachen zum Komplexen" $x \to ax^2 + bx + c$. Unser Vorschlag ist ein Beispiel dafür, wie man einen wichtigen und schwierigen Sachverhalt nach didaktischen Gesichtspunkten bündig gliedert mit dem Ziel: (1) durch Systematisierung den Schülern einen Sachverhalt zu erschließen, dabei ist die Wahl der Einstiegsphase besonders wichtig; (2) den Schülern während der Unterrichtsphasen und im Nachhinein die Systematik als für die mathematische Wissenschaft typisch bewußt zu machen. – Die Phasen der UE sind so aufeinander bezogen, daß der Schüler jeweils wenig Neues zu lernen braucht, weil später zu thematisierende Sachverhalte vorher in anderen Bezügen und Zusammenhängen integriert waren. Wie man dabei im einzelnen verfahren kann, d. h. wie die einzelnen Schritte des systematischen Aufbaus begründet, wie inner- und außermathematische Motivation einerseits sowie geometrisch-anschauliche und numerische Phasen andererseits in konsequentem Wechsel sich durchdringend in ein ausgewogenes Verhältnis zueinander gebracht werden, wollen wir nun andeuten.

Die Funktion $x \mapsto x^2 + c$: Nachdem man in einer Vorübung an die Bedeutung der Konstanten b für den Graphen der Funktion $y = ax + b$, $D = \mathbb{R}$, erinnert hat, wird die Funktion $y = x^2 + c$ zunächst mit, dann ohne Tabelle graphisch dargestellt. Letzteres überlegen wir am Beispiel: Zu jedem x erhalten wir den Funktionswert für $y = x^2 + c$, indem wir zu dem entsprechenden Funktionswert von $y = x^2$ die Zahl c addieren. Das bedeutet aber eine Verschiebung der Normalparabel entlang der y-Achse um c Einheiten. Damit ist zugleich die geometrische Verwandtschaft (Kongruenzabbildung) aufgezeigt.

Ein weiterer Schwerpunkt dieser Phase ist die Diskussion des Graphen $y = x^2 + c$ in folgender Weise: (1) Der Scheitel wird als Extremstelle (Minimum) erkannt. (2) Das Verhalten des Graphen in der Umgebung des Extremums wird genauer untersucht. (3) Die Symmetrie des Graphen wird durch Angabe der Symmetrieachse in Gleichungsform beschrieben. (4) Die Koordinaten der Nullstellen ($c \leq 0$) werden graphisch und rechnerisch bestimmt, wodurch inhaltlich die rein-quadratische Gleichung vorweggenommen ist.

Hier zeigt sich dem Schüler der Vorteil, über $\mathbb{R}$ zu verfügen: Das Durchziehen des Graphen garantiert ihm für $c < 0$ die Existenz von Schnittpunkten mit der x-Achse, und stets kann er den Schnittpunkten Zahlen zuordnen. Es ist zweckmäßig, hier an die Berechnung von Näherungswerten zu erinnern und die bei der Intervallschachtelung behandelte Methode für die numerische Bestimmung einer Nullstelle einzubringen. Dabei lernt der Schüler, wie er einen Näherungswert der graphischen Darstellung im Koordinantensystem entnehmen und unter Benutzung des Graphen immer bessere Näherungen für einen Funktionswert $f(x)$ an der Stelle x' ermitteln kann. Das ist ein gerade für Anwendungen wichtiges Verfahren, wenn ein Funktionsgraph gegeben, eine rechnerische Handhabung der Funktionsvorschrift aber nicht möglich ist.

Die Funktion $x \mapsto (x + b)^2$: Diese Phase steht unter der jetzt naheliegenden Fragestellung, wie die Gleichung der entlang der x-Achse verschobenen Normalparabel aussieht. (Wir fragen also jetzt anders als bei der vorhergehenden Phase.) Zur Beantwortung konstruieren wir aus einer Tabelle für $y = x^2$ die entsprechende Tabelle für die verschobene Parabel und entdecken — unter Beachtung der Konstanz der jeweiligen y-Werte — den Term, der die Zuordnung beschreibt (Bild B29). Man muß sehr sorgfältig vorgehen, damit die Schüler einsehen, daß eine Verschiebung nach rechts (links) durch ein negatives (positives) b bewirkt wird.

Wieder schließt sich die Diskussion des Graphen $x \mapsto (x + b)^2$ an: Symmetrie, Nullstelle, Scheitel.

Dann rechnen wir an Beispielen den quadratischen Term $(x + b)^2$ aus und führen die Bezeichnung „Scheitelform der Funktionsgleichung" ein. Denn wir wollen die Schüler über die Termumformung $x^2 + 2bx + b^2 = (x + b)^2$ an die „Methode der quadratischen Ergänzung" heranführen.

Die Funktion $x \mapsto (x + b)^2 + c$: Nun stellt sich zwangsläufig die Frage nach der Funktionsgleichung einer in Richtung der x-Achse und der y-Achse verschobenen Parabel.

Um die Schüler nicht zu sehr auf die Scheitelform zu fixieren, geben wir ihnen eine quadratische Funktion in der Form $y = x^2 + px + q$ (Bild B30). Wir lassen sie den Graphen der Funktion $y = x^2 + 4x + 7$ zunächst mit Hilfe einer Tabelle und dann durch Verschiebung der Normalparabel zeichnen. Der Scheitel hat nacheinander die Koordinaten $(0/0)$, $(-2/0)$, $(-2/3)$; dem entsprechen die Funktionsterme x^2, $(x + 2)^2$, $(x + 2)^2 + 3$. Anschließend machen sich die Schüler die beiden Verschiebungen noch einmal „punktuell" klar, indem sie den Weg der Punkte S, P_1, P_2 anhand der Koordinaten verfolgen. So ist

Die Funktion $x \longmapsto (x + b)^2$

Wir wollen jetzt die Normalparabel in Richtung der x-Achse verschieben, der Scheitel verbleibt dabei auf der x-Achse.
Wie lauten Zuordnungsvorschrift und Funktionsgleichung der um 5 Einheiten nach rechts verschobenen Parabel in Abb. 12.6?
Um das herauszufinden, konstruieren wir aus der Tabelle für $y = x^2$ die Tabelle der „roten" Parabel. Dabei beachten wir, daß sich die y-Koordinaten entsprechender Punkte bei der Verschiebung nicht verändert haben.

x	x^2	x	
-4	$(-4)^2$	1	$4^2 =$
-3	$(-3)^2$	2	$3^2 =$
-1	$(-1)^2$	3	$2^2 =$
0	0^2	4	$1^2 =$
1	1^2	5	$0^2 =$
2	2^2	6	$1^2 =$
3	3^2	7	$2^2 = (7 - 5)^2$
4	4^2	8	$3^2 =$
		9	$4^2 =$

Du siehst, daß alle x-Werte, die in der linken Tabelle dem gleichen y-Wert wie in der rechten Tabelle zugeordnet sind, um genau 5 kleiner sind; z. B. entsprechen dem y-Wert 4 die Zahlen 2 bzw. 7. Wenn die Tabelle ausgefüllt ist, erkennst du leicht die Zuordnungsvorschrift:
$$x \longmapsto (x - 5)^2.$$
Welche Koordinaten hat der Scheitel der Parabel? Hat sie Nullstellen und eine Symmetrieachse?

Nun wollen wir die Normalparabel nach links verschieben, und zwar um 3 Einheiten (Abb. 12.7). Welche Zuordnungsvorschrift vermutest du? Führe eine der Eingangsaufgabe entsprechende Überlegung durch.

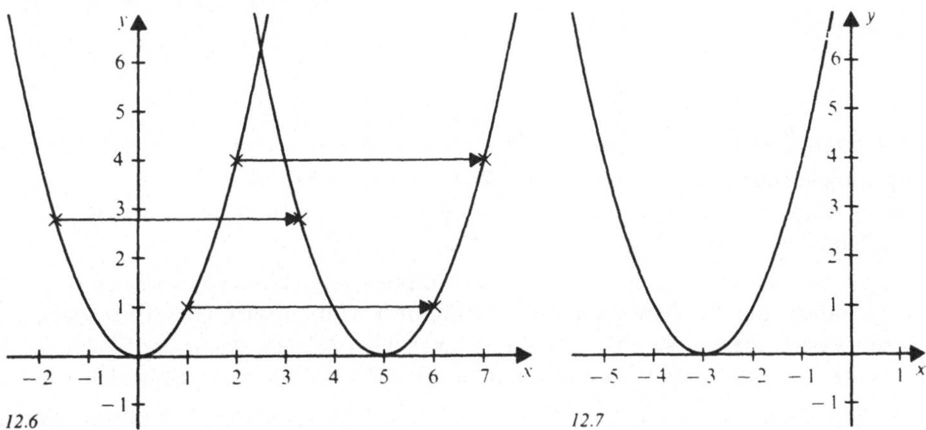

Bild B29 [41, 9B, S. 101]

graphisch unter Ausnutzung der in den vorausgegangenen Schritten gewonnenen Kenntnisse (geometrische Verwandtschaft) die Umwandlung eines nicht-binomischen Terms in die Scheitelform gelungen.
Zwei Probleme stellen sich: (1) Diskussion der Parabel $y = (x + b)^2 + c$ (Scheitel, Extremum, Nullstellen, Symmetrie). Im Aufgabenteil wird diese Thematik vertiefend behandelt: Bedeutung von b und c für den Graphen erkennen, zu gegebener Funktionsgleichung den Graphen (ohne Wertetabelle) zeichnen, die umgekehrte Fragestellung bearbeiten. (2) Herleitung eines rechnerischen Verfahrens zur Auffindung der Scheitelform. Mit der

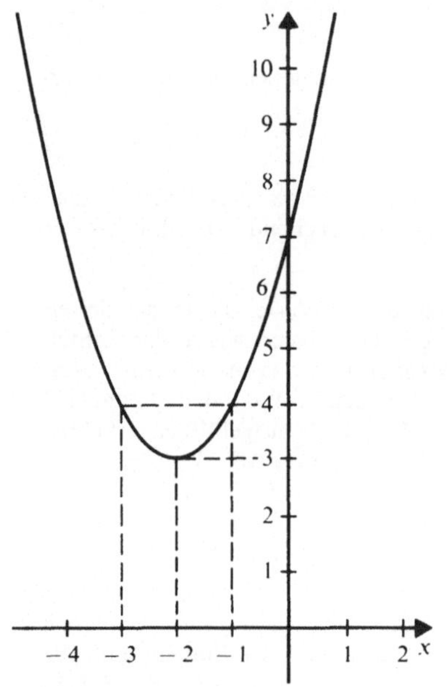 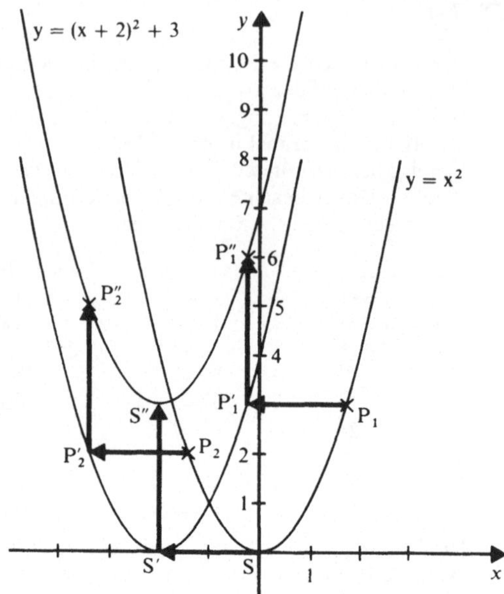

Bild B30 [41, 9B, S. 103]

intendierten Gleichung $x^2 + px + q = (x + \frac{p}{2})^2 - \frac{p^2}{4} + q$ ist zudem sichergestellt, daß jede Funktionsgleichung $y = x^2 + px + q$ eine Parabel beschreibt. Diese Umformung ist besonders gründlich zu behandeln und zu üben, wenn Termumformungen nicht über einen längeren Zeitraum Unterrichtsgegenstand der Klasse 8 waren.

Vor allem in Hinsicht auf die Gleichungslehre diskutieren wir die Existenz von Nullstellen sehr gründlich. Bei der Herleitung der Scheitelform wird zugleich über die Voraussetzungen reflektiert, die die Koeffizienten p und q erfüllen müssen, damit der Graph $y = x^2 + px + q$ die x-Achse berührt, in zwei Punkten, oder überhaupt nicht schneidet. Die Schüler sollen anhand des Terms $\frac{p^2}{4} - q$ wiederum die Wichtigkeit von Fallunterscheidungen bei der Erarbeitung von Kalkülen erkennen.

Der nächste Abschnitt der UE thematisiert die **quadratische Gleichung** in einer Variablen.[31] Wir unterscheiden wie üblich rein-quadratische und gemischt-quadratische Gleichungen.

Die Gleichung $x^2 + c = 0$: Die rein-quadratische Gleichung hat inhaltlich zwei Anknüpfungspunkte: (1) Definition der Quadratwurzel[32] und (2) Bestimmung der Nullstellen der Funktion $y = x^2 + c$. Diesen Sachverhalt brauchen wir nur noch in die „Sprache" der Gleichungslehre zu übersetzen und die Lösungsmöglichkeiten systematisch zu erfassen[33] (Fallunterscheidung); d. h. vor allem, die üblichen Bezeichnungen $x_{1/2}$, $\pm \sqrt{c}$ usw. einzuführen, die den Umgang mit quadratischen Gleichungen erleichtern. Außerdem stellen wir die Aufgabe, $x^2 + c = 0$ über Linearfaktorzerlegung zu lösen.

Die Gleichung $x^2 + px + q = 0$: Nach Behandlung der Umformung von $y = x^2 + px + q$ in die Scheitelform ist die Lösung der gemischt-quadratischen Gleichung $x^2 + px + q = 0$ methodisch weitgehend vorbereitet. Wir geben dem Schüler zunächst jedoch einige Gleichungen in der Form $(x + b)^2 + c = 0$, die entsprechend den rein-quadratischen Gleichungen, also mit zuvor erlernter Methode, gelöst werden. Dann folgen Gleichungen, die mit Hilfe einer binomischen Formel arithmetisch äquivalent umzuformen sind. Der Schüler weiß, daß man versucht, Unbekanntes dadurch zu erschließen, daß man es mit vertrauten Methoden auf Bekanntes zurückführt. D. h. hier: Die Umwandlung der Gleichung $x^2 + px + q = 0$ in die Form $(x + b)^2 + c = 0$ gelingt ohne Schwierigkeit, wenn man den Bezug zu den quadratischen Funktionen erkennt und sich an das dort mit Erfolg praktizierte Ausgliedern eines quadratischen Terms erinnert. Die ,,Methode der quadratischen Ergänzung" kann noch geometrisch veranschaulicht werden durch Vervollständigung einer aus Quadrat (x^2) und Rechteck (px) zusammengesetzten Figur zu einem Quadrat $(x + \frac{p}{2})^2$.

Nun wird man die Lösungsmethode formalisieren und die Lösungsformel für quadratische Gleichungen herleiten. Wir sind der Meinung, daß es auf Dauer gesehen besser ist, im konkreten Fall die ,,Methode der quadratischen Ergänzung" anzuwenden, als eine mehr oder weniger richtig im Gedächtnis gespeicherte ,,Lösungsformel" heranzuziehen. Aber das Durchrechnen des allgemeinen Falles ist für leistungsstärkere Schüler eine gute Gelegenheit, sich im Formalisieren zu üben, und führt über die Diskriminante D zu der Fallunterscheidung für die Lösungen. Der Term $\frac{p^2}{4} - q$ ist längst bekannt. In anderem Zusammenhang entschied er über die Anzahl der Nullstellen einer quadratischen Funktion. $D = \frac{p^2}{4} - q$ beschreibt den hier vorliegenden Sachverhalt optimal. Das sollte den Schülern bewußt werden.[34]

Arbeitsergebnis:

Quadratische Gleichung	Quadratische Funktion
$x^2 + px + q = 0$	$y = x^2 + px + q$
$x_{1/2} = -\frac{p}{2} \pm \sqrt{\frac{p^2}{4} - q}$	$y = (x + \frac{p}{2})^2 + (-(\frac{p}{2})^2 + q)$

$$\frac{p^2}{4} - q \begin{cases} > 0 & \text{2 Lösungen} \\ = 0 & \text{1 Lösung} \\ < 0 & \text{0 Lösungen} \end{cases} \qquad -\frac{p^2}{4} + q \begin{cases} < 0 & \text{2 Nullstellen} \\ = 0 & \text{1 Nullstelle} \\ > 0 & \text{0 Nullstellen} \end{cases}$$

Beide Bedingungen sind identisch. Die eine Bedingung geht in die andere über, wenn man mit -1 multipliziert.

Der Schüler verfügt nun über ein inner- und außermathematisch verwendbares mathematisches Modell, das er wie folgt handhaben kann:

Aufgabe: Diskutiere die Funktion $y = x^2 - 3x + 2$.

Lösungsprozeß:
Der Graph der Funktion $y = x^2 - 3x + 2$ ist eine verschobene Normalparabel. Zur genauen Untersuchung bestimmen wir die Scheitelform der Funktionsgleichung:

$$y = x^2 - 3x + 2$$
$$y = (x - \tfrac{3}{2})^2 - (\tfrac{3}{2})^2 + 2$$
$$y = (x - \tfrac{3}{2})^2 - \tfrac{1}{4}$$

Daraus entnehmen wir folgende Eigenschaften der Parabel:

— Scheitel: S $(\frac{3}{2}/-\frac{1}{4})$; an dieser Stelle hat die Funktion ihr Minimum.

— Symmetrieachse: $x = \frac{3}{2}$

— Anzahl der Nullstellen: 2

Zur Bestimmung der Nullstellen lösen wir die quadratische Gleichung $x^2 - 3x + 2 = 0$. Dazu benutzen wir die Scheitelform und erhalten

$$(x - \frac{3}{2})^2 = \frac{1}{4}$$
$$|x - \frac{3}{2}| = \frac{1}{2}$$
$$L = \{2; 1\}$$

Damit haben wir die Produktgleichung $(x - 2)(x - 1) = 0$ und die Nullstellen:

$N_1 (2/0)$
$N_2 (1/0)$

Dieses Modell gilt es weiter auszubauen.

Die Gleichung $ax^2 + bx + c = 0$: Es ist zweckmäßig, zunächst noch bei der Gleichungslehre zu verweilen und die Lösung der allgemeinen quadratischen Gleichung anzuschließen. Denn es gelingt leicht, die allgemeine quadratische Gleichung $ax^2 + bx + c = 0$, $a \neq 0$, in die Normalform $x^2 + px + q = 0$ zu bringen, indem wir durch a dividieren, wohingegen wir uns bei der Umformung quadratischer Funktionsgleichungen von a nicht so bequem befreien können. Während bislang die Funktionenlehre der Gleichungslehre zuspielte, ist es dieses Mal also umgekehrt: Durch die Behandlung der allgemeinen quadratischen Gleichung wird die allgemeine quadratische Funktion, insbesondere die Umwandlung in die Scheitelform, vorbereitet.

Die Funktion $x \mapsto -x^2 + bx + c$: Auf die graphische Lösung quadratischer Gleichungen durch die Bestimmung der Schnittpunkte von Gerade und Normalparabel glauben wir verzichten zu können. Sie ist für die Praxis bedeutungslos und läßt sich auch für die Funktionenlehre nicht auswerten. Vielmehr wenden wir uns nun intensiv der allgemeinen quadratischen Funktion $y = ax^2 + bx + c$, $a \neq 0$, zu. Ausführlich diskutiert wurde in der ersten Phase der Fall $a = 1$. Es ist didaktisch sinnvoll, auch die quadratische Funktion für $a = -1$ vorzuziehen, sie als weiteres „Verwendungsbeispiel" [40] einzubringen [41, 9B, S. 119—120]. Das hat diesen Vorteil: Wir erarbeiten neue wesentliche Eigenschaften und weitere Methoden zur Untersuchung der allgemeinen quadratischen Funktion anhand der vertrauten Normalparabel. Im einzelnen gehen wir so vor: Spiegelung der Normalparabel an der x-Achse (ev. schrittweise: erst Spiegelung von $y = x^2$, dann Spiegelung der entlang der x- und y-Achse verschobenen Parabel); Kennzeichnung des Scheitels als Maximum der Funktion (dabei Gebrauch des $\leqslant$-Zeichens und Begründung durch Interpretation der Scheitelgleichung); Umwandlung der Funktionsgleichung $y = -x^2 + bx + c$ in die Scheitelform (wiederum durch Zurückführen auf den bekannten Fall).

Die Funktion $x \mapsto ax^2 + bx + c$: Bisher hatten wir auf die Normalparabel ausschließlich Kongruenzabbildungen angewandt. Jetzt kommt die senkrecht-affine Abbildung hinzu. Mit Hilfe von Tabellen zeichnen wir $y = a \cdot x^2$ für verschiedene a. Die Ähnlichkeit der Kurven untereinander und insbesondere zur Normalparabel veranlaßt uns, auch hier von „Parabeln" zu sprechen. Durch Kennzeichnung der Fälle $a < -1$, $a = -1$, $-1 < a < 0$, $0 < a < 1$, $1 < a$ mittels des Abbildungsbegriffs machen wir die geometrische Verwandtschaft der Parabeln bewußt.

Zwei Aufgaben stellen sich, die wir — bedingt durch den gesamten Aufbau unserer UE — zügig und ohne Schwierigkeiten bearbeiten können: (1) Zu einer (beliebigen) im Koordinatensystem dargestellten Parabel ist die zugehörige Funktionsgleichung anzugeben. Wir überlegen, welche Abbildungen $y = x^2$ in die gegebene Parabel überführen, und notieren jeweils die zugehörigen Funktionsgleichungen. So baut sich schrittweise die gesuchte Gleichung $y = a\,(x + b)^2 + c$ auf. (2) Es ist nachzuweisen, daß jede Funktion $y = ax^2 + bx + c$, $a \neq 0$, eine Parabel darstellt, die zu $y = ax^2$ kongruent ist. Dazu verallgemeinern wir am Beispiel den für $a = -1$ behandelten Kalkül zur Umwandlung der gegebenen Funktionsgleichung in die Scheitelform. Die Fehleranfälligkeit läßt sich günstig beeinflussen, indem man den Kern des Kalküls $x^2 + \frac{b}{a}x + \frac{c}{a} = (x + \frac{b}{2a})^2 - (\frac{b}{2a})^2 + \frac{c}{a}$ in einer Nebenrechnung isoliert. Die Formalisierung, also die Umwandlung der allgemeinen quadratischen Funktionsgleichung in die Scheitelform, kann anschließend durchgeführt werden.

Der Schüler erkennt, daß die Scheitelform eine optimale Beschreibung aller wichtigen Eigenschaften der Parabel erlaubt; dazu gehören: die Abbildungen, durch die die Parabel aus $y = x^2$ entsteht; die Art des Extremums; die Koordinaten des Scheitels und damit die Extremwertstelle; die Symmetrieachse; die Anzahl der Nullstellen, deren Lage man anhand der Scheitelform leicht berechnen kann.

Die Phasen unserer Unterrichtsplanung greifen „innermathematisch" ineinander, die Durcharbeitung orientiert sich vorwiegend an innermathematisch gestellten Fragen und Methoden. Die Thematik ist zu komplex, als daß sie sich (nebenher) im Rahmen eines außermathematischen Sachzusammenhanges behandeln ließe. Das Modell der quadratischen Funktion ist aber von so großer Bedeutung, daß es gründlich erarbeitet werden muß. Seine Anwendbarkeit läßt sich an verschiedenen Stellen der Konzeption erfahren. Sachprobleme, die mittels des erarbeiteten Modells mathematisiert werden, sind häufig Extremwertaufgaben. Daher ist die Bestimmung von Lage und Größe des Extremums bei Parabeln wichtiger Bestandteil einer von uns für diese Klassenstufe vorgesehenen UE, die eine Thematisierung von Extremwertproblemen aus der RM und der AM zum Inhalt hat.[35)]

3.3 Potenz-, Exponential- und trigonometrische Funktionen

Wenn auch mathematische Erwägungen für die in der Überschrift genannte Reihenfolge einer unterrichtlichen Behandlung in Klasse 10 sprechen, so können (organisatorische [105, S. 45] oder situationsabhängige) Gründe vorliegen, anders zu verfahren. Jedenfalls ist der Unterricht der Klasse 10 inhaltlich vom Funktionsbegriff bestimmt. Da man bei einer systematischen Behandlung dieser Funktionen rasch auf mathematisch sehr schwierige Begriffe stößt, müssen die Akzente entsprechend der Klassenstufe mehr im Elementaren und Anschaulichen gesetzt werden. Darum ist vor allem die qualitative Beschreibung und Diskussion der Graphen von Funktionen (nicht nur der oben genannten) wichtig, wobei sich ein (später in der Sekundarstufe II zu präzisierendes) Vokabular ausbildet (in einem Intervall wachsen, fallen, monoton (stärker, schwächer) steigen, sich einer Geraden (einem Wert) beliebig nähern, periodisch schwanken, unter einer Schranke bleiben, symmetrisch sein usw.). Beweise wird man (z. B. bei der Monotonie der Potenzfunktionen) exemplarisch in den „einfachen" Zahlenmengen ($\mathbb{N}, \mathbb{Z}$) führen und sich auch hinsichtlich der Anzahl der Beweise Beschränkung auferlegen. Die Funktionen verselbständigen sich allmählich zu eigenständigen Objekten, die man unter den genannten Eigenschaften vergleicht. Um den Modellcharakter von Funktionen herauszuarbeiten, sind die Graphen wiederholt daraufhin zu untersuchen, ob sie aus (kontinuierlichen) Linien oder aus diskreten Punkten bestehen und was man durch deren Verbindung mittels eines Streckenzuges oder einer Kurve erreichen will ([35, S. 75 ff.], [41, LHB 7B, S. 29]).

(a) Potenzfunktionen

Die Behandlung der Potenzfunktionen ist gekoppelt mit der Definition der Potenzen für ganzzahlige dann für gebrochene und schließlich (andeutungsweise, exemplarisch) für irrationale Exponenten und der Erarbeitung der Rechenregeln für Potenzen. Die Motivation ist vorwiegend innermathematisch. Die Potenzfunktionen können an die jeweiligen Erweiterungsschritte angebunden werden, oder aber man erweitert zunächst im arithmetischen Bereich und behandelt anschließend in analogen Schritten die Potenfunktionen. Geschlossenheit und Systematik einerseits, Auflockerung und Bildhaftigkeit andererseits kennzeichnen beide methodischen Wege. In jedem Falle hat die Behandlung des gesamten Sachverhaltes einen ausgesprochen formalen Charakter.

Die Funktionenlehre in Klasse 10 sollte beginnen mit einer Wiederholung (in Richtung auf eine stärkere Formalisierung) des Themas: Relation — Umkehrrelation, Funktion — Umkehrrelation, vielleicht am Beispiel der Normalparabel $x \mapsto x^2$ in $\mathbb{R}$.

Für die Potenzfunktionen $y = x^r$ in $\mathbb{R}$ wird herausgearbeitet, welche Eigenschaften ihre Graphen besitzen, vor allem Symmetrie und Monotonie. Diese an der Graphik „abgelesenen" Eigenschaften lassen sich nun mit den Monotoniegesetzen (bezüglich des Exponenten und bezüglich der Basis) begründen, wobei ein Vergleich der Graphen untereinander eingeschlossen ist. In Bild B31 wird für $r \in \mathbb{Q}$ auf eine Begründung der Monotoniegesetze verzichtet, sie können nach den für $r \in \mathbb{N}$ geführten Beweisen und dem Verlauf der Funktionsgraphen als evident angesehen werden.

Wir halten es nun für wünschenswert, neben diesem für die Klasse 10 vorgesehenen Stoff die ganze rationale Funktion dritten Grades von außermathematischen Sachverhalten ausgehend an Beispielen zu diskutieren, wobei wir an die Erfahrungen anknüpfen, die sich Schüler im Umgang mit den quadratischen Funktionen erworben haben.

(b) Exponentialfunktionen und ihre Umkehrfunktionen

Ein Beispiel, das sich bereits in die Phase „Proportionale Funktionen" eingliedern läßt, ist das Wachstum der Wasserrose (Bild B32) oder ein ähnlicher Sachverhalt:

Das sehr starke Anwachsen des Flächeninhalts fällt auf. Welche Gesetzmäßigkeit steckt dahinter? Gehen die Schüler der Verdoppelung von einem Wert zum darauffolgenden nach, erkennen sie, daß in gleichmäßigen Zeitabständen eine Größe immer um den glei-

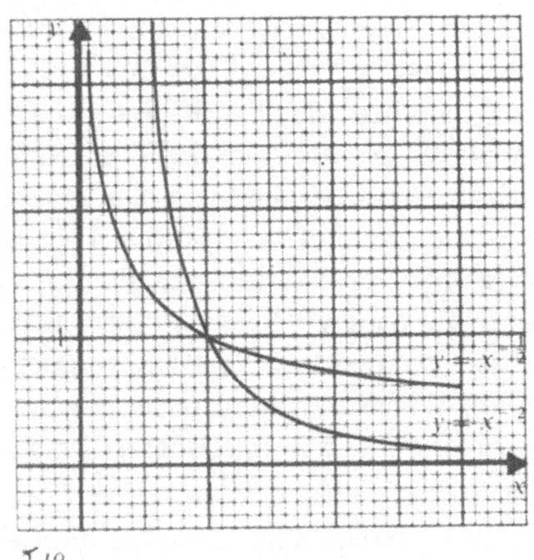

2.19

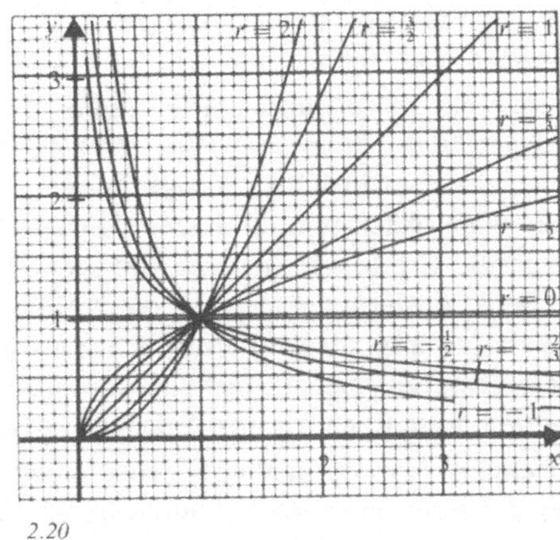

2.20

Diese Überlegungen lassen sich auch verallgemeinern:
Gehört das Paar (a/b) zu f: $y = x^n\,(n \in \mathbb{Z})$, so gilt $b = a^n$. Dann muß aber auch gelten: $b^{\frac{1}{n}} = (a^n)^{\frac{1}{n}}$, also $b^{\frac{1}{n}} = a$. Somit muß das Paar (b/a) zu g: $y = x^{\frac{1}{n}}$ gehören.
Also ist g die Umkehrfunktion von f.
Wir halten fest:

Für alle $n \in \mathbb{Z}\setminus\{0\}$ ist $x \longmapsto x^{\frac{1}{n}}$, $x \in \mathbb{R}^+$, die Umkehrfunktion von $x \longmapsto x^n$, $x \in \mathbb{R}^+$ (Satz 19).

Zum Schluß wollen wir die Graphen einiger Funktionen $x \longmapsto x^r$, $x \in \mathbb{R}^+$, $r \in \mathbb{Q}$ vergleichen, wobei r nicht unbedingt ein Bruch der Form $\frac{1}{m}$, $m \in \mathbb{Z}\setminus\{0\}$ sein muß. Hier ergibt sich das Bild der Abb. 2.20.
Abb. 2.20 verdeutlicht, daß die Potenzfunktionen $x \longmapsto x^r$ für $r > 0$ monoton steigend, für $r < 0$ monoton fallend sind. Darüber hinaus verdeutlicht Abb. 2.20 einige Monotonieeigenschaften für Potenzen mit rationalen Hochzahlen, die wir in dem folgenden Satz zusammenstellen:

Für alle $r, s \in \mathbb{Q}$, $x_1, x_2, x \in \mathbb{R}^+$ gilt:
(I $\mathbb{Q}$) $s > r \Leftrightarrow x^s > x^r$ für $x > 1$ (III $\mathbb{Q}$) $x_1 < x_2 \Leftrightarrow x_1^r < x_2^r$ für $r > 0$
(II $\mathbb{Q}$) $s > r \Leftrightarrow x^s < x^r$ für $0 < x < 1$ (IV $\mathbb{Q}$) $x_1 < x_2 \Leftrightarrow x_1^r > x_2^r$ für $r < 0$ (Satz 20).

Bild B31 [41, 10B, S. 45]

Bild B32 [59, S. 259]

chen Faktor wächst. Einer Verdreifachung, ..., Ver-n-fachung der „Zeiteinheit" ent-spricht die dritte, ..., n-te Potenz des Faktors 2. (Kontrast)beispiele dieser Art klären (wenn sie nicht an zu früher Stelle unserer UE gebracht werden) den Begriff der Propor-tionalität ab und öffnen den Blick für Wachstumsprozesse. Am Beispiel der Zinseszins-rechnung, die man in Klasse 7 andiskutiert, läßt sich in Klasse 10 die Vorstellung vom exponentiellen Wachstum ausbauen.[36] Dann werden die Termini Wachstumsfaktor q (um den eine Größe wächst) und Anfangswert a eingeführt[37], die Gesetzmäßigkeiten in einem Funktionsterm $t \mapsto a \cdot q^t$ (a, q $\in \mathbb{R}^+$) fixiert und an anderen Sachverhalten (ein-schließlich Zerfallsprozessen) erprobt. Dabei erweist sich der Elektronische Taschenrech-ner als Hilfsmittel, das ein rechnerisches Umgehen mit Wachstumsfaktoren ermöglicht und dadurch wesentlich zur begrifflichen Auffassung der Exponentialfunktionen beiträgt.

Der Übergang vom sprunghaften zum stetigen Wachstumsmodell erfolgt durch Fort-setzung der Funktion $t \mapsto a \cdot q^t$ auf ganz $\mathbb{R}$. Die Graphik erstellt man zunächst einmal versuchsweise durch Verbinden der Punkte eines sprunghaften Wachstums durch eine ästhetisch zufriedenstellende Kurve, die man über (0/a) hinauszeichnet.

Folgender Zugang zu den Exponentialfunktionen ist innermathematisch motiviert: Bei den Potenzfunktionen ist die Basis „variabel" und der Exponent „fest". Formal liegt die Frage nach der Untersuchung eines Potenzterms nahe, dessen Basis „fest" und dessen Exponent „variabel" ist.

Zu den gebräuchlichen Bezeichnungen übergehend besteht jetzt die Aufgabe darin, Ei-genschaften der Funktionen $y = a^x$, a $\in \mathbb{R}^+$, in $\mathbb{R}$ zu erkennen.[38] Da aber analytische Hilfsmittel kaum zur Verfügung stehen, muß ein eingehendes Studium der Sekundarstufe II überlassen bleiben. Auch der wichtige Spezialfall a = e gehört nicht in die Klasse 10.

Die Exponentialfunktion mit der Basis a kürzt man häufig mit $\exp_a$ ab:

$$\exp_a: x \mapsto a^x, a \in \mathbb{R}^+, x \in \mathbb{R};$$

anstelle von $y = a^x$ schreibt man $y = \exp_a (x)$.[39]
Funktionsgraphen werden gezeichnet und analysiert. Dies sind die wesentlichen Eigen-schaften, die sich dabei ergeben:
(1) Der Wertebereich ist $\mathbb{R}^+$ ($a^x > 0$ für alle $x \in \mathbb{R}$). (2) Die Funktion $\exp_a$ ist monoton steigend (fallend) für $a > 1$ (bzw. für $0 < a < 1$) und für $a = 1$ konstant. (Folgt aus den Monotonieeigenschaften für Potenzen.) (3) Die Graphen $y = a^x$ und $y = \left(\frac{1}{a}\right)^x = a^{-x}$ sind symmetrisch bezüglich der y-Achse. (4) Es gelten die Gesetze (Funktionalgleichungen): $\exp_a (u) \cdot \exp_a (v) = \exp_a (u + v)$ und $(\exp_a (u))^v = \exp_a (u \cdot v)$ für alle u, v $\in \mathbb{R}$ (Umschrei-ben der Potenzgesetze).

Um den Umgang mit den Exponentialfunktionen zu intensivieren, kann man exempla-risch untersuchen lassen, welchen Einfluß die Konstanten a, b, c auf den Graphen von $y = a \cdot 2^{x + b} + c$ haben.

Daß die Logarithmentafeln für das numerische Rechnen genau so an Bedeutung verloren haben wie der Rechenstab, hat erhebliche Konsequenzen für die Behandlung der Logarith-musfunktionen. Im Rahmen der Funktionenlehre besteht ihre Bedeutung vor allem in der Vertiefung des Begriffs Umkehrfunktion. Hier geht es um die Erarbeitung von Umkehr-funktionen, die mit der bisher bekannten Symbolik nicht bezeichnet werden können (Bild B33).

Wir wollen nun untersuchen, ob die Exponentialfunktionen jeweils eine Umkehrfunktion besitzen. Dazu betrachten wir zunächst die Umkehrrelation einer bestimmten Exponentialfunktion. Für die Funktion $\exp_3$: $x \longmapsto 3^x$, $x \in \mathbb{R}$, und ihre Umkehrrelation z. B. erhalten wir die Graphen in Abb. 3.2.

Die dazugehörigen Wertetabellen sind die folgenden:

$\exp_3$:

x	0	1	2	...	-1	-2	...
y	1	3	9	...	$\frac{1}{3}$	$\frac{1}{9}$	...

Umkehrrelation von $\exp_3$:

x	1	3	9	...	$\frac{1}{3}$	$\frac{1}{9}$	...
y	0	1	2	...	-1	-2	...

Ist nun die Umkehrrelation von $\exp_3$ eine Funktion?

Dazu stellen wir zunächst fest, daß als Definitionsmenge der Umkehrrelation nur die Menge $\mathbb{R}^+$ in Frage kommt.

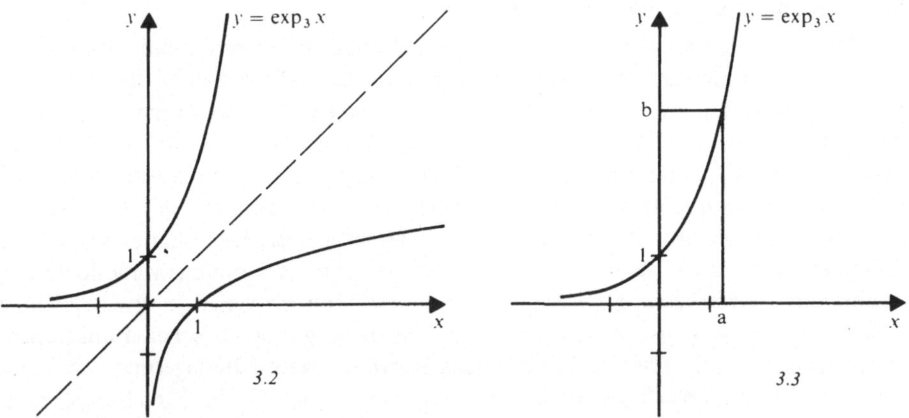

Wir überprüfen nun die beiden Eigenschaften, die für Funktionen kennzeichnend sind.
Dazu müssen wir die folgende Frage beantworten: Wird durch die Umkehrrelation von $\exp_3$ jedem Element von $\mathbb{R}^+$ genau ein Element zugeordnet?

Anders ausgedrückt: Hat jede Gleichung der Form
$\exp_3(x) = b$, d. h. $3^x = b$, $b \in \mathbb{R}^+$,
genau eine Lösung?

Diese Frage beantworten wir mit Hilfe des Graphen in Abb. 3.3.

Wählen wir ein $b \in \mathbb{R}^+$ auf der y-Achse, so finden wir aufgrund der Monotonie des Graphen von $\exp_3$ genau ein a, für das gilt: $\exp_3(a) = b$, d. h. $3^a = b$. Die Umkehrrelation von $\exp_3$ ordnet also der Zahl b genau eine Zahl a zu. Nach Definition der Funktion ist damit die Umkehrrelation von $\exp_3$ eine Funktion.

Ganz entsprechend wie für $\exp_3$ kann man auch für die anderen Exponentialfunktionen mit einer von 1 verschiedenen Basis a anhand der Monotonie begründen, daß die Umkehrrelation eine Funktion ist. Aus der Monotonie folgt nämlich, daß bei jeder Funktion $\exp_a$: $x \longmapsto a^x$ mit $a \neq 1$ jeder y-Wert genau einmal vorkommt. Dagegen hat $\exp_1$ keine Umkehrfunktion, weil hier als y-Wert nur die Zahl 1 vorkommt. Die Definitionsmenge der Umkehrfunktionen ist stets $\mathbb{R}^+$, denn der Graph von $\exp_a$: $x \longmapsto a^x$ nähert sich für jedes $a \neq 1$ der x-Achse beliebig dicht an und steigt beliebig hoch.

Für die Umkehrfunktion von $\exp_a$: $x \longmapsto a^x$ mit $a \neq 1$ führen wir einen eigenen Namen ein:

Die Umkehrfunktion von $\exp_a$ ($a \in \mathbb{R}^+ \setminus \{1\}$) heißt $\log_a$.
(Lies: logarithmus a.)

Nach der Definition der Umkehrfunktion gilt (wir schreiben vereinfacht $\exp_a y$):

Für alle $a \in \mathbb{R}^+ \setminus \{1\}$, $x \in \mathbb{R}^+$, $y \in \mathbb{R}$, gilt: $y = \log_a x \Leftrightarrow x = \exp_a y$ $(x = a^y)$ (Satz 1).

Bild B33 [41, 10B, S. 50–51]

Aus den für die Exponentialfunktionen gültigen Gesetzen werden die Logarithmenge-
setze[40]) bewiesen, wodurch erneut der Zusammenhang zwischen den beiden Funktionstypen deutlich wird.

Für alle $a \in \mathbb{R}^+ \setminus \{1\}$, x, $y \in \mathbb{R}^+$, $r \in \mathbb{R}$, gilt:

$$\log_a (x \cdot y) = \log_a x + \log_a y$$

$$\log_a \frac{x}{y} = \log_a x - \log_a y$$

$$\log_a x^r = r \cdot \log_a x$$

(c) Die trigonometrischen Funktionen

Als letzte der „klassischen", zum Stoff der Sekundarstufe I gehörenden Funktionen bleiben die trigonometrischen (oder Winkel-)Funktionen. Diese haben den Schülern bisher
nicht bekannte Eigenschaften. Daher sind sie einerseits für den Ausbau der Funktionenlehre bedeutsam. Zum anderen kann man mit Hilfe von Wertetabellen für Winkelfunktionen Dreiecke berechnen, die in der Elementargeometrie nur konstruktiv zugänglich
waren. Der Zusammenhang zwischen Winkelgröße und Verhältnis von Seitenpaaren wird
jetzt numerisch erfaßt. Damit lassen sich außermathematische Situationen verfeinert beschreiben, die zunächst nur durch maßstabgerechte Zeichnungen modelliert werden
konnten (Landvermessung, Berechnungen von Höhen im Gelände usw.). Nicht zuletzt
sind es aber physikalische Anwendungen, die die trigonometrischen Funktionen interessant machen: z. B. einfache harmonische Schwingungen, Überlagerung von Schwingungen (am Graph), Wechselstromkurven, Gesetze in der Optik (Brechungsgesetz). Der
Mathematikunterricht kann diese Sachverhalte nicht thematisieren, er muß aber die Modelle zur Verfügung stellen.

Es gibt viele Möglichkeiten für eine unterrichtliche Behandlung der trigonometrischen
Funktionen, jeweils wiederum in zahlreichen Varianten und mit unterschiedlichen Akzen-
ten; z. B.: (1) Die Winkelfunktionen werden anhand des Einheitskreises definiert und
untersucht, dann die Funktionswerte als Seitenverhältnisse im rechtwinkligen Dreieck
erkannt, woran die Methodik der Dreiecksberechnung anknüpft. (2) Man setzt bei der Ähn-
lichkeitslehre an und untersucht die Seitenverhältnisse bei rechtwinkligen Dreiecken in
Abhängigkeit von Winkelgrößen, entwickelt die Dreiecksberechnung und wendet sich dann
den trigonometrischen Funktionen unter dem Aspekt des Fortsetzungsproblems zu. (3)
Die Einführung bilden Schwingungsexperimente, darauf folgen Definition und Untersuchung der Winkelfunktionen, Dreiecksberechnungen schließen sich an.

Der Vorschlag des Schulbuches [41] orientiert sich an dem übergeordneten Gesichtspunkt
der Funktion und ist dabei auf mannigfache Anwendungsbezüge hin angelegt.[41]) Das
zeigt sich schon beim Einstieg über das Polarkoordinatensystem, weil mit seiner Hilfe
Drehbewegungen sachadäquat beschrieben werden können.

Die Schüler wissen, wie man Punkte im kartesischen Koordinatensystem festlegt, jetzt
lernen sie das Polarkoordinatensystem kennen. Durch Zeichnen und Messen lassen sich
die Koordinaten eines Punktes in einem System (näherungsweise) bestimmen, wenn sie in
dem anderen System bekannt sind. Es stellt sich die Frage nach dem arithmetischen Zusammenhang zwischen den kartesischen Koordinaten (x/y) und den Polarkoordinaten
(r/α) eines Punktes, so daß man von einem System ins andere umrechnen kann. Mit den

bisherigen Mitteln (Satz des Pythagoras bzw. Strahlensätze) berechnet man r aus x und y und reduziert das gestellte Problem auf r = 1 (Einheitskreis).[42] Das ist an Beispielen zu konkretisieren.

In der nächsten Phase geht es darum, den Zusammenhang zwischen der durch das Winkelmaß α beschriebenen Lage eines Punktes auf dem Einheitskreis und seinen kartesischen Koordinaten (x/y) global und qualitativ zu beschreiben. Dazu werden für vorgegebene Winkelgrößen (etwa in Abständen von $10°$) die zugehörigen Werte x und y gemessen und in Tabellen notiert. Da jeder Winkelgröße α eindeutig ein x und eindeutig ein y zugeordnet ist, entstehen zwei Funktionstabellen. Diese gilt es nun unter Einbeziehung des Einheitskreises zu analysieren: Es gibt Punkte zu verschiedenen Winkeln, die dieselbe x-Koordinate und solche, die dieselbe y-Koordinate haben. Aus Symmetriebetrachtungen am Einheitskreis folgt, wann das (auch über die Tabelle hinaus) so ist (Verallgemeinerung).

Eine Globalbeschreibung der Änderung von x und y eines sich auf der Kreislinie bewegenden Punktes (Werteverlauf) erhält man leicht (Bild B34).

Die hier dargestellten Zuordnungen bilden die Grundlage für die Definition von zwei Funktionen. Daher müssen jetzt Definitions- und Wertemenge sinnvoll festgelegt werden:

$$D = W_{360}° = \{\alpha = a° \,|\, a \in \mathbb{R} \wedge 0 \leqslant a \leqslant 360\}, \; W = \{r \,|\, -1 \leqslant r \leqslant 1 \wedge r \in \mathbb{R}\}$$

Von hier an sollte man die beiden Funktionen nicht mehr nebeneinander, sondern nacheinander behandeln.[43] Mit der erstellten Funktionstabelle kann der Graph gezeichnet

In Abb. 5.6 ist ein Einheitskreis gezeichnet. Wandert der Punkt P von A(1 0) aus entgegen dem Uhrzeigersinn auf dem Kreis entlang, bis er wieder nach A zurückgekommen ist, so durchläuft α gleichzeitig alle Winkelmaße von 0 bis 360. Wie sich mit α die kartesischen Koordinaten x und y des Punktes P ändern, ist in Tabelle 1 zusammengestellt.

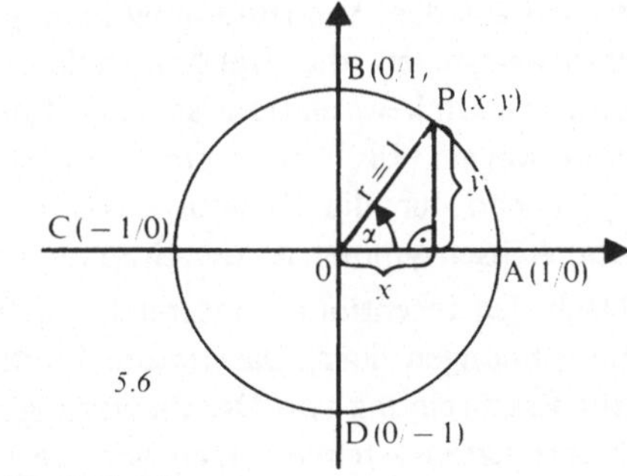

Tabelle 1

α	x	y
0	1	0
von 0 nach 90	monoton fallend von 1 nach 0	monoton wachsend von 0 nach 1
90	0	1
von 90 nach 180	monoton fallend von 0 nach − 1	monoton fallend von 1 nach 0
180	− 1	0
von 180 nach 270	monoton wachsend von − 1 nach 0	monoton fallend von 0 nach − 1
270	0	− 1
von 270 nach 360	monoton wachsend von 0 nach 1	monoton wachsend von − 1 nach 0
360	1	0

Aus Abb. 5.6 erkennt man auch, daß zu jedem Wert von α genau ein Wert von x und genau ein Wert von y bestimmt ist.

Bild B34 [41, 10B, S. 68]

werden, so sind es die Schüler gewöhnt. Da der Graph eher holprig gerät, wird man ein verbessertes Verfahren für das Zeichnen des Graphen wählen, indem man das Koordinatensystem neben den Einheitskreis legt und die Funktionswerte direkt überträgt. Dieses kleinschrittige Vorgehen ist deswegen zu empfehlen, weil die Funktionswerte ja nicht durch Funktionsterme berechnet werden, sondern als Streckenlängen festgelegt sind (also anders als üblich). Die oben durchgeführte globale Beschreibung wird durch den Graphen treffend veranschaulicht. Nun fehlen noch Name und Bezeichnung, denn $\alpha \mapsto y$ ist nicht zufriedenstellend. Man führt für die *Sinusfunktion* die Schreibweise

$$\sin: W_{360°} \to W \text{ mit } \alpha \mapsto \sin \alpha, \ \alpha \in W_{360°}$$

ein. Diese Funktion soll genauer untersucht werden.

Wir stellen hier fest, daß sich die anfangs gefundenen Gesetzmäßigkeiten gut formulieren lassen, z. B. $\sin(180° - \alpha) = \sin \alpha$, weisen aber auch darauf hin, daß sich die Schüler an die neue Schreibweise nur allmählich gewöhnen.

Die Erarbeitung der *Kosinusfunktion* erfolgt analog. Die Schüler erkennen, wie zwei Werte $\cos \alpha$ und $\sin \alpha$ genau eine Winkelgröße α festlegen und wie umgekehrt eine Winkelgröße die beiden kartesischen Koordinaten des betreffenden Punktes auf dem Einheitskreis bestimmt. Das heißt, aus den beiden in ein Koordinatensystem gezeichneten Graphen kann man für jeden Punkt des Einheitskreises seine kartesischen Koordinaten ablesen, wenn seine Polarkoordinaten gegeben sind, und umgekehrt.

Die Funktionsgraphen veranlassen die Suche nach Eigenschaften. Damit werden die Funktionen aus dem Sachzusammenhang gelöst, sie verselbständigen sich jetzt. Die beiden Extremwertstellen, die drei Nullstellen und das Monotonieverhalten lassen sich leicht ablesen. Die Umkehrrelation ist keine Funktion. Die „Reduktionsgleichungen" für die Sinusfunktion $\sin(180° - \alpha) = \sin \alpha$, $\sin(180° + \alpha) = \sin \alpha$ und $\sin(360° - \alpha) = \sin \alpha$ und entsprechend für die Kosinusfunktion ergeben sich aus Symmetrieeigenschaften (Punkt- und Achsensymmetrie) der Graphen bzw. von Teilen der Graphen.

Nach den Intentionen unserer UE gehen wir an dieser Stelle noch nicht zu den Dreiecksberechnungen über. Da wir die Funktionen sin und cos bereitstellen wollen als Modell zur Beschreibung von Drehbewegungen bezüglich eines (positiv-orientierten) kartesischen Koordinatensystems, setzen wir die Funktionen in der folgenden Weise fort: Ein Punkt P wandert mehrfach um den Ursprung des Koordinatensystems, dabei wiederholt sich die Abfolge der Funktionswerte. Diese Bewegung soll auch mathematisch beschreibbar sein. Will man noch Drehungen im Uhrzeigersinn durch negative Winkelmaße mit berücksichtigen, so ist es zweckmäßig, die Definitionsmenge $W_{360°}$ zur Menge W aller Winkelmaße mit Maßzahlen aus $\mathbb{R}$ zu erweitern. Dabei soll gelten für alle $z \in \mathbb{Z}$ und $\alpha \in W_{360°}$:

$$\sin(z \cdot 360° + \alpha) = \sin \alpha$$
$$\cos(z \cdot 360° + \alpha) = \cos \alpha$$

Damit sind die Funktionen vollständig festgelegt. Es ist zu beachten, daß sin und cos über Mengen aus Gradmaßen definiert sind und nicht über Teilmengen von $\mathbb{R}$.

Die Graphen der erweiterten Funktionen ergeben sich durch „periodische" Fortsetzung der Graphen von $\alpha \mapsto \sin \alpha$ und $\alpha \mapsto \cos \alpha$ für $\alpha \in W_{360°}$; d. h. die Graphen beginnen nach $360°$ wieder von vorn. Hier sollte eine harmonische Schwingung demonstriert werden, damit die Schüler erkennen, wie ein physikalischer Vorgang eine Sinus-Kurve (besser: ein Stück daraus) erzeugt.

In die Erarbeitung der Eigenschaften der Funktionen (Funktionsuntersuchung) integriert ist die Herleitung einiger wichtiger trigonometrischer Formeln. Sie erscheinen dem Schüler daher nicht als isolierte, aneinandergereihte Sätze. Es geht nun im wesentlichen um: (1) Periodizität, (2) Gültigkeit und Bedeutung der Reduktionsgleichungen, (3) Lage der Extremstellen und der Nullstellen, (4) Zusammenhang zwischen Sinus- und Kosinusfunktion, (5) Symmetrieeigenschaften der Graphen, (6) Frage nach der Umkehrrelation (Vieldeutigkeit bei Vorgabe eines sin- oder cos-Wertes).

Die Funktionswerte lassen sich (bis auf einige Spezialfälle) nur aus der Zeichnung ablesen. Die Funktionsvorschrift enthält kein Verfahren zur Berechnung. Das beste, am einfachsten zu handhabende Hilfsmittel, das uns die (Näherungs)werte liefert, ist der ETR.

Jetzt ist auch die eingangs gestellte Frage nach dem arithmetischen Zusammenhang der kartesischen Koordinaten und der Polarkoordinaten eines Punktes beantwortet:

$$x = r \cdot \cos \alpha, \ y = r \cdot \sin \alpha$$

$$r = \sqrt{x^2 + y^2}, \ \cos \alpha = \frac{x}{r} \text{ mit } \sin \alpha = \frac{y}{r} \text{ und } 0° \leqslant \alpha \leqslant 360°.$$

Da die restlichen Winkelfunktionen nach anderer Methode eingeführt werden, bietet sich jetzt die Anwendung des Gelernten auf die *Dreieckslehre* an (Klassische Trigonometrie). $\sin \alpha$ und $\cos \alpha$ werden für $0° < \alpha < 90°$ als Werte von Seitenverhältnissen im rechtwinkligen Dreieck gedeutet und in diesem Sinne angewendet. Zur Berechnung von Seitenlängen und Winkelgrößen in beliebigen Dreiecken benötigt man entsprechend den Kongruenzsätzen den Sinus- und Kosinussatz.

Betrachten wir alle Seitenverhältnisse im rechtwinkligen Dreieck, so gibt es sechs verschiedene Möglichkeiten. Von den drei wesentlich verschiedenen soll jetzt das aus den Längen der beiden Katheten a und b gebildete Verhältnis in Beziehung zu der Größe α eines von $90°$ verschiedenen Winkels untersucht werden. Man überlegt sich, daß durch die Zuordnungsvorschrift $\alpha \mapsto \frac{a}{b}$ für $0° < \alpha < 90°$ eine Funktion definiert ist, die sich mit den bereits bekannten Winkelfunktionen $\sin \alpha$ und $\cos \alpha$ darstellen läßt. Damit aber ist die Fortsetzung der neuen Funktion initiiert. Wir legen fest:

Die durch $\alpha \mapsto \frac{\sin \alpha}{\cos \alpha}$ für $D = W \setminus \{\alpha \in W \,|\, \cos \alpha = 0\}$ definierte Winkelfunktion heißt *Tangensfunktion.* Es ist $\tan \alpha = \frac{\sin \alpha}{\cos \alpha}$.

Der Graph der Tangensfunktion wird untersucht und mit den Graphen der Sinus- und Kosinusfunktion verglichen. Wichtig ist dieses: (1) Eingeschränkte Definitionsmenge; (2) stückweise monotones Wachsen; (3) $\mathbb{R}$ als Wertemenge; (4) Nullstellen bei $z \cdot 180°$, $z \in \mathbb{Z}$; (5) Periodizität (Periodenlänge $180°$); (6) Punktsymmetrie zu den Punkten ($z \cdot 180°/0$), $z \in \mathbb{Z}$; (7) Verhalten an den Stellen $(2z + 1) \cdot 90°$, $z \in \mathbb{Z}$ (anschaulich).

Die Anwendung der Tangensfunktion besteht in der quantitativen Erfassung der Steigung einer Geraden für $-90° < \alpha < 90°$. Bezüglich eines kartesischen Koordinatensystems hat die Gerade $y = mx + n$ in $\mathbb{R}$ die Steigung $m = \tan \alpha$ und den Steigungswinkel α.

Natürlich sprechen auch Gründe für eine Einführung der Tangensfunktion über außermathematische Situationen, bei denen Neigungswinkel von Dächern oder Straßen interessieren und die es gilt, sachadäquat zu beschreiben. Eine Erarbeitung über den Einheitskreis ist nicht zu empfehlen, was natürlich eine spätere Interpretation am Einheitskreis nicht ausschließt.[44])

Von den Beziehungen zwischen den Winkelfunktionen, deren Behandlung heute zu recht stark eingeschränkt wird, seien die Additionstheoreme erwähnt, weil sie einmal von Bedeutung für physikalische Anwendungen und zum anderen die charakterisierenden Funktionalgleichungen für die Sinus- und Kosinusfunktion sind.[45])

Die außermathematischen Anwendungen der trigonometrischen Funktionen lassen sich inhaltlich beschreiben durch die Bereiche Vermessung (z. B. Landvermessung, Triangulation, Höhenberechnungen), Positionsbestimmungen (von Flugzeugen und Schiffen), Sport (z. B. Abwurfwinkel und Wurfweite), Physik (z. B. Kräfteparallelogramm, Brechungsgesetz einerseits und Schwingungsvorgänge andererseits). Für das Verständnis komplizierterer Schwingungsvorgänge ist die an Beispielen orientierte Erstellung und Diskussion von Graphen wünschenswert, die auf folgende Weise aus der Sinusfunktion entstehen: $\alpha \mapsto a \cdot \sin(b \cdot \alpha + c)$, $\alpha \in W$, oder die Summe von Winkelfunktionen sind (Ordinatenaddition) [41, 10B, S. 101–102]. Bei der Auswahl der zahlreichen in (Schul)büchern und Zeitschriften veröffentlichten Aufgaben für den Unterricht bedenke man, daß die Schule keine Vermessungstechniker, keine Navigatoren und keine Elektroingenieure auszubilden hat!

Für unsere Gesamtthematik ist ein Vorschlag [101, S. 142 ff.] interessant, der von harmonischen Schwingungen ausgehend den Begriff der Sinusfunktion festlegt. Deswegen wollen wir hier darüber berichten. Der 1. Abschnitt der UE „Die Sinus- und Kosinusfunktion" läßt sich so untergliedern: (1) Experiment[46]: Schwingendes Federpendel mit einer

Hierzu betrachten wir das Experiment im Bild 4.5. Wir haben hierbei den Vorteil, daß die Kreisscheibe mit Hilfe einer Schnur den Filmtransport übernehmen kann. Wenn der Film um l nach links bewegt worden ist, ist auf der Kreisscheibe ein Stück Schnur der Länge l aufgewickelt worden. Wir können zu jedem l die Auslenkung v messen. Durch das beschriebene Experiment erhalten wir damit zunächst eine Kopplung der Auslenkung des Kugelschattens mit der „Bogenlänge". Da die Zeit für einen Umlauf gerade der Schwingungsdauer des Federpendels entspricht, ist über die Bogenlänge auch ein Zusammenhang zwischen der Auslenkung und der Zeit hergestellt.

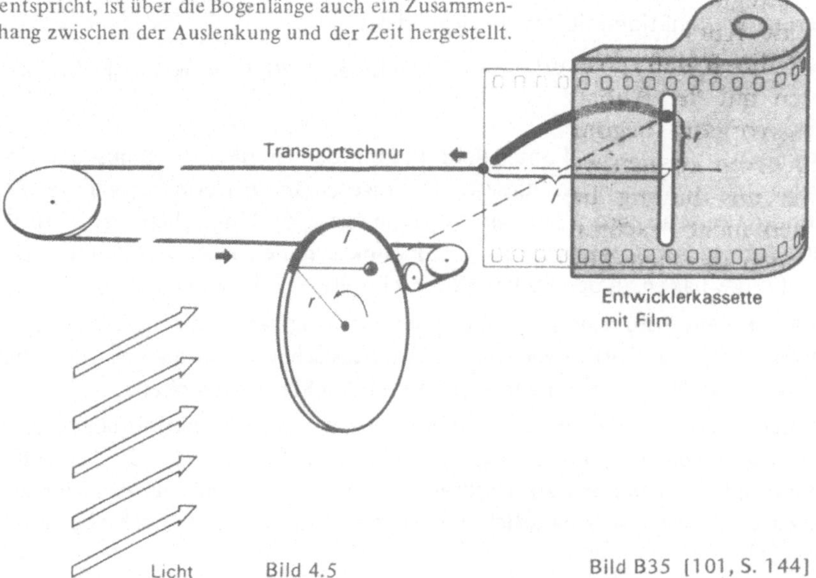

Jedem Bogenmaß für x können wir in dem im Bild 4.5 dargestellten Experiment genau eine Auslenkung mit der Maßzahl v des Schattens der Kugel zuordnen, z. B.

x	0	$\dfrac{\pi}{2}$	π	$\dfrac{3}{2}\cdot\pi$	$2\cdot\pi$	$2\dfrac{1}{2}\cdot\pi$	$3\cdot\pi$	$3\dfrac{1}{2}\cdot\pi$	$4\cdot\pi$	...
v	0	1	0	-1	0	1	0	-1	0	...

Das Experiment im Bild 4.5 zeigt uns ein Konstruktionsverfahren, mit dem wir zu jedem Bogenmaß für x die zugeordnete Auslenkung für v ermitteln können.

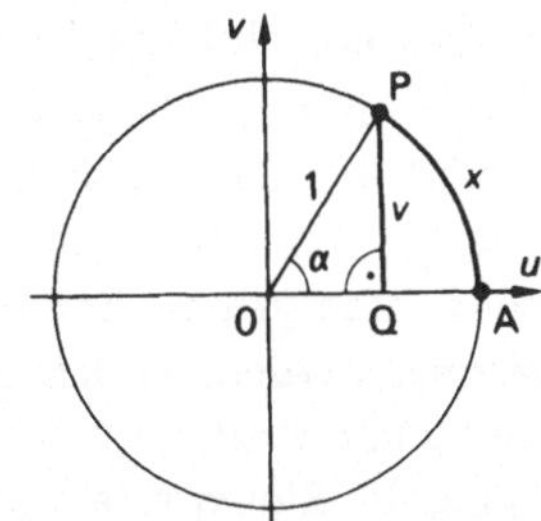

Bild 4.8

Wir zeichnen einen Kreis und wählen den Radius als Längeneinheit (Bild 4.8). Auf dem Kreis legen wir den Punkt P derart fest, daß der Winkel ∢ AOP das Bogenmaß x hat. Zur einfacheren Konstruktion rechnen wir das Bogenmaß x — wie im Abschnitt 4.1.2. gezeigt — in das Gradmaß α um und können den Winkel mit Hilfe des Geodreiecks antragen. Wir konstruieren dann eine Senkrechte zur Geraden OA durch den Punkt P und erhalten den Punkt Q. Die Maßzahl der Länge der Strecke $\overline{PQ}$ gibt die Maßzahl der Auslenkung an. Da der Punkt P oberhalb der u-Achse liegt, ist die Auslenkung positiv.

Durch das beschriebene Verfahren können wir jedem Bogenmaß für x, $x\in\mathbb{R}$, genau eine Auslenkung für v zuordnen. Um den Funktionsaspekt deutlich herauszustellen, schreiben wir $x\to v(x)$; $x\in\mathbb{R}$. Es ist üblich, $v(x)$ mit sin x (gelesen: Sinus x) zu bezeichnen. Wir fassen nun die vorstehenden Überlegungen in eine Definition.

Definition 4.2

In dem u-v-Koordinatensystem (Bild 4.8) seien $P(u; v)$ und $A(1; 0)$ Punkte auf einem Kreis um den Koordinatenursprung mit der Längeneinheit als Radius. Der Winkel ∢ AOP habe das Bogenmaß x.

Die Funktion $x\to\sin x$; $x\in\mathbb{R}$ heißt *Sinusfunktion*, wobei gilt: sin $x = v$.

Bild B36 [101, S. 147]

Kugel am unteren Ende. (2) Experiment: Rotierende Kreisscheibe mit einer aufgesetzten Kugel. (3) Angleichung der Schwingungsdauern und Projektion beider Kugelbewegungen auf einen Schirm. Beobachtet werden gleiche Schattenbilder. (4) Aufzeichnung des Bewegungsablaufs mit dem Federpendel; dabei wird die Kugel durch einen Bleistift ersetzt und ein Papierstreifen mit konstanter Geschwindigkeit vorbeigezogen. (5) Verbesserung des Experiments: Bewegung wird auf einem Film aufgezeichnet. (6) Feststellung, daß die Kurve (Zusammenhang zwischen Auslenkung und Zeit) durch die bislang bekannten Funktionen nicht beschreibbar ist. (7) Die Untersuchung wird entsprechend Bild B35 anhand der Kreisbewegung weitergeführt.

Der 2. Abschnitt unterbricht jetzt und führt das Bogenmaß für Winkelgrößen ein mit der Begründung: „Für das Experiment im Bild 4.5 (siehe Bild B35) ist eine Beschreibung der Winkelgröße mit Hilfe der Bogenlänge sinnvoller.‘‘

Der 3. Abschnitt ist überschrieben mit „Definition der Sinusfunktion‘‘. Zunächst wird dem in Bild B35 dargestellten Experiment ein Konstruktionsverfahren entnommen (Bild 4.8 in B36). Dann folgt die Definition 4.2 der Sinusfunktion bezogen auf Punkte im u-v-Koordinatensystem. Bei der Konstruktion mußte vom Bogenmaß in das Gradmaß umgerechnet werden, so daß das Bild 4.8 als Koordinaten für die zu definierende Funktion eher α und v nahelegt. Wenig später heißt es [101, S. 148]: „Bei der konstruktiven Ermittlung der Sinuswerte tritt als Zwischenschritt die Umwandlung vom Bogenmaß ins

Der Graph der Sinusfunktion für $0 \leqq x \leqq \dfrac{\pi}{2}$ ist im Bild 4.11 dargestellt. Wir wollen nun von diesem „Stückchen‘‘ ausgehend die Sinuskurve durch Abbildungen erzeugen.

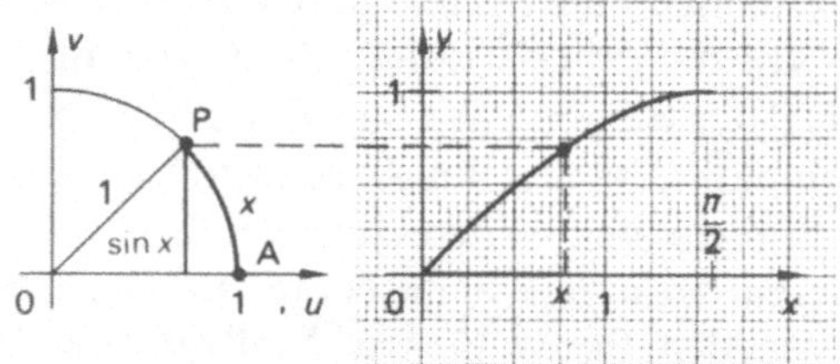

Bild B37 [101, S. 149]

Um den Graphen der Sinusfunktion für $\dfrac{\pi}{2} < x \leqq \pi$ zu erhalten, spiegeln wir im Bild 4.12a) die Punkte P und A an der v-Achse. Der Winkel $\sphericalangle\,\overline{P}OA$ hat ebenfalls das Bogenmaß x. Damit hat der Winkel $\sphericalangle\,AO\overline{P}$ das Bogenmaß $\pi - x$. Für die zugeordneten Sinuswerte gilt:

$$\sin(\pi - x) = \sin x \qquad \text{für } 0 \leqq x \leqq \pi.$$

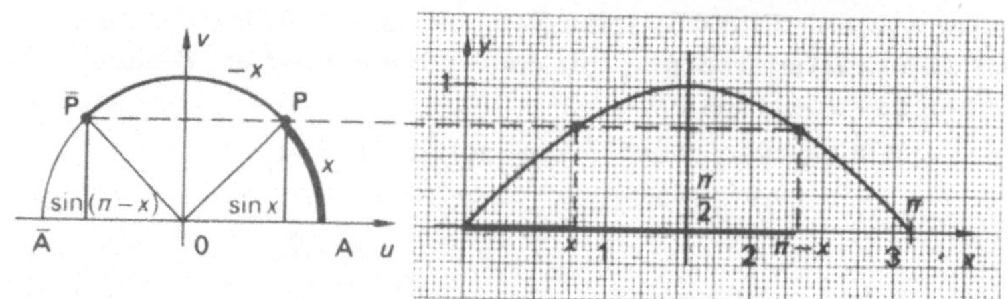

Bild B38
[101, S. 149]

Gradmaß auf. Wenn wir nun den Sinuswert zu einer Winkelgröße angeben wollen, die im Gradmaß vorliegt, bringen wir das durch die Schreibweise zum Ausdruck: sin α." Die Sinuskurve wird für $D = \{x \mid 0 \leqslant x \leqslant \frac{\pi}{2}$ und $x \in \mathbb{R}\}$ nach dem Konstruktionsverfahren von Bild B37 erstellt. Dabei verwenden die Autoren ein x-y-Koordinatensystem. Die Fotographie des Bewegungsablaufs im Experiment läßt, so heißt es im Schulbuchtext, „Symmetrien der Sinuskurve vermuten". Der Graph wird nun weitergezeichnet. Der nächste Schritt erfaßt das Intervall $\frac{\pi}{2} \leqslant x \leqslant \pi$ (Bild B38).

Die Kosinusfunktion wird mit der Bemerkung eingeführt, daß die Projektionsrichtung bei der Kreisbewegung verändert werden soll.[47]

So ansprechend der Vorschlag zunächst erscheinen mag, im Unterricht ergeben sich erhebliche Schwierigkeiten. Kommt die lange experimentelle Phase wirklich zum Tragen, gelingt also die Auswertung im Sinne einer Mathematisierung? Werden die Übergänge von einem Experiment zum anderen, von einem Winkelmaß zum anderen, von einem Koordinatensystem zum anderen von den Schülern nachvollzogen? Wie lange bleibt die Einführungssituation dominant oder zumindest lebendig im Lernprozeß? Handelt es sich wieder nur um einen (allerdings längeren) Einstieg, den der Schüler verdrängt, sobald er die sicher nicht leichte Definition der Sinus- und Kosinusfunktion verstehen will? Häufen sich die Schwierigkeiten durch die Einbettung in den komplizierten außermathematischen Zusammenhang und die daraus resultierende Festlegung der Sinus- und Kosinusfunktion?

Anmerkungen zu Abschnitt B I

[1] Für den Unterricht sollte man möglichst einen Rechner in Schreibmaschinengröße als Demonstrationsmodell benutzen.

[2] Näheres in [41, LHB 5B, S. 40 ff.].

[3] Diese Schreibweise von Braunfeld [14] bedeutet „$\frac{n}{m}$ angewandt auf s", wofür man bekanntlich „$\frac{n}{m}$ von s" sagt. Vgl. die Interpretation des Braunfeldschen Aufsatzes in [41, LHB 6B, S. 37—39].

[4] Es geht darum, einen Sachverhalt mit den im Unterricht anstehenden Begriffen zu bearbeiten. — Auf die inhaltliche Anbindung von Aufgaben an die natürlichen Zahlen, insofern sie der Vorbereitung der proportionalen Funktionen dienen, haben wir nicht ausdrücklich hingewiesen, da sie den in Bild B9 dargestellten ähnlich sind. Vgl. etwa [41, 5A, S. 95—97]; dort werden Preistafeln diskutiert.

[5] Vgl. dazu [41, LHB 7B, S. 9—11] und [36, S. 431—433]. Das Schulbuch [41, 7B] sieht ein eigenständiges Kapitel für den Relationsbegriff vor.

[6] Das angezielte Arbeitsergebnis findet man in [41, 7B, S. 42].

[7] Vgl. [36, S. 434—437] und die ausführliche Darstellung in [41, 7B, S. 49—59].

[8] Mathematisch ausgedrückt liegt hier ein Isomorphismus vor, dessen Untersuchung zu einer Charakterisierung der bijektiven Abbildung führt. Für die Menge $\mathbb{Q}^+$ ist $f : \mathbb{Q}^+ \to \mathbb{Q}^+$ mit $f(x) = a \cdot x$, $a \neq 0$, ein Isomorphismus von $(\mathbb{Q}^+, +)$ in sich.

[9] Auch das ist nicht ganz neu; Rechnungen mit der Formel für das Quadervolumen verlangen Multiplikationen und Divisionen von Größen aus verschiedenen Bereichen.

[10] Mit zusammengesetzten Größen derselben Einheit kann man nach den Gesetzen eines Größenbereiches rechnen. — Vor allem im Hinblick auf Anwendungen in den Naturwissenschaften und der Technik (auch im späteren Beruf) sollten die Schüler zusammengesetzte Größen *verstehen* und damit *umgehen* lernen. — Die Bildung neuer Größenbereiche aus gegebenen Größenbereichen hat Freund [31] formal dargestellt.

[11]) Mit der Frage, Größen oder Maßzahlen zu notieren, befassen sich auch Maier u. Schubert [76, S. 87—93]. Sie fordern (S. 90) von Schülerdarstellungen, daß die Notationen leserlich, vollständig und übersichtlich sein sollen. Dabei sprechen sie von „berechtigten formalen Ansprüchen". (Die Forderungen sind wohl nicht nur formaler Art.) An anderer Stelle (S. 92—93) wird empfohlen, „Benennungen" bei Multiplikations- und Divisionsaufgaben wegzulassen, sie bei Additionen aber hinzuschreiben.

Wir zitieren ihr Beispiel, das von der Berechnung des Preises beim Warenkauf handelt:

„Bei korrekter Handhabung der Benennung müßte der Preis der Polstersessel eigentlich so berechnet werden:

$$526\ \frac{DM}{Sessel} \cdot 3\ Sessel = 1576\ DM.$$

Läßt man, wie üblich, die Einheit ‚Sessel' weg, so fällt das hier nicht auf und dürfte auch kaum zu Interpretationsschwierigkeiten führen. Ganz anders jedoch bei der Division von Größen ... . Bei der Division 140 DM : 35 DM kürzen sich die Einheiten weg und man erhält als Resultat eine Zahl, die viele Lehrer aus Verlegenheit zunächst mit ‚mal' benennen und dann sachlich (als Sessel) deuten lassen. Die vollständige Benennung der Maßzahlen würde solche ‚Winkelzüge' überflüssig machen:

$$140\ DM: 35\ \frac{DM}{Sessel} = 4\ Sessel."$$

Zunächst sei bemerkt, daß man eine Zahl nicht als Sessel deuten kann. Wichtiger aber ist das Folgende: Man wird die Maßeinheit $\frac{DM}{Sessel}$ nicht auf dem Preisschild eines Möbelgeschäftes finden. Es besteht dazu keine Notwendigkeit, desgleichen nicht bei der Notierung der Rechnung, in der man kleine natürliche Zahlen mit Preisen multipliziert (Größen werden vervielfacht). Auch für die Division zweier Größen aus demselben Größenbereich bedarf es keiner Winkelzüge. In vielen Sachsituationen ist es aber unter dem Aspekt der Modellbildung vernünftig und entspricht auch dem Brauch in der Lebenswirklichkeit, zusammengesetzte Größen festzulegen und mit ihnen zu arbeiten.

[12]) In [41, 7B, S. 65—67] wird der Kriterienkatalog für proportionale Funktionen sehr ausführlich auf den Versuch: Ausdehnung einer Spiralfeder in Abhängigkeit von angehängten Gewichtstücken (Hooksches Gesetz) bezogen. — Vollrath [124] diskutiert den Funktionsbegriff von physikalischen Schülerversuchen her.

[13]) Inwieweit und wann man die Steigung als Quotient von Differenzenpaaren und geometrisch mit dem Steigungsdreieck kennzeichnet, ist von der Differenzierungsstufe abhängig. Einen Vorschlag enthält [41, 8A, S. 73 ff.].

[14]) Weiteres zu diesem Sachverhalt in [35, S. 75—78].

[15]) Qualitative Vergleiche mit dieser Wendung im „pränumerischen Vorfeld" sind sprachlich gekünstelt und für den Mathematikunterricht zurechtgemacht; z. B.: „Es verhält sich der Starenkasten zum Haus des Menschen wie das Schlupfloch des Starenkastens zur Haustür" [132, Bd. 6, S. 130].
Wenn wir einen Sommer „verhältnismäßig warm" oder eine Arbeit „verhältnismäßig leicht" finden, beziehen wir uns auf einen bestimmten Kontext; für den „Außenstehenden" handelt es sich um die sehr vage Beschreibung eines Vergleichs.

[16]) Winter u. Ziegler [132, Bd. 6, S. 136] sagen den Schülern: „Die Menge der Zahlenpaare $\left\{\frac{2}{3}, \frac{4}{6}, \frac{6}{9}, \frac{8}{12}, \ldots\right\}$ nennen wir wie bisher ‚Bruchzahl $\frac{2}{3}$', jetzt heißt sie auch ‚*Verhältniszahl* 2 *zu* 3'."

[17]) Dazu gehören Berechnungen folgender Art, die sich in Sachzusammenhängen stellen und die zu Schwierigkeiten führen, wenn die Schüler den Prozentbegriff nicht verstanden haben: Wieviel % von 24 (20) ist 20 (24)? — Eine Ware wird zuerst um 25 % teurer, nach einiger Zeit um 20 % billiger. Um wieviel % unterscheidet sich der Endpreis vom Ausgangspreis vor der Erhöhung? — Um wieviel muß der Preis nach einer Erhöhung um 25 % herabgesetzt werden, damit der Endpreis um 10 % über dem Ausgangspreis vor der Erhöhung liegt?

[18]) Von Problemen der folgenden Art sollte der Lehrer seinen Schülern hier berichten: „Vor kurzem wandte sich", so schreibt Gnedenko [89, S. 49], „ein Fachmann für die Auslastung von Seehäfen mit folgender Frage an mich: Der Warenumschlag der Häfen hat sich in den letzten Jahren um 25 bis 30 % erhöht, die Wartezeiten der Schiffe bis zum Freiwerden der Anlegestellen aber sind auf das

Vierfache (und sogar noch etwas mehr) angestiegen. Wie kommt das? Was ist der Grund dafür? Aus einfachen arithmetischen Überlegungen folgt doch, daß auch die Wartezeiten um die gleichen 25 % bis 30 % anwachsen müßten. — Wir haben die Einfahrt der Schiffe in die Häfen und die Dauer der Be- und Entladearbeiten analysiert und dabei festgestellt, daß die Frachtschiffe nicht nach einem Fahrplan einfahren können, ihre Ankunft im Hafen hängt von vielerlei Umständen ab. Auch die Zeitdauer der Be- und Entladearbeiten ändert sich wesentlich nicht nur von einem Schiff zum anderen, sondern auch für ein und dasselbe Schiff in Abhängigkeit von zahlreichen Umständen (dem Charakter der Fracht, der Frachtmenge usw.). Im Ergebnis zeigt sich, daß wir es bei den Berechnungen, wie die Anlegestellen besetzt sind, mit der Wechselwirkung zweier verschiedener zufälliger Prozesse zu tun haben. Die gewöhnlichen arithmetischen Erwägungen sind hier nicht mehr anwendbar, man braucht spezielle, für die Untersuchung derartiger Erscheinungen geeignete Methoden."

[19] Man wird Funktionen berücksichtigen, die erst später gründlich analysiert werden, die interessante Eigenschaften haben oder bei denen wichtige Begriffe wiederholt werden; z. B. $x \mapsto x^2$ für $D \subseteq \mathbf{Z}$ oder $x \mapsto |x|$ für $D \subseteq \mathbf{Z}$.

[20] Anregungen für Aufgaben aus dem Bereich AM, die sich mit Treppenfunktionen modellieren lassen, findet man bei Vollrath [123]. Für uns sind aus diesem Aufsatz hier natürlich nur die Relationsgraphen und ihre Interpretation wichtig, nicht die formalisierten Darstellungen der Funktionen (oder Relationen). — Auch Funktionen (Relationen), die nur aus wenigen Punkten bestehen, die man (aus welchen Gründen?) durch einen Streckenzug verbindet, sind hier zu nennen. Z. B. kann man sich von einem HNO-Arzt ein vor und nach einer Behandlung angefertigtes in ein Koordinatensystem gezeichnetes (instruktives) Audiogramm geben lassen oder mit den Schülern eine Straßenunfallstatistik anfertigen [35, S. 81 ff.] und auswerten.

[21] Vgl. auch Kirsch [57, S. 82—83].

[22] Vgl. dazu Schick [95], Blum [10], Glatfeld [35, S. 88—99].

[23] Die systematische Aufschlüsselung eines komplexen Zusammenhanges in Fälle (Fallunterscheidung) ist eine Technik, die man für die RM und die AM gleichermaßen benötigt.

[24] Es handelt sich um die Algebraisierung von in den Klassen 5 und 6 geometrisch eingeführten Gebilden.

[25] Vgl. zu den folgenden Ausführungen [41, 9B, S. 31 ff.].

[26] Vgl. dazu auch Blum [10].

[27] Als methodisches Hilfsmittel bieten sich bei den Einführungsbeispielen Folien für den Overhead-Projektor an. Für jede Nebenbedingung wird eine Folie angefertigt, dem Übereinanderlegen der Folien entspricht die Schnittmengenbildung. Gegen diese Folien tauscht man eine Einzelfolie, die das Lösungspolygon ohne „Beiwerk" ihres Entstehens enthält. Die nächste Folie zeigt die Nullpunktgerade, die man parallel verschiebt.

[28] Weitere Gründe (z. B. Zugang zum Problem der Meßbarkeit) bleiben hier unberücksichtigt.

[29] Es ist schwerfällig, unökonomisch und langweilig, wenn man die quadratischen Gleichungen zunächst in $\mathbb{Q}$ und später noch einmal in $\mathbb{R}$ behandelt, wie das in manchen Schulbüchern vorgeschlagen wird.

[30] Dieses Verfahren wird auch in der wissenschaftlichen Forschung benutzt und ist auf die Erarbeitung von außermathematischen Sachverhalten übertragbar: Schrittweises Aufbauen einer Struktur, die sich zunächst in ihrer ganzen Ausdehnung noch gar nicht zeigt. Beim analytischen Vorgehen würde man den Graph einer beliebig verschobenen Parabel analysieren und seine Funktionsgleichung aufstellen [41, 9A, S. 80 ff.]. Das ist von vielen Schülern aber nicht zu leisten. Die einzelnen Schritte des synthetischen Verfahrens stellen sich dagegen als Teilprobleme, die weitgehend selbständig gelöst werden können. Durch Zusammenfassen von Einzelschritten lassen sich leicht gröbere Planungsstrukturen erreichen, womit man den Unterricht dem jeweiligen „Differenzierungsgrad" anpaßt.

[31] Unser vielleicht als kleinschrittig zu kritisierender Weg hat jedenfalls den Vorteil, daß nicht nur leistungsstarke Schüler das Lösen quadratischer Gleichungen verstehen und das Verfahren auch in den nächsten Schuljahren noch beherrschen.

[32]) Die Quadratwurzel aus einer positiven Zahl b ist diejenige positive Zahl $a = \sqrt{b}$, deren Quadrat gleich b ist. Für b = 0 ist $\sqrt{0} = 0$.

[33]) Eine seiner Bedeutung angemessene Behandlung des Begriffs „Betrag einer Zahl" bei der Zahlbereichserweiterung von $\mathbb{Q}_0^+$ nach $\mathbb{Q}$ erleichtert natürlich hier wesentlich das Verständnis der Äquivalenzen $x^2 = a \Leftrightarrow |x| = \sqrt{a} \Leftrightarrow x = \sqrt{a} \lor x = -\sqrt{a}$ (a $\in \mathbb{R}^+$). Dazu gehört auch die Bearbeitung von Gleichungen wie $|x| - 3 = 0$ und $|x - 3| = 9$ in   . Dann sind die Schüler nicht darauf fixiert, daß Gleichungen in einer Variablen höchstens eine Lösung haben.

[34]) Unter innermathematischen Aspekten ist natürlich der „Satz von Vieta" sehr interessant. Die Aufdeckung des Zusammenhangs zwischen den Lösungen einer quadratischen Gleichung und ihren Koeffizienten p und q kann experimentell erfolgen. Der Satz von Vieta macht eine Genau-Dann-Aussage darüber, wann x_1 und x_2 Lösungen einer quadratischen Gleichung sind. Daher ist er eine gute Übung zum logischen Problem „Satz-Umkehrsatz" im arithmetischen Themenbereich. Die Einsicht in die Notwendigkeit eines Beweises für den Umkehrsatz (aus $x_1 + x_2 = -p$ und $x_1 \cdot x_2 = q$ folgt: x_1 und x_2 sind Lösungen von $x^2 + px + q = 0$) ist für die Schüler viel schwieriger als das Verständnis des Beweises selbst.

Über „die Verbindung systematischen Handelns, strategischen Denkens und sachgerechter Problemanalyse" im Rahmen der Gleichungslehre in den Klassen 8/9 und 9/10 äußert sich Steinberg [110].

[35]) Vgl. das in Anmerkung 57, Abschnitt A II, angekündigte Heft.

[36]) Zur Interpretation der Wachstumsfunktion, einschließlich ihrer Darstellung an logarithmischen Skalen (Rechenstab), vgl. Kirsch [59].

[37]) Im Beispiel des Kapitalwachstums ist $q = 1 + p\,\%$ und $a = k_0$ das Anfangskapital.

[38]) Nach Punkt (a) dieses Kapitels ist a^x für $a > 0$ und $x \in \mathbb{R}$ erklärt.

[39]) So zu lesen: „exponent a" bzw. „y gleich exponent a von x" in Analogie zur Schreib- und Sprechweise beim Logarithmus.

[40]) Neben ihrer „funktionentheoretischen" Bedeutung wird man im Unterricht auch die „strukturelle" Bedeutung der Gesetze darlegen (sie ist an die Stelle des Rechnens mit Logarithmen getreten): $\langle \mathbb{R}; + \rangle$ und $\langle \mathbb{R}^+; \cdot \rangle$ sind isomorph. Sowohl die bijektive Abbildung $\exp_a$ als auch die Umkehrabbildung $\log_a$ von $\exp_a$ ist gegenüber den Verknüpfungen + und $\cdot$ treu (a $\in \mathbb{R}^+$, a $\neq$ 1).

[41]) Anregungen für die detaillierte Ausarbeitung einer UE „Trigonometrie", u. a. zum Begriff der Periodizität, enthält der Entwurf [106] von Sillitto.

[42]) Den Schülern muß klar werden, daß jeder Punkt der Ebene einen „Repräsentanten" auf dem Einheitskreis hat, so daß wir nicht mehr unendlich viele Punkte auf dem durch das Winkelmaß α bestimmten Strahl vom Nullpunkt des Koordinantensystems, sondern nur den Schnittpunkt dieses Strahls mit dem Einheitskreis zu betrachten brauchen.

[43]) Erfahrungsgemäß fällt den Schülern die Konstruktion einer neuen Funktion schwer.

[44]) Die Kotangensfunktion braucht nicht eigens thematisiert zu werden. In einer Aufgabe kann man darauf hinweisen, etwa so [41, 10B, S. 88]: „Beweise am rechtwinkligen Dreieck, daß für alle Winkelmaße α mit $0° < \alpha < 90°$ gilt:

$\tan(90° - \alpha) = \dfrac{1}{\tan \alpha}$. Anmerkung: Die durch $\alpha \mapsto \dfrac{1}{\tan \alpha}$ definierte Winkelfunktion heißt Kotangensfunktion: man schreibt kurz $\cot \alpha = \dfrac{1}{\tan \alpha}$."

[45]) Die Additionstheoreme enthalten die bei der Untersuchung der Funktionsgraphen als wichtig erkannten Gesetzmäßigkeiten als Spezialfälle; z. B. Termumformungen für $\sin(90° - \alpha)$, $\cos(90° - \alpha)$, $\sin(0° - \alpha)$, $\cos(0° - \alpha)$, $\sin(180° + \alpha)$, $\cos(180° + \alpha)$.

[46]) Auf Seite 142 heißt es: „Wir betrachten (!) folgende Experimente". Es soll in unseren Ausführungen unterstellt werden, daß solche Experimente auch tatsächlich im Unterricht durchgeführt werden, was natürlich keinesfalls selbstverständlich ist.

[47]) Das ist vorerst der letzte Hinweis auf die Experimente am Anfang. Der abbildungsgeometrisch motivierten Erarbeitung des Zusammenhangs zwischen Sinus- und Kosinusfunktion schließt sich die Dreiecksberechnung an. Die Diskussion der Funktion $x \mapsto a \cdot \sin(bx - c)$, $x \in \mathbb{R}$, erfolgt dann vor Einführung der Tangensfunktion wieder in Anlehnung an Schwingungsvorgänge.

II Der Einsatz des Taschenrechners in der Funktionenlehre

von Alexander Wynands

1 Vorbemerkungen

1.1 Zur Einführung des Taschenrechners im Unterricht

Unter Taschenrechner wird hier weder ein „Spiel- oder Kontrollrechner" noch ein programmierbarer Taschenrechner verstanden. Für den von uns gemeinten einfachen, elektronischen Taschenrechner verwenden wir die Abkürzung ETR.

Ohne spezielle und zum Teil didaktisch fruchtbare Teilbereiche in früheren Klassen zu verkennen, ist hier an einen durchgängigen Einsatz des ETRs im Mathematikunterricht ab der 7. Jahrgangsklasse gedacht.

Eine notwendige Vorbedingung für einen effektiven Unterricht ist die Sicherheit des Lehrers in der Handhabung der ETR, welche die Schüler von zu Hause in die Schule mitbringen. Trotz der Vielzahl der ETR-Typen ist diese Bedingung leicht zu erfüllen, wenn man sich zunächst auf die Funktionsweise folgender Tasten beschränkt:

$\boxed{\text{EIN}}$ oder $\boxed{\text{ON}}$ zum Einschalten,

$\boxed{+}$ $\boxed{-}$ $\boxed{x}$ $\boxed{\div}$ für die vier Grundrechenarten,

$\boxed{\text{C}}$ $\boxed{\text{CA}}$ $\boxed{\text{CLR}}$ bzw. $\boxed{\text{CE}}$ für die Gesamt- bzw. (letzte) Eingabelöschung und

$\boxed{=}$ als „Ergibtanweisung" bei ETRn mit algebraischer Notation.

Diese Funktionstasten erklären sich auch für Schüler der 7. Klasse fast von selbst. Die Funktionsweise aller weiteren Tasten, z. B.

$\boxed{\sqrt{}}$ $\boxed{y^x}$ $\boxed{\text{ln}}$ $\boxed{\text{M}}$ - - -

sollten dann erklärt werden, wenn sie sinnvoll eingesetzt werden können. Ein „Lernen auf Vorrat" macht den ETR zu stark zum Unterrichtsgegenstand und läuft Gefahr, zum Zeitpunkt des Anwendens schon verbraucht zu sein.

Es kann hier nicht ausführlich auf Auswahlkriterien und auf Tests zur Funktionsweise von schulgerechten ETRn eingegangen werden.[1]

Vorgestellt werden sollen statt dessen erstens Aufgabensequenzen (für zwei Unterrichtsstunden in einer 7. Klasse) zum Vertrautwerden mit dem ETR und zweitens einige methodische Hinweise zum Arbeiten mit Speicherfunktionen.

Alle Ausführungen über Rechenwege (Rechenablaufpläne oder Tippfolgen) beziehen sich auf ETR mit algebraischer Notation.

Aufgabensequenz zum Vertrautwerden mit dem ETR

Von Beginn des ETR-Einsatzes an sollte darauf aufmerksam gemacht werden, daß ETR-Ergebnisse
nicht bedenkenlos als richtig akzeptiert und notiert werden dürfen. Durch folgende Beispiele kann auf
den Sinn von Überschlagsrechnen und Kontroll-Rechen-Regeln ebenso wie auf häufige Fehlerquellen
hingewiesen werden.

1. Beispiel:

Peter erhält mit dem ETR für 12 · 52 als Ergebnis 300.
Ist das richtig? Nein, denn 12 · 52 ist größer als 10 · 50 = 500.
Oder: Als Endziffer muß 4 = 2 · 2 im Ergebnis stehen. *Oder:* Fas Ergebnis ist 624, das kann man durch
„Rückwärtsrechnen" leicht kontrollieren:

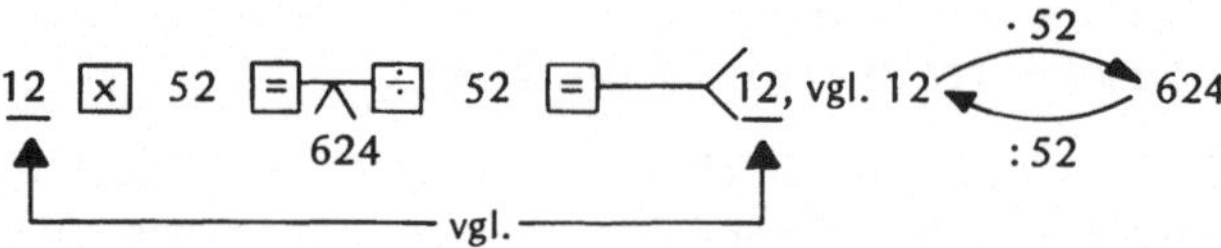

Peter hat gemäß der Sprechweise „zweiundfünfzig" zunächst die 2 und dann die 5 eingegeben, vgl.
12 · 25 = 300.

2. Beispiel:

Bei der Berechnung von 340 + 567 mit dem ETR wird die [0]-Taste nicht kräftig genug gedrückt, oder
statt der [0] die danebenliegende Taste für den Dezimalpunkt [·] . Als Ergebnis erscheint dann 601
statt 907.

Bei der Überschlagrechnung, wobei Kopfrechnen und selbstkritisches Verhalten zu üben sind, rechnet
man mit jeweils der *ersten* Ziffer der zu verknüpfenden Zahlen.

3. Beispiel:

140 · 52 = ?
1. *Überschlagsrechnung:* 100 · 50 = 5000
                                                              3. *Vergleich*
2. *Rechenweg:*   140 [x] 52 [=] 7280
Ergebnis: 140 · 52 = 7280

Zeigt sich beim dritten Schritt im „Vergleich" keine zufriedenstellende Übereinstimmung zwischen
ETR- und Kopfrechenergebnis, so sollte zunächst das ETR-Ergebnis durch „Nochmal-Rechnen" oder
besser durch „Rückwärts-Rechnen" überprüft werden.

Die Schritte 1. bis 3. werden nach kurzer Übungsphase natürlich nur noch im Kopf ausgeführt und
nicht mehr ausführlich notiert.

Mit folgender Aufgabensequenz hatte nach der vorstehenden Einführung bei mehreren Unterrichtsstunden kein Schüler einer 7. Hauptschulklasse Schwierigkeiten:

Überschlage, rechne (zweimal oder rückwärts), vergleiche und notiere das Ergebnis: 789 − 456 =;
130 · 62 =; 8060 : 62 =; 12,345 + 87,654 =; 999 − 4567 =; 10,05 · 0,5 =; 5,025 : 0,5 =.

Der nächste Rechenweg oder Rechenablaufplan zeigt, daß der ETR viele Aufgaben in einer Kette
durchrechnen kann. Die Funktionsweise der Rechnerbefehle wird augenfällig, wenn man die Zahlen
so wählt, daß die Zwischen- und Endergebnisse gleichzeitig durch Kopfrechnen ermittelt werden
können.

Aufgaben:

Reche im Kopf: 5 + 5 + 3 − 2 − 7 =
Rechne mit dem ETR und notiere, was dieser nach jedem Rechenzeichen anzeigt:

5 [+] 5 [+] 3 [−] 2 [−] 7 [=] <?

Benutze die Taste ⌑ bei jeder Aufgabe nur einmal:

$117 + 13 - 12 - 27 - 31 =$

$2 \cdot 3 \cdot 4 \cdot 5 \cdot 6 \cdot 7 =$

$760 : 6 : 5 : 4 : 3 : 2 =$

$$\frac{5040}{6 \cdot 7 \cdot 8 \cdot 15} =$$

Die beiden letzten Aufgaben decken bei vielen Schülern Unsicherheiten in der Termnotation auf. Der ETR liefert nur dann ein richtiges Ergebnis, wenn die Termschreibweise richtig gedeutet wird, d.h. der ETR-Einsatz verlangt ein bewußtes, korrektes Interpretieren von Termnotationen.

Bei „gemischten Ausdrücken" mit „Punkt- und Strichrechnung" wird diese Schwierigkeit durch Unterschiede zwischen verschiedenen ETR-Typen vergrößert. Jeder Schüler und Lehrer muß wissen, ob sein ETR die Regel „Punkt-vor-Strichrechnung" befolgt oder nicht. Hierzu eine Aufgabenfolge, mit der man selbsttätig die Eigenschaften seines Rechners erfahren soll:

Rechne im Kopf! Denke an die Regeln:

    1. Klammern zuerst und 2. Punkt-vor-Strichrechnung

$3 \cdot 4 + 2 =$ $(4 + 2) \cdot 3 =$

$2 + 3 \cdot 4 =$ $4 \cdot (2 + 3) =$

Jetzt arbeite mit dem ETR und notiere die Ergebnisse:

a) 3 ⨉ 4 ＋ 2 ＝⊰   b) 2 ＋ 3 ⨉ 4 ＝⊰

c) 4 ＋ 2 ⨉ 3 ＝⊰   d) 4 ⨉ 2 ＋ 3 ＝⊰

e) （ 4 ＋ 2 ） ⨉ 3 ＝⊰   f) 4 ⨉ （ 2 ＋ 3 ） ＝⊰

Ein ETR mit „Rechen-Hierarchie", der die Regel „Punkt-vor-Strichrechnung" befolgt, liefert in b) das Ergebnis 14(= 2 + 3 · 4). Ist ihm diese Regeln nicht einprogrammiert, so wird er „von links nach rechts" arbeiten und das Ergebnis (2 + 3) · 4 = 5 · 4 = 20 liefern. ETR mit Rechen-Hierarchie besitzen Klammertasten （ ） um z.B. wie in f) den Term 4 · (2 + 3) = 4 · 5 = 20 von links nach rechts abarbeiten zu können.

Dieses Vorwissen ist wichtig für nachfolgende Aufgaben, bei denen zudem ggf. Zwischenergebnisse notiert werden müssen. Kopfrechnen-Kontrolle nicht vergessen!

    $30 \cdot 4 + 150 : 30 = \underline{\hspace{2cm}} + \underline{\hspace{2cm}} = \underline{\hspace{2cm}}$;

    $(20 + 30) : (175 - 150) = \underline{\hspace{1.5cm}} : \underline{\hspace{2cm}} = \underline{\hspace{2cm}}$;

    $\dfrac{2}{5} + 13{,}6 =; \quad \dfrac{25 + 71}{24} =; \quad \dfrac{2}{5} + \dfrac{13}{5} =; \quad 3\dfrac{2}{5} + 7\dfrac{3}{8} =;$

    $3\dfrac{2}{5} \cdot 7\dfrac{3}{8} =; \quad 3\dfrac{2}{5} : 7\dfrac{3}{8} \approx \cdot; \cdots .$

Speicherfunktionstasten

Die Arbeitsweise der Speicherfunktionstasten eines ETRs ist im Gegensatz zu den Grundrechen-Funktionstasten keineswegs selbsterklärend. Andererseits erscheint es uns aus arbeitsökonomischen und didaktischen Gründen, wie z.B. für Vorerfahrungen zum Variablenbegriff und zur Arbeitsweise eines algorithmenverarbeitenden, programmgesteuerten Automaten, sinnvoll, daß jeder ETR im Unterricht der S I mindestens einen Schreib-Lese-Speicher besitzt.

Unter „Speicher" sollen hier Vorrichtungen (Zellen, Register) verstanden werden, die es dem Rechner erlauben, sich Zahlen zu merken.[2]

Beispiel: Durch welche Zahlen zwischen 10 und 20 ist die Zahl 10241 teilbar?

Zur Lösung ist zu prüfen, ob $10\,241 : x$ eine ganze Zahl ist, wobei $x \in \{11, 12, \ldots 19\}$. „Im Kopf" entscheidet man, daß 15 und alle geraden Zahlen die Bedingung nicht erfüllen. Mit dem Taschenrechner arbeitet man nun weiter nach folgendem Plan:

    10 241 ÷ x ＝⊰? *wenn* ganze Zahl, dann notierte x.

Für die vier Versuche, ob 11, 13, 17 oder 19 Teiler von 10 241 ist, müßte hiernach jedesmal die fünfziffrige Zahl 10 241 eingetippt werden.

Vorteilhaft ist das einmalige Eingeben und Abspeichern dieser Zahl mit der Taste

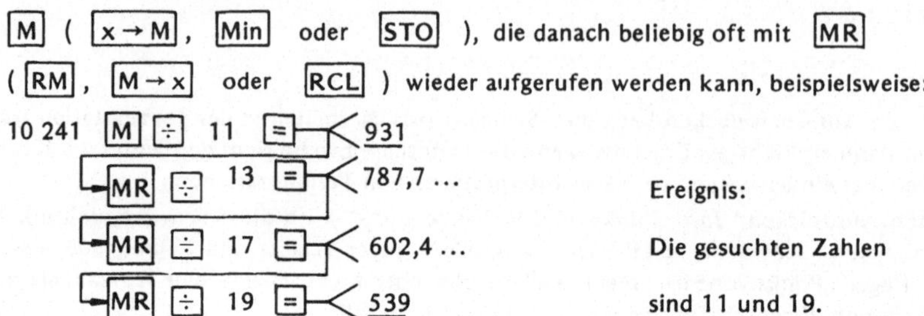

Ereignis:

Die gesuchten Zahlen

sind 11 und 19.

Zur Einführung in das Arbeiten mit Speichern, deute man diese als Merkzettel, auf die man häufig benötigte Zahlen (Konstanten) oder Zwischenergebnisse notieren kann. Die Anordnung eines Rechenablaufprotokolls (RAP) von „oben nach unten" erlaubt es, die jeweilige Speicherbelegung daneben zu notieren.

Beispiele: a)

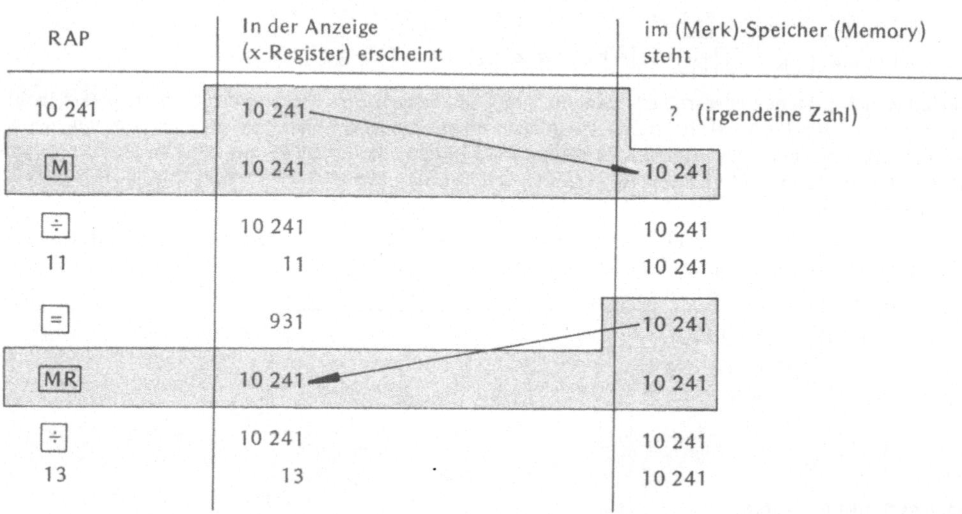

RAP	In der Anzeige (x-Register) erscheint	im (Merk)-Speicher (Memory) steht
10 241	10 241	? (irgendeine Zahl)
M	10 241	10 241
÷	10 241	10 241
11	11	10 241
=	931	10 241
MR	10 241	10 241
÷	10 241	10 241
13	13	10 241

b) Mit einem Taschenrechner *ohne* Hierarchie ist der (durch „Kopfrechnung" zu kontrollierende) Wert von $2 \cdot 3 + 4 \cdot 5 + 6 \cdot 7$ zu berechnen.

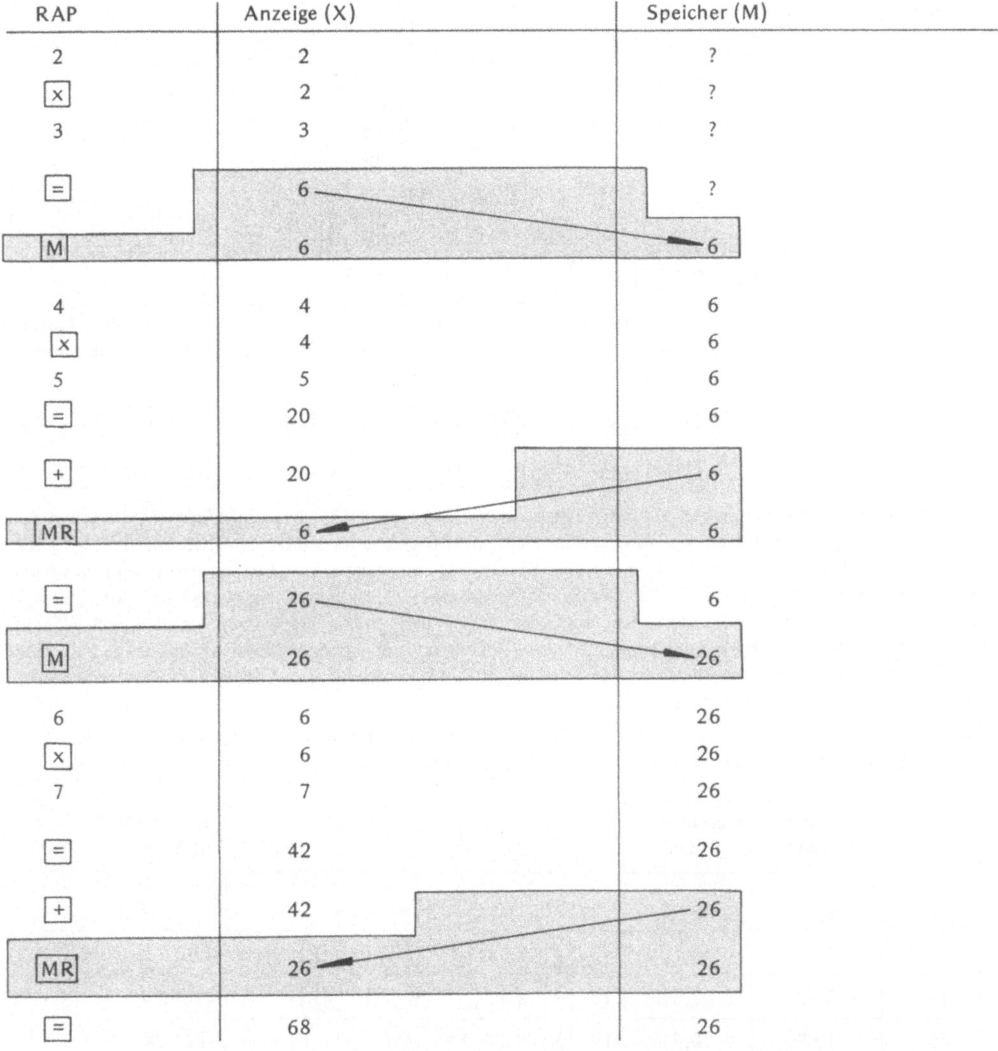

Diese Tabellen können als Vorlage für Tageslichtschreiber-Folien dienen. Die gerasterten Streifen mit dem Pfeil zeichne man auf einen zweiten Folienstreifen, den man dann auf die entsprechende Stelle der Tabelle legen kann.

Die durch Pfeile und Einrahmung (Transparentfolien-Streifen) angedeutete Funktionsweise der Tastbefehle M und MR kann man auch so darstellen.

Taschenrechner mit mehreren Speichern erkennt man i.d.R. an den Tasten $\boxed{\text{STO}}$ (für store) und $\boxed{\text{RCL}}$ (für recall). Die Speicher sind durchnumeriert, z. B. von 0 bis 9, wenn 10 Speicherplätze zur Verfügung stehen. Bei mehr als 10 Speicherplätzen sind auch die „Nummern" 0 bis 9 zweistellig einzugeben 00, 01 … 09.

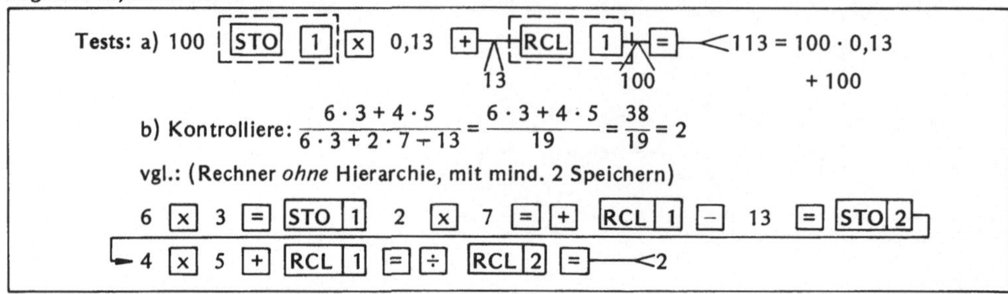

Bei manchen Berechnungen sind *saldierende Speicher* vorteilhaft. Man erkennt diese an den Tasten $\boxed{\text{M+}}$ bzw. $\boxed{\text{SUM}}$. Die Arbeitsweise und eine Einführungsmethode mögen verdeutlicht werden durch das Beispiel: $2 \cdot 3 + 4 \cdot 5 + 6 \cdot 7 = 68$.

1. *ohne* $\boxed{\text{M+}}$: 2 $\boxed{\text{x}}$ 3 $\boxed{=}$ $\boxed{\text{M}}$ 4 $\boxed{\text{x}}$ 5 $\boxed{=}$ $\boxed{+}$ $\boxed{\text{MR}}$ $\boxed{=}$ $\boxed{\text{M}}$ 6 $\boxed{\text{x}}$ 7 $\boxed{=}$ $\boxed{+}$ $\boxed{\text{MR}}$ $\boxed{=}$ 68

2. *mit* $\boxed{\text{M+}}$: 2 $\boxed{\text{x}}$ 3 $\boxed{=}$ $\boxed{\text{M}}$ 4 $\boxed{\text{x}}$ 5 $\boxed{=}$ $\boxed{\text{M+}}$ 6 $\boxed{\text{x}}$ 7 $\boxed{=}$ $\boxed{\text{M+}}$ $\boxed{\text{MR}}$ 68

Beim zweiten Rechenweg haben wir zum Abspeichern von 6 (= 2 · 3) $\boxed{\text{M}}$ und nicht $\boxed{\text{M+}}$ verwandt, wodurch sichergestellt wurde, daß 6 und nicht ein „um 6 vermehrter *alter* Speicherinhalt" als neuer Inhalt von $\boxed{\text{M}}$ abgespeichert ist. Man vergißt häufig, daß man vorher den Speicher mit einer von Null verschiedenen Zahl belegt hat. Dadurch können Fehler beim Einsatz des „saldierenden" oder „addierenden" Speichers $\boxed{\text{M+}}$ auftreten. Rechner, die neben $\boxed{\text{M+}}$ nicht auch über einen Nur-Speicher-Befehl $\boxed{\text{M}}$ verfügen, sollten auf jeden Fall die *Einzel*löschung des Speichers ermöglichen, z. B. mit $\boxed{\text{CM}}$ (clear memory). Vorteilhaft ist ein Symbol, z. B. $\boxed{\text{M}}$, welches im Anzeigefeld dann erscheint, wenn der Speicher mit einer Zahl (m $\neq$ 0) belegt ist.

Beispiel: Bei einem Einkauf sollen die jeweiligen Warenpreise und der Gesamtpreis berechnet werden, wobei die Warenpreise mit $\boxed{\text{M+}}$ aufsummiert werden sollen.

Anzahl	Einzelpreis in DM	Warenpreis in DM	RAP	z. B.	Inhalt von M 123,45
					0
3	15,30	45,90	3 x 15,3 = CM M+		45,90
6	7,85	47,10	6 x 7,85 = M+ (MR		93
13	0,59	7,67	13 x ,59 = M+ (MR		100,67
19	1,09	20,71	19 X 1,09 = M+		121,38
	Gesamtpreis in DM	121,38	MR		

Die Funktionsweise von $\boxed{\text{M+}}$ und $\boxed{\text{CM}}$ veranschaulichen die „Block"-Bilder

	X	M		X	M
$\boxed{\text{M+}}$ bzw. $\boxed{\text{SUM}}$ Anfangs-Belegung	20	6	$\boxed{\text{CM}}$	6	123
End-Belegung	20	26		6	0

Bei einigen ETR arbeitet die Taste [M+] wie die Befehlsfolge [=] [M+] . Beispielsweise bewirkt 2 [M]
[x] 3 [+] 4 [M+] , daß in der Anzeige 10 = 2 · 3 + 4 und im Speicher 12 = 2 + 10 steht.
Die vorstehenden Beispiele können natürlich mit Taschenrechnern, die z. B. nach der Regel „Punkt-
vor-Strichrechnung" arbeiten (ANH), auch ohne [M+] bzw. [M] ausgewertet werden. Dies gilt jedoch
nicht bei folgendem Testbeispiel, wenn der Term wie notiert von links nach rechts abgearbeitet werden
soll.

Test: Kontrolliere: $\sqrt{3^2 + 4^2} + \sqrt{6^2 + 8^2} + \sqrt{9^2 + 12^2} = 30$

vergleiche: 3 [x²] [+] 4 [x²] [=] [√] [M] 6 [x²] [+] 8 [x²] [=] [√] [M+]

9 [x²] [+] 12 [x²] [=] [√] [M+] [RM]———<?

Abschließend sollen hier für weitere „rechnende Speicher" die zur *Speicherarithmetik* gehörenden
Symbole und Funktions-Block-Bilder angegeben werden:

Befehl	Symbol	Funktions-Block-Bild	Formalisierung
Subtrahiere vom Speicher-inhalt den x-Wert und speichere das Ergeb-nis im gleichen Speicher	[M−] oder [SUB] [INV] [SUM]	x M / 5 15 / 5 10	m-x → x; d. h. *alter* M-Wert minus x-Wert gleich *neuer* M-Wert
Multipliziere den Speicher-inhalt mit dem x-Wert und speichere das Ergebnis im gleichen Speicher	[Mx] oder [Pro] für Produkt	x M / 3 2 / 3 6	m · x → m; d. h. *alter* M-Wert mal x-Wert gleich *neuer* M-Wert
Dividiere den Speicher-inhalt durch den x-Wert und speichere das Ergebnis im gleichen Speicher	[M÷] oder [INV] [Prd]	x M / 3 6 / 3 2	m : x → m; d. h. *alter* M-Wert geteilt durch den x-Wert ergibt den *neuen* M-Wert

Beispiel für Taschenrechner mit maximal 10 Speichern und Speicherarithmetik:

Man vergleiche $\dfrac{1 \cdot 2 \cdot 3 \cdot 4 \cdot 5}{1 + 2 + 3} = \dfrac{120}{1 + 2 + 3} = \dfrac{120}{6} = 20$

mit   1 [STO][1] 2 [Prd][1] 3 [Prd][1] 4 [Prd][1] 5 [Prd][1]┐

└1 [STO][2] 2 [SUM][2] 3 [SUM][2]┐

└[RCL][2]——[INV][Prd][1]——[RCL][1]——<20.

1.2 Genauigkeit und Fehler

Im Gegensatz zum Rechenstab ist der ETR ein Hilfsmittel, mit dem numerische Ergebnisse im allgemeinen viel genauer zu ermitteln sind. Beim ETR-Einsatz sind jedoch folgende Gefahren — nicht nur in der Schule — zu beachten,

(1) Ohne Kontrolle durch Überschlagsrechnung werden häufig falsche Ergebniswerte unkritisch und rechnergläubig akzeptiert, weil die Kommaposition oder die Zehnerpotenz mitgeliefert wird.

(2) Unsinnig viele Ziffern eines Ergebnisses werden notiert, weil der Rechner so schnell so viele liefert.

(3) Das Gleichheitszeichen wird unzulässig gebraucht, weil die Ergebniswerte scheinbar so genau sind.

Zu (1): Vergleiche unsere Ausführungen in Abschnitt 2.1.

Zu (2): Einige typische Beispiele für unsinnig viele Ergebnisziffern:

a) Herr Baum tankt 45 l Benzin zu einem Literpreis von 1,089 DM. Wieviel zahlt Herr Baum?
(Schüler-)Antwort: Herr Baum zahlt dafür 49,005 DM.

b) Herr Baum hat für 40 DM ca. 36,7 l Benzin getankt. Wie hoch ist der Literpreis?
Antwort: RAP 40 $\boxed{\div}$ 36,7 $\boxed{=}$————◁,0899183, also beträgt der Literpreis 1,089 918 3 DM.

c) Mit einem Zollstock wird die Kantenlänge einer quadratischen Holzplatte zu 63,7 cm bestimmt. Wie groß ist die Oberfläche der Platte?

Antwort: (63,7 $\boxed{x^2}$————◁) 4057,69 cm².

Bei vielen Sachaufgaben, deren Ergebnisgrößen z. B. Anzahlen oder Geldbeträge sind, versteht sich zumindest die maximale Anzahl der Nachkommaziffern von selbst. Dies ist nicht so offensichtlich, wenn die Maßzahl einer Ergebnisgröße wie in Beispiel c) eine beliebige (rationale) Zahl sein kann. Zur Präzisierung der Aufgabenstellung zu c) fragen wir:

Ist es sinnvoll, das Flächenmaß der Platte mit 4057,69 cm² (oder 0,405769 m²) anzugeben, wenn die Kantenlänge auf „volle Millimeter gerundet" zu 63,7 cm (oder 637 mm) bestimmt wurde? Die „Millimetergenauigkeit" besagt, daß die Kantenlänge a zwischen 63,65 cm und 63,75 cm liegt, d. h.

$$63{,}65 \text{ cm} \leqslant a \leqslant 63{,}75 \text{ cm}.$$

Damit folgt, daß die Fläche A mindestens 4051,3225 cm² (= 63,65² cm²) und höchstens 4064,0625 cm² (= 63,75² cm²) ist. Wir sehen hieraus, daß nur die ersten beiden Ziffern 4 und 0 *sicherlich* richtige Ergebnisziffern sind.

Zur Ermittlung eines sinnvollen Zwischenwertes zwischen

$$\underline{4}051{,}3225 \text{ cm}^2 \text{ und } \underline{4}064{,}9625 \text{ cm}^2 \text{ für das Ergebnis}$$

von A runden wir nun das mit dem gemessenen Mittelwert 63,7 cm berechneten Ergebnis $\underline{4}057{,}69$ cm² auf *drei* Ziffern nach der 5/4-Rundung: $\underline{406}0$ cm².

Diese drei ersten Ziffern mit höchstem Stellenwert nennen wir *wesentliche* Ziffern. Es gilt also:

Die Anzahl der *wesentlichen* Ziffern ist gleich der Anzahl der *sicheren* Ziffern *plus* 1. Die zusätzliche, gerundete eine Ziffer liefert einen Zwischenwert zwischen dem kleinstmöglichen und dem größtmöglichen Ergebniswert.

Als Ergebnisantwort zu vorstehendem Beispiel c) erscheint demnach sinnvoll: Die Oberfläche der Platte mißt *etwa* 40$\underline{6}$0 cm² (oder 0,40$\underline{6}$ m²).

Durch dieses *Einschachteln* eines Ergebnisses — oder Aufsuchen des Ergebnis-Intervalls — nach einer *Doppelrechnung* mit den unteren und oberen Grenzen von Vorgabegrößen erhält der Schüler einen Zugang zur Auswirkung oder Fortpflanzung von Fehlern, d. h. einen empirischen Zugang zur Fehlerfortpflanzung.[3]

Für den Lehrer besteht bei solchen Aufgaben die Notwendigkeit, entweder in der Aufgabenstellung die Anzahl der geforderten wesentlichen Ziffern explizit vorzuschreiben oder den Schüler soweit zu führen, daß dieser selbst aus dem gesamten Kontext der Problemstellung erkennt, wie viele Ergebnisziffern wesentlich sind und welche Ziffern eine nicht zu begründende Genauigkeit vortäuschen, d. h. unsinnig sind.

Abschließend bringen wir ein weiteres *Beispiel* mit geometrischer Veranschaulichung:

Gegeben sind die auf Zentimeter gerundeten Meßwerte a_m und b_m der Kantenlängen einer rechteckigen Tischplatte: a_m = 75 cm; b_m = 183 cm. Bestimme die Grenzen von a, b und A = a · b sowie einen sinnvollen (Zwischen-)Wert A_m.

1. Grenzen: 74,5 cm $\leqslant$ a $\leqslant$ 75,5 cm; 182,5 cm $\leqslant$ b $\leqslant$ 183,5 cm

RAP: 74,5 $\boxed{\times}$ 182,5 $\boxed{=}$ 75,5 $\boxed{\times}$ 183,5 $\boxed{=}$

also   13 596,25 cm² $\leqslant$ A $\leqslant$ 13 854,25 cm²

2. Wert für A_m:

            75 $\boxed{\times}$ 183 $\boxed{=}$————$<$13 725

Folgerung: A_m = 13 700 cm²

                = 1,37 m²

Die Tischplatte hat ein Flächenmaß
von ca. 1,37 m².

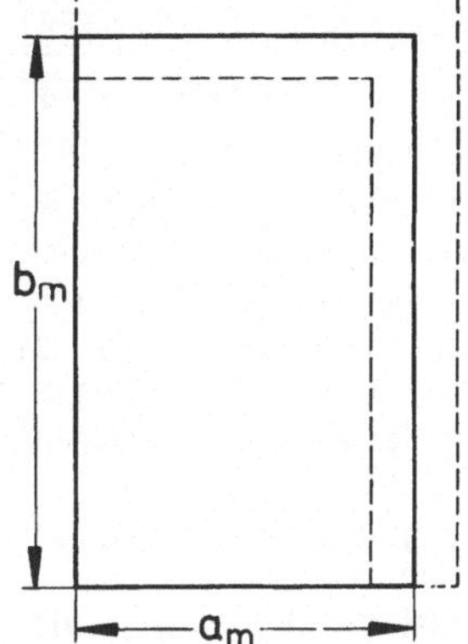

Bild B39

Zum Schluß dieses Kapitels sollte der Leser die Auswirkung diskutieren, die sich durch verschiedene Näherungswerte von π ergeben, z. B. $\frac{22}{7}$ oder 3,14 oder 3,1459 oder 3,1415926536. Man rechne hiermit beispielsweise den Umfang oder die Oberfläche einer Kugel mit dem Bohrschen Atomradius r_B = 0,529 16 · 10^{-8} cm oder dem Erdradius r_E = (6370 ± 5) km.

Wie diskutiert man gegebenenfalls mit einem Schüler, der für den Erdradius r_E = 6373 km nachgelesen hat, und 1 668, 4475 $\frac{km}{h}$ als Rotationsgeschwindigkeit eines Äquatorpunktes angibt?

        Vergleiche: 6373 $\boxed{\times}$ 2 $\boxed{\times}$ $\boxed{\pi}$ $\boxed{\div}$ 24 $\boxed{=}$————$<$1668,4475.

Zu (3); Das Tastsymbol $\boxed{=}$ verleitet sehr leicht zum unkritischen Gebrauch des Gleichheitszeichens. Neben der vorstehend erwähnten Problematik seien hier einige weitere Fälle aufgeführt.

a) Eine „Dreisatz-Aufgabe" führe zum Ausdruck („Rechnen am Bruchstrich") $\frac{13 \cdot 15}{21}$ kg. Ein Schüler wird vielleicht die „Aufgabe durchtippen" und hinschreiben: $\frac{13 \cdot 15}{21}$ kg = 9,285 714 3 kg.

Sein Nachbar meint „Das ist falsch, richtig ist 9,285 714 2 kg". Beide haben eine falsche Antwort im Sinne der korrekten Verwendung des „=" Symbols gegeben. Eine korrekte Antwort ist je nach Aufgabenstellung (s. o.) z. B. 9,286 kg.

b) Entsprechendes gilt für die Lösungen folgender Gleichungen:

Gleichung	algebraisch korrekte Lösung (in $\mathbb{R}$)	„praktische" Rechner-Näherung (mit 4 wesentlichen Ziffern
$7x = 25$	$x = 3\frac{4}{7}$	$x \approx 3,571$
$x^2 = 5$	$x = \sqrt{5}$ oder $x = -\sqrt{5}$	$x \approx 2,236$ oder $x \approx -2,236$
$x^7 = 2$	$x = \sqrt[7]{2}$	$x \approx 1,104$
$1,05^x = 2$	$x = \frac{\lg 2}{\lg 1,05}$	$x \approx 14,21$

c) Die generelle Beschränktheit der im Rechner darstellbaren Zahlen erzeugt augenfällige Fehler, wenn die „Ergibt-Anweisung" $\boxed{=}$ mit „=" identifiziert wird, z. B.

1 2 3 4 5 6 7 8 $\boxed{+}$ 0,5 $\boxed{=}$————$<$ 12345679 bei rundendem 8-Stellen-Rechner

        12345678 bei *nicht* rundendem 8-Stellen-Rechner

aber 1 2 3 4 5 6 7 8 + 0,5 $\neq$ 12345678.

d) Allgemeingültige Identitäten (Regeln, Gesetze) der Algebra gelten für Rechnerergebnisse keineswegs uneingeschränkt. Hier ist oft die Reihenfolge der Einzelschritte sehr bedeutsam.[4]

Ein 8-Stellen-Rechner ohne Rundungsautomatik liefert für (12345678 + 0,5) + 0,5 als Ergebnis 12345678, für (0,5 + 0,5) + 12345678 aber 12345679. Fehlt z. B. bei einem Rechner die exponentielle Zahldarstellung ([EE] -Taste) so gilt:

$$35\,424 \;[\div]\; 144\;[\text{x}]\; 4567\;[=]\!\!-\!\!-\!\!-\!\!-\!\!\prec\,123\,482,$$

während $35424\;[\text{x}]\;4567\;[\div]\;144\;[=]$ kein (richtiges) Ergebnis liefert, da das Ergebnis der Multiplikation mehr als 8 Dezimalziffern hat.

Abschließend sei hier noch auf einen weiteren unzulässigen Gebrauch von Taschenrechner-Sybolen in Rechenablauf-Plänen oder -Protokollen (RAP) hingewiesen:

Zur Berechnung von (2 + 3) · 4 = 20 bezeichnen im RAP 2 [+] 3 [=][x] 3 [=]$-\!\!\prec$20 die „eingerahmten" Symbole Tastbefehle. Läßt man die „Rahmen" weg, was „bequeme" Schüler gern tun, so entsteht die *unsinnige* Zeichenkette 2 + 3 = x 4 = 20.

1.3 Der Taschenrechner als Operator-Maschine

Insbesondere durch die Konstantenautomatik ist ein Taschenrechner für Schüler als *real funktionierende* Operator-Maschine erfahrbar, d. h. als ein „schwarzer Kasten", den man so einrichten — sprich vorprogrammieren — kann, daß er nach Knopfdruck „ [=] " einem Eingabewert genau einen bestimmten Ausgabewert zuordnet. Veranschaulicht wurde eine solche Zuordnungsvorschrift in der „Vor-Taschenrechner-Zeit" häufig durch das Bild einer *fiktiven* Maschine.

Nachfolgend bringen wir einige Beispiele, die den nutzbringenden Einsatz der Konstantenautomatik aufzeigen und dem Schüler schon sehr früh einen exakten Zugang zum Funktionsbegriff in dynamischer Sicht eröffnet. Die Beispiele enthalten gleichzeitig Übungen. Um die Darstellung möglichst kurz zu halten, wird hier größtenteils auf eine Einbettung in Sachzusammenhänge verzichtet.

Für den Mathematikunterricht ab Klasse 7 erscheint in erster Linie die Anwendung des Taschenrechners als „Multiplikations-Operator-Maschine" interessant, z. B. bei allen Sachaufgaben zum direkten Verhältnis (Proportionalität) und zum „gleichmäßigen Wachstum"[5].

1. Beispiel: Aus verschieden langen Latten sollen Stücke der Länge 35 cm geschnitten werden. Nachdem der Taschenrechner als „geteilt durch 0,35 Maschine" vorprogrammiert wurde (z. B. durch 1 [÷] 0,35 [=] oder 0,35 [÷] [K]) übernimmt er die meiste Arbeit beim Ausfüllen nachfolgender Tabelle.

Den aus Klarsichtfolie ausgeschnittenen Streifen $\boxed{}\;\;\boxed{=}\!\!-\!\!\prec$ denke man sich so über die Tabelle geschoben, daß jeweils die „Leerstelle" $\boxed{}$ mit einer gegebenen Eingabezahl (bzw. x) belegt wird, oder eine vorgegebene Ausgabezahl (bzw. f (x)) rechts vom Ausgabetrichter $-\!\!-\!\!-\!\!\prec$ steht.

Auf kritikloses Hinschreiben der vom Rechner gelieferten nicht ganzzahligen Werte in Nr. 2–4 ist zu achten. Die Nr. 5–7 trainieren Kopfrechnen; sie geben aber auch Anlaß zu folgender, den Begriff Umkehrrelation tangierende Frage: Wie, lang kann eine Latte mindestens bzw. höchstens sein, wenn man Teilstücke haben möchte?

Die Antwort bei Nr. 5 lautet: mindestens 3,85 m aber kürzer als 4,20 m oder formal $3,85 \leqslant x \leqslant 4,20$ m.

Nr.	Länge der Latten in m	Anzahl der Teilstücke zu 35 cm
1	2,10	6
2	$\boxed{4}$ $\boxed{=}$	11
3	6	
4	10	
5		11
6		15
7		20

$\boxed{\text{E-Zahl}}$ $\boxed{=}$ $\dfrac{\text{streiche}}{\text{Nachkomma-ziffern}}$ A-Zahl

Der Rechenablaufplan auf dem Streifen in obiger Tabelle entspricht dem Operatorschema:

$$\text{E-Zahl} \overset{:\ 0{,}35}{\longrightarrow} \bigcirc \overset{\substack{\text{streiche} \\ \text{Nachkommaziffern}}}{\longrightarrow} \text{A-Zahl}$$

Die Hintereinanderausführung oder Verkettung der Funktionsvorschriften „: 0,35" und „streiche die Nachkommaziffern" wird hierbei augenfällig. Rechenablaufplan und Operatorschema bereiten die folgende formale Schreibweise vor:

$f(x) = x : 0,35$

$g(x) = \text{Int}(x)$ (lies: ganzzahliger Anteil von x)

$g \circ f(x) = g(f(x)) = \text{Int}(x : 0,35)$

2. Beispiel: Ein Rechner ist als „plus 5"-Operator eingerichtet. Dann liefert

$$3 \ \boxed{=} \ \wedge \ \boxed{=} \ \wedge \ \boxed{=} \ \wedge \ \boxed{=} \ \wedge \ \dots$$

die arithmetische Folge 8   13   18   23

Diese Zahlenfolge kann charakterisiert werden, beispielsweise durch die konstante Differenz 5 „benachbarter Glieder" oder durch die Eigenschaft, daß alle ausgegebenen Zahlen (Glieder der Folge) den gleichen Rest beim Teilen durch 5 lassen wie die Eingabe-Zahl (Anfangsglied) 3. Hiernach können folgende Aufgabentypen bearbeitet werden:

(a) Richte einen Taschenrechner mit Konstantenautomatik so ein, daß er nur gerade (ungerade, durch n teilbare) Zahlen liefert.

(b) ... nur Zahlen liefert, die beim Teilen durch m den Rest r lassen.

(c) Ein Rechner ist als „plus 7-Maschine" vorprogrammiert. Kannst Du die Zahl vorhersagen, die nach 10 (n-)maligem Drücken von $\boxed{=}$ erscheint, wenn am Anfang die Zahl 15 (die Zahl a) eingegeben wird?

Kann diese „plus 7-Maschine" die Zahl 148 (die Zahl x) liefern? Begründung! Setze statt 7 die Zahl 8 (die Zahl m) und beantworte die gleichen Fragen.

3. Beispiel: Zur Zeit (Ende 1982) haben wir einen Preisanstieg von ca. 5,7 % gegenüber dem Vorjahr. Wieviel zahlte man 1980, 1981, usw. für eine „Durchschnittsware", die 1979 z. B. 100 DM kostete, wenn man annimmt, daß die Preisanstiegsrate von 5,7 % gleichbleibend ist.

Lösung: Der Taschenrechner wird als „mal 1,057 Operator" eingerichtet:

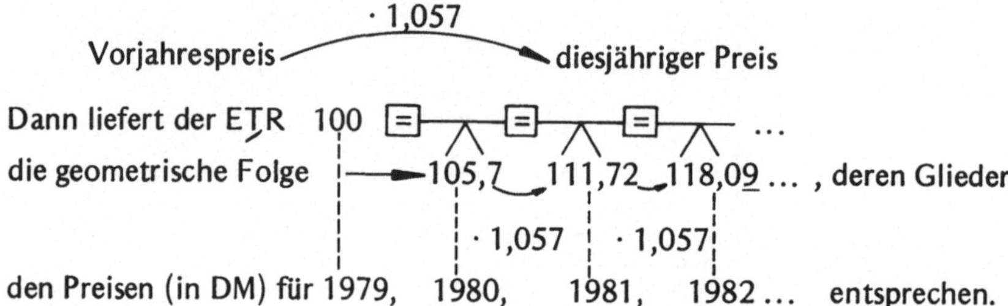

den Preisen (in DM) für 1979,   1980,   1981,   1982 ...   entsprechen.

So lassen sich heute z. B. von Schülern der 8. Klasse viele Aufgaben „durchspielen", die früher wegen des Rechenwaufwandes die Frustrationsschwelle selbst des Lehrers überstiegen oder aber wesentlich älteren Schülern — z. T. „privilegierteren Schulformen" — vorbehalten waren, weil für solche Aufgaben „höhere" Rechenhilfsmittel (z. B. Logarithmentafeln) erforderlich waren.

4. Beispiel: Ein Taschenrechner wird als ‚mal 0,95"-Operator programmiert. Drückt man gemäß dem RAP

12,3 ☐ ☐ ☐——⟨dreimal ☐ , so wird der Wert von $12,3 \cdot 0,95^3$ berechnet.

Aufgaben:

a) Gib einen RAP und das Ergebnis an für

$12,3 \cdot 0,95^5$; $12,3 \cdot 0,95^{14}$; $123 \cdot 0,95^5$; $0,95^{14}$.

b) Wie oft mußt du ☐ drücken, damit der so vorprogrammierte Rechner nach

1 ☐—☐——... —☐——⟨oder kurz   1 ⟨? mal⟩

einen Wert kleiner als 0,5 $\left(\frac{1}{4}; \frac{1}{8}; y\right)$ liefert?

D. h. bestimme x so, daß $0,95^x \leqslant 0,5 \left(\frac{1}{4}, \frac{1}{8}, y\right)$.

c) Löse mit einem entsprechend vorprogrammierten ETR die (Un-)Gleichungen:

$5 \cdot 1,1^n > 10$; $15 < 1,2^n \leqslant 30$ mit $n \in \mathbb{N}$

Bestimme auf 3 wesentliche Ziffern genau den Wert von q so, daß gilt

$q^7 = 2$; $q^7 = 4$; $q^7 = 0,5$, $q^7 = 0,25$.

Die Darstellungen z. B. des fortlaufenden Multiplizierens einer Anfangszahl a mit einem konstanten Faktor q und das Durchspielen der RAP mit dem ETR machen den Schüler bekannt und vertraut mit den Begriffen *Potenz* (mit ganzzahligen Exponenten) und *geometrische Folge:*

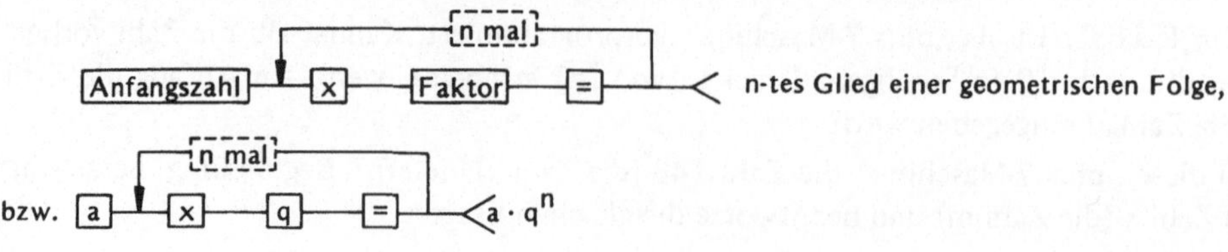

und nach entsprechender Vorprogrammierung mit dem Operator $\cdot\, q$

Für die Anfangszahl $a = 1$ erhält man hieraus auf einsichtige Weise die rekursive oder induktive Definition von Potenzen:

$$q^0 = 1 \text{ und } q^{n+1} = q^n \cdot q \text{ für alle } n \in \mathbb{N}_0.$$

2 Proportionale Zuordnungen

Die meisten Sachaufgaben, die bis zur 9. Klasse behandelt werden und sich mit Zuordnungen befassen zwischen Größen, z. B. Anzahl-Preis, Gewicht-Preis, Weg-Zeit, Arbeitszeit-Arbeitslohn, bezeichnet man als „Aufgaben mit proportionaler Zuordnung" („direktem Verhältnis") oder auch als „Dreisatz-Aufaben".

Hinter diesen Bezeichnungen für den gleichen Aufgabentyp leuchtet die Methode ihrer Lösung nach einem vorgefertigten Schema durch.

Solche Schemata sind als „goldene Eselsbrücken" — nicht nur für Schüler — hilfreich, wenn sie

einsichtig und *korrekt, anwendungsfreundlich* und *vielfältig verwendbar* sind.

Das heißt: Das Schema muß die Lösungsschritte einsichtig machen, damit es nicht einfach als Rezept verständnislos durchgespielt wird. Es soll auch so einprägsam sein, daß man sich daran leicht erinnern kann.

Ferner muß das Schema einen praktikablen, schnellen Lösungsweg aufzeigen, welcher u. a. die zur Verfügung stehenden Hilfsmittel berücksichtigt. Nicht anwendungsfreundlich ist z. B. ein Schema, wenn das Übertragen eines Aufgabentextes in dieses Lösungsschema einen nicht adäquaten Übersetzungsaufwand erfordert.

Im allgemeinen wird man für eine einzige Beispielaufgabe kein eigenes Lösungsschema entwickeln. Die Klasse der mit dem Schema lösbaren Aufgaben soll möglichst umfangreich sein. Sehr vorteilhaft ist es besonders dann, wenn es für weitere Aufgabentypen, Begriffe oder Verfahren (Algorithmen) eine gute Ausgangsbasis darstellt, d. h. wenn es auf höherer Stufe fortsetzbar ist.

Unter Beachtung dieser Kriterien und der Voraussetzung, daß der Taschenrechner als problemadäquates Hilfsmittel eingesetzt wird, sollen hier

(1) die Operatormethode,
(2) ein „modifizierter" Dreisatz und
(3) die Proportionalität als Funktion

zur Lösung von Sachaufgaben mit direktem Verhältnis diskutiert werden.

2.1 Die Operatormethode

Zur Konkretisierung betrachten wir folgende Beispielaufgabe:

An einer Tankstelle zahlt man für 30 l Benzin 32,67 DM. Wir fragen:

(a) Was zahlt man für 42 l Bezin?
(b) Wieviel Liter Benzin erhält man für 50 DM?

Zur Präzisierung der Aufgabenstellung muß geklärt sein, daß bei den Fragen (a) und (b) zu den gleichen „Preisbedingungen" getankt wird, die beim Tanken der 30 l zu 32,67 DM galten. Es muß also bekannt sein oder verabredet werden, daß z. B. für die *doppelte Benzinmenge* (Benzinvolumen) der *doppelte Preis* zu zahlen ist.

Die Aufgabenstellung wird jetzt in einer „Kurztabelle" erfaßt.

(a)

30 l	32,67 DM
42 l	?

(b)

30 l	32,67 DM
?	50,00 DM

Nun muß (dem Schüler) bekannt sein, daß *der gleiche Faktor*, der 30 l in 42 l „verwandelt", auf 32,67 DM anzuwenden ist, um das Ergebnis (?) zu liefern. Das jetzt für jedes einzelne Beispiel zu lösende Problem besteht also darin, diesen Faktor oder *Multiplikations-Operator* zu finden. Abgesehen von recht einfachen Beispielen, wo etwa statt 42 l in (a) ein ganzzahliges Vielfaches von 30 l steht, benötigt man hierzu aus der (gewöhnlichen) Bruchrechnung die Kenntnisse und Fertigkeiten, diesen Operator „· q" zu finden:

(a)

$$\cdot \frac{7}{5} \left(\begin{array}{c|c} 30\ l & 32,67\ DM \\ \hline 42\ l & ? \end{array} \right) \cdot \frac{7}{5}$$

(b)

$$\cdot \frac{50}{32,67} \left(\begin{array}{c|c} 30\ l & 32,67\ DM \\ \hline ? & 50,00\ DM \end{array} \right) \cdot \frac{50}{32,67}$$

Statt $\frac{42}{30}$ hat man hierbei den gleichwertigen aber „einfacheren" Bruch $\frac{7}{5}$ gewählt. Dazu mußte man den „größten gemeinsamen Teiler" finden und kürzen. Wie aber interpretiert man den Zahlanteil $\frac{7}{5}$ des Operators · $\frac{7}{5}$ oder den ohnehin „nicht zu kürzenden" Bruch $\frac{50}{32,67}$? In einem weiteren Lösungsschritt entnimmt man dem so ergänzten Schema die (Bruch-) Rechenaufgabe:

(a) $(32,67\ DM) \cdot \left(\frac{7}{5} \right) = ?$ bzw.

(b) $(30\ l) \cdot \left(\frac{50}{32,67} \right) = ?$

Im „Prinzip" ist damit die Aufgabe gelöst. Jedoch wird sich keiner z. B. mit dem „unausgerechneten" Term $(32,67 \cdot \frac{7}{5})$ DM zufrieden gegen, sondern als Lösungen nur annehmen:

(a) für 42 l zahlt man 45,74 DM.

(b) Für 50 DM erhält man etwa 45,9 l.

Der ETR kommt natürlich erst bei der „Rechnung am Bruchstrich" zum Einsatz, wobei wohl keine Schwierigkeiten bei der Deutung des Bruchstriches als „geteilt durch" auftreten. Wohl muß man sich fragen, in welcher Reihenfolge die einzelnen Rechenschritte durchzuführen sind, damit die Rechnung dem Operatorschema

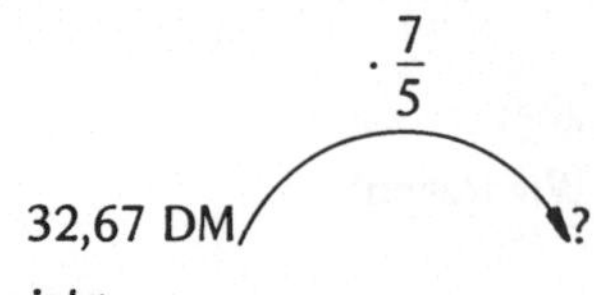

entspricht.

Die Übersetzung dieser Handlungsanweisung in einen Rechenablauf erfordert also *zunächst* die Berechnung von $\frac{7}{5}$, dann die Eingabe von 32,67 DM und danach erst die Multiplikation mit $\frac{7}{5}$, was man dem Term $\frac{32,67 \cdot 7}{5}$ nicht mehr ansieht.

Für den Taschenrechnereinsatz bedarf die Reihenfolge dieser Rechenschritte also sicherlich einer Umstellung, wenn das Schema anwendungsfreundlich sein soll:

(a)   statt $32,67 \cdot \left(\frac{7}{5}\right)$ also $\left(\frac{7}{5}\right) \cdot 32,67$

$$7 \;\boxed{\div}\; 5 \;\boxed{\times} \qquad 32,67 \;\boxed{=}\;\longrightarrow 45,738;$$

$$1,4 \left(=\frac{7}{5}\right)$$

statt $30 \cdot \left(\frac{50}{32,67}\right)$ besser $\left(\frac{50}{32,67}\right) \cdot 30,$

$$50 \;\boxed{\div}\; 32,67 \;\boxed{\times} \qquad 30 \;\boxed{=}\;\longrightarrow 45,91 \ldots$$

$$1,53 \ldots$$

Zusammenfassend kann man zur Operatormethode mit Kurztabellen sagen:

— Sie ist nach entsprechender Vorbereitung bei der Bruchrechnung leicht einsichtig zu machen.

— Das Schema ist nicht streng fixiert auf eine bestimmte Stelle für die „Lücke" (?), wie beim herkömmlichen Dreisatz („unten rechts").

— Anwendungsfreundlich für den ETR-Einsatz wird das Schema jedoch erst nach der Termumformung

$$y_1 \cdot \left(\frac{x}{x_1}\right) = \left(\frac{x}{x_1}\right) \cdot y_1,$$

es sei denn, man verzichtet auf eine Analogie des Rechenweges mit den Handlungssequenzen in der Kurztabelle.

— Durch das Anwenden von Multiplikations-Operatoren $\cdot \frac{x}{x_1}$, wobei $\frac{x}{x_1}$ eine (unbenannte) Zahl ist, auf eine Größe y_1 ergibt sich wieder eine Größe y des gleichen Größenbereichs.

— Im allgemeinen Fall werden Zähler und Nenner der auftretenden Brüche (Operatoranteile) selbst Dezimalbrüche sein, was eine Erschwerung der Lösungsfindung ohne ETR bedeutet. Wird der ETR aber eingesetzt, so dürfte es schwierig sein, einem Schüler den Wert der Bruchrechnung für das Lösen vorstehender Aufgaben klarzumachen.

2.2 Ein modifiziertes Dreisatzschema

Wir diskutieren auch dieses Verfahren, welches sich in einer Kurztabelle darstellen läßt, am vorgenannten Beispiel. Dieses Tankstellenbeispiel erscheint aus folgenden Gründen besonders geeignet:

Es stammt aus dem Erfahrungsbereich der Schüler. Die Zuordnung der zueinander gehörenden Größen kann an jeder Zapfsäule augenfällig abgelesen werden, z. B. so:

| Benzin | [,] l | Preis | [,] DM |

oder so:

| Benzin [,] l |
| Benzin [,] DM |

Es handelt sich um eine Zuordnung zwischen zwei verschiedenen Größenbereichen. Der Schüler erfährt, daß beim „praktischen Rechnen" nicht nur mit „glatten" Zahlen gerechnet wird.

Der Schluß auf die Bezugsgröße 1 l ergibt die allen Schülern geläufige „gemischte Größe ‚Literpreis‘ ", was für dieses Verfahren wesentlich ist.

Die Frage, wieviel man für 42 l Benzin unter den in 2.1 genannten Bedingungen zahlt, wird also beim „alten Dreisatz" beantwortet durch den explizit durchgeführten „Umweg über die Einheit". Modifiziert nennen wir dieses Schema, weil es durch Pfeilsymbole den zwar zu sprechenden aber nicht ausgeschriebenen Text *bildhaft* darstellt. Zudem ist der Ort der Lücke (?) nicht wie beim traditionellen Dreisatz fest vorgegeben („unten rechts"), sondern so beliebig wie bei der Operatormethode:

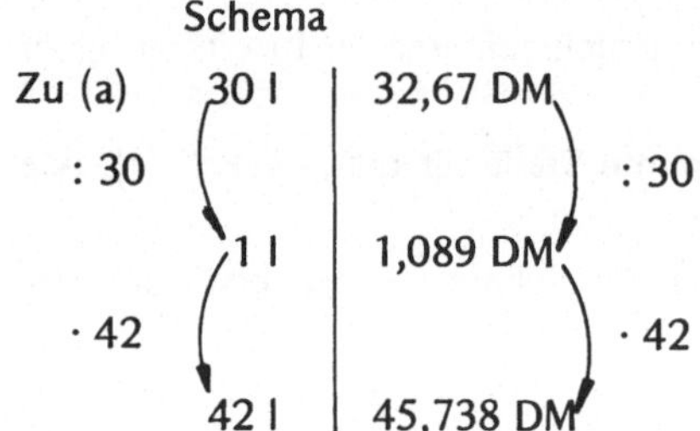

Schema

Zu (a)   30 l | 32,67 DM

: 30

1 l | 1,089 DM

· 42

42 l | 45,738 DM

Verbalisierung:

Wenn 30 l 32,67 DM kosten, dann zahlt man für 1 l $\frac{32,67}{30}$ DM = 1,089 DM.

Der Preis für 42 l ist dann 1,089 · 42 DM = 45,738 DM

Hier erhält man die Antwort: Für 42 l zahlt man 45,74 DM und die *Zusatzinformation:* Der „Literpreis" beträgt 1,089 DM.

Zu (b)   30 l | 32,67 DM

: 32,67

0,918 … l | 1,00 DM

· 50

45,913 … l | 50,00 DM

Wenn 30 l 32,67 DM kosten, dann erhält man für 1 DM

$\frac{30}{32,67}$ l = 0,918 … l. Für 50,00 DM erhält man dann 0,918 … · 50 l = 45,913 … l

Antwort: Für 50 DM erhält man ca. 45,9 l Benzin. Zusatzinformation: Für 1 DM erhält man ca. 0,92 l.

Auch bei diesem Verfahren operiert man (wie in 2.1) jeweils in einem Größenbereich. Jedoch werden durch den „Schluß auf die Einheit" gemischte Größen sinnvoll und sach-adäquat eingeführt. Hier: $\frac{32,67 \text{ DM}}{30 \text{ l}}$ und $\frac{30 \text{ l}}{32,67 \text{ DM}}$ anschaulich zu deuten als „D-Mark je Liter" bzw. „Liter je D-Mark".

Ein weiterer Vorteil dieser Methode ist die Möglichkeit, mit dem Taschenrechner „in einem Zuge" die Aufgabe durchrechnen zu können. Dabei stören die „krummen" (Zwischen-)Ergebnisse überhaupt nicht, jedoch sind die Endwerte auf eine sinnvolle evtl. vom Lehrer vorzugebende Genauigkeit zu runden.

Voraussetzung ist ein (zumindest intuitives) Verständnis für Dezimalbrüche, jedoch keine Bruchrechnung mit all ihren Fehlerquellen beim Kürzen und Verknüpfen. Neben den in 2.1 aufgeführten auch für diese Methode geltenden positiven Eigenschaften ist dieses Schema also anwendungsfreundlicher.

Es soll hier besonders deshalb favorisiert werden, weil es den Schüler weiterführt zur Proportionalität als *Funktion*, zum Rechnen mit *Verhältnisses* und zum Begreifen von „Klassen quotientengleicher Paare".

Beispiel: Die gerasterten Felder zeigen die jeweils zu berechnenden „fehlenden" Werte.

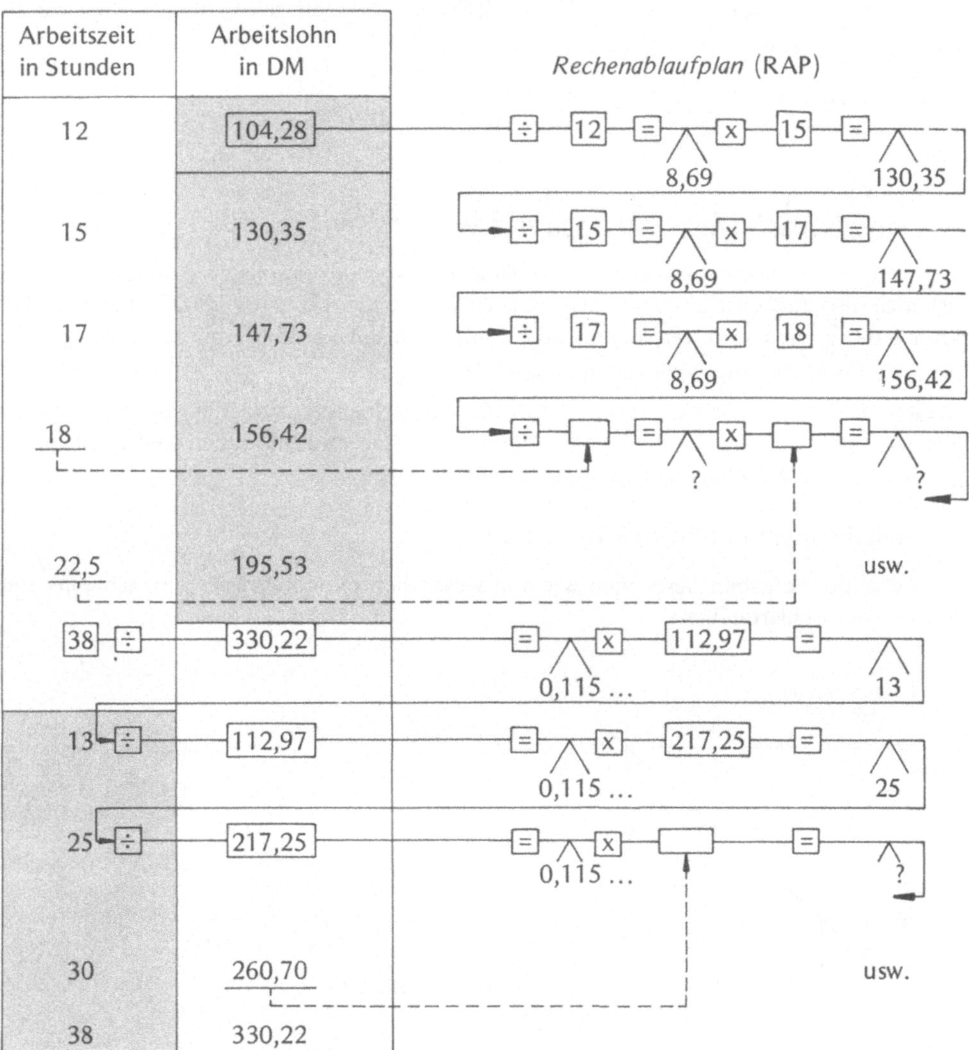

Achtet man auf die Zwischenergebnisse hinter dem ersten $\boxed{=}$, welches aus diesem Grund voll beabsichtigt eingeführt wurde[6]), so fällt dabei auf, daß hier immer wieder der gleiche Wert 8,69, bzw. in der „umgekehrten Aufgabe" 0,11507 ... erscheint.

Diese Werte kennzeichnen die „charakteristische Eigenschaft" der Aufgabenklasse: 8,69 zeigt den Stundenlohn „8,69 DM je Stunde" an: $8{,}69\,\frac{DM}{h}$; 0,11507 ist unschwer als („gute Näherung" des) Kehrwert(s) von 8,69 und als „Zeit in Stunden für den Arbeitslohn von 1 DM" zu interpretieren, d. h. $0{,}11507\,\frac{h}{DM}$ besagt, daß man 0,11507 Stunden für 1 DM arbeiten muß.

Danach sieht man also, daß folgende Gleichheits-Kette gilt:

$$8{,}69 = \frac{104{,}28}{12} = \frac{130{,}35}{15} = \frac{147{,}73}{17} = \ldots = \frac{\text{Maßzahl des Arbeitslohns in DM}}{\text{Maßzahl der Arbeitszeit in h}}$$

Es wird folgende Schreibweise vereinbart:

$$\frac{104{,}28\ DM}{12\ h} = \frac{104{,}28}{12}\,\frac{DM}{h} = \frac{130{,}35}{15}\,\frac{DM}{h} = \ldots = 8{,}69\,\frac{DM}{h},$$

bzw.

$$\frac{12}{104{,}28}\,\frac{h}{DM} = \frac{15}{130{,}35}\,\frac{h}{DM} = \frac{38}{330{,}22}\,\frac{h}{DM} = \ldots\ 0{,}11507\,\frac{h}{DM}$$

Zur Berechnung des Arbeitslohns in Abhängigkeit von der jeweiligen Arbeitszeit berechnet man also zunächst aus dem vorgegebenen Wertepaar (12 h; 104,28 DM) den Stundenlohn $8{,}69\,\frac{DM}{h}$ und ermittelt dann durch Multiplikation von 8,69 mit der jeweiligen Arbeitszeit (in h) den zugehörigen Arbeitslohn (in DM).

Diesen nahtlosen Übergang vom mehrfach hintereinander ausgeführten modifizierten Dreisatzschema zur Behandlung von Proportionalitäten als Funktionen stellen wir im folgenden dar. Die Formalisierung erfolgt dabei schrittweise.

2.3 Die Proportionalität als Funktion

Vorstehende Aufgaben berechnen wir nun wesentlich ökonomischer, d. h. schneller und mit weniger Fehlerquellen

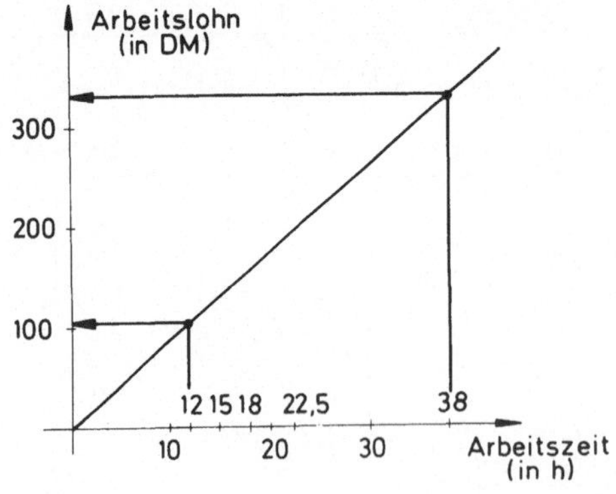

Bild B40

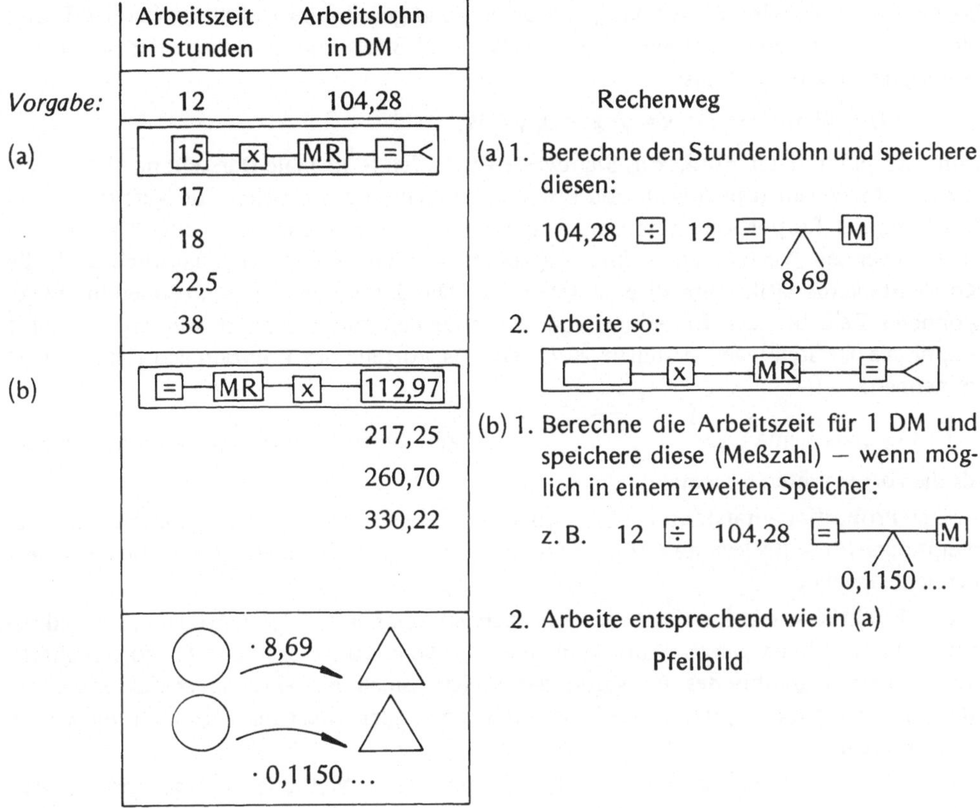

Beachten wir, daß „· 0,1150 ...'' gleichbedeutend ist mit „: 8,69'' — wie dem Pfeilbild zu entnehmen ist — so können wir die Zuordnung der Arbeitszeit zum Arbeitslohn so darstellen:

Verallgemeinerung

RAP:

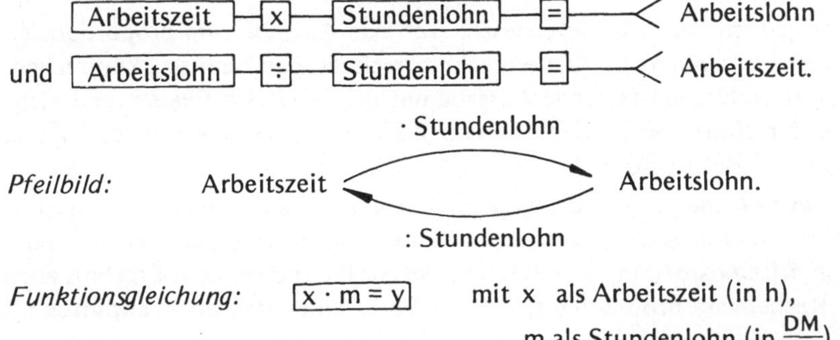

· Stundenlohn

Pfeilbild: Arbeitszeit ⟷ Arbeitslohn.

: Stundenlohn

Funktionsgleichung: $x \cdot m = y$ mit x als Arbeitszeit (in h),

m als Stundenlohn (in $\frac{DM}{h}$) und

y als Arbeitslohn (in DM).

Damit haben wir eine *Funktion* f, die bei passend gewähltem Definitionsbereich D und Wertbereich W jedem $x \in D$ ein $y = x \cdot m \in W$ als „f-Bild" zuordnet nach der Vorschrift „multipliziere x mit m"; also

$$f : D \to W \text{ mit } x \mapsto m \cdot x = y; x \in D, y \in W.$$

Zum Begreifen dieser Funktions-Sichtweise ist die letzte formale Darstellung nicht erforderlich. Rechenablaufprotokoll und Pfeilbild beinhalten das gleiche. Zur Vertiefung und Einübung der Proportionalitäten als Funktion können mit dem ETR eine Vielzahl von entsprechenden Wertetabellen durch-„gespielt" werden, wobei dann natürlich auch die Konstantenautomatik sinnvoll einzusetzen ist. Die durch den Taschenrechnereinsatz gewonnene Zeit bei der Erstellung von Wertetabellen sollte genutzt werden, vermehrt graphische Darstellungen erstellen zu lassen. Als Vorteile des funktionalen Aspekts sind zu nennen:

— Das Grundschema gibt ein einfacheres „Denkmuster" wieder als die vorgenannten Schemata.

— Der Proportionalitätsfaktor ⬚ (bzw. m in $x \cdot m = y$) ist in Sachaufgaben als problem- oder umweltrelevante Größe zu interpretieren, die i. a. einem „gemischten Größenbereich" angehört.[7]

— Die Funktionsgleichung ist besonders rechenökonomisch oder anwendungsfreundlich beim Durchrechnen ganzer Aufgabenklassen (Tabellenaufgaben). Der Proportionalitätsfaktor, dessen graphisches Analogon das Steigungsmaß ist, wird als charakteristisches Maß für eine ganze (Äquivalenz-)Klasse von einander gleichwertigen (äquivalenten) Wertepaaren erfahren.

Es sei hier betont, daß für die durch ETR unterstützten Methoden („modifizierter Dreisatz" und „Proportionalität als Funktion") die *gewöhnliche Bruchrechnung nicht benötigt* wird. Auch die Operatormethode, die in unseren Schulbüchern zur Zeit als „angewandte Bruchrechnung in Größenbereichen" betrieben wird, kann zu Gunsten der Dezimalbruchrechnung auf gewöhnliche Brüche verzichten. Dabei versteht man die Schreibfigur „$\frac{p}{q}$" als Handlungs- oder Rechenanweisung, nämlich dasselbe zu tun wie bei „p : q", d. h. den Wert des Quotienten p : q durch eine Dezimalzahl bzw. einen Dezimalbruch auszudrücken.

Auf eine Gefahr sei jedoch deutlich hingewiesen: Wer jede Aufgabe zum proportionalen oder „geraden" Verhältnis mit dem Taschenrechner rechnet, der kann so „kopfrechenfaul" werden, daß er wohl auch folgende Aufgabe nur noch *mit den Fingern* und nicht mehr mit dem Kopf rechnet: Sechs Äpfel kosten 2,30 DM. Wieviel kosten drei Äpfel (zwei, vier, neun, zehn, bzw. 12 Äpfel)?

Dieser Gefahr ist bewußt und gezielt zu begegnen, indem man immer wieder Kopfrechenübungen in den Unterricht einschiebt, eventuell den ETR zwischenzeitlich verbietet, oder Aufgaben (auch in Klassenarbeiten) so stellt, daß der Schüler neben dem Ergebnis auch den geforderten Rechenweg protokolliert, z. B. in Form eines Rechenablaufprotokolls (RAP).

Wer einsichtig die *Linearitäts-Eigenschaften* der Proportionalen Zuordnung handhaben kann, wird hierbei nicht seine Rechenfreiheit an den ETR verlieren und wie im Beispiel rechen:

Sechs Äpfel kosten 2,30 DM.

Für halbsoviele (drei) Äpfel zahlt man die Hälfte (1,15 DM).

Für zwei Äpfel zahlt man ein Drittel (2,30 DM : 3 $\approx$ 2,40 DM : 3 = 0,80 DM).

Vier Äpfel kosten doppelt so viel wie zwei Äpfel (also ca. 1,60 DM).

Neun Äpfel kosten so viel wie sechs Äpfel (2,30 DM) und drei Äpfel (1,15 DM) zusammen (also 3,45 DM).

Für zehn Äpfel zahlt man „rund" 4,00 DM (weil 10 = 5 · 2).

2.4 Aufgabenbeispiele

(1) Herr Roth ist als Firmenvertreter viel mit seinem Wagen unterwegs. In einer Tabelle notierte er für seine letzte Monatsabrechnung

Name:	Roth, A., *PKW:* AC-MP 55, *Monat:* Mai			
Datum	Tacho-Stand (km)	gefahrene Weglänge (km)	Benzin-Verbrauch Tankfüllung (1)	Betrag (DM)
1.5.	41 250	530	52,2	54,76
4.5.	41 735	485	47,4	50,23
6.5.	42 278	543	54,8	59,18
9.5.	42 786	508	50,0	53,00
12.5.	43 278	492	48,1	51,92
16.5.	43 795	517	52,2	54,78
19.5.	44 274	479	46,8	49,14
23.5.	44 855	581	58,7	62,14
25.5.	45 370	515	50,7	54,13
30.5.	45 931	561	54,9	57,55

Aus dieser Tabelle entnimmst du zahlreiche Informationen, z. B.: Am 12.5. war der Tachostand von Roths Wagen 43 278 km. Seit dem letzten Tanken fuhr Herr Roth 492 km. Er tankte am 12.5. 48,1 l, wofür er 51,92 DM zahlte.

Fragen: Wie oft hat Herr Roth getankt? Wieviel Kilometer fuhr er im Monat Mai insgesamt? Welche „Literpreise" mußte Herr Roth jeweils zahlen? Wann tankte Herr Roth am preiswertesten? Wann am ungünstigsten? Zwischen welchen Tankfüllungen war der Benzinverbrauch am günstigsten? In welchen Zeitabschnitten war er unverändert? Runde die mit dem Taschenrechner gefundenen Zahlen sinnvoll!

(2) Drei Wanderer und vier Radfahrer erzählen von ihrem letzten Wochenende. Ein Teil ihres Gesprächs gibt folgende Tabelle wieder:

Weg (in km)	15,3	18,7	21,5	21,9	34,6	36,4	43,6
Zeit (in Min.)	125	45	40	175	275	66	109

Welche Wege legten wohl die Radfahrer zurück? Gib die (Durchschnitts-)Geschwindigkeiten für alle sieben Gesprächspartner in $\frac{km}{min}$, $\frac{m}{min}$ und $\frac{km}{h}$ mit jeweils drei wesentlichen Ziffern an.

(3) Ordne folgende Waschmittelangebote vom „preiswertesten bis zum teuersten": Gibt es gleichwertige Angebote?

Masse	3,5 kg	3,0 kg	1,5 kg	4,5 kg	4,5 kg	3,5 kg	3 kg
Preis	7,80 DM	6,98 DM	3,49 DM	9,98 DM	10,89 DM	8,89 DM	7,10 DM

(4) Fülle die folgende *Währungstabelle*, bei der Geldwerte mit gleichem Wert untereinander stehen, aus. Überlege zuerst, in welcher Reihenfolge du am besten vorgehst. Runde auf drei wesentliche Ziffern.

D-Markt	1	15	30								
Pfund ($\mathcal{L}$)	0,257			1	15	30					
US-Dollar ($\$$)		8,38					1	15	30		
Fr. Franc (ffr)										1	15

(5) Es gilt: Druck und Dichte eines idealen Gases sind (bei konstanter Temperatur) einander proportional. Fülle folgende Tabelle aus für das (ideale) Gas Luft bei 0 °C (Null Grad Celsius):

Druck in Torr	670	700	730	700			
Dichte in $\frac{g}{cm^3}$				0,00129	0,002	0,0025	0,003

3 Umgekehrt proportionale Zuordnungen

Proportionale und umgekehrt proportionale Zuordnungen werden in Unterrichtswerken zum Teil viel zu isoliert voneinander behandelt und an voneinander unterschiedlichen Anwendungsbezügen konkretisiert. Im Gegensatz dazu soll hier diskutiert werden, wie sich durch veränderte Fragestellung aus einer anwendungsbezogenen Aufgabe zur Porportionalität der „funktionale Zusammenhang" von solchen Größen- oder Zahlenpaaren herausarbeiten läßt, die einander umgekehrt proportional zugeordnet sind. Dabei wird der enge Bezug zwischen den Begriffen „Funktion", „Funktionsgleichung" und „(Bestimmungs-)Gleichung" unterstrichen.

Beispiel: Bezeichnet l die Länge einer Rechteckseite (kurz „Länge") und b die Länge der anderen Seite (kurz „Breite"), so gilt l · b = A mit A als Flächenmaß des Rechtecks. Sind für l, b und A (konkrete) Werte bekannt, so ist sofort *entscheidbar*, ob l · b *gleich* A ist *oder nicht*, oder „inhaltlich" interpretiert, ob a und b die Seitenlängen eines Rechtecks mit dem Flächemaß A sind, oder ob sie es nicht sind. Sind zwei der drei Größen gegeben, so ist die „fehlende" dritte eindeutig zu bestimmen. Die Bestimmungs-Vorschriften lesen wir aus dem Grundschema durch Pfeilumkehr ab:

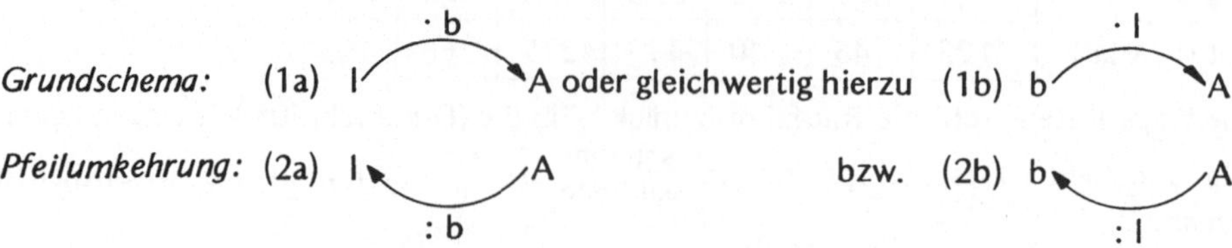

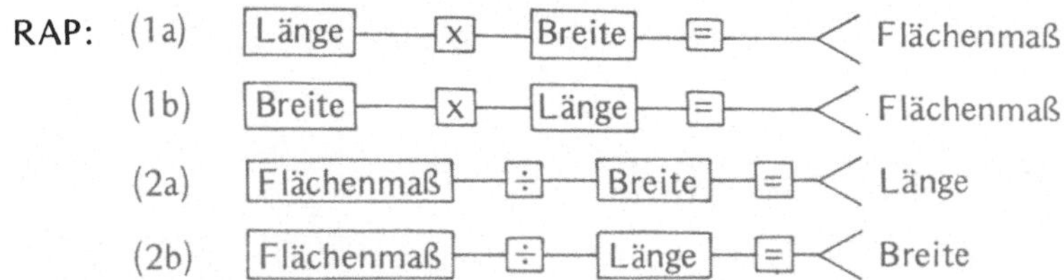

Pfeilbilder und RAP sind dynamische Darstellungen von Handlungsvorschriften. Sie zeigen, mit welchen Handlungssequenzen man eine gesuchte „Zielgröße" Schritt für Schritt ermittelt und sagen insofern mehr aus als die symbolischen, statischen Formeln:

(1a) l· b = A; (1b) b · l = A; (2a) A : b = l; (2b) A : l = b. Diese formale, kurze Darstellung wird so erkauft mit einem Verlust an Anschaulichkeit und Handlungsorientiertheit; zu ihrer Handhabung ist der formale, mathematische Kalkül der Äquivalenzumformungen oder das „Auflösen einer Formel nach der gesuchten Größe" erforderlich.

Wenden wir nun die Rechenablaufpläne auf verschiedene konkrete Werte für b, l und A an, so erkennen wir folgende Aufgabentypen:

(1a) Für die *Breite* b wählen wir *stets denselben Wert* und berechnen
 i) für verschiedene Längen l die zugehörigen Flächenmaße A bzw.
ii) für verschiedene Flächemaße A die zugehörigen Längen l.

(1b) Wir vertauschen in (1a) die Rollen von Breite und Länge und verfahren entsprechend
(2) Wir wählen einen stets gleichen Wert für das Flächenmaß A und berechnen
(a) für verschiedene Längen l die zugehörigen Breiten b bzw.
(b) für verschiedene Breiten b die zugehörigen Längen l.

Die folgende Tabelle zeigt diese Aufgabentypen. In den RAP geben die gerasterten Teile an, was jeweils unverändert bleibt.

Die entsprechenden Ergebnisse sollte der Leser mit seinem ETR selbst ausrechnen und so die graphischen Darstellungen (Bilder B41 und B42) kontrollieren. Beim Ausrechnen mit dem ETR wird man den jeweils konstanten Wert zunächst jedesmal, wenn er benötigt wird, „per Hand" eingeben, dann die Speicherfunktionstaste sinnvoll einsetzen und zuletzt erst die Konstantenautomatik benutzen, falls dies überhaupt möglich ist.

Fassen wir zusammen:

Ausgangspunkt ist das Grundschema $l \overset{\cdot\, b}{\diagup\!\diagdown} A$ bzw l · b = a.

Folgerungen:

(1) Sind zwei der drei Größen l, b und A bekannt, so ist jeweils die fehlende dritte Größe eindeutig bestimmbar.

(2) Ist b eine konstante bekannte Größe, so sind l und A einander *proportional* zugeordnet; es gilt:

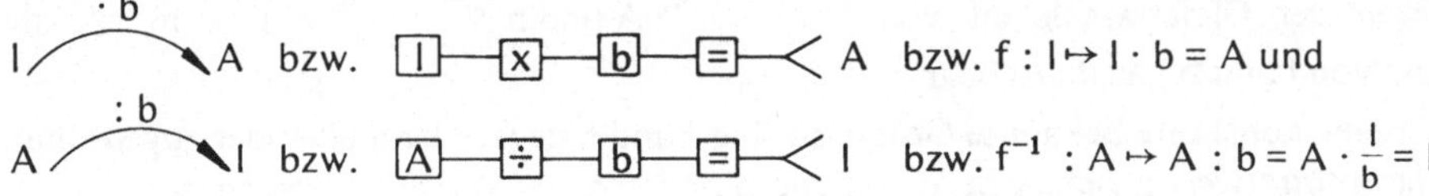

$l \overset{\cdot\, b}{\diagup\!\diagdown} A$ bzw. $\boxed{l}$ — x — $\boxed{b}$ — = — A bzw. $f : l \mapsto l \cdot b = A$ und

$A \overset{:\, b}{\diagup\!\diagdown} l$ bzw. $\boxed{A}$ — ÷ — $\boxed{b}$ — = — l bzw. $f^{-1} : A \mapsto A : b = A \cdot \dfrac{l}{b} = l$

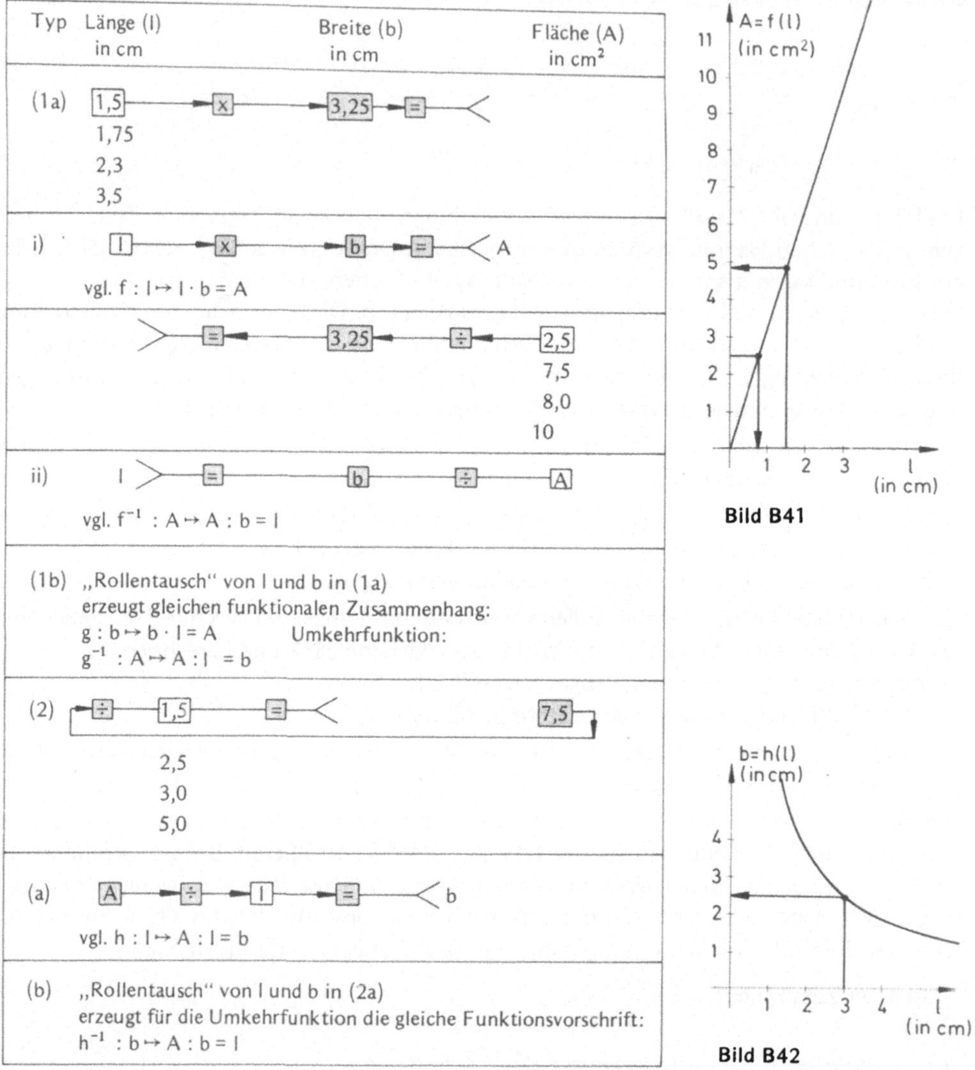

Bild B41

Bild B42

Im Koordinatensystem liegen die entsprechenden Punkte auf einer Geraden durch den Nullpunkt.

(3) Wegen der Gleichwertigkeit von $l \xrightarrow{\cdot b} A$ und $b \xrightarrow{\cdot l} A$ sind in (2) die „Rollen" von l und b „austauschbar".

(4) Ist A eine konstante bekannte Größe, so sind l und b genau dann einander zugeordnet, wenn ihr *Produktwert* gleich A ist, d. h. l und b bilden *produktgleiche Wertepaare*.

Es gilt:

A —÷— I — = —< b bzw. $I \mapsto A : I = b$ und

A —÷— b — = —< I bzw. $b \mapsto A : b = I$

Soll im RAP oder im Pfeilbild die variable Größe, auf welche die Funktionsvorschrift ein-
wirkt, am Anfang stehen, so sind zunächst folgende Identitäten zu beachten:

$$\underline{A : I} = \left(\frac{A}{I} = A \cdot \frac{1}{I} = \right) \underline{\frac{1}{I} \cdot A}$$

Damit folgt[8]):

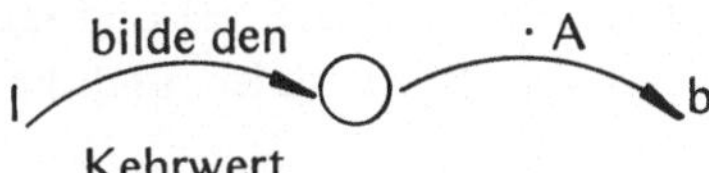

bzw.

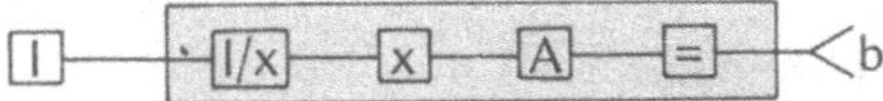

Weitere Beispiele für umwelt- und unterrichtsadäquate Fragestellungen entnimmt man
folgender Tabelle[9]):

Größen-Tripel	Formale Beschreibung	
	Proportionalität	umgekehrte Proportionalität
(Recheckfl., Länge, Breite)	$I \mapsto b \cdot I = A$	$I \mapsto \dfrac{A}{I} = b$
(Weg, Zeit, Geschwindig-keit)	$t \mapsto v \cdot t = s$	$t \mapsto \dfrac{s}{t} = v$
(nat. Zahl, Teiler, kompl. Teiler)	$d \mapsto k \cdot d = n$	$d \mapsto \dfrac{n}{d} = k$
(Kreisbogen, Radius, Winkelmaß)	$r \mapsto \widehat{\alpha} \cdot r = s$	$r \mapsto \dfrac{s}{r} = \widehat{\alpha}$ [10])
(Steighöhe, Steigstrecke, Proz. Anstieg)	$I \mapsto \dfrac{p}{100} \cdot I = h$	$I \mapsto \dfrac{h}{I} = \dfrac{p}{100}$
(el. Spannung, Strom-stärke, el. Widerst.)	$I \mapsto R \cdot I = U$	$I \mapsto \dfrac{U}{I} = R$
(Prozentwert, Kapital, Prozentsatz)	$K \mapsto \dfrac{p}{100} \cdot K = w$	$K \mapsto \dfrac{w}{K} = \dfrac{p}{100}$
(Endwert, Wachstums-faktor[11]), Anfangswert)	$A \mapsto q \cdot A = E$	$A \mapsto \dfrac{E}{A} = q$

Projektaufgabe:

Es gibt Armbanduhren mit Zeigern und Geschwindigkeitsskala. Auf diesen liest man z. B.
bei der Stunden-Ziffer „3" eine Geschwindigkeit von 240 km/h ab. Dies ist die durchschnittliche Geschwindigkeit, mit der man in 15 Sekunden genau 1 km zurücklegen kann.
In diesen 15 Sekunden wandert der Sekundenzeiger von der „12" zur „3".

Man erstelle eine Wertetabelle, eine Koordinatendarstellung und eine kreisförmige Skala, woraus für die verschiedenen Zeitspannen, die man für 1 km Weg benötigt, die zugehörigen Geschwindigkeiten ablesbar sind.

4 Lineare Funktionen

Eine allgemeine lineare Funktion kann als Hintereinanderausführung h o g einer Proportionalität g und einer speziellen linearen Funktion h verstanden werden:

$$g : x \mapsto ax \quad \text{und} \quad h : x \mapsto x + b$$

Beispiel:

Der Lehrer nennt eine Zahl x (z. B. 5). Andrea multipliziert mit a (z. B. 3) und sagt das Ergebnis a · x (hier 15) ihrem Nachbarn Bert, der hierzu b (z. B. 8) addiert und die Endzahl a · x + b (also 23) notiert.

Darstellung:

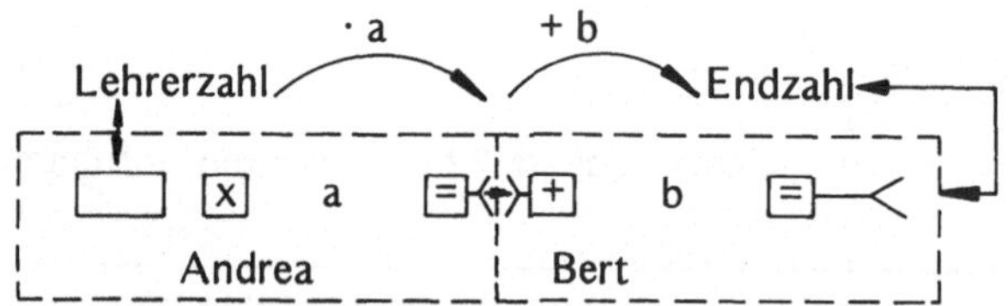

Andrea und Bert können hierbei (unterschiedlich) die Konstantenautomatik einsetzen, wodurch die Hintereinanderausführung oder Verkettung der beiden „einfachen" Funktionen handelnd erfahren wird.

Einige Argumente sollen diese Methode stützen:

(a) Das Arbeiten mit dem ETR und das bildhafte Rechenprotokoll bereiten folgende Formalisierung vor: h o g (x) = h (g (x)) = h (ax) = ax + b

(b) Wegen g (x) + h (x) = ax + h (x) = ax + (x + b), kann man f nicht als Summe der Funktionen g und h interpretieren.

(c) Will man f als Summe zweier Funktionen einführen durch f (x) = g (x) + j (x) mit g (x) = ax und j (x) = b, so stößt man auf die Schwierigkeit, daß Schüler häufig die konstante Funktion j (x) = b nicht als Funktion begriffen haben.[12])

Hat nun die Konstantenautomatik bei dem vorgenannten Beispiel sowohl Andrea wie auch Bert geholfen, so nützt sie keinem von beiden, wenn jeder allein mit einem Taschenrechner den gesamten Rechenweg durchlaufen will. Dann muß Andrea nämlich so rechnen:

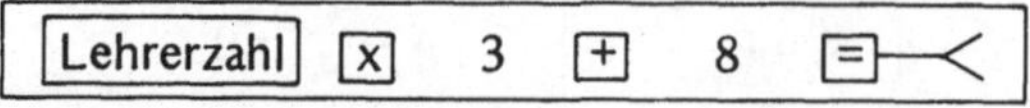

Dies ist der grundlegende Rechenweg, dem wegen der Kommutativität der Addition folgende Pfeilbilder entsprechen:

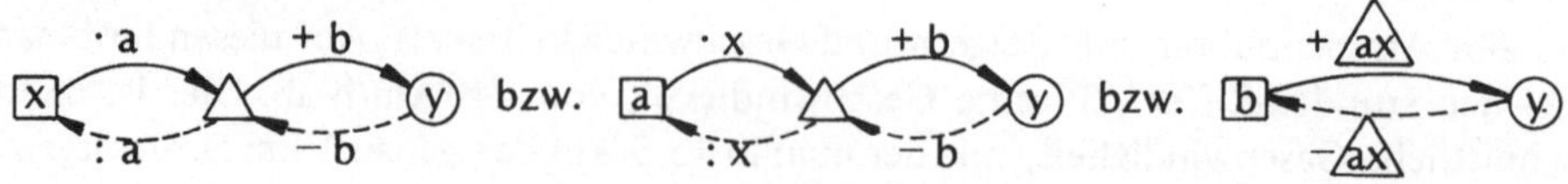

Diese Pfeilbilder zeigen erstens die vier (Auf-)Lösungen

$$x \cdot a + b = y; \; (y - b) : a = y; \; (y - b) : x = a \; \text{und} \; y - ax = b$$

und zweitens $(2 \cdot 6 =)$ 12 verschiedene Funktionsgleichungen, bei denen jeweils zwei Parameter mit festen Zahlwerten belegt werden können: Es handelt sich um die folgenden Abbildungsvorschriften für die

Funktionen	bzw.	*Umkehrfunktionen*
(1) $\quad x \mapsto ax + b \; = y$		(1′) $\quad y \mapsto (y - b) : a = x$
(2) $\quad a \mapsto ax + b \; = y$		(2′) $\quad y \mapsto (y - b) : x = a$
(3) $\quad b \mapsto ax + b \; = y$		(3′) $\quad y \mapsto y - ax \; = b$
(4) $\quad x \mapsto (y - b) : x = a$		(4′) $\quad a \mapsto (y - b) : a = x$
(5) $\quad b \mapsto (y - b) : x = a$		(5′) $\quad a \mapsto y - ax \; = b$
(6) $\quad x \mapsto y - ax = b$		(6′) $\quad b \mapsto (y - b) : a = x$

Man beachte, daß von diesen 12 Funktionen 10 linear sind, und die Zuordnung „x zu a" (4) bzw. „a zu x" (4′) umgekehrte Proportionalitäten darstellen.

Folgende Tabelle enthält Beispiele für einige dieser Funktionen. Der enge Zusammenhang zwischen Gleichungen, Funktionen, Umkehrfunktionen und den Begriffen Variable, Parameter, Konstante[13] wird bei diesem „operativen Durcharbeiten"[14] des Grundschemas besonders dann augenfällig, wenn umweltrelevante Sachverhalte den Beispielen unterliegen und der Rechenballast entfällt.

Die Zahlen in der folgenden Tabelle interpretiere man z. B. als *Gesprächseinheiten* x bei der Telefon-Monatsrechnung, als *Gebühren* a *je Einheit*, als *Grundgebühren* b und als *Gesamtkosten* g.

Diese Tabelle kann (gegebenenfalls in Arbeitsteilung) vom Schüler ergänzt und die Ergebnisse in eine graphische Darstellung übertragen werden (Nomogramm). Gerade im Nomogramm ist der Zusammenhang zwischen Funktion, Gleichung und Gleichungssystem augenfällig erfahrbar (vergleiche folgende Tabelle und Bild B43).

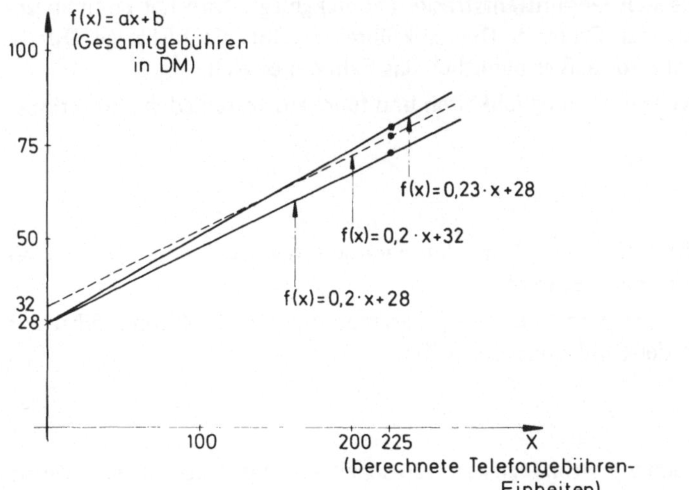

Bild B43

| Eingabezahl | Parameter | | Ausgabezahl |
x	a	b	x a + b = y
75	0,23	28	45,25
150	0,23	28	62,5
225	0,23	28	79,75
150	0,2	28	58
225	0,2	28	73
75	0,2	32	47
150	0,2	32	62
120	0,23	28	55,6
180	0,23	28	69,4

5 Quadratische Funktionen und Wurzelfunktionen

Quadratische Funktionen sind mathematische Modelle für zahlreiche inner- und außermathematische Probleme.

Beispiele:

(1) Bezeichnet x die Länge einer Quadratseite und A das zugehörige Flächenmaß, so gilt $x^2 = A$.

(2) Den Zusammenhang zwischen Fallzeit t (in Sekunden) und Fallstrecke s (in Meter) eines „freifallenden" Steines beschreibt näherungsweise

$$s = 4,9 \cdot t^2$$

(3) Hat der Stein, bevor er losgelassen wird, eine Anfangsgeschwindigkeit z. B. von $12\,\frac{m}{s}$ und ist seine „Anfangstiefe" (bei t = 0) 3 m, so gilt:

$$s = 4,9 \cdot t^2 + 12 \cdot t + 3$$

(4) Ein Zug hat die Hälfte seiner Gesamtfahrstrecke s zurückgelegt. Nun hat er einen unvorhergesehenen Aufenthalt der Dauer d. Der Lokführer erhöht die bisherige Durchschnittsgeschwindigkeit v um h so, daß er pünktlich das Fahrziel erreicht.[15]

Das letzte Beispiel enthält viele Fragemöglichkeiten und führt auf verschiedene Funktionstypen. Die „Formel"

$$d = \frac{s : 2}{v} - \frac{s : 2}{v + h}$$

kann als Funktionsvorschrift z. B. $s \mapsto d\,(s)$ mit den Parametern v und h oder als $v \mapsto d\,(v)$ mit den Parametern s und h betrachtet werden.

Die Frage nach s in Abhängigkeit von v bei festen Parameterwerten für d und h führt zur quadratischen Funktion mit der Funktionsvorschrift:

$$v \mapsto \frac{2d}{h} \cdot v^2 + 2d \cdot v = s$$

Die „umgekehrte" Frage nach v in Abhängigkeit von s zielt auf das Problem der Lösung quadratischer Gleichungen und schließlich auf Wurzelfunktionen. Hier soll nun kurz die

Berechnung von Funktionswerten quadratischer Funktionen und Quadrat-Wurzelfunktionen mit Hilfe des ETRs besprochen werden. Pfeilbilder erweisen sich dabei als sinnvolle, augenfällige Darstellungen, aus denen die „umgekehrte" Fragestellung und gegebenenfalls ihre Lösung abgelesen werden können.

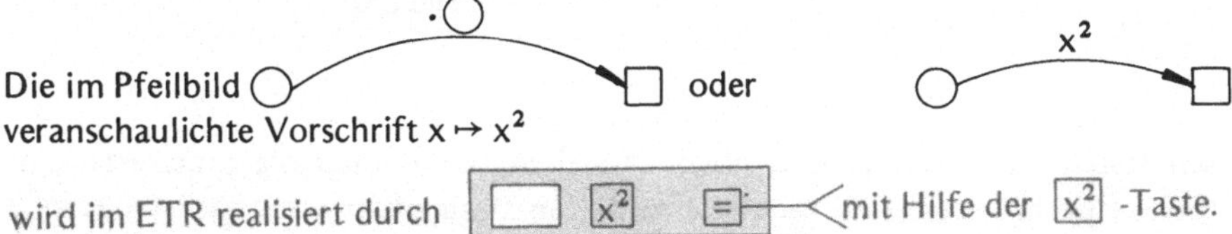

Die im Pfeilbild ... oder ...
veranschaulichte Vorschrift $x \mapsto x^2$

wird im ETR realisiert durch 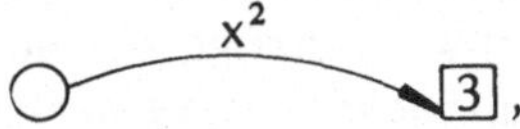 —<mit Hilfe der $\boxed{x^2}$ -Taste.

Die Aufforderung, eine Eingabezahl zu finden, so daß gilt:

führt unmittelbar auf ein „Probierverfahren" zur Bestimmung einer solchen Zahl. Die Einsicht, daß

denselben Ergebniswert liefern, vgl. $x^2 = (-x)^2$, ist gleichbedeutend damit, daß $x^2 = a$ mit $a > 0$ *zwei* Lösungen hat, die sich nur im Vorzeichen unterscheiden, wenn überhaupt eine Lösung dafür angegeben werden kann.

Erst wenn der Schüler erlebt hat, daß er selbst im „Prinzip beliebig genau" eine „Zahl" konstruieren kann, deren Quadrat 3 ist, wird für ihn $\sqrt{3}$ als reelle Zahl einsichtig erklärbar. Vorher ist $\sqrt{3}$ eine Schreibfigur für etwas, was es „vielleicht gar nicht gibt", womit er jedenfalls nichts anzufangen weiß.

Der Begriff „Intervallschachtelung" erfährt hier einen zwanglosen Zugang. Vorteile und Grenzen von Tabellen bzw. graphischen Darstellungen mag folgendes Beispiel zeigen:

Es soll gelten $x^2 = 3$. Bestimme von x die ersten drei wesentlichen Ziffern.

Versuch-Nr.	x	x^2	vergleiche x^2 mit 3	Folgerung
1	2	4	„zu groß"	$x < 2$
2	1	1	„zu klein"	$1 < x < 2$ also $x = 1, \ldots$
3	1,5	2,25	zu klein	$1,5 < x < 2$
4	1,7	2,89	zu klein	$1,7 < x < 2$
5	1,8	3,24	zu groß	$1,7 < x < 1,8$ also $x = 1,7 \ldots$
6	1,75	3,06.....	zu groß	$1,7 < x < 1,75$
7	1,73	2,9929...	zu klein	$1,73 < x < 1,75$
8	1,74	3,0276...	zu groß	$1,73 < x < 1,74$ also $x = 1,73 \ldots$
9	1,735	3,0102...	zu groß	$1,73 < x < 1,735$

Der gesuchte Wert ist also: $x = 1,7\underline{3}$

Während die „Trichterspitze" zwischen 1,73 und 1,75 in Bild B44 schon bald eine „Feinheit" jenseits der Zeichengenauigkeit hat, liefert der ETR weitaus genauere Näherungen.

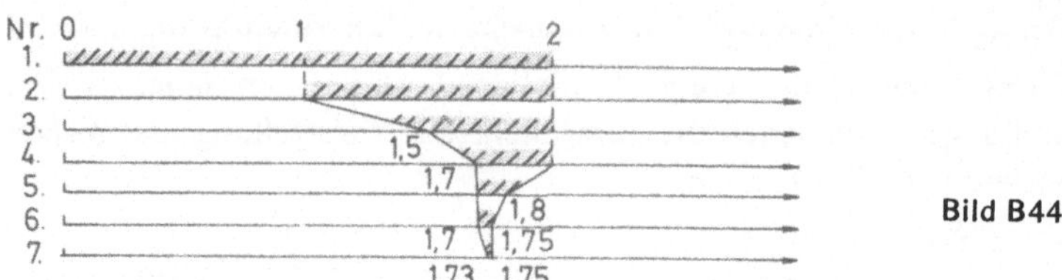

Bild B44

Zeichnerisch lassen sich diese jedoch noch darstellen, wenn man die „interessanten" Intervalle beim Übergang von einer richtig ermittelten Dezimalziffer zur nächsten jeweils verzehnfacht, was dem Auflegen einer Lupe mit zehnfacher Vergrößerung entspricht.

Die Tatsache, daß ein ETR nur im Fall $a \geqslant 0$ ohne Fehlermeldung (blinkende Anzeige, ERROR-Anzeige oder Ähnliches) für $\sqrt{a}$ einen (Näherungs)-Wert anzeigt, der nie negativ ist, wird hoffentlich daran erinnern, daß Wurzelwerte als *nicht* negative Zahlen definiert sind und die Umkehrrelation einer quadratischen Funktion nur genau dann eine Funktion ist, wenn sowohl der Definitionsbereich als auch die Wertemenge (geeignete) Teilmengen von $\mathbb{R}_0^+$ sind. Folgendes Pfeilbild mag dies veranschaulichen:[16])

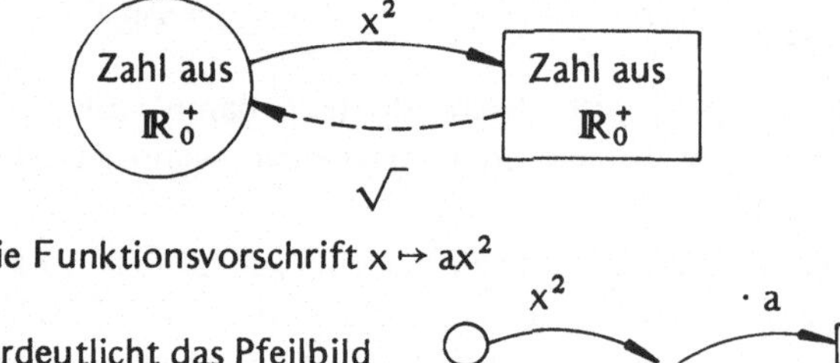

Die Funktionsvorschrift $x \mapsto ax^2$

verdeutlicht das Pfeilbild

aus dem klar hervorgeht, daß zunächst quadriert und dann mit a multipliziert werden muß. Diese Verkettung zweier Funktionen leistet der ETR gemäß:

aus dem klar hervorgeht, daß zunächst quadriert und dann mit a multipliziert werden muß. Diese Verkettung zweier Funktionen leistet der ETR gemäß:

Da viele ETR über Rechenhierarchie verfügen, die nicht nur Punkt- vor Strichrechnung sondern auch z. B. Quadrieren und Wurzelziehen vor Punktrechnung ausführt, muß auch die Reihenfolge der Verkettung besonders beachtet werden, um Fehler bei der „umgekehrten" Berechnung von x-Werten zu vorgegebenen f (x)-Werten zu vermeiden.

Beispiel: ETR mit Hierarchie liefern für $2 \cdot 3^2$ mit 2 $\boxed{\times}$ 3 $\boxed{x^2}$ $\boxed{=}$ 18 das richtige Ergebnis. — Sucht man aber ein $x > 0$, so daß $2 \cdot x^2 = 32$, dann führt nicht der Rechenweg 32 $\boxed{\sqrt{}}$ $\boxed{\div}$ 2 $\boxed{=}$, sondern der Rechenweg 32 $\boxed{\div}$ 2 $\boxed{=}$ $\boxed{\sqrt{}}$ zur gewünschten Lösung x = 4.

Die Verkettung von Quadrieren und dann Multiplizieren mit dem „Streckungs- oder Stauchungsfaktor" ($a \neq 0$) und die Umkehrung dieser Verkettung zeigt dieses Pfeilbild:

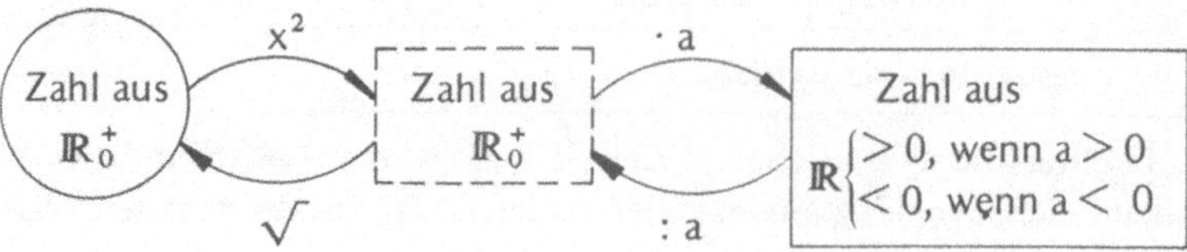

Eine weitere Verallgemeinerung der vorgenannten speziellen quadratischen Funktionen beschreibt die Vorschrift

$$x \mapsto ax^2 + v_0$$

Pfeilbild und Rechenablaufplan zeigen, wie sich diese aus der Verkettung von $f(x)$ und dann $v(x) = x + v_0$ (als Verschiebung in Funktionswerte – Richtung) zusammensetzt:

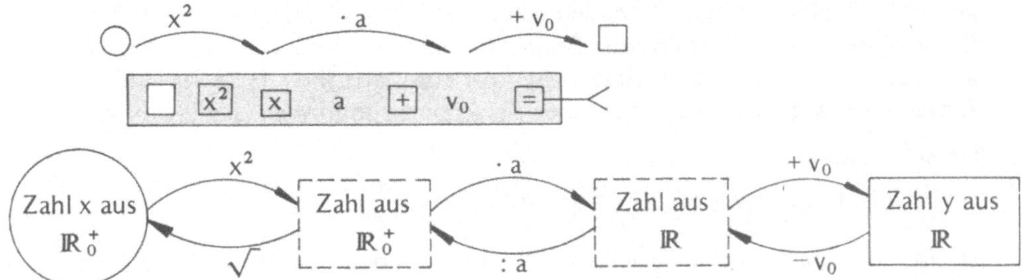

Hieraus liest man unmittelbar die *Bedingungen* und den Weg für die Lösung einer quadratischen Gleichung der Form

$$ax^2 + v_0 = y$$

und für die Berechnung der Werte der Umkehrrelation ab:

$$(y - v_0) : a \in \mathbb{R}_0^+$$

Mit $D := (y - v_0) : a$ erhält man die Lösungsmenge $\mathbb{L} = \{\sqrt{D}; -\sqrt{D}\}$

Eine weitere Verallgemeinerung der Funktionsvorschrift $x \mapsto ax^2 + v_0$ zeigen das Pfeilbild

und der Rechenweg

Aus dem Pfeilbild entnimmt man einerseits, daß der Wert im durchgezogenen Kreis jeweils um x_0 *kleiner* ist als der Wert im gestrichelten Kreis. Andererseits erweist sich die „neue" Funktionsvorschrift als Verkettung von zunächst $x \mapsto x + x_0$ mit der „alten" Vorschrift $x \mapsto ax^2 + v_0$. Man erhält also durch die „neue' Vorschrift die gleichen Funktionswerte, wenn man von den „alten" x-Eingabewerten jeweils zunächst x_0 subtrahiert. Dies entspricht im Koordinatensystem einer Verschiebung des Nullpunktes in x-Richtung um x_0.

Die algebraische Darstellung dieses Pfeilbildes lautet:

$$a \cdot (x + x_0)^2 + v_0 = h(x) \quad \text{und} \quad \sqrt{(h(x) - v_0) : a} - x_0 = x$$

Zudem liest man unmittelbar die Bedingungen ab für die Existenz der Umkehrfunktion und für die Lösbarkeit einer Gleichung der Form $(x + x_0)^2 \cdot a + v_0 = y$:

$$x + x_0 \in \mathbb{R}_0^+ \quad \textit{und} \quad (y - v_0) : a \in \mathbb{R}_0^+.$$

Lösungsmenge: $\mathbb{L} = \{\sqrt{D} - x_0, -\sqrt{D} - x_0\}$

Für die Einsicht, daß *jede* quadratische Funktion und *jede* quadratische Gleichung durch das letzte Pfeilbild dargestellt werden kann, benötigt man nun im wesentlichen nur noch die Kenntnis der Binomischen Formel $(x + x_0)^2 = x^2 + 2xx_0 + x_0^2$, woraus sich die Methode der „quadratischen Ergänzung" herleitet. Mit ihrer Hilfe läßt sich der Funktionsterm der allgemeinen quadratischen Funktion so umformen ($a \neq 0$):

$$x \mapsto ax^2 + bx + c$$
$$= a(x + x_0)^2 + v_0; \text{ mit } x_0 := \frac{b}{2a} \text{ und } v_0 := c - \frac{b^2}{4a}$$

Ist also die quadratische Gleichung $ax^2 + bx + c = 0$ mit $a \neq 0$ über $\mathbb{R}$ zu lösen, so bestimmt man zunächst $x_0 = \frac{b}{2a}$ und $v_0 = c - \frac{b^2}{4a}$. Damit gilt $D = (y - v_0) : a = -v_0 : a = \left(\frac{b}{2a}\right)^2 - \frac{c}{a}$.

Die Fallunterscheidung $D < 0$, $D = 0$ bzw. $D > 0$ führt zu der Lösungsmenge $\mathbb{L} = \emptyset$ bzw. $\mathbb{L} = \{-x_0\}$ bzw. $\mathbb{L} = \{\sqrt{D} - x_0, -\sqrt{D} - x_0\}$.

Legt man lediglich Wert auf eine schnelle Berechnung von mehreren Funktionswerten für die durch $f(x) = ax^2 + bx + c$ vorgegebene Funktion, so ist hierbei der ETR natürlich sofort ohne die vorgenannte Termumformung einzusetzen:

ETR *mit* Hierarchie:

(1) $\boxed{}\ \boxed{x^2}\ \boxed{x}\ a\ \boxed{+}\ b\ \boxed{x}\ \boxed{}\ \boxed{+}\ c\ \boxed{=}$

mit Hierarchie *und* Speicher:

(2) $\boxed{}\ \boxed{M}\ \boxed{x^2}\ \boxed{x}\ a\ \boxed{+}\ b\ \boxed{x}\ \boxed{MR}\ \boxed{+}\ c\ \boxed{=}$

Bei ETR ohne Hierarchie wird man vielleicht zunächst den Wert von ax^2 bestimmen und notieren/speichern, danach $b \cdot x + c$ berechnen und den notierten/gespeicherten Wert von ax^2 aufaddieren:

(3) $\boxed{}\ \boxed{x^2}\ \boxed{x}\ a\ \boxed{=}\ \boxed{M}$
    $b\ \boxed{x}\ \boxed{}\ \boxed{+}\ \boxed{c}\ \boxed{+}\ \boxed{MR}\ \boxed{=}$

Besonders dann, wenn viele $f(x)$-Werte mit dem ETR berechnet werden sollen, wird der Vorteil folgender Umformung spürbar.

$$ax^2 + bx + c = (a \cdot x + b) \cdot x + c.$$

Danach rechnet man jetzt mit einem Rechner *ohne* Hierarchie schneller als mit einem Rechner mit Hierarchie:

ETR *ohne* Hierarchie:

(4) $\boxed{}\ \boxed{x}\ a\ \boxed{+}\ b\ \boxed{x}\ \boxed{}\ \boxed{+}\ c\ \boxed{=}$

ETR *ohne* Hierarchie aber *mit* Speicher:

(5)   □ [M] [x] a [+] b [x] [MR] [+] c [=]⊣<

Der Vergleich von (1) mit (4) bzw. (2) mit (5) zeigt, daß nach dieser Umformung der Tastenbefehl [x²] „eingespart" wird.[17]

ETR mit Hierarchie können den Term (ax + b) · x + c nur dann von „links nach rechts" abarbeiten, wenn man entsprechende Klammerbefehle [(] , [)] gibt oder aber nach der Eingabe von b die Taste [=] drückt, wodurch mit dem Zwischenergebnis für (ax + b) weitergerechnet wird. Diese Hinweise zeigen, daß der Einsatz des ETRs die Kenntnis von Termschreibweisen und Termumformungsregeln voraussetzt bzw. diese als sinnvoll erfahren läßt.[18]

6 Wachstumsprozesse

Wachstums- oder Zerfallsprozesse, wie z. B. Bevölkerungs-, Wirtschafts- und Schuldenwachstum oder Abnahme des Luftdrucks in der Atmosphäre, Intensitätsverluste eines Lichtstrahls beim Durchgang durch eine Glasplatte und radioaktive Zerfallsprozesse sind in besonderer Weise geeignet, einen anwendungsbezogenen Zugang zu Potenz- und Exponentialfunktionen zu ermöglichen.[19] Der Taschenrechner erweist sich hierbei als *das* zeitgemäße Hilfsmittel, womit den Schülern ein schneller Zugriff zu konkreten Funktionswerten ermöglicht wird. Exponentialfunktionen und allgemeine Potenzfunktionen werden damit numerisch zugänglich und erfahrbar, das fehleranfällige, umständliche Ablesen der Funktionswerte aus (Logarithmen-)Tabellen entfällt.

Taschenrechner mit den Tastenbezeichnungen [y^x] , [10^x] , [log] , [sin] usw. veranlassen Schüler häufig, nach der Bedeutung dieser Tasten zu fragen. In einer 7. Klasse kann diese Frage sicherlich nicht „umfassend" geklärt werden. Der Schüler will zunächst nur wissen, wie man die Taste „richtig bedient" und ist mit einigen konkreten Zahlenbeispielen für die Rechenwege zufrieden:

Die [y^x] Taste funktioniert so: [1. Zahl]⊣[y^x]⊣[2. Zahl]⊣[=]<Ergebnis, die [10^x] Taste so: [Zahl]⊣[10^x]⊣<Ergebnis.

Diese erste Begegnung mit Potenz-, Exponential-, Logarithmen- und trigonometrischen Funktionen sollte genutzt werden. Dabei ist der Gewinn, z. B. ab Klasse 9, um so höher, je häufiger und systematischer beispielsweise im Rechenablauf zur [y^x] Taste genau eine der beiden Eingabezahlen variiert wird, während die andere unverändert bleibt. Auflisten der Eingabe- und Ergebniswerte und nach Möglichkeit deren graphische Darstellung machen vertraut mit den Eigenschaften einer Funktion, deren „praktische" Bedeutung und mathematische Definition später auf einer höheren („Brunerschen Spiral-")Stufe erkannt werden.

6.1 Potenzfunktionen

Beispiel: 10 Tage lang vermehren sich Bakterien in einer Laborporbe von anfangs 2000 Bakterien mit *gleichbleibender* täglicher *Zuwachsrate*. Wieviele Bakterien befinden sich nach 10 Tagen in der Probe?

Bezeichnet man die Zuwachsrate mit p%, so gilt für den Endwert E nach 10 Tagen: 2000 + p% · 2000 = 2000 (1 + p%) = E.

Jetzt erklärt man den *Wachstumsfaktor* q : = 1 + p% und erhält den Endwert E nach der Vorschrift:

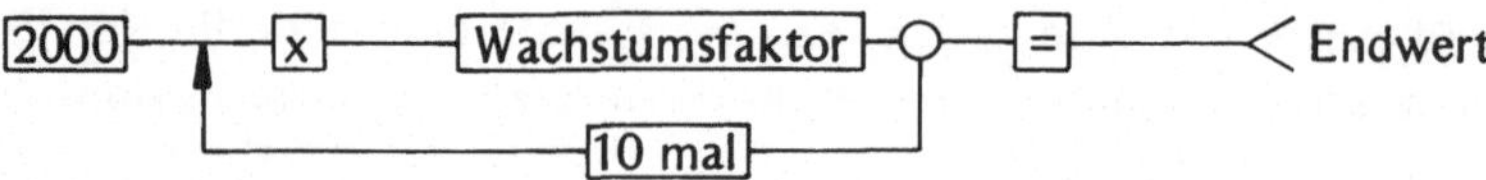

In diesem Rechenablaufplan wird 10 mal der Teil zwischen dem „Pfeilanfang" und dem „Pfeilende" durchlaufen. Verschiedenen Werten von p und damit von q werden hierdurch eindeutig entsprechende (Funktions-)Werte für den Endwert zugeordnet. Die Zuordnung von p zu q, d. h. $p \mapsto 1 + \frac{p}{100} = q$ (p) sollte man natürlich „*im Kopf*" und nicht mit dem Taschenrechner durchführen. Ohne Taschenrechner würde jedoch die Zuordnung von problemgerechten Werten für q zum Endwert E, also $q \mapsto f(q) = : E$, nur mit einem Rechenaufwand durchführbar sein, der i. a. unzumutbar und für die Problembewältigung hemmend ist.

Beim Einsatz des Taschenrechners ist auf folgende Punkte zu achten:

(1) Zunächst sollte der vorstehende Rechenablaufplan zur Berechnung von E nachvollzogen werden, wobei jedoch nach Möglichkeit recht bald die Konstantenautomatik für das wiederholte Multiplizieren mit q genutzt werden kann. Beobachtet man hierbei die jeweiligen Zwischenergebnisse (z. B. $2000 \cdot q^n$ mit n = 1, 2, ..., 10), so erlebt man, wie unterschiedlich stark diese Werte in Abhängigkeit von q wachsen. Diese Erfahrung wird sich positiv auf die Erarbeitung der Potenzfunktion wie auch auf die geometrische Folge (Progression) $n \to q^n$ mit $n \in \mathbb{N}$ auswirken.

(2) Erst später wird man den Rechenablaufplan — Teil

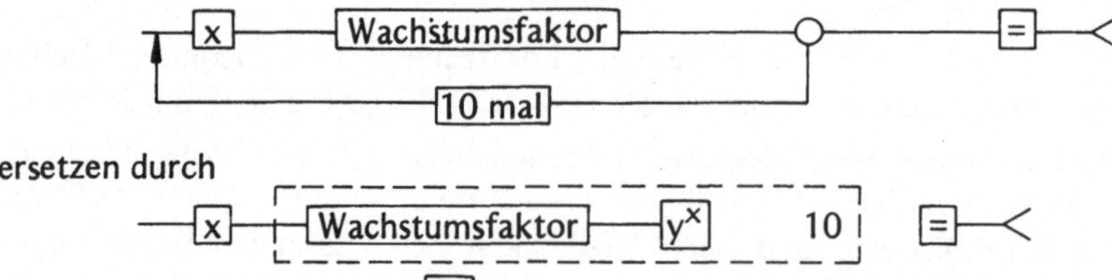

ersetzen durch

Dieser Rechenweg, der die $\boxed{y^x}$ -Taste verwendet, ist weniger aufwendig. Man kann ihn jedoch nur bei solchen Taschenrechnern in dieser Form verwenden, wenn diese über Rechenvorrang-Regeln (Hierarchie) verfügen. Ist dies nicht der Fall, so muß man umstellen, z. B.

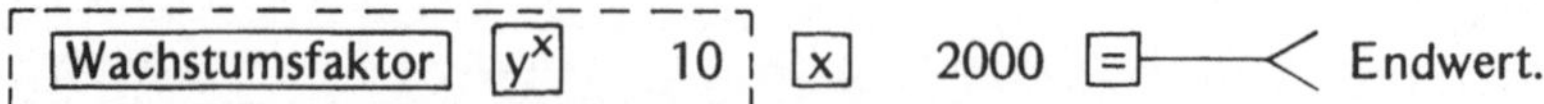

(3) Diese Rechenablaufpläne bereiten die formale Funktionsschreibweise recht gut vor. Ein Hinweis ist jedoch darauf angebracht, daß hier die „unabhängige Variable" (oder das Urbild) mit q bezeichnet wird, während das Symbol x in y^x den Inhalt des nachfolgend zu belegenden x-Registers, d. h. der Anzeige, kennzeichnet: $q \rightarrow 2000 \cdot q^{10} = : E$.

(4) Auf sinnvoll gerundete Funktionswerte ist zu achten. Wieviele Ziffern der vom Taschenrechner gelieferten Werte als *wesentlich* für die Problemstellung anzusehen sind, sollte der Aufgabenstellung unmittelbar oder der Problemstellung mittelbar zu entnehmen sein.

Vorgenannter Problemstellung entnimmt man z. B. mittelbar, daß nur natürliche Zahlen als Funktionswerte sinnvoll sind. Ließ sich jedoch die Bakterienzahl anfangs nur auf „hundert" genau zu 2000 bestimmen, also „Anfangswert a zwischen 1950 und 2050" oder a = 2000 ± 50, so *kann* man fordern, daß alle Funktionswerte mit *zwei gerundeten wesentlichen* Ziffern anzugeben sind. Beispiele enthält folgende Tabelle:

vorgegeben	*zu berechnen*		
Anfangszahl: 2000 Dauer: 10 Tage Zuwachsrate		Endwerte nach 10 Tagen	
	Wachstumsfaktor	ETR-Anzeige	gerundet auf 2 wesentliche Ziffern
5 %	1,05	3257.7893	3300
10 %	1,1	5187.4849	5200
15 %	1,15	8091.1155	8100
20 %	1,2	12383.473	12000
30 %	1,3	27571.698	28000
50 %	1,5	115330.08	120000
100 %	2	2048000.	2000000
150 %	2,5	19073486.	19000000
formal: p %	$q = 1 + \dfrac{p}{100}$	$E = 2000 \cdot q^{10}$	

Allgemein: $E = a \cdot q^d$ mit a als „Anfangswert" und d als „Dauer".

(5) Die Zeit, die durch den Taschenrechner beim Erstellen von Funktionswertetabellen eingespart werden kann, sollte man sinnvoll für das Zeichnen der Funktionsgraphen nutzen. Das „Gespür" (vgl. (1)) für den Verlauf oder die „Dynamik" der Potenzfunktionen wird durch das Beobachten der Graphen geschult. Hierbei erfaßt man ja ein viel „größeres Stück" der Funktion simultan, als es eine Wertetabelle in der Regel enthalten kann.

(6) Zur weiteren Einübung dieses „Funktions-Gespürs" dienen Fragestellungen, bei denen zu vorgegebenen Werten für a, d und E der Wert q immer genauer zu raten ist, und man den geratenen Wert dann mit dem Taschenrechner kontrolliert[20])

(7) Bei vorgenanntem Beispiel des Wachstums einer Bakterienkultur ist es sicherlich auch sinnvoll, danach zu fragen, wieviele Bakterien in Abhängigkeit von q (bzw. p) nach 10 Tagen und 8 Stunden, h. h. nach $10\frac{1}{3}$ Tagen, vorhanden sein werden. Dies führt zur

Frage nach dem Sinn der Schreibfigur $q^{\left(10^{\frac{1}{3}}\right)}$ und zur Definition *allgemeiner* Potenzfunktionen $f : x \to x^{\alpha}$ mit $\alpha \in \mathbb{R}$.

Einen Hinweis darauf, daß x^{α} nicht für beliebige reelle Zahlen x und α erklärt ist, liefern die meisten Taschenrechner durch eine Fehlermeldung, wenn z. B. versucht wird, $(-2)^3$ mit der $\boxed{y^x}$ -Taste zu berechnen. Diese Rechner berechnen x^{α} mit Hilfe der Exponential- und Logarithmusfunktion, so wie man das (früher) auch mit Hilfe der „Logarithmentafel" gemacht hat: zunächst $^{10}\log (x^{\alpha}) = \alpha \cdot {}^{10}\log x = : y$ und dann $x^{\alpha} = 10^y$. Da aber Logarithmen nur für *positive* reelle Zahlen definiert sind, dürfen nur positive Zahlen als Basis eingegeben werden, wenn die $\boxed{y^x}$ -Taste Potenzwerte dieser Basis berechnen soll.

Zum Abschluß seien noch kurze Rechenwege zur Berechnung von $2000 \cdot 1{,}5^{\left(10^{\frac{1}{3}}\right)}$ angegeben:

(a) Rechner mit Hierarchie und Klammern:

2000 $\boxed{\times}$ $1{,}5$ $\boxed{y^x}$ $\boxed{(}$ 10 $\boxed{+}$ 3 $\boxed{1/x}$ $\boxed{)}$ $\quad$ $\boxed{=}$ $\longrightarrow$ $<132019{,}98$
$$10{,}33 \ldots 3$$

(b) Zunächst ermittelt man (im Kopf!) für $10\frac{1}{3}$ den Näherungsdezimalbruch mit z. B. 4 wesentlichen Ziffern 10,33. Dann rechnet man mit dem Rechner:

$1{,}5$ $\boxed{y^x}$ $10{,}33$ $($ $\boxed{=}$ $)$ $\boxed{\times}$ 2000 $\boxed{=}$ $\longrightarrow$ $<131841{,}67$

Beide Ergebnisse stimmen nur in den beiden ersten Ziffern überein. Die auf 4 wesentliche Ziffern gerundeten Ergebnisse sind 132000 bzw. 131800. Die letzte Zahl weicht mehr vom gesuchten Wert ab als die erste, weil hierbei mit einem ungenaueren Wert für $10\frac{1}{3}$ weitergerechnet wurde.

(c) Mit Hilfe einer 4-stelligen Logarithemtafel ergibt sich, wenn alle Zwischenergebnisse mit 4 wesentlichen Ziffern notiert werden:

log 1,5 $\mapsto$ 0,1761 (Nachschlagen in der Tabelle)
$(10\ 1/3) \cdot$ log 1,5 $\mapsto$ 10,33 $\cdot$ 0,1761 $\mapsto$ 1,819 (Kopf- und schriftl. Rechnen)
$10^{1{,}819} \mapsto$ 65,92 (Nachschlagen in der Tabelle und lineares Interpolieren)
$2000 \cdot 1{,}5^{10\ 1/3} \mapsto 2000 \cdot 65{,}92 \mapsto 131800$

D. h. das mühsam bestimmte Ergebnis 131800 als Näherungswert für $2000 \cdot 1{,}5^{10\ 1/3}$ ist mit einem nahezu gleichgroßen Fehler behaftet wie das in (b) ermittelte.

6.2 Exponential- und Logarithmusfunktionen

Veränderte Fragestellungen zu dem in 6.1 diskutierten Bakterien-Wachstumsprozeß führen zu Exponential- bzw. Logarithmusfunktion, nämlich:

(a) Wieviele Bakterien enthält die Bakterienkultur nach 5 Tagen ($5\frac{1}{2}$ Tagen, $5\frac{2}{3}$ Tagen, x Tagen), wenn sie anfangs 2000 Bakterien enthält und sich täglich um 100 % vermehrt, d. h. verdoppelt?

(b) Nach wieviel Tagen sind (mindestens) 100 000 (1 000 000, 1000 000 000, f (x) Bakterien unter diesen Laborbedingungen zu erwarten?

Zu (a): Die Zordnung „Vermehrungsdauer zu Bakterienzahl" realisiert der

Rechenablaufplan: 2 $\boxed{y^x}$ $\boxed{\text{Dauer}}$ ($\boxed{=}$) $\boxed{\times}$ 2000 $\boxed{=}$————<Bakterienzahl,

bzw.   2000 $\boxed{\times}$ 2 $\boxed{y^x}$ $\boxed{\text{Dauer}}$ $\boxed{=}$————<Bakterienzahl.

Die formale Darstellung der Funktionsvorschrift ist unmittelbar ablesbar:

$$x \mapsto 2000 \cdot 2^x \text{; oder } f(x) = 2000 \cdot 2^x.$$

Dabei bezeichnet x die Maßzahl der in Tagen gemessenen Vermehrungsdauer.

Für $x \in \mathbb{N}$ sollte zunächst nicht die $\boxed{y^x}$ Taste eingesetzt werden, sondern die Multiplikation mit 2 „x-mal" ausgeführt werden, wobei die Konstantenautomatik wieder sehr hilfreich ist. Dabei wird man für solche x, die sich „leicht" als Summe von Zweierpotenzen mit ganzzahligem Exponent darstellen lassen, die Berechnung von q^x mit der $\boxed{x^2}$ bzw $\boxed{\sqrt{}}$ Taste vornehmen. Potenzregeln sind hierbei als ökonomische Rechenregeln erfahrbar, wenn die $\boxed{y^x}$ Taste (noch) nicht bekannt oder nicht vorhanden ist.

Beispiele: (1) $1{,}5^{32} = 1{,}5^{(2^5)} = (1{,}5)^{2)^{2)^{2)^{2)}}}} \approx 431\,000$

vgl. 1,5 $\boxed{x^2}$——$\boxed{x^2}$——$\boxed{x^2}$——$\boxed{x^2}$——$\boxed{x^2}$————<431 439, 88

(2) $1{,}5^{18} = 1{,}5^{16+2} = 1{,}5^{(2^4)} \cdot 1{,}5^2 \approx 1\,4\underline{8}0$

vgl. 1,5 $\boxed{x^2}$—$\boxed{M}$—$\boxed{x^2}$—$\boxed{x^2}$—$\boxed{x^2}$—$\boxed{x}$—$\boxed{MR}$—$\boxed{=}$————<1 477.8919

(3) $1{,}5^{2{,}5} = 1{,}5^{2+\frac{1}{2}} = 1{,}5^2 \cdot \sqrt{1{,}5} \approx 2{,}7\underline{6}$

vgl. 1,5 $\boxed{x^2}$——$\boxed{x}$ 1,5 $\boxed{\sqrt{}}$—$\boxed{=}$————<2,755676

(4) $1{,}5^{\left(\frac{1}{2}+\frac{1}{4}+\frac{1}{8}\right)} = 1{,}5^{\frac{1}{2}} \cdot \left(1{,}5^{\frac{1}{2}}\right)^{\frac{1}{2}} \cdot \left(\left(1{,}5^{\frac{1}{2}}\right)^{\frac{1}{2}}\right)^{\frac{1}{2}} \approx 1{,}4\underline{3}$

vgl. 1,5 $\boxed{\sqrt{}}$—$\boxed{x}$ 1,5 $\boxed{\sqrt{}}$—$\boxed{\sqrt{}}$—$\boxed{x}$ 1,5 $\boxed{\sqrt{}}$—$\boxed{\sqrt{}}$—$\boxed{\sqrt{}}$—$\boxed{=}$—< 1.4258697

Zu (b): Die „umgekehrte Zuordnung der Bakterienzahl zur Vermehrungsdauer kann mit dem Taschenrechner wiederum zunächst durch ein Probier-Verfahren näherungsweise gelöst werden.

Nachdem der Schüler für mehrere „Bakterienzahlen" f(x) die „Dauer" x mit dem Rechenweg

2 $\boxed{y^x}$ $\boxed{}$ $\boxed{x}$ 2000 $\boxed{=}$—<Bakterienzahlen hinreichend genau bestimmt hat, sollte die Definition der Logarithmusfunktion erfolgen.

Hierbei wird klar, daß es genau so viele Logarithmenfunktionen wie Exponentialfunktionen gibt; d. h. genauer:

Zu jeder (bijektiven) Exponentialfunktion

$$f : \mathbb{R} \to \mathbb{R}^+ \quad \text{mit} \quad f(x) = q^x \quad \text{und} \quad q \in \mathbb{R}^+ \setminus \{1\}$$

gibt es genau eine (bijektive) Umkehrfunktion

$$f^{-1} : \mathbb{R}^+ \to \mathbb{R} \text{ mit } f^{-1}(q^x) = x.$$

Die Funktion f^{-1} nennt man „*Logarithmus zur Basis* q". Statt f^{-1} schreibt man $^q\log$. Damit gilt also: „Logarithmus zur Basis q einer positiven Zahl (y) ist diejenige Zahl x, für die gilt $q^x = y$;

kurz: $y = q^x$ und $^q\log y = x$ sind für alle $x \in \mathbb{R}$ und $q \in \mathbb{R}^+\setminus\{1\}$

gleichbedeutend.

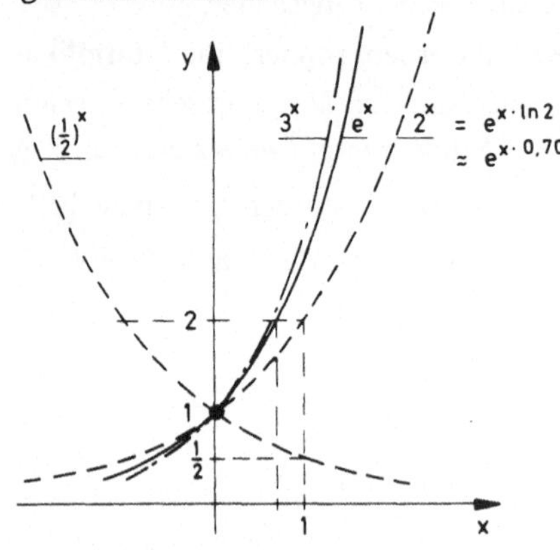

Bild B45 Exponentialfunktionen

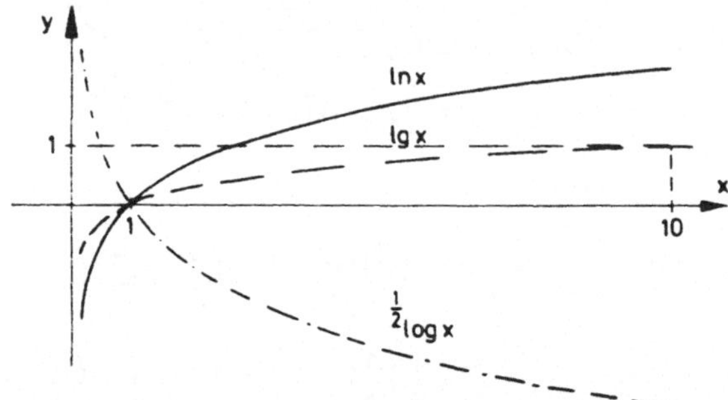

Bild B46 Logarithmusfunktionen

Zwei dieser Logarithmusfunktionen werden aus unterschiedlichen Gründen häufig verwendet, ihre Symbole findet man bei vielen Taschenrechnern: Der *Zehnerlogarithmus* (dekadischer oder Briggssche Logarithmus) berücksichtigt unsere Dezimal-Stellenschreibweise; er wurde „früher" beim logarithmischen (Tabellen-)Rechnen verwandt. Statt $^{10}\log$ oder auch $\log_{10}$ schreibt man kurz log (oder lg);

z. B. $\log 1000 = 3$, denn $1000 = 10^3$; vgl. 1000 $\boxed{\text{log}}$—$<$ 3

      $\log 200 \approx 2{,}30\underline{1}$; vgl. 200 $\boxed{\text{log}}$—$<$ 2,30103

Der *natürliche Logarithmus* (oder Nepersche Logarithmus) bezieht sich auf die Eulersche Zahl $e = 2{,}71828\ldots$ als Basis. Statt $^e\log$ bzw. $\log_e$ schreibt man ln (siehe auch Bild B45 und B46);

z. B. $\ln 10 \approx 2{,}30\underline{3}$; vgl. 10 $\boxed{\text{ln}}$—$<$ 2,3025851

Die Wirkungsweise von $\boxed{10^x}$ und $\boxed{\text{log}}$ bzw. $\boxed{e^x}$ und $\boxed{\text{ln}}$ zeigen folgende Pfeilbilder:

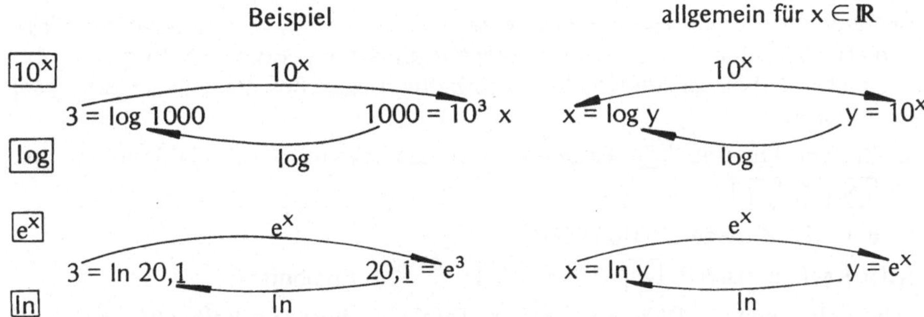

Aus den Pfeilbildern liest man diese Identitäten ab:

$$x = \log 10^x \quad \text{und} \quad x = \ln e^x$$

bzw. $y = 10^{\log y}$ und $y = e^{\ln x}$.

Dies hilft uns nun bei der Berechnung eines x-Wertes, für den beispielsweise gilt $1{,}5^x = 5$, d. h. $x = {}^{1,5}\log 5$.

Da der ETR nicht über eine Taste für die Logarithmusfunktion zur Basis 1,5 verfügt, ist z. B. folgende Umformung motiviert:

$$1{,}5^x = (10^{\log 1,5})^x = 10^{x \cdot \log 1,5}$$

Man erhält daher[21]) $x \cdot \log 1{,}5 = \log 5$. Also gilt

$$x = \frac{\log 5}{\log 1{,}5} \quad \text{bzw.} \quad {}^{1,5}\log 5 = \frac{\log 5}{\log 1{,}5}.$$

Einen numerischen Näherungswert von x bestimmt man nun mit dem ETR gemäß:

$$5 \quad \boxed{\log} \div \quad 1{,}5 \quad \boxed{\log} = \qquad 3.9693623$$

$$\qquad \log 5 \qquad\qquad \log 1{,}5$$

Damit erhalten wir das Ergebnis unseres Beispiels:

$$x = {}^{1,5}\log 5 = \frac{\log 5}{\log 1{,}5} \approx 3{,}9\underline{7}$$

Man erkennt sofort, daß man statt 1,5 jede andere Zahl $q \in \mathbb{R}^+\setminus \{1\}$ und statt 5 jede andere Zahl $y \in \mathbb{R}^+$ hätte einsetzen und zudem statt mit dem Zehnerlogarithmus log genausogut mit dem natürlichen ln hätte operieren können. Allgemein gilt:

$$^q\log y = \frac{\log y}{\log q} \quad \text{und} \quad {}^q\log y = \frac{\ln y}{\ln q}$$

Beispiel: $5 \quad \boxed{\ln} \div \quad 1{,}5 \quad \boxed{\ln} = \qquad 3.9393623.$

$$\qquad\quad 1{,}6\underline{1} \qquad\qquad 0{,}40\underline{5}$$

Zum Schluß noch einige Anmerkungen:

(1) Der Einsatz des ETRs bei Exponential- und Logarithmusfunktionen bringt offensichtlich methodische und rechentechnische Vorteile gegenüber der Verwendung von Logarithmentabellen.

(2) Das Rechnen mit konkreten vom Taschenrechner gelieferten Näherungswerten dieser Funktionen erfordert eine „naive" Fehler-Fortpflanzungs-Betrachtung nicht weniger, aber auch nicht mehr als bei der Verwendung überholter Logarithmentabellen. Dazu geben wir einige Beispiele:

— Die Qualität der $\boxed{\ln}$ -und $\boxed{e^x}$ -Taste überprüft man etwa mit 10 000 000 $\boxed{\ln}$ $\boxed{\ln}$ $\boxed{\ln}$ $\boxed{\ln}$ $\boxed{\ln}$ $\boxed{e^x}$ $\boxed{e^x}$ $\boxed{e^x}$ $\boxed{e^x}$ $\boxed{e^x}$ ⊢─── $<$?

Erscheint zum Schluß wieder 10 000 000?

— Zeigt jeder Rechner nach 2 $\boxed{y^x}$ 3 $\boxed{-}$ 8 $\boxed{=}$ ⊢───$<$ als Ergebnis 0?

— Man untersuche auch die Differenz der vom Taschenrechner ermittelten Werte für 2^{256} $= 2^{(2^8)}$, wenn man hierzu zunächst die $\boxed{y^x}$ - und danach die $\boxed{x^2}$ -Taste benutzt; etwa

2 $\boxed{x^2}$ $\boxed{x^2}$ $\boxed{x^2}$ $\boxed{x^2}$ $\boxed{x^2}$ $\boxed{x^2}$ $\boxed{x^2}$ $\boxed{x^2}$ $\boxed{-}$ 2 $\boxed{y^x}$ 256 $\boxed{=}$ ⊢───$<$?

Sicher überrascht jeden der unvorstellbar große Unterschied (je nach ETR von ca. 10^{70}) zwischen den beiden vom ETR berechneten Werten, die doch „theoretisch" gleich sind.

7 Winkelfunktionen

7.1 Zur Berechnung von Winkelfunktionswerten

Beim Einsatz des Taschenrechners sind folgende Punkte besonders zu beachten:
(1) Winkel mißt man in *Altgrad* $(\alpha°)$, *Neugrad* (α^g) oder im *Bogenmaß* $(\widehat{\alpha})$: Übliche Taschenrechnersymbole und Umrechnungsfaktoren zeigt folgendes Bild:

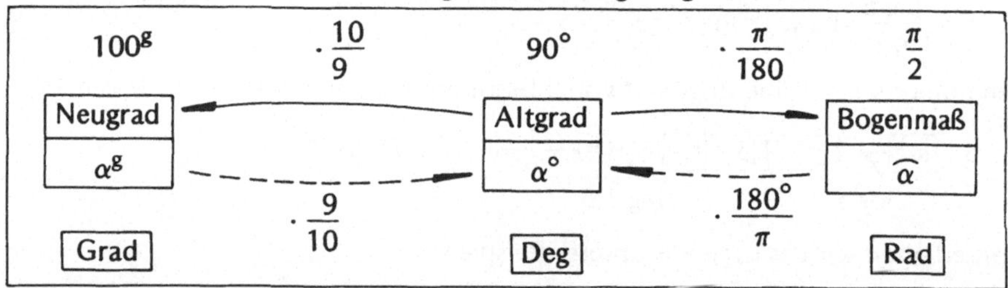

Zur Berechnung von sin 35° mit dem Taschenrechner vergewissere man sich also zunächst, ob dieser im „Altrad-Modus steht".[22]

(2) Zur Berechnung von sin (35° 30') muß zunächst die Winkelmaßzahl 35° 30' in dezimaler Darstellung bestimmt werden. Für diese Maßzahlumwandlung gibt es Tastbefehle, die z. B. durch $\boxed{\text{D. MS}}$ [23] oder auch $\boxed{°\,'\,''}$ gekennzeichnet sind. Zur Funktionsweise teste man, ob für den benutzten Taschenrechner folgende Befehlsfolgen das gewünschte Ergebnis liefern:

Beispiele: (a) Winkel-Modus $\boxed{\text{Deg}}$ (degree $\widehat{=}$ Altgrad):

35 $\boxed{\sin}$ ⊢───$<$ 0,5735764, also sin 35° = 0,573$\underline{6}$

(b) 35 $\boxed{x}$$\boxed{\pi}$$\boxed{\div}$ 180 $\boxed{=}$⊢$\wedge$$\boxed{\text{Rad}}$⊢$\boxed{\sin}$⊢───$<$ 0,5735764

0,61 ...

vgl.: $\sin \left(35 \cdot \dfrac{\pi}{180}\right) = \sin (35°) = 0,573\underline{6}$

Der Befehl $\boxed{\text{Rad}}$ bedeutet hierbei „Umschalten auf Bogenmaß".

Umwandlung von $35° \, 30' \, 5''$ in dezimale Graddarstellung:

$$35.3005 \;\boxed{\text{D.MS}} \!-\!\!\!\wedge\!\!\!-\!\boxed{\text{sin}}\!-\!\!\!<\!0.5807227 \;(\approx \sin 35° \, 30' \, 5'')$$

$$35{,}501389 \quad (= 35° \, 30' \, 5'')$$

bzw. $35 \;\boxed{°,,,}\!\wedge 30 \;\boxed{°,,,}\!\wedge 5 \;\boxed{°,,,}\!-\!\!\!\wedge\!\!\!-\!\boxed{\text{sin}}\!-\!\!\!<\!0.5807227$

$$\uparrow \qquad 35 \;\uparrow \qquad 35{,}5 \,\uparrow \qquad 35{,}501389 \!\!\searrow$$

Grad   Minuten-   Sekunden-Eingabe; dezimale Graddarstellung.

Die Umwandlung einer dezimalen Graddarstellung in die „Grad-Minuten-Sekunden"-Darstellung erfolgt bei vorgenannten Rechnern durch die Tastbefehle $\boxed{\text{INV}}$ $\boxed{\text{D. MS}}$ bzw. $\boxed{\text{INV}}$ $\boxed{°,,,}$

(3) Zur Berechnung von Cotangens-Funktionswerten benutzen Taschenrechner die $\boxed{\text{tan}}$ - und $\boxed{1/x}$ -Taste. Rechenablaufplan und Pfeilbild zeigen die in der Definition $\cot\alpha := \dfrac{1}{\tan\alpha}$ „versteckte" Handlungsanweisung:

z. B. $\boxed{\;35 \quad \boxed{\text{tan}} \quad \boxed{1/x}\!-\!\!\!<\!1{,}428 \ldots\;}$ bzw. $\boxed{\;\alpha \overset{\tan}{\frown} \tan\alpha \overset{1/x}{\frown} \cot\alpha\;}$

(4) Es gilt für alle $z \in \mathbb{Z}$:

$\sin\alpha = \sin(\alpha + 360°) = \sin(\alpha - 360°) = \sin(\alpha + z \cdot 360°)$ und $\cos\alpha = \cos(\alpha + 360°) = \cos(\alpha - 360°) = \cos(\alpha + z \cdot 360°)$. wenn α Gradmaßzahl und $\sin\alpha = \sin(\alpha + z \cdot 2\pi)$ und $\cos\alpha = \cos(\alpha + z \cdot 2\pi)$, wenn α Bogenmaßzahl ist. Man teste seinen Taschenrechner daraufhin, für welche Werte von $\alpha \in \mathbb{R}$ dieser noch Funktionswerte liefert, indem man z. B. wählt: $\alpha = \pm 100 \cdot 10^n$; $\alpha = \pm 200 \cdot 10^n$; .... $\alpha = \pm 900 \cdot 10^n$ mit $n \in \mathbb{N}$.

Grenzen des Taschenrechners und Periodizität der Winkelfunktionen werden hierbei augenfällig!

(5) Die Periodizität der Winkelfunktionen (Bild B47) verursacht, daß z. B. die Gleichungen

$\sin\alpha = 0{,}9; \cos\beta = 0;$
$\tan\gamma = 1$ und $\cot\delta = 10$

nicht eindeutig lösbar sind.

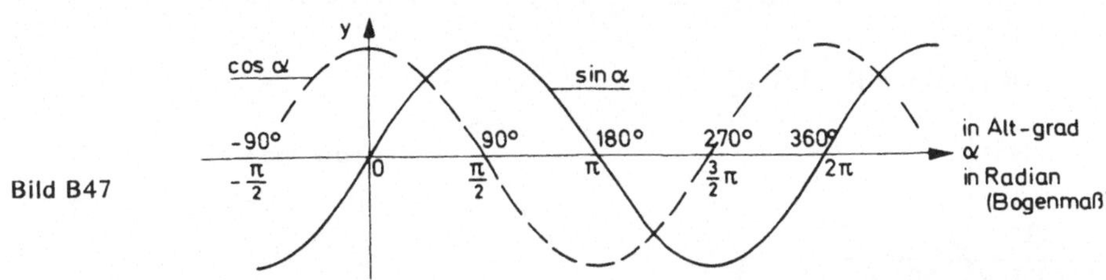

Bild B47

Näherungslösungen, beispielsweise für $\sin\alpha = 0{,}9$ sollten jedoch zunächst durch Probierverfahren aufgesucht werden gemäß:

$$\boxed{\;\text{„Versuchszahl"}\;}\!-\!\!\!-\!\boxed{\text{sin}}\!-\!\!\!<\!0{,}9?$$

Danach erst erfolgen die Erarbeitung der Umkehrrelationen der Winkelfunktionen und der Einsatz der ⎡arc⎤ ⎡sin⎤ -Taste.[24])

Beispiel: 35 ⎡sin⎤ ⎯⋀⎯ ⎡arc⎤ ⎯⎯ ⎡sin⎤ ⎯⎯ $\Big\langle$ 35 = arc sin 0,573 ...

                 0,573 ...   = arc sin (sin 35°)

                 = sin 35°

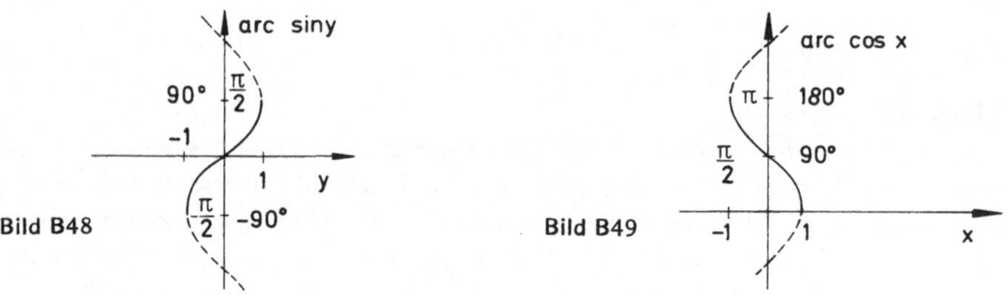

vgl.

Die Formalisierung liefert die Definition:

$$\text{arc sin } y := \alpha \Leftrightarrow \sin \alpha = y, \text{ wenn } |y| \leqslant 1.$$

Beschränkt man sich auf α-Werte zwischen $-90°$ $(-\frac{\pi}{2})$ und $90°$ $(\frac{\pi}{2})$, so wird durch $y \mapsto$ arc sin $y = \alpha$ eine Funktion von W = $\{y| -1 \leqslant y \leqslant 1\}$ auf D = $\{\alpha| -90° \leqslant \alpha \leqslant 90°\}$ beschrieben, dies ist die Umkehrfunktion der Funktion D $\to$ W mit $\alpha \mapsto \sin \alpha = y$ und $\alpha \in$ D (Bild B48).

Bild B48

Bild B49

Entsprechend gilt für die arc cos-Funktion zwischen den Mengen

$$\{x| -1 \leqslant x \leqslant 1\} \quad \text{und} \quad \{\alpha| 0° \leqslant \alpha \leqslant 180°\}$$

arc sos x := $\alpha \Leftrightarrow \cos \alpha = x$ (siehe Bild B49).

Z. B. arc cos 0 = 90° $\Leftrightarrow$ cos 90° = 0,

$$\text{arc cos } (-0,5) = 120° \Leftrightarrow \cos 120° = -05.$$

Die arc tan-Funktion wird als Umkehrfunktion der Funktion

$$\{\alpha| -90° < \alpha < 90°\} \to \mathbb{R} \text{ mit } \alpha \mapsto \tan \alpha \text{ definiert durch}$$
arc tan x := α

$\Leftrightarrow \tan \alpha = x$ (Bild B50).

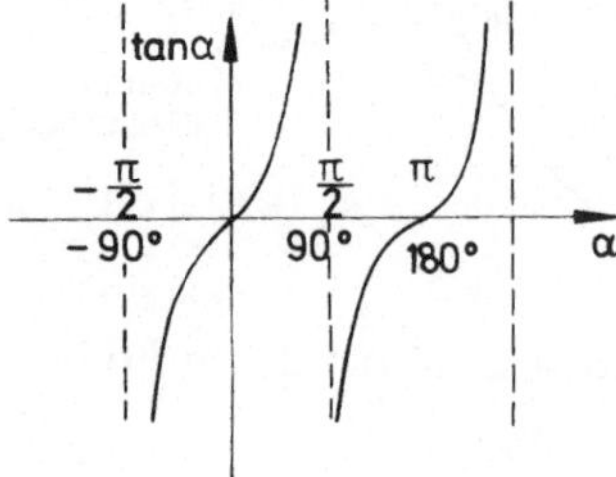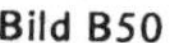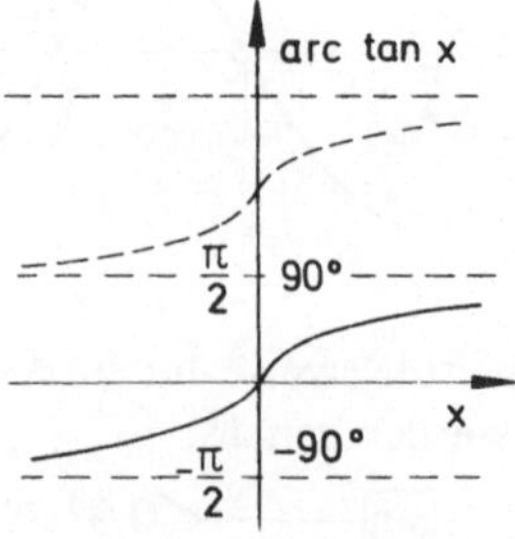

Bild B50

Die arccot-Funktion *kann* definiert werden als Umkehrfunktion der durch

$$\{\alpha \mid 0° < \alpha < 180°\} \to \mathbb{R} \text{ mit } \alpha \mapsto \cot \alpha$$ beschriebenen bijektiven Funktion. Wie berechnet man aber nun z. B. arccot (-2) mit einem Taschenrechner, der keine Taste für die cot-Funktion hat? Den Rechenweg entnimmt man sehr leicht dem Pfeilbild:

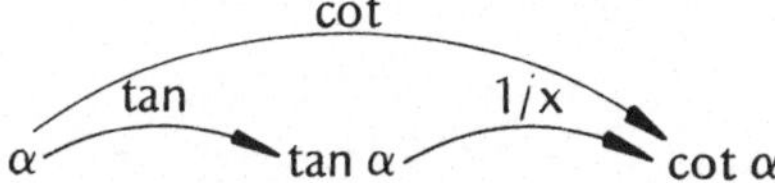

Durch „Umkehrung" erhalten wir das eindeutige „Urbild" α, sofern die durch „1/x" und „tan" gekennzeichneten Wege eindeutig umkehrbar sind:

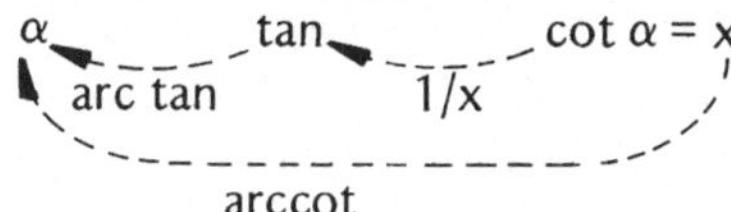

Ist also $x = \cot \alpha$ und $x \neq 0$ so liefert $\arctan \left(\frac{1}{x}\right)$ das eindeutige „Urbild" $\alpha = : $ arc cot x; es gilt also: $\text{arccot } x = \arctan \left(\frac{1}{x}\right)$

Beispiel: $\quad \text{arccot } (-2) = -26{,}5\underline{7}°$

$$\text{vgl. } 2 \boxed{+/-} \boxed{1/x} \underset{-0{,}5}{\wedge} \boxed{\text{arc}} \boxed{\text{tan}} \longrightarrow < -26.565\dots$$

Man sieht hier, daß die arccot-Funktion auch als Umkehrfunktion der Bijektion $\{\alpha \mid -90° < \alpha < 90° \text{ und } \alpha \neq 0°\} \to \mathbb{R}$ mit $\alpha \mapsto \cot \alpha$ „taschenrechner-gerecht" definiert werden kann.

Es gilt hier:

$$\text{arccot } x = \alpha \Leftrightarrow \cot \alpha = x$$
$$\text{und} \quad \text{arccot } x = \arctan \left(\frac{1}{x}\right).$$

(6) Bei der Ermittlung von Werten für Potenz-, Exponential- und Winkelfunktionen mit dem ETR liegt die Frage nahe: „Wie macht das der Rechner?" Hat man früher selbst mit Tabellenwerken gearbeitet, so ist man versucht zu glauben, der Rechner suche sich in einer abgespeicherten Tabelle die entsprechenden Funktionswerte. Diese Fragen und Vermutungen sollten motivieren, mit elementaren Approximationsmethoden für diese Funktionswerte vertraut zu machen.[25])

7.2 Anwendungsbeispiele

Für die Zeiteinsparung durch Taschenrechner und die Möglichkeiten einer breiten Parametervariation für empirische Zugänge zum Funktionsverhalten gilt das in den vorangehenden Kapiteln Gesagte ebenso bei Winkelfunktionen. Drei Beispiele seien hier angeführt.

(a) An einer (senkrechten) Mauer lehnt eine Leiter der Länge l, die im Abstand a aufgestellt bis zur Höhe h reicht. Der Neigungswinkel der Leiter sei α. Einige Fragen und Antworten, die bei dieser Sachsituation relevant sind, enthält die Tabelle.[26]) Die jeweils „gesuchten" Werte sind gerastert. Die Größen sind in Bild B51 veranschaulicht.

Winkel in Altgrad	Längen in Meter			Rechenweg Beispiele:
	l	a	h	
60	4,35	2,1<u>8</u>	3,7<u>7</u>	α [sin] — [x] l [=] — < h
70	4,35	1,4<u>9</u>	4,0<u>9</u>	α [cos] — [x] l [=] — < a
80	4,35	0,7<u>6</u>	4,2<u>8</u>	
66,<u>9</u>	4,35	1,7<u>1</u>	4,00	h [÷] l [=] [arc sin] — < α
53,<u>1</u>	5,00	3,00	4,00	[cos] — [x] l [=] — < a
69,<u>4</u>	4,2<u>7</u>	1,50	4,00	h [÷] a [=] — [arc tan] — < α
73,<u>3</u>	5,2<u>2</u>	1,50	5,00	[sin] $\wedge$ (sin α) [1/x] — [x] h [=] — < l

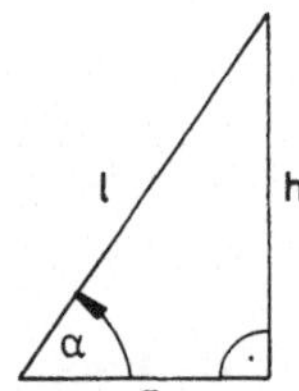

Bild B51

(b) Bei einem geodätischen Problem („Vorwärtseinschneiden aus zwei Punkten")[27] ergibt sich folgende Formel zur Berechnung einer „unzugänglichen" Entfernung a:

$$a = c \cdot \sqrt{\left(\frac{\sin\beta_1}{\sin(\alpha_1+\beta_1)}\right)^2 + \left(\frac{\sin\beta_2}{\sin(\alpha_2+\beta_2)}\right)^2 - 2 \cdot \frac{\sin\beta_1}{\sin(\alpha_1+\beta_1)} \cdot \frac{\sin\beta_2}{\sin(\alpha_2+\beta_2)} \cdot \cos(\alpha_1-\alpha_2)}$$

Den Einfluß einer Variation von α_1, α_2, β_2 und β_2 erfäht man durch mehrfache Anwendung dieser Funktionsvorschrift für a.

(c) Das Verhalten einer gedämpften Schwingung beschreibt die Funktionsvorschrift:

$t \mapsto a \cdot e^{-kt} \cdot \sin(\omega t) = A$.

Der Rechnereinsatz ermöglicht hierfür eine Simulation entsprechender physikalischer Experimente.

Der Einfluß der Größen

    a (maximale Amplitude der ungedämpften Schwingung),
    k (Dämpfungskonstante) und
    ω (Kreisfrequenz)

auf das Verhalten von A (Schwingungsamplitude zur Zeit t) kann in einer „zumutbaren" Bearbeitungszeit von Schülern studiert werden.

Anmerkungen zu B II

[1]) Wir verweisen auf Holler [52], Löthe u. Müller [73] und Wynands [136].

[2]) Die hier gemeinten „Schreib-Lese-Speicher" (RAM: Random Access Memory) sind zu unterscheiden (a) von den „Registern" zum Abspeichern und Verarbeiten von Zahleneingaben und Operationsbefehlen (x-, y-Register und Operationsregister) und (b) von Nur-Lese-Speichern (ROM: Read Only Memory), woraus vorprogrammierte Daten lediglich herauszulesen sind (z. B. $\boxed{\pi}$ zum Herauslesen einer Näherung von π.

[3]) Genauere Überlegungen zur Fehlerfortpflanzung findet man im Abschnitt B III.

[4]) Die Konsequenzen aus dem „Versagen" des ETRs bei Rechengesetzen werden im Abschnitt B III diskutiert.

[5]) Eine Fülle von Beispielen z. B. zu Zinseszinsaufgaben, Bevölkerungswachstum, stetiges Wachstum und Exponentialfunktionen, welche auch die folgenden Punkte ergänzen, findet man in Wynands [135] und [136].

[6]) Läßt man den Befehl $\boxed{=}$ hier weg, so erscheint das Zwischenergebnis zwar hinter $\boxed{x}$, wird aber leicht unbemerkt übergangen.

[7]) Die „Streichungsregel", z. B. bei „D-Mark pro Stunde mal Stunden ergibt D-Mark", kann eine nützliche „goldene Eselsbrücke" sein, welche zudem genau die in den Naturwissenschaften so nützlichen Dimensionsbetrachtungen widerspiegelt.

[8]) Diese Darstellung erscheint mir für die ausführenden Operationen klarer als das „Maschinenbild" $\overset{A}{\underset{I}{|\ \overline{}\ b}}$ bzw. das Pfeilbild $| \overset{A:}{\longrightarrow} b$. Im letzten kann zudem die entscheidende Stelle des Divisionszeichen „:" leicht übersehen und mit $| \overset{:A}{\longrightarrow} b$ verwechselt werden.

[9]) Soll ein einzelnes Beispiel zur umgekehrten Proportionalität durchgerechnet werden, so ist hierfür nach wie vor z. B. die bekannte Methode in einer Kurztabelle angebracht.

[10]) $\widehat{a}$ bezeichnet die Größe eines Winkelfeldes im Bogenmaß (radian), mit der Zuordnung $r \mapsto \dfrac{s}{r} =: \widehat{a}$ als *definierender* Vorschrift.

[11]) Für den Wachstumsfaktor q gilt $q := 1 + P\% = 1 + \dfrac{P}{100}$, wobei P die prozentuale „Wachstumsrate" bedeutet.

[12]) Man vergleiche hierzu z. B. Cetorelli [19].

[13]) Vergleiche hierzu auch Pickert [88].

[14]) Der didaktische Stellenwert dieses Begriffes wird z. B. bei Aebli [1] und Wittmann [133] diskutiert.

[15]) Dieses Beispiel ist Fehringer [29] entnommen. Wir haben aber eine „offene" Fragestellung gewählt, bei der kein Wert konkret vorgegeben bzw. nach keiner der Größen s, v, k oder d ausdrücklich gefragt wird.

[16]) Die Graphen der hier diskutierten quadratischen Funktionen findet man im Abschnitt B I.

[17]) Den nützlichen Einsatz der Speicherfunktion erkennt man sehr bald, wenn man für x Zahlen mit mehr als zwei Ziffern einzusetzen hat. Für x = 17,03 hat man in (2) bzw. (5) drei „Tasten gespart" gegenüber (1) bzw. (4).

[18]) Noch deutlicher wird dies zum Beispiel beim Horner-Schema zur Berechnung von Polynom-Funktionswerten:

Beispiele:

$$ax^3 + bx^2 + cx + d = (ax^2 + bx + c) \cdot x + d$$
$$= \{(ax + b) \cdot x + c\} \cdot x + d$$
$$ax^4 + bx^3 + cx^2 + dx + e = [\ \{ax^3 + bx^2 + cx\} + d] \cdot x + e$$
$$= [\ \{ax^2 + bx + c\} \cdot x + d] \cdot x + e$$
$$= [\ \{(ax + b) \cdot x + c\} \cdot x + d] \cdot x + e$$

allgemein

$$a_n x^n + a_{n-1} x^{n-1} + \ldots + a_1 x + a_0 = (\ldots (a_n \cdot x + a_{n-1}) \cdot x + a_{n-2}) \cdot x + \ldots + a_1) \cdot x + a_0$$

Rechenablauf für ETR ohne (mit) Hierarchie:

$\boxed{}$ $\boxed{M}$$\boxed{x}$ a_n $\boxed{+}$ a_{n-1} ($\boxed{=}$) $\boxed{x}$ $\boxed{MR}$ $\boxed{+}$ a_{n-2} ($\boxed{=}$) $\boxed{x}$ $\boxed{MR}$ $\ldots$ $\boxed{+}$ a_1 ($\boxed{=}$) $\boxed{x}$ $\boxed{MR}$ $\boxed{+}$ a_0 $\boxed{=}$—◁

[19] In Kirsch [59], Blum [12], DIFF [23] und Wynands [135] wird dies für die Exponentialfunktionen ausführlich beschrieben.

[20] Man vergleiche dies mit dem 4. Beispiel auf Seite 152 und mit der Intervallschachtelung auf Seite 169.

[21] Die Regel $\log (b^a) = a \cdot \log b$ ist damit aus der Potenregel $(x^y)^z = x^{(y \cdot z)}$ hergeleitet.

[22] Wird der Winkelmodus nicht im Anzeigefeld oder durch entsprechende Schalterpositionen angezeigt, so hilft in der Regel folgender Test:

   90 $\boxed{\sin}$—◁? Erscheint hiernach 1., so ist der Altgrad-Modus eingestellt, erscheint dagegen 0,98 ... bzw. 0,89 ... so ist der Neugrad- bzw. Bogen-Maß-Modus eingestellt.
   Im allgemeinen wird man sich auf 4-stellige Genauigkeit (vier wesentliche Ziffern) beschränken. Dies entspricht der Genauigkeit in den früher üblichen Tabellen.

[23] $\boxed{\text{D. MS}}$ vgl.: Degree (°), Minute ('), Second (").

[24] Die arcsin-Funktion wird häufig durch die Tastenfolge $\boxed{\text{INV}}$—$\boxed{\text{Sin}}$ aufgerufen.

[25] Man vergleiche Wynands [136] und besonders Engel [27]. Die Schüler können in Eigenaktivität mit (programmierbaren) Rechnern Tabellenwerke für diese Funktionen erstellen, so daß sie die Entstehung solcher Tabellen durchschauen und mit algorithmischen Verfahren vertraut werden.

[26] Bei Vorgabe von zwei der vier Größen α, l, a und h sind jeweils die beiden anderen zu bestimmen; es gibt also sechs „interessante" Fragestellungen.

[27] Vergleiche Glatfeld u. Löttgen [41, 10B, S. 98].

III Rechnen mit Näherungswerten

von Jürgen Blankenagel

1 Vorbemerkungen

"Nicht die Näherung stellt in der Mathematik etwas Ungewöhnliches dar, sondern das exakte Ergebnis ist die Ausnahme."

Diese Aussage des französischen Mathematikers der Ecole Practique des Hautes Etudes, Paris, G. Th. Guilbaud sollte besondere Bedeutung auch für die angewandte Mathematik in der Sekundarstufe I haben. Es gilt geradezu als ein Kennzeichen für die Glaubwürdigkeit einer Anwendungsaufgabe, ob sie "realistisches" Zahlenmaterial enthält.

Betrachten wir ein einfaches Beispiel:

Bei einer Grundstücksbesichtigung wurde die Länge der Straßenfront sorgfältig gemessen als 12,45 m. Eine entsprechend genaue Messung der Tiefe scheiterte, da sich der hintere Teil als unbegehbar erwies. Man schätzte sie auf 27 m.

Die Angabe 12,45 m ist auf 5 cm, die Angabe 27 m dagegen höchstens auf 1 m genau. Darum wäre es unsinnig, die Grundstücksgröße mit 336,15 m² anzugeben; genauere Werte als 340 m² sind nicht vertretbar.

Bei der Lösung werden zwei *Grundfragen des praktischen (numerischen) Rechens* deutlich:

(1) Das Zahlenmaterial der Aufgabe (des Modells) besteht aus Näherungswerten: Welche Genauigkeit haben diese?

(2) Welche Genauigkeitsangabe erscheint für das Ergebnis angemessen?

Diese Fragen müssen im Unterricht thematisiert werden. Ein Schüler, der den Flächeninhalt eines Rechtecks mit den Seitenlängen 12,45 m und 27 m durch schriftliche Multiplikation bestimmt, würde ja als Rechenergebnis immer 336,15 m² erhalten. Wie sollte er von sich aus darauf kommen, dies als Lösung seiner Aufgabe in Frage zu stellen? Besondere Aktualität erhält dieser Fragenkomplex durch den Einsatz des Taschenrechners. Denn der Taschenrechner mit seiner in der Regel 8-stelligen Ein/Ausgabe verführt ja geradezu dazu, bei Ausgangswerten und in Ergebnissen mehr Ziffern anzugeben, als von der Genauigkeit her verantwortbar sind[1].

Beispiel [49, S. 13]:

Der Radius einer kreisrunden Tischplatte ist als 44,8 cm ermittelt worden (was tatsächlich schon ein kleines Kunststück ist.) Mit der π-Taste des Taschenrechners bekommt man für den Umfang das Ergebnis U = 2 · 44,8 · π cm = 281,48671 cm.

Sinnvoll ist aber hier nur die Angabe 281 cm.[2]

In den Richtlinien, in den Schulbüchern und damit auch in der gegenwärtigen Schulpraxis wird das Thema „Rechnen mit Näherungswerten" allerdings sträflich vernachlässig.[3] Für die Sekundarstufe I gilt auch heute weitgehend das, was H. J. Stetter [112] mit Blick auf die Oberstufe des Gymnasiums beklagt:

„ Wirkliches numerisches Rechnen wird an den höheren Schulen soweit wie möglich vermieden, jede vernünftige Aufgabe hat ‚aufzugehen'. Dadurch wird der Schüler zu der unsinnigen Einstellung erzogen, einen Fehler zu vermuten, wenn komplizierte Zahlenrechnungen auftreten.

Die eigentlichen Probleme der numerischen Rechnung werden von den meisten Schülern überhaupt nie erkannt. Ein Abiturient wird i. a. unbekümmert die Durchschnittsgeschwindigkeit eines Autos, das vom Ort A zur 40 km entfernten Stadt B 35 Minuten braucht, mit 68,571 ... km/h angeben, ohne sich klarzumachen, daß das Ergebnis zwischen 66,76 und 70,43 liegen kann, wenn man annimmt, daß Entfernung und Zeit wohl nur auf eine halbe Einheit genau sein werden. Und es wird ihm nicht auffallen, daß er mit dem Ausdruck $\sqrt[3]{\frac{827}{91}} - \sqrt{82,5}$ *noch fast nichts über das Ergebnis weiß, nicht einmal das Vorzeichen, geschweige denn ein auf 0,1 genauer Wert läßt sich ohne Mühe daraus ablesen. Aber viel schlimmer, der Schüler wird sich mit einigem Recht darauf berufen können, daß ihm so etwas während der Schulzeit nie angekreidet wurde. ...*

Ist es nicht ein Unding, von Schülern bei algebraischen Umformungen äußerste Exaktheit zu fordern, beim anschließenden Zahlenrechnen aber fast beliebig zu schlampen?"

2 Näherungswerte und ihre Beschreibung

Dieses sind typische Situationen, in denen Näherungswerte verwendet werden:

(a) Die Siegerzeit beim 100m-Lauf betrug 10,18 s.
(b) Die Loschmidtsche Zahl (Anzahl der Atome in einem Mol) hat den Wert
     $(6,02253 \pm 0,00036) \, 10^{23}$.
(c) Der Stadionsprecher schätzt bei einem Fußballspiel die Zuschauerzahl auf 45.000.
(d) Köln hat ungefähr 1.000.000 Einwohner.
(e) $\pi \doteq 3,142$.
(f) $\sqrt{5} \doteq 2,24$.

Bei (a) und (b) handelt es sich um *Meßwerte*. Messen bedeutet Bestimmen eines Zahlenwertes für eine Größe unter Verwendung geeigneter Instrumente. Dabei liegt die Modellvorstellung zugrunde, daß eine „genaue Maßzahl" existiert. Durch Vervollkommnung der Meßinstrumente oder der Meßmethoden läßt sich dieser exakte Wert besser annähern, es ist aber prinzipiell unmöglich, ihn genau zu bestimmen. *Meßwerte sind grundsätzlich Näherungswerte.*

Näherungswerte kann man auch durch Schätzen erhalten (Beispiele (c) und (d)). Schätzen geschieht im Gegensatz zum Messen ohne Verwendung besonderer Instrumente. *Schätzwerte und Überschlagswerte* dienen dem Zweck, besser überschaubar und leichter merkbar zu sein als exakte Werte.

In den Beispielen (e) und (f) liegen *rationale Näherungswerte* für die irrationalen Zahlen π bzw. $\sqrt{5}$ vor. Hier ist es zwar prinzipiell möglich beliebig viele Dezimalen der genauen Werte π = 3,14159 ... und $\sqrt{5}$ = 2,236 ... anzugeben, praktisch rechnen kann man aber nur mit endlich vielen Stellen, d. h. mit Näherungswerten.

Entscheidend ist die *Frage der Genauigkeit.* Zur Beschreibung eines Näherungswertes a gehört wesentlich eine Angabe über die Güte der Näherung, über die Größe des Fehlers ϵ gegenüber dem exakten Wert x.

In Beispiel (c) mögen genau Z = 44.279 zahlende Zuschauer das Fußballspiel besucht haben. Die Differenz zwischen dem Näherungswert a (der Angabe des Stadionsprechers) und dem exakten Wert Z ist der *wahre Fehler* $\epsilon = a - Z = 721$.

Der *wahre Fehler* ϵ ist praktisch ohne Bedeutung, da man in der Regel den exakten Wert nicht kennt (und damit auch den wahren Fehler nicht ermitteln kann). Die Genauigkeit eines Näherungswertes a wird meist gekennzeichnet durch die Angabe, um wieviel er *höchstens* vom exakten Wert x abweichen kann: $x = a \pm \Delta a$ bedeutet, daß x im Intervall $[a - \Delta a, a + \Delta a]$ liegt. Diese Aussage kann

als Ungleichungskette: $a - \Delta a \leqslant x \leqslant a + \Delta a$

oder als Betragsungleichung: $|a - x| \leqslant \Delta a$

geschrieben werden und so anschaulich gedeutet werden:

hier kann x z. B. liegen

$$a - \Delta a \qquad a \qquad a + \Delta a$$

Im Gegensatz zum wahren Fehler, der positiv und negativ sein kann, ist die *Fehlerschranke* Δa positiv. Δa wird als *absoluter Fehler* bezeichnet.

Bei Meßwerten sollte der absolute Fehler in Form der Meßgenauigkeit oder Toleranz des Meßgerätes angegeben sein.

$L = (6{,}02253 \pm 0{,}00036) \cdot 10^{23}$ in Beispiel (b) bedeutet also

$$6{,}02217 \cdot 10^{23} \leqslant L \leqslant 6{,}02289 \cdot 10^{23}.$$

Bei der Zeitangabe in (a) ist die Meßgenauigkeit zwar nicht angegeben, für den Leser einer solchen Nachricht ist aber klar, daß die Zeit auf hundertstel Sekunde genau gemessen wurde, also $\Delta t = 0{,}01$.

Die Angaben der Schätzwerte in den Beispielen (c) und (d) sind somit in der vorliegenden Form unbefriedigend, da Genauigkeitsangaben fehlen. Ein Stadionsprecher kann die Zuschauerzahl vielleicht auf 2 000 genau schätzen, dann bedeutet die Angabe des Beispiels $Z = 45.000 \pm 2\,000$, doch könnte ebensogut eine größere oder eine kleinere Fehlerschranke möglich sein. — Die Einwohnerzahl in Beispiel (d) mag auf 100.000 genau geschätzt sein $E = 1.000.000 \pm 100.000$. Bei Näherungswerten, die unverbindlich hinsichtlich der Genauigkeit sein sollen, benutzt man $\approx$ als spezielle Schreibweise, also $Z \approx$ 45.000 und $E \approx$ 1.000.000.

Die Beispiele (e) und (f), $\pi \doteq 3{,}142$ bzw. $\sqrt{5} \doteq 2{,}24$, enthalten zwar auch keine unmittelbaren Angaben über die Genauigkeit, doch bedeutet der Punkt über dem Gleichheitszeichen, daß die Dezimaldarstellung von π (bzw. $\sqrt{5}$) auf 3 (bzw. 2) Stellen nach dem Komma gerundet ist. Dies geschieht nach der bekannten *Rundungsregel:*

Es wird aufgerundet, wenn die erste fortfallende Ziffer größer oder gleich 5 ist, es wird abgerundet, wenn die erste fortfallende Ziffer kleiner oder gleich 4 ist.

3,1415 ... und 3,1418 ... z. B. werden also aufgerundet, 3,1421 ... und 3,1524 ... dagegen werden abgerundet. Dabei entsteht ein (maximaler) Rundungsfehler von 0,0005. Es gilt also $\pi = 3,142 \pm 0,0005$, womit beim Runden das rechts offene Intervall $3,1415 \leqslant \pi < 3,1425$ gemeint ist. Allgemein beträgt der *Rundungsfehler* 5 Einheiten des Stellenwertes der ersten fortgelassenen Ziffer.

Statt zu runden kann man die Dezimaldarstellung einer Zahl auch einfach abbrechen. Dann hätte man für π als Näherungswert mit 3 Stellen nach dem Komma 3,141 erhalten. Auch aus 3,1419 ... wäre durch Abbrechen der Näherungswert 3,141 entstanden. Der (maximale) Abbrechfehler ist in diesem Fall 0,001, allgemein der doppelte Rundungsfehler.

Runden bietet also gegenüber dem Abbrechen den Vorteil, daß der Näherungswert einen kleineren absoluten Fehler hat. Runden erweist sich ferner als günstiger, da die Fehler verschiedenes Vorzeichen haben können, und sich daher z. B. bei längeren Additionsketten teilweise aufheben können.

Trotzdem gibt es auch Fälle, in denen es günstiger ist, Dezimalzahlen abzubrechen als Dezimalzahlen zu runden. Ein „abgebrochener" Näherungswert ist nämlich immer höchstens kleiner als der wahre Wert. Diese Eigenschaft kann bei manchen Abschätzungen wichtig sein.

3,141 repräsentiert als abgebrochene Dezimalzahl alle reelle Zahlen im Intervall [3,141; 3,142). Bei der Angabe $x = a \pm \Delta a$ handelt es sich also darum, einen gesuchten Wert durch ein zum Näherungswert a symmetrisches Intervall zu beschreiben. Allgemein läßt sich ein exakter Wert x ja kennzeichnen, wenn man einen Näherungswert a kennt, der kleiner als x ist, und einen Näherungswert b, der größer als x ist. Dann liegt x im Intervall [a, b]:

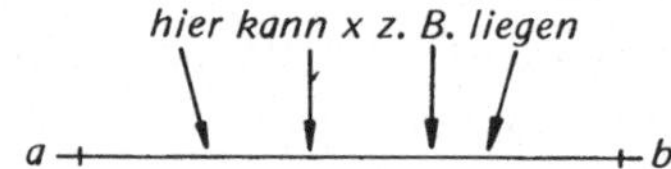

$$a \leqslant x \leqslant b$$
$$(<)\,(<)$$

Eine solche Beschreibung erhält man etwa, wenn man für $\sqrt{2}$ eine Intervallschachtelung (Dezimalschachtelung) durch Probieren ermittelt.

$$1 < \sqrt{2} < 2$$
$$1,4 < \sqrt{2} < 1,5$$
$$1,41 < \sqrt{2} < 1,42 \quad ...$$

Bei den Ziffern der Dezimaldarstellung eines Näherungswertes wie $\pi = 3,142$ unterscheidet man noch zwischen *zuverlässigen* und *gültigen* Ziffern.

Ziffern eines Näherungswertes heißen *zuverlässig*, wenn der Fehler dieses Näherungswertes höchstens eine halbe Einheit des Stellenwertes dieser Ziffer beträgt.

In 3,142 als Näherungswert für π sind also alle Ziffern zuverlässig.

Ziffern eines Näherungswertes heißen *gültig*, wenn sie in einem verfeinerten Näherungswert erhalten bleiben.

Im Näherungswert 3,142 für π sind also 3-1-4 gültige Ziffern, die 2 ist keine gültige Ziffer.

Werden ohne weitere Angaben 3,142 und 2,24 als Näherungswerte für π bzw. für $\sqrt{5}$ bezeichnet, so geschieht das im Sinne der *Grundverabredung zur Darstellung von Näherungswerten ohne explizite Fehlerangabe:*

Bei Näherungswerten ohne explizite Fehlerschranke werden nur zuverlässige Ziffern angegeben.

Das bedeutet notwendig, daß man Angaben wie 3,10 m nicht willkürlich durch Anhängen oder Streichen von Nullen verändern darf, weil sich dadurch die behauptete Genauigkeit ändert.

Noch zwei Bemerkungen zu dezimalen Näherungswerten:

Die mit 10,18 s angegebene Siegerzeit des 100 m-Laufs gilt als „auf hundertstel Sekunde genau". Dies hatten wir oben als 10,18 ± 0,01 s gedeutet, was von der Sprechweise her sicher vernünftig ist. Praktisch ergäben sich aber Ungereimtheiten. Für einen Läufer, der in Wirklichkeit 10,189 s gebraucht hat, könnte man nämlich im Sinne dieser Fehleraussage sowohl 10,18 s als auch 10,19 s., vernünftigerweise aber doch wohl nur 10,19 als Zeit angeben. „Auf Hundertstel genau" deutet man demnach besser als „auf Hundertstel gerundet genau"; d. h. t = 10,18 s ± 0,005 s oder 10,175 s ⩽ t < 10,185 s.

Bei Zahlenangaben, wie den Einwohnerzahlen in Beispiel (d) findet man häufig 450 000 oder 450 (Angaben in Tausend). Beides besagt, daß die letzten drei Nullen keine zuverlässigen Ziffern sind.

Hinsichtlich des absoluten Fehlers ist die Zeitmessung des 100 m-Laufs in Beispiel (a) mit t = 10,18 s ± 0,005 s viel genauer als der Näherungswert für die Loschmidtsche Zahl mit L = (6,02253 + 0,00036) 10^{23}. Dagegen sind im Näherungswert für L sechs zuverlässige Ziffern angegeben, im Näherungswert für t nur vier. Um dies deutlich zu machen, betrachtet man zum Vergleich der Genauigkeit von Näherungswerten besser den *relativen Fehler* δ_a, das Verhältnis aus absolutem Fehler und Näherungswert

$$\delta_a = \frac{\Delta a}{|a|}.$$

In den Beispielen ist

$$\delta_L = \frac{0,00036}{6,02253} \doteq 0,597 \cdot 10^{-4} \doteq 0,6 \cdot 10^{-4}$$

und

$$\delta_t = \frac{0,005}{10,18} \doteq 0,000491 \doteq 0,5 \cdot 10^{-3}$$

Der Näherungswert für L ist also in der Tat „relativ genauer" als die Zeitmessung des 100 m-Laufs. Die relativen Fehler sind nur mit $\delta_L = 0,6 \cdot 10^{-4}$ bzw. $\delta_t = 0,5 \cdot 10^{-3}$ angegeben und nicht als $\delta_L = 0,597 \cdot 10^{-4}$ bzw. $\delta_t = 0,491 \cdot 10^{-3}$, denn die genaueren Angaben liefern keine bessere Information. Damit wird die *Grundvereinbarung über die Angabe von Fehlerschranken* verständlich:

Fehlerschranken werden nur mit einer, höchstens mit zwei Dezimalen angegeben, sie werden (gegebenenfalls) nur nach oben gerundet.

Zur Beschreibung der relativen Genauigkeit von Dezimalzahlen ist der Begriff der zuverlässigen Ziffern ungeeignet. Die Längenangaben 0,15 cm, 0,0015 m und 0,0000015 km haben verschiedene Anzahlen zuverlässiger Ziffern, aber sicher die gleiche relative Genauigkeit. Was zählt, sind die zuverlässigen Ziffern ab der ersten von Null verschiedenen Ziffer. Solche Ziffern heißen *wesentliche Ziffern*. Der relative Fehler hängt nicht von der Kommastellung ab, sondern von der Anzahl der wesentlichen Ziffern.

Zusammenfassend kann man sagen:

Zum *relativen Fehler* gehört die *Zifferngenauigkeit*. Das heißt, ist ein Näherungswert a auf n wesentliche Ziffern genau, so beträgt der relative Fehler stets etwa $\delta_a = 5 \cdot 10^{-n}$.

(Es entsteht nur eine Ungefähraussage, da durch verschiedene Werte a dividiert wird.) Dagegen gehört zum *absoluten Fehler* die *Stellengenauigkeit*. Das heißt, ist ein Näherungswert a auf k Stellen nach dem Komma genau, so beträgt der absolute Fehler stets $\Delta a = 0,5 \cdot 10^{-k}$.

Die zusammengestellten Aussagen zur Beschreibung von Näherungswerten zeigen eine eigentümliche Schwierigkeit dieses Gebietes. Neben die grundlegende Charakterisierung von Näherungswerten durch Intervalle tritt bei Dezimalzahlen eine Fülle von Verabredungen und Schreibkonventionen.[4] Um diese nicht sofort mitbehandeln zu müssen, sollte man die Intervallschreibweise für Näherungswerte zunächst bei Meß- und Schätzwerten mit angenommenen Fehlerschranken betrachten.

3 Fehlerfortpflanzung

Rechnet man mit Näherungswerten, so ist trivialerweise auch das Ergebnis ein Näherungswert. Es stellt sich aber die Frage nach der Genauigkeit eines Rechenergebnisses in Abhängigkeit von der vorgegebenen Genauigkeit der Ausgangswerte, die Frage nach der Fehlerfortpflanzung.

Summe und Differenz von Näherungswerten
Beispiel [41, 9B, S. 156]:

Beim Transport ist eine Dachlatte der Länge a = (4 ± 0,05) m durchgebrochen. Das kürzere Stück ist schätzungsweise b = 1,3 m ± 20 cm. Man benötigt noch eine 2,50 m lange Dachlatte. Reicht das längere Stück?

Die gesuchte Länge ist a − b = (4 ± 0,05) m − (1,3 ± 0,2) m (Bild B52).

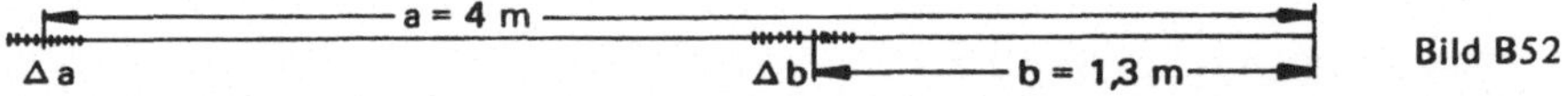

a) Man erhält den kleinstmöglichen Wert der Differenz, wenn man vom kleinsten Wert für a den größtmöglichen für b subtrahiert. Die Latte war ursprünglich mindestens 2,95 m lang, ein Stück von höchstens 1,50 m ist abgebrochen, also bleiben mindestens 2,45 m.

b) Man erhält den größtmöglichen Wert der Differenz, wenn man vom größten Wert für a den kleinstmöglichen für b subtrahiert. Die Latte war ursprünglich höchstens 4,05 m, ein Stück von mindestens 1,10 m ist abgebrochen, also bleiben höchstens 2,95 m.

Aufgrund des Schätzwertes von b = (1,30 ± 0,20) m kann man nicht sicher sein, daß das längere Stück ausreicht. Man sollte nachmessen.

Wir haben die Differenz zweier Näherungswert durch Betrachtung der ungünstigsten Fälle untersucht. Mit einer solchen *Doppelrechnung* läßt sich auch allgemein der Fehler in der Summe und Differenz zweier Näherungswerte $x = a \pm \Delta a$ und $y = b \pm \Delta b$ bestimmen. So erhält man:

$$(a \pm \Delta a) + (b \pm \Delta b) = (a + b) \pm (\Delta a + \Delta b)$$
$$(a \pm \Delta a) - (b \pm \Delta b) = (a - b) \pm (a\Delta + \Delta b).$$

Bei Addition und Subtraktion zweier Näherungswerte addieren sich die absoluten Fehler.[5]

Für Dezimalzahlen, bei denen der absolute Fehler ja durch die Anzahl der zuverlässigen Stellen nach dem Komma bestimmt ist, läßt sich dieser Satz in Form der *1. Regel der Ziffernzählung* wie folgt benutzen:

In Summe und Differenz von Dezimalzahlen werden nur so viele Nachkommastellen angegeben, wie der ungenaueste Summand aufweist.

Diese Regeln können in der S I formal über Operieren mit Ungleichungsketten hergeleitet werden.

$$x = a \pm \Delta a \quad \text{bedeutet} \quad a - \Delta a \leqslant x \leqslant a + \Delta a$$
$$y = b \pm \Delta b \quad \text{bedeutet} \quad b - \Delta b \leqslant y \leqslant b + \Delta b$$

Durch Addition dieser Ungleichungsketten erhält man

$$(a - \Delta a) + (b - \Delta b) \leqslant x + y \leqslant (a + \Delta a) + (b + \Delta b),$$

woraus direkt die Aussage für die Fehlerfortpflanzung der Addition folgt:

$$(a + b) - (\Delta a + \Delta b) \leqslant x + y \leqslant (a + b) + (\Delta a + \Delta b).$$

Produkt und Quotient von Näherungswerten
Beispiel [41, 9B, S. 158]:

Wie man sofort überprüft, gelten folgende Gleichungen:

$$30 \cdot 30 = 2 \cdot 450 = 900.$$

Setzen wir jedoch statt der exakten Werte 2; 30 und 450 Näherungswerte mit dem gleichen absoluten Fehler 0,2 ein, so erhalten wir durch Betrachtung der ungünstigsten Fälle

$$29,8 \cdot 29,8 = 900 - 0,2\,(30 + 30) + 0,2^2 = 900 - 12 + 0,04 = 888,06$$
$$30,2 \cdot 30,2 = 900 + 0,2\,(30 + 30) + 0,2^2 = 900 + 12 + 0,04 = 912,04$$

aber

$$1,8 \cdot 449,8 = 900 - 0,2\,(450 + 2) + 0,2^2 = 900 - 90,4 + 0,04 = 809,64$$
$$2,2 \cdot 450,2 = 900 + 0,2\,(450 + 2) + 0,2^2 = 900 + 90,4 + 0,04 = 990,44$$

Obwohl die Ausgangswerte die gleichen absoluten Fehler haben, zeigt das Produkt $2 \cdot 450$ mit 90,5 einen beträchtlich größeren Fehler als das Produkt $30 \cdot 30$ mit 12,1. Dieser Unterschied läßt sich leicht erklären: Der Fehler 0,2 wird im Produkt der sehr verschieden großen Zahlen mit 2 und mit 450 multipliziert, bei der Berechnung von $(30 \pm 0,2) \cdot (30 \pm 0,2)$ aber nur jeweils mit 30.

Das Beispiel zeigt, daß sich der absolute Fehler im Produkt nicht so einfach wie bei Summe und Differenz bestimmen läßt. Durch eine solche Doppelrechnung, die von den vier bei $(a \pm \Delta a)\,(b \pm \Delta b)$ denkbaren Fällen nur die beiden ungünstigsten berücksichtigt, kann man auch allgemein eine Formel für den Fehler im Produkt von Näherungswerten herleiten. Deutet man die Näherungswerte als Längen von Rechteckseiten, so lassen sich die Überlegungen anhand von Bild B53 anschaulich verfolgen.

$$(a + \Delta a)\,(b + \Delta b) = a \cdot b + a\Delta b + b\Delta a + \Delta a\Delta b$$
$$(a - \Delta a)\,(b - \Delta b) = a \cdot b - a\Delta b - b\Delta a + \Delta a\Delta b$$

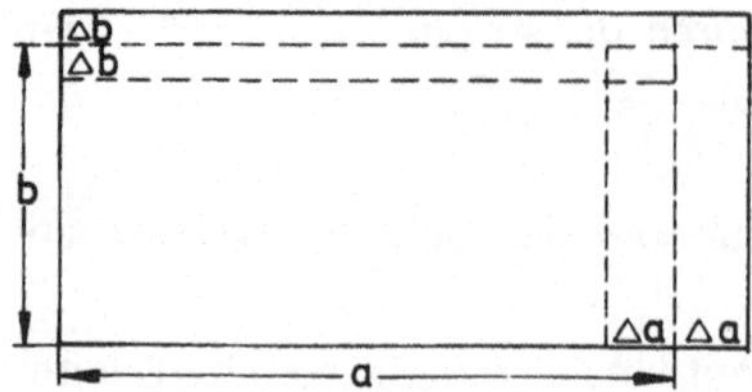

Bild B53

Der Term $\Delta a\,\Delta b$ ist, wie auch das obige Beispiel zeigt, stets sehr klein gegenüber der Summe $a\Delta b + b\Delta a$. Man vernachlässigt ihn daher und bestimmt den absoluten Fehler eines Produktes als:

(1) $\Delta (a \cdot b) = a\Delta b + b\Delta a$.

Die Vernachlässigung des Terms $\Delta a\,\Delta b$ entspricht auch der Grundvereinbarung über die Angabe von Fehlerschranken, nach der Fehlerschranken nur mit einer, höchstens zwei Dezimalen angegeben werden, da die nachfolgenden Dezimalen keine echte Aussage über die Größe des Fehlers machen.

Dividiert man Gleichung (1) durch $a \cdot b$, so entsteht

$$\frac{\Delta (ab)}{ab} = \frac{\Delta b}{b} + \frac{\Delta a}{a} \quad \text{oder} \quad \delta_{ab} = \delta_a + \delta_b.$$

Auch beim Quotienten spielen die relativen Fehler die entscheidende Rolle. Es gilt:

Bei Multiplikation und Division zweier positiver Näherungswerte addieren sich die relativen Fehler.

Für Dezimalzahlen, bei denen der relative Fehler ja durch die Anzahl der wesentlichen Ziffern bestimmt ist, läßt sich dieser Satz in Form der *2. Regel der Ziffernzählung* praktisch so benutzen:

Im Produkt oder Quotienten von Näherungswerten werden nur so viele wesentliche Ziffern angegeben, wie der ungenaueste Ausgangswert aufweist.

Der relative Fehler ist durch die Anzahl der wesentlichen Ziffern weniger exakt bestimmt als der absolute Fehler durch die Anzahl der zuverlässigen Ziffern, wie auf Seite 192 angemerkt wurde. Daher hat diese 2. Regel der Ziffernzählung im Gegensatz zur ersten nur die Bedeutung einer Faustregel. Ihre Grenzen zeigt H. Titze [122] auf.

Die Aussage für die Fehlerfortpflanzung im Quotienten soll noch durch Operieren mit Ungleichungen hergeleitet werden, obwohl dies in der S I nur in Ausnahmefällen nachvollzogen werden kann. Ausgangspunkt sind wieder die Ungleichungsketten

(2) $a - \Delta a \leqslant x \leqslant a + \Delta a$ und $b - \Delta b \leqslant y \leqslant b + \Delta b$,

wobei a, b, $a - \Delta a$ und $b - \Delta b$ als   positiv   angenommen   werden.   Die   zweite   der   Ungleichungen aus (2) läßt sich schreiben als

(3) $\dfrac{1}{b + \Delta b} \leqslant \dfrac{1}{y} \leqslant \dfrac{1}{b - \Delta b}.$

Durch Multiplikation der ersten Ungleichung von (2) mit (3) entsteht

$$\frac{a - \Delta a}{b + \Delta b} \leqslant \frac{x}{y} \leqslant \frac{a + \Delta a}{b - \Delta b}.$$

Erweitert man links mit b − Δb und rechts mit b + Δb, so erhält man

$$\frac{(a - \Delta a)\,(b - \Delta b)}{b^2 - (\Delta b)^2} \leqslant \frac{x}{y} \leqslant \frac{(a + \Delta a)\,(b + \Delta b)}{b^2 - (\Delta b)^2},$$

oder ausmultipliziert:

$$\frac{ab - a\Delta b - b\Delta a + \Delta a\,\Delta b}{b^2 - (\Delta b)^2} \leqslant \frac{x}{y} \leqslant \frac{ab + a\Delta b + b\Delta a + \Delta a\,\Delta b}{b^2 - (\Delta b)^2}$$

Vernachlässigt man die Produkte der Fehler und dividiert teilweise durch, so ergibt sich die Ungleichungskette

$$\frac{a}{b} - \frac{a\Delta b + b\Delta a}{b^2} \leqslant \frac{x}{y} \gtrless \frac{a}{b} + \frac{a\Delta b + b\Delta a}{b^2}.$$

Damit folgt

$$\Delta\left(\frac{a}{b}\right) = \frac{a\,\Delta b + b\,\Delta a}{b^2}.$$

Indem man diese Gleichung durch $\frac{a}{b}$ dividiert, erhält man die gesuchte Formel für den relativen Fehler des Quotienten:

$$\delta\left(\frac{a}{b}\right) = \frac{\Delta\left(\frac{a}{b}\right)}{\frac{a}{b}} = \frac{\Delta b}{b} + \frac{\Delta a}{a} = \delta_a + \delta_b.$$

Zur Bedeutung der Fehlerfortpflanzung

Die Regeln der Fehlerfortpflanzung geben an, welche Genauigkeit in den Ergebnissen von Rechnungen mit Näherungswerten erzielt werden können. Darin erschöpft sich ihre Bedeutung aber keineswegs.

Vom Produkt 2,51 · 1,05 = 2,6355 machen im Sinne der 2. Regel der Ziffernzählung nur 3 Ziffern eine vertretbare Aussage. Man wird also in weiteren Überlegungen 2,64 als Ergebnis dieser Multiplikation verwenden. Wählt man $\cdot_r$ als Bezeichnung für diese Multiplikation mit anschließender Rundung, so erhält man

$$2{,}51 \cdot_r (1{,}05 \cdot_r 1{,}11) = 2{,}51 \cdot_r 1{,}17 = 2{,}94$$
$$(2{,}51 \cdot_r 1{,}05) \cdot_r 1{,}11 = 2{,}64 \cdot_r 1{,}11 = 2{,}93$$

Das heißt, für diese im Sinne der Regeln der Fehlerfortpflanzung vernünftige Multiplikation $\cdot_r$ gilt nicht das Assoziativgesetz. Der Einfluß auf das Ergebnis, den die unterschiedliche Rundung bewirkt, erscheint gering. Das ändert sich jedoch bei längeren Rechenketten. Es wäre angebracht, vorher abzuwägen, welcher Rechenweg das genauere Ergebnis liefert. Zwar treten solche Rechenketten in der S I kaum auf, doch macht das Beispiel Grundsätzlicheres deutlich. Bei der Herleitung von Lösungsverfahren beruft man sich auf algebraische Gesetze, die beim Rechnen mit Näherungswerten vielfach ihre Gültigkeit verlieren. Rechnet man mit Näherungswerten, so darf man die vertrauten Lösungsverfahren also nicht schematisch anwenden, sondern muß bei zwei möglichen Rechenwegen stets prüfen, wo der geringere Fehler zu erwarten ist. Dabei sind die Regeln der Fehlerfortpflanzung von entscheidender Bedeutung.

Beispielsweise sind im Sinne der Algebra

$$\frac{1}{(\sqrt{5}+2)^2} \quad \text{und} \quad 9 - 4\sqrt{5} \quad (= (\sqrt{5}-2)^2)$$

äquivalente Terme, wobei Schüler den rechts stehenden als den „einfacheren" empfinden. Rationalmachen des Nenners wird ja ausgiebig geübt. Setzt man jedoch für $\sqrt{5}$ den Näherungswert 2,2 ein, so erhält man die Ungleichung

$$\frac{1}{(4,2)^2} \doteq 0,057 \neq 9 - 8,8 = 0,2$$

Der linke Wert ist dabei der viel genauere. Setzt man nämlich 2,2 statt $\sqrt{5}$, so hat $\sqrt{5} + 2$ den absoluten Fehler 0,05 und damit den relativen Fehler $\frac{0,05}{4,2} = 0,012$. Dieser verdoppelt sich im Ergebnis, also $\delta_1 = \delta$ (linke Seite) = 0,024, und damit ist

$$\Delta l = 0,057 \cdot 0,024 \doteq 0,0014.$$

Der absolute Fehler der rechten Seite ist dagegen viel größer, nämlich

$$\Delta r = 4 \cdot 0,05 = 0,2$$

Der algebraisch einfacher erscheinende Term erweist sich rechnerisch gesehen als der viel ungünstigere. Allgemein sollte man eine Differenzbildung zweier etwa gleich großer Zahlen (wie sie im rechten Term auftritt) vermeiden, denn diese hat stets einen großen relativen Fehler.

Auf die Äquivalenz von Termen beruft man sich beim Lösen von Gleichungen. Wie wichtig es sein kann, auch dabei das gewohnte Schema zu kontrollieren, mag das folgende Beispiel (aus [9]) zeigen.

Zu lösen sei das Gleichungssystem

$$(1')\quad 0,10x + 100,00y = 100,00$$
$$(2')\quad 1,00x + 1,00y = 2,00,$$

dessen Koeffizienten Näherungswerte sind.

Nach dem Schema des Gaußschen Eliminationsverfahrens wird das 10-fache der Gleichung (1') von Gleichung (2') subtrahiert. Es entsteht

$$(3')\quad -999,0y = -998,0.$$

Die Koeffizienten sind nur auf eine Stelle nach dem Komma berechnet, da ja auch die Fehler mit 10 multipliziert werden. Aus (3') erhält man y (auf 4 wesentliche Ziffern berechnet) als $y_1 = 0,9990$. Eingesetzt in (1') ergibt sich

$$0,10x_1 + 99,0 = 100,00$$

und damit $x_1 = 1,00$.

Ein Vergleich mit der exakten Lösung des Gleichungssystems $x \doteq 1,001$; $y \doteq 0,999$ (auf 3 Stellen nach dem Komma gerundet) zeigt, daß diese Näherungslösung recht gut ist. Katastrophal wäre es allerdings geworden, hätte man den y-Wert nur auf zwei Dezimalen genau berechnet. Dann wäre $y_2 = 1,00$ entstanden, was nach Einsetzen in Gleichung (1') $x_2 = 0,00$ ergeben hätte. Es war also schon entscheidend, den y-Wert nach der 2. Regel der Ziffernzählung mit 4 wesentlichen Ziffern zu berechnen.

Betrachtet man etwas eingehender die Koeffizienten des Gleichungssystems, so scheint das Schema des Gaußschen Eliminationsverfahrens zur Lösung der Aufgabe ungeeignet. Dabei wird nämlich der zunächst berechnete y-Wert in Gleichung (1') eingesetzt, wo er und damit auch sein Fehler mit der im Verhältnis zu den anderen Koeffizienten sehr großen Zahl 100,00 multipliziert wird. Hätte man mit $y_3 = 1,00$ den x-Wert aus Gleichung (2') bestimmt, so wäre wieder die gute Näherung $x_3 = 1,00$ entstanden.

Die Regeln der Fehlerfortpflanzung sind nicht nur notwendiges Werkzeug, um die bei Anwendungsaufgaben auftretenden Rechnungen angemessen durchzuführen, sie können auch selber Thema von Anwendungen sein. Dazu ein Beispiel aus [30]:

In einem Gleichstromkreis mit einer Sollspannung von 110 V fließt ein Strom, der mit 2 A gemessen wurde. Das Meßgerät hat eine Toleranz von 0,05 A. Wie groß können Abweichungen der Spannung sein, wenn der Widerstand höchstens um 5 % schwanken darf?

Es gilt R = U : I (Widerstand = Spannung : Stromstärke)

und damit $\dfrac{\Delta R}{R} = \dfrac{\Delta U}{U} + \dfrac{\Delta I}{I}$*. Man kennt* $\dfrac{\Delta R}{R} = 0,05$ *und*

berechnet $\dfrac{\Delta I}{I} = \dfrac{0,05}{2,00} = 0,025$*. Also gilt* $\dfrac{\Delta U}{U} = \dfrac{\Delta R}{R} - \dfrac{\Delta I}{I} = 0,025$ *und folglich*

$\Delta U = 0,025 \cdot 110\ V = 2,75\ V$

Die Spannung darf höchstens um 2,7 schwanken.

Wichtig erscheint mir auch die Bedeutung solcher Fragestellungen für einen späteren Analysisunterricht. Im Beispiel wird ja gerade die Frage der Stetigkeit gestellt. „Wie sehr kann der x-Wert variieren, wenn der f (x)-Wert um ϵ variieren darf". Derartige Intervall-Überlegungen auf inhaltlichem Hintergrund sind eine besssere, da inhaltlich motivierte, Vorbereitung für die Begriffsbildungen der Analysis als ein weitgehend nur formales Operieren mit Ungleichungen wie derzeit in der S I üblich.

4 Unterrichtspraktische Vorschläge

Die unterrichtliche Behandlung des Themas „Rechnen mit Näherungswerten" sollte dem Schüler die bleibende Erkenntnis vermitteln, daß die Angabe eines Intervalls mit geeigneten Fehlerschranken für eine Größe a mathematisch etwas ebenso Sicheres und Exaktes ist, wie z. B. die Wurzeldefinition und daß beim praktischen Rechnen die Angabe eines Intervalls sogar häufig wichtiger ist als ein komplizierter Ausdruck für a in „geschlossener Form", dessen Zahlenwert man meist auch nicht genau kennt, sondern nur angenähert ermitteln kann. Dieses Ziel erreicht man sicher nicht mit einigen Hinweisen zum Genauigkeitsproblem allein bei der Einführung des Taschenrechners. Sie wären bald vergessen und damit ohne Folgen. Drei Aspekte halten wir für wesentlich:

Erstens müssen Einstellungen verhindert werden, die dem Rechnen mit Näherungswerten zuwiderlaufen.[6]

Zweitens muß Rechnen mit Näherungswerten an mindestens einer Stelle Thema des Unterrichts sein.

Drittens müssen Begriffe und Methoden des Näherungsrechnens in geeignete Themen aller Klassen der S I integriert werden.[7]

In *Klasse 5* sollte im Mittelpunkt die Grundeinsicht stehen, daß viele Zahlenangaben im praktischen Leben, in Technik und Wissenschaft Näherungswerte sind und daß für den Benutzer Angaben über deren Genauigkeit wesentlich sind. Möglichkeiten für derartige Betrachtungen bieten die Themen *Rechnen mit natürlichen Zahlen* und *Rechnen in Größenbereichen*.

Die Angaben von Einwohnerzahlen, von Zuschauerzahlen oder Größenangaben z. B. können als Näherungswerte bewußt gemacht werden. Dabei lassen sich Schreibweisen wie

$$\boxed{} \;\leqslant x \leqslant\; \boxed{}\; \text{oder}\;\; x = \boxed{}\; \mp\; \boxed{}$$

zwanglos einbringen und ebenfalls Sprechweisen wie „auf Tausender genau" oder „zuverlässige Ziffer" erarbeiten. Rechnen mit Näherungswerten in Form von Doppelrechnen wird an Beispielen wie der Einwohnerzahl zweier Städte durchgeführt, ohne daß man allgemeine Regeln aufstellt.

Eine mögliche Einstiegsaufgabe [49] zu diesem Thema könnte lauten:

Welche der folgenden Zahlenangaben sind (vermutlich) genau, welche sind Näherungswerte?

a) Entfernung Lüneburg — Hannover (Bahnlinie): 149 km

b) Postleitzahl von Köln: 5000

c) Die größte im Jahre 1978 bekannte Primzahl ist $2^{21701} -1$. Sie hat 6533 Stellen und füllt 100 Schreibmaschinenzeilen. Der Computer rechnete zu ihrer Bestimmung 3 Jahre und 440 Stunden.

d) Im Jahre 1978 wurden 21979 Schiffsdurchfahrten durch den Suezkanal gezählt, und es wurden 526 Millionen Dollar eingenommen.

In *Klasse 6* werden ähnliche Fragestellungen bei der Behandlung von Dezimalzahlen wieder aufgegriffen und vertieft. Durch Beispielrechnungen kann man hier bereits die Regeln der Ziffernzählung erarbeiten.

Der bei der 2. Regel benötigte Begriff der wesentlichen Ziffer läßt sich gut anhand der Änderung von Maßeinheiten bewußt machen. Auch das Überschlagsrechnen als besondere Form des Rechnens mit Näherungswerten wird man nicht vernachlässigen.

Eine unterrichtspraktische Ausgestaltung einer solchen propädeutischen Behandlung des Rechnens mit Näherungswerten in den Klassen 5/6 bietet der Beitrag Baumanns in [49].

Nach der Einführung des Taschenrechners, die meist für Klasse 7 vorgesehen ist, bietet dessen Erforschung in den *Klassen 7 und 8* Anlässe zur Beschäftigung mit Näherungswerten, etwa die Erprobung der Grenzen des Taschenrechners bei der Darstellung sehr großer oder sehr kleiner Zahlen oder die Frage, wie mit endlich vielen Taschenrechnerzahlen unendlich viele rationale Zahlen angenähert werden.

Bei der Beantwortung dieser Frage könnte der relative Fehler eingeführt und dessen Bedeutung bewußt gemacht werden. Mögliche Aufgabenstellungen zu diesen beiden Punkten findet man in [4].

Bei der Auswertung von Termen oder der Lösung von Gleichungen (Gleichungssystemen) mit dem Taschenrechner sollten durch Doppelrechnung weitere Erfahrungen zur Fehlerfortpflanzung gemacht werden.[8)]

Die Behandlung von Ungleichungen bietet ferner die Möglichkeit, exaktere Herleitungen für die Regeln der Fehlerfortpflanzung zu gewinnen.

Im bisherigen Unterricht wird vor allem in *Klasse 9* mit Näherungswerten gearbeitet, bei der Einführung der irrationalen Zahlen und bei deren Charakterisierung z. B. durch Intervallschachtelungen. Dieser Bereich ist sicher auch geeignet, die Regeln für das Rechnen mit Näherungswerten zu reflektieren und formaler zu begründen als es etwa in manchen Schulbüchern, z. B. in [41, 9B] und [48], geschieht.[9] Die bei der Herleitung wesentlichen Ideen lassen sich wieder aufgreifen. Z. B. liefert die Vernachlässigung der Fehlerprodukte einen Zugang zum Newtonschen Iterationsverfahren der Wurzelbestimmung. In [48] findet man die folgende Darstellung dafür (etwas abgewandelt):

$$\sqrt{2} = 1{,}4 + d = x_1 + d$$
$$2 = 1{,}96 + 2{,}8\,d + d^2$$
$$2 \approx 1{,}96 + 2{,}8\,d$$
$$d \approx \frac{2 - 1{,}96}{2{,}8} \doteq 0{,}014$$
$$\sqrt{2} \approx x_1 + 0{,}014 = 1{,}414$$
$$x_2 = x_1 + d = x_1 + \frac{2 - x_1^2}{2x_1}$$
$$x_2 = \frac{1}{2}\left(x_1 + \frac{2}{x_1}\right)$$

Ein Näherungswert von $\sqrt{2}$ unterscheidet sich vom genauen Wert von $\sqrt{2}$ um eine (kleine) Zahl d. Wenn $d < 1$ ist, dann ist $d^2 < d < 1$. In der nebenstehenden Gleichung vernachlässigen wir d^2 und erhalten eine „Ungefährgleichung" für d. Damit haben wir eine bessere Näherung für $\sqrt{2}$ gefunden.

Das Lösen quadratischer Gleichungen könnte Anlaß sein, Fehlerüberlegungen wieder aufzunehmen. In der Gleichung

$$x^2 - 150x - 3 = 0$$

ist $|q| = 3$ gegenüber $\left(\frac{p}{2}\right)^2 = 5625$ sehr klein. Hier wäre es unvorteilhaft, wollte man beide Lösungen gemäß der Lösungsformel

$$x_{1,2} = -\frac{p}{2} \pm \sqrt{\left(\frac{p}{2}\right)^2 - q}$$

berechnen. In der Lösung

$$x_2 = -\frac{p}{2} - \sqrt{\left(\frac{p}{2}\right)^2 - q} = 75 - \sqrt{5628}$$

tritt nämlich die Differenz zweier etwa gleichgroßer Zahlen auf, was, wie auf Seite 196 gezeigt wurde, einen großen relativen Fehler zur Folge hat. Hier ist es günstiger, nur x_1 gemäß

$$x_1 = -\frac{p}{2} + \sqrt{\left(\frac{p}{2}\right)^2 - q}$$

zu berechnen und x_2 dann aufgrund des Vietaschen Wurzelsatzes $x_1 \cdot x_2 = q$ als

$$x_2 = \frac{q}{x_1}$$

zu bestimmen. Auf diese Weise erhält man für x_2 sogar noch eine akzeptable Lösung, wenn man q bei der Berechnung von x_1 vernachlässigt. Für unser Beispiel errechnen wir

$$x_1 \approx 150, \quad x_2 \approx \frac{-3}{150} = -0{,}02.$$

Anregungen für die unterrichtliche Behandlung dieser Inhalte findet man bei Fehringer [29, S. 35 ff.].

In *Klasse 10* bieten Themen wie Wurzeln, Potenzen, Logarithmen oder die Kreisberechnung vielfache Möglichkeiten für Näherungsrechnungen.

Anmerkungen zu B III

[1] Die gleiche Notwendigkeit, Rechnen mit Näherungswerten zu thematisieren, hätte auch beim Logarithmenrechnen bestanden. Dort wurden nämlich alle Rechnungen 4-stellig durchgeführt. Die Schüler mußten stets exakt interpolieren, aber es blieb völlig im Unklaren, wieviel Stellen in den Ergebnissen von der Genauigkeit der Ausgangswerte her und aufgrund der Fehlerfortpflanzung während der Rechnung überhaupt vertretbar waren.

[2] Weitere Ausführungen zum Problem der Genauigkeit beim Arbeiten mit dem Taschenrechner findet man im Abschnitt B II.

[3] Der Entwurf zur Erprobung eines Lehrplans für das Fach Mathematik in der Sekundarstufe I des Gymnasiums für NRW z. B., in dem auf 25 Seiten die vorgeschlagenen Inhalte dargestellt werden, enthält nur einen einzigen Hinweis auf dieses Thema. In Klasse 6 heißt es beim Runden von Dezimalzahlen: „Es muß deutlich gemacht werden, daß es unsinnig ist, zu viele Stellen hinter dem Komma auszurechen" [28, S. 8].

[4] Hinzu kommt, daß Bezeichnungen wie „zuverlässige" und „geltende" Ziffer nicht eindeutig benutzt werden und Schreibformen wie „$\doteq$" oder „$\approx$" nicht durchgängig Verwendung finden. Hier ist Vereinheitlichung dringend erforderlich. (Darum bemüht sich z. B. Baumann [4].)

[5] Meßwerte und Meßgenauigkeiten werden in der Regel durch Meßreihen gewonnen. Hier hat die Fehleraussage $a - \Delta a \leqslant x \leqslant a + \Delta a$ nur Wahrscheinlichkeitscharakter. Man kann nicht mit Sicherheit, sondern nur mit einer gewissen (hohen) Wahrscheinlichkeit behaupten, daß der wahre Wert in diesem Intervall liegt. Damit gelten auch für das Rechnen mit Meßfehlern eigentlich modifizierte Gesetze. So hat man bei n Meßwerten gleicher Genauigkeit nicht den Fehler $n \cdot \Delta a$, sondern nur den Fehler $\sqrt{n} \cdot \Delta a$ einzukalkulieren. (Hierzu siehe [121, S. 53 ff.] Solche Fragen sind aber derzeit kein Thema der S I.

[6] Kindern in der Grundschule, die nur die natürlichen Zahlen zur Verfügung haben, ist ja durchaus klar, daß sie nicht alle Streckenlängen mit diesen Zahlen ausdrücken können. Ihnen erscheint es natürlich, nicht nur eine, sondern zwei Zahlen anzugeben, zwischen denen die wahre Streckenlänge liegt. „Das Vorurteil, daß die Antwort immer durch eine einzige Zahl gegeben werden müsse, haben die Schüler nicht von selbst, der vorsichtige Lehrer wird es keinesfalls provozieren" [90, S. 161].

[7] Die Forderung, die Belange des numerischen Rechnens angemessen zu berücksichtigen, ist keineswegs neu. Das Haupthindernis dafür, daß diese Forderung verwirklicht wurde, dürfte im Charakter der SI-Mathematik liegen. Revuz [90] spricht von der „rein algebraischen Mentalität". Diese kommt u. a. zum Ausdruck in dem Gewicht, das formalem Operieren mit Gleichungen mit idealen Zahlen zugestanden wird (besonders im Gymnasium), und in der von den Anwendungen her unangemessenen Breite, mit der die Bruchrechnung behandelt wird. Daß der Schwerpunkt so einseitig gesetzt wird, ist Ausdruck einer falschen Polarisierung zwischen reiner und angewandter Mathematik; sie dürfte letztlich wohl nur überwunden werden, wenn in der Lehrerausbildung im Sinne des Anliegens von F. Klein [60] ein ausgewogeneres Verhältnis von „Approximationsmathematik" und „Präzisionsmathematik" geschaffen wird.

[8] Detailliertere Vorschläge hierzu in Abschnitt B II.

[9] Dem Kapitel „Rechnen mit Näherungswerten" aus dem Schulbuch [41, 9B] haben wir die Beispiele unseres Punktes 3 entnommen.

Literatur

[1] *Aebli, H.,* Über die geistige Entwicklung des Kindes, Stuttgart 1963

[2] *Auerbach, F.,* Die Furcht vor der Mathematik und ihre Überwindung, Jena 1924

[3] *Baireuther, P.,* Physikalische Experimente im Mathematikunterricht, in: Mathematische Unterrichtspraxis 1, 29—40 (1980)

[4] *Baumann, R.,* Näherungs- und Fehlerrechnung (als notwendige Voraussetzung sinnvollen Taschenrechner-Gebrauchs), in: Praxis der Mathematik 22, 65—77 (1980)

[5] *Beck, U.,* Gedanken zur Vorbereitung der Lehrerstudenten auf die Kooperation zwischen Mathematik und Naturwissenschaften in der Schule, in: math. didact. 2, 33—44 (1979)

[6] *Becker, G.; Henning, J.; Lindenau, V.; Mai, K.-D.* und *Schindler, M.,* Anwendungsorientierter Mathematikunterricht in der Sekundarstufe I, Bad Heilbronn 1979

[7] *Bergmann, E.,* Zum Problem der Textaufgabe, in: Westermanns Päd. Beiträgen 11, 243—248 (1959)

[8] *Berthold, G.,* Zur Entwicklung und Bedeutung der Mathematik als Produktivkraft, in: Mathematik in der Schule 13, 657—661 (1975)

[9] *Blankenagel, J.,* Numerische Aspekte bei der Behandlung von Gleichungen, in: Der mathematische und naturwissenschaftliche Unterricht 28, 136—142 (1975)

[10] *Blum, W.,* Didaktische Fragen des linearen Optimierens in der Sekundarstufe I, in: Beiträge zum Mathematikunterricht 1975, Hannover 1975, S. 15—19

[11] *Blum, W.,* Mathematikunterricht in berufsbildenden Schulen der Sekundarstufe II, in: Beiträge zum Mathematikunterricht 1979, Hannover 1979, S. 72—81

[12] *Blum, W.* und *Kirsch, A.,* Elementare Behandlung der Exponentialfunktionen in der Differentialrechnung, in: Didaktik der Mathematik 4 (1977)

[13] *Bollmann, C.,* Zu einigen Fragen des Einflusses bürgerlicher Ideologien auf den Mathematikunterricht in kapitalistischen Industriestaaten, in: Mathematik in der Schule 13, 609—615 (1975)

[14] *Braunfeld, P.,* Ein neuer Zugang zur Bruchrechnung vom Standpunkt der Operatoren, in: Beiträge zum Mathematikunterricht 1968, Hannover 1969, S. 209—217

[15] *Breidenbach, W.,* Rechnen in der Volksschule, Hannover 1963[10]

[16] *Breidenbach, W.,* Raumlehre in der Volksschule, Hannover 1964

[17] *Burchardt, B.* und *Zumpe, S.,* Zur Notwendigkeit eines praxisorientierten Mathematikunterrichts, in: betrifft: erziehung 7, 39—42 (1974)

[18] *Butenuth, R.,* Die Anwendbarkeit von Theodoliten im Raumlehreunterricht der Hauptschule, in: lehren und lernen 5, 493—502 (1968)

[19] *Cetorelli, Nancy D.,* Teaching Function Notation; in: The Math. Teacher 72 (1979)

[20] *Dahrendorf, R.,* Nach dem Überfluß: Formierte oder offene Gesellschaft? Festvortrag aus Anlaß des 25jährigen Bestehens der Bertelsmann Buch- und Schallplattengemeinschaften Gütersloh, 19.9.1975

[21] *Damerow, P.; Elwitz, U.; Keitel, C.* und *Zimmer, J.,* Elementarmathematik: Lernen für die Praxis?, Stuttgart 1974

[22] *DIFF,* Sachrechnen in der Wirtschaft, Wachstum und Zerfall. Studienbrief HE2 des Deutschen Instituts für Fernstudien, Tübingen 1980

[23] *DIFF,* Elektronische Taschenrechner. Studienbrief HE7 des Deutschen Instituts für Fernstudien, Tübingen 1980

[24] *Drenckhahn, F.,* Vom funktionalen und gruppenoperativen Denken im Sachrechnen der Volksschuloberstufe, in: Die Deutsche Schule 52, 491—507 (1960)

[25] Empfehlungen und Richtlinien zur Modernisierung des Mathematikunterrichts an den allgemeinbildenden Schulen. Beschluß der Kultusministerkonferenz vom 3.10.1968

[26] *Engel, A.,* Wahrscheinlichkeitsrechnung und Statistik, 1, Stuttgart 1973

[27] *Engel, A.,* Elementarmathematik vom algorithmischen Standpunkt, Stuttgart 1977

[28] Entwurf zur Erprobung eines Lehrplans für das Fach Mathematik in der Sekundarstufe I des Gymnasiums, Düsseldorf 1978

[29] *Fehringer, K.,* Näherungsrechnen, Gleichungen, Ungleichungen, Berlin 1978

[30] *Fehringer, K., Wieker, R.* und *Pruzina, M.,* Praktische Mathematik zum Rahmenprogramm für die Klassen 9 und 10, in: Mathematik in der Schule 12, 523—534 (1974)

[31] *Freund, H.*, Produkte und Quotienten in Größenbereichen, in: Beiträge zum Mathematikunterricht 1969, Hannover 1971, S. 119—121

[32] *Fritzenkötter, H.*, Gedanken zur Modernisierung des Mathematikunterrichts in der Sekundarstufe I des Gymnasiums. Anlage zu [105]

[33] *Gärtner, F.*, Methodik des Rechenunterrichts, München 1958

[34] *Glatfeld, M.*, Mathematik und Volksschulrechnen, in: Unsere Volksschule 16, 415—438 (1965)

[35] *Glatfeld, M.*, Zum Funktionsbegriff im Mathematikunterricht der Hauptschule, in: *Meyer, E.* (Hrsg.): Mathematik in der Hauptschule II, Stuttgart 1972, S. 61—99

[36] *Glatfeld, M.*, Relationen und Funktionen in der Sekundarstufe I mit Schwerpunkt in den Klassen 7/8, in: Unterricht heute 23, 431—439 (1972)

[37] *Glatfeld, M.*, Die „Arithmetik" in dem KMK-Entwurf, in: Die Grundschule 9, 128—132 (1977)

[38] *Glatfeld, M.*, Die „Geometrie" in dem KMK-Entwurf, in: Die Grundschule 9, 133—136 (1977)

[39] *Glatfeld, M.* und *Schröder, E. C.*, Anfangsunterricht in Geometrie unter phänomenologischer Hinsicht, in: Pädagogische Rundschau 30, 3—20 (1976)

[40] *Glatfeld, M. und Schröder, E. C.*, Über Induktion beim Mathematiklernen, in: *Glatfeld, M.* (Hrsg.): Mathematik Lernen — Probleme und Möglichkeiten, Braunschweig 1977, S. 140—175

[41] *Glatfeld, M.; Löttgen, U.; Ostermann, F.* und *Steinberg, G.*, Mathematik in der Sekundarstufe, Düsseldorf und Stuttgart 1974 bis 1979 (mit Lehrerhandbüchern zu den Jahrgangsbänden und Differenzierungsstufen A und B)

[42] *Graumann, G.*, Praxisorientiertes Sachrechnen, in: Beiträge zum Mathematikunterricht 1976, Hannover 1976, S. 79—83

[43] *Graumann, G.*, Praxisorientierter Geometrieunterricht, in: Beiträge zum Mathematikunterricht 1977, Hannover 1977, S. 98—101

[44] *Graumann, G.*, Mathematik und Freizeit — Ein Beitrag zum praxisorientierten Ansatz, in: Beiträge zum Mathematikunterricht 1979, Hannover 1979, S. 142—145

[45] *Griesel, H.*, Das Prinzip von der Herauslösung eines Begriffs aus Umweltbezügen in der Rechendidaktik Wilhelm Oehls und in der gegenwärtigen Didaktik der Mathematik, in: Beiträge zur Mathematikdidaktik, Festschrift für Wilhelm Oehl, Hannover 1976, S. 61—71

[46] *Grosse, H.*, Historische Rechenbücher des 16. und 17. Jahrhunderts, Bad Godesberg 1901, Neudruck: Wiesbaden 1965

[47] Grundsätze, Bildungspläne, Richtlinien zur Neuordnung der Hauptschule in Nordrhein-Westfalen. Strukturförderung im Bildungswesen des Landes Nordrhein-Westfalen. Eine Schriftenreihe des Kultusministeriums, Heft 4, Ratingen 1967

[48] *Gutbrod* et al., Mathematik B9, Stuttgart 1976

[49] *Hauf, A.* und *Sturm, L.* (Hrsg.), Taschenrechner im Unterricht — Aufgabensammlung, Stuttgart 1979

[50] *Heidegger, M.*, Die Frage nach dem Ding — Zu Kants Lehre von den transzendentalen Grundsätzen, Tübingen 1962

[51] *Hinkfuß, H.*, Heuristische Methoden im Mathematikunterricht, Bielefeld 1980

[52] *Holler, H.* (Hrsg.), Zum Einsatz von Taschenrechnern im Unterricht, Düsseldorf 1980

[53] *Husserl, E.*, Erfahrung und Urteil — Untersuchungen zu einer Genealogie der Logik. Redigiert und herausgegeben von L. Landgrebe, Hamburg 1972

[54] *Jäger, J.*, Stochastik in der Arbeitswelt, Zwischenbericht über eine empirische Untersuchung, in: Beiträge zum Mathematikunterricht 1979, Hannover 1979, S. 178—181

[55] *Jeziorski, W.*, Rechenunterricht in der Grundschule, Braunschweig 1963[2]

[56] *Karaschewski, H.*, Das funktionale Denken im ganzheitlichen Rechenunterricht der Volksschule, in: Der Mathematikunterricht 8, 38—51 (1962)

[57] *Kirsch, A.*, Eine Analyse der sogenannten Schlußrechnung, in: Beiträge zum Mathematikunterricht 1968, Hannover 1969, S. 75—84

[58] *Kirsch, A.*, Elementare Zahlen- und Größenbereiche, Göttingen 1970

[59] *Kirsch, A.*, Vorschläge zur Behandlung der Wachstumsprozesse und Exponentialfunktionen im Mittelstufenunterricht, in: Didaktik der Mathematik 4, 257—284 (1976)

[60] *Klein F.*, Elementarmathematik vom höheren Standpunkt 3 (Präzisions- und Approximationsmathematik) 1928[3], Nachdruck: Berlin 1968

[61] *Koßwig, F.*, Funktionen und ihre graphische Darstellung in der beschreibenden Statistik, Bonn 1979 (Vortrag)

[62] *Krauskopf, R.*, Erarbeitung der Graphen elementarer Funktionen aus vorgegebenen Funktionaleigenschaften in der Sekundarstufe I, in: Beiträge zum Mathematikunterricht 1972, Teil 1, Hannover 1973, S. 124—128

[63] *Kruckenberg, A.* und *Oehl, W.* (Hrsg.), Die Welt der Zahl — Rechenbuch für Volksschulen (Ausgabe Westfalen-Lippe) Klassen 7/8, Neubearbeitung 1960, Berlin-Hannover-Darmstadt

[64] *Krummheuer, G.*, Subjektives Deuten und das Lernen mathematischer Konzepte. Der Einfluß situativer und biographischer Momente bei der Sinnkonstituierung, in: Neue Sammlung 20, 530—541 (1980)

[65] *Kühnel, J.*, Neubau des Rechenunterrichts, Bad Heilbrunn-Düsseldorf 1959[10]

[66] *Lassner, G.*, Betrachtungen zum Verhältnis zwischen Mathematik und Naturwissenschaften, in: Mathematik in der Schule 15, 641—646 (1977)

[67] *Laugwitz, D.*, Das Verhältnis der Mathematik zu ihren „Anwendungen", in: *Meschkowski, H.* und *Laugwitz, D.* (Hrsg.): Didaktik der Mathematik IV, Stuttgart 1974, S. 42—59

[68] *Laugwitz, D.*, Mathematik für Techniker: Der „Grundkurs", in: *Meschkowski, H.* und *Laugwitz, D.* (Hrsg.): Didaktik der Mathematik IV, Stuttgart 1974, S. 231—251

[69] *Lenné, H.*, Analyse der Mathematikdidaktik in Deutschland, Stuttgart 1969

[70] *Litt, T.*, Naturwissenschaft und Menschenbildung, Heidelberg 1954[2]

[71] *Lörcher, G. A.*, Realitätsbezogenheit im Mathematikunterricht, in: Die Schulwarte 5, 74—83 (1974)

[72] *Lörcher, G. A.*, Mathematikunterricht und Vorbereitung auf die Berufswelt, in: Beiträge zum Mathematikunterricht 1978, Hannover 1978, S. 177—184

[73] *Löthe, H.* und *Müller, K. P.*, Taschenrechner, Stuttgart 1979

[74] *Maier, H.*, Didaktik der Mathematik 1—9, Donauwörth 1970

[75] *Maier, H.*, Vom Sachrechnen zur sachbezogenen Mathematik, in: Westermanns Päd. Beiträgen 27, 474—480 (1975)

[76] *Maier, H.* und *Schubert, A.*, Sachrechnen. Empirische Befunde, didaktische Analysen, methodische Anregungen, München 1978

[77] *Meschkowski, H.*, Mathematik und Realität, Mannheim-Wien-Zürich 1979

[78] *Metzger, H.-D.*, Überlegungen zum fächerübergreifenden Unterricht, in: Beiträge zum Mathematikunterricht 1980, Hannover 1980, S. 222—225

[79] *Meyer-Drawe, K.*, Der Begriff der Lebensnähe und seine Bedeutung für eine pädagogische Theorie des Lernens und Lehrens, Bielefeld 1978

[80] *Meyer-Drawe, K.*, Sachrechnen = Lebensnahes Rechnen?, in: Praxis der Mathematik 23, 330—338 (1981)

[81] *Münzinger, W.* (Hrsg.), Projektorientierter Mathematikunterricht, München 1977

[82] *Münzinger, W.*, Projektorientierung, in: *Volk, D.* (Hrsg.): Kritische Stichwörter zum Mathematikunterricht, München 1979, S. 214—221

[83] *Neemann, U.*, Das Problem der Anschaulichkeit in der modernen Mathematikdidaktik, in: Westermanns Päd. Beiträgen 26, 385—391 (1974)

[84] *Nimmerrichter, W.*, Erfolgreiches Sachrechnen, in: Deutsche Volksschule, 7 (1968)

[85] *Oehl, W.*, Der Rechenunterricht in der Hauptschule, Hannover 1965

[86] *Palzkill, L.*, Sachrechnen in der Volksschule, in: *Fettweis, E.* und *Schlechtweg, H.*: Didaktik und Methodik des Rechenunterrichts, Paderborn 1965[4], S. 202—221

[87] *Piaget, J.*, Theorien und Methoden der modernen Erziehung, Wien-München-Zürich 1972[2]

[88] *Pickert, G.*, Bemerkungen zum Funktionsbegriff, in: Der mathematische und naturwissenschaftliche Unterricht, 56 (1955)

[89] Probleme des Mathematikunterrichts. Diskussionsbeiträge sowjetischer Wissenschaftler, Berlin 1965

[90] *Revuz, A.*, Der Approximationsbegriff in der Sekundarstufe I, in: Beiträge zum Mathematikunterricht 1975, Hannover 1975, S. 158—163

[91] Richtlinien und Stoffpläne für die Volksschule. Die Schule in Nordrhein-Westfalen. Eine Schriftenreihe des Kultusministeriums, Heft 7, Ratingen 1963

[92] Richtlinien für den Unterricht in der Höheren Schule. Die Schule in Nordrhein-Westfalen. Eine Schriftenreihe des Kultusministeriums, Heft 8, Ratingen 1963

[93] Richtlinien und Lehrpläne für die Grundschule in Nordrhein-Westfalen, Mathematik, Ratingen 1973

[94] *Schaefer, G.; Trommer, G.* und *Wenk, K.* (Hrsg.), Denken in Modellen, Braunschweig 1977

[95] *Schick, K.*, Lineare Optimierungsaufgaben im Unterricht, in: Der Mathematikunterricht, Heft 5, 52—75 (1972)

[96] *Schick, K.*, Die Mathematisierung von Transportproblemen, in: Beiträge zum math.-naturw. Unterricht 30, 1—34 (1976)

[97] *Schick, K.* und *Schmitz, G.*, Wirtschaftsmathematik I, Düsseldorf 1974

[98] *Schietzel, C.*, Vermischte Aufgaben, in: Westermanns Päd. Beiträgen 22, 663—665 (1970)

[99] *Schmidt, S.*, Die Rechendidaktik von Johannes Kühnel (1869—1928) — Wissenschaftsverständnis, deskriptive und normative Grundlagen sowie deren Bedeutung für die Vorschläge zur Gestaltung des elementaren arithmetischen Unterrichts, Dissertation 1978

[100] *Schreiber, P.*, Die Mathematik und ihre Geschichte im Spiegel der Philatelie, Leipzig 1980
[101] *Schröder, H.* und *Uchtmann, H.*, Einführung in die Mathematik. 10. Schuljahr (Ausgabe Nordrhein-Westfalen), Frankfurt a.M. 1977
[102] *Schütz, H.*, Numerische Verfahren, in: *Meschkowski, H.* (Hrsg.): Didaktik der Mathematik II, Stuttgart 1972, S. 43—137
[103] *Schuler, M.*, Der Mathematikunterricht in der Hauptschule — die curriculare Hauptfrage: weniger oder andere Mathematik, in: Beiträge zum Mathematikunterricht 1980, Hannover 1980, S. 303—306
[104] *Schupp, H.*, Stochastik in der Sekundarstufe I, in: *Volk, D.* (Hrsg.): Kritische Stichwörter zum Mathematikunterricht, München 1979, S. 297—309
[105] Sekundarstufe I — Gymnasium. Mathematik. Unterrichtsempfehlungen. Herausgegeben vom Kultusministerium des Landes Nordrhein-Westfalen, Ratingen-Kastellaun 1975
[106] *Sillitto, A. G.*, Eine Einführung in die Trigonometrie, in: Mathematische Reflexionen, Hannover 1973, S. 9—24
[107] *Simon, J.* und *Holmes, A.*, A new way to teach probability statistics, in: The Math. Teacher 62, 283—289 (1969)
[108] *Stachowiak, H.*, Allgemeine Modelltheorie, Wien-New York 1973
[109] *Stachowiak, H.*, Der Weg zum Systematischen Neopragmatismus und das Konzept der Allgemeinen Modelltheorie, in: *Stachowiak, H.* (Hrsg.): Modelle und Modelldenken im Unterricht, Bad Heilbrunn 1980, S. 9—49
[110] *Steinberg, G.*, Ein Plädoyer für die Brücke zwischen Problem und System im Mathematikunterricht, in: Didaktik der Mathematik 9, 20—31 (1981)
[111] *Steinbuch, K.*, Denken in Modellen, in: *Schaefer, G.; Trommer, G.* und *Wenk, K.* (Hrsg.): Denken in Modellen, Braunschweig 1977, S. 10—17
[112] *Stetter, H. J.*, Numerische Mathematik im Schulunterricht, in: Mathematisch-Physikalische Semesterberichte XVI, 18—26 (1969)
[113] *Strässer, R.*, Darstellung und Verwendung von Mathematik — Teilergebnisse einer Schulbuchanalyse, in: mathematica didact. 1, 197—209 (1978)
[114] *Strässer, R.*, Bemerkungen zur Mathematik in der Berufsbildung, in: Beiträge zum Mathematikunterricht 1979, Hannover 1979, S. 352—355
[115] *Strauß, J.*, Sachrechnen im 5. bis 10. Schuljahr. Sonderheft der Zeitschrift „Unterricht heute", Stuttgart 1970
[116] *Strauß, J.*, Zur Problematik des Sachrechnens, in: Unterricht heute 11, 526—527 (1970)
[117] *Strauß, J.*, Die Neue Mathematik und das Sachrechnen, in: Die Schulwarte, Heft 8/9, 122—128 (1973)
[118] *Strauß, J.*, Sachrechnen im Dienste der Erziehung zu kreativem Verhalten, in: Unterricht heute 14, 454—459 (1973)
[119] *Strehl, R.*, Grundprobleme des Sachrechnens, Freiburg-Basel-Wien 1979
[120] *Ströker, E.*, Philosophische Untersuchungen zum Raum, Frankfurt a.M. 1977^2
[121] *Strubecker, K.*, Einführung in die höhere Mathematik 1, München 1966
[122] *Titze, H.*, Elementare Fehlerbetrachtungen für den Unterricht, in: Didaktik der Mathematik 8, 281—291 (1980)
[123] *Vollrath, H.-J.*, Ware-Preis-Relationen im Unterricht, in: Der Mathematikunterricht 19, Heft 6, 58—76 (1973)
[124] *Vollrath, H.-J.*, Schülerversuche zum Funktionsbegriff, in: Der Mathematikunterricht 24, Heft 4, 90—101 (1978)
[125] *Warzel, A.*, Mathematisieren in der Sekundarstufe I, in: Beiträge zum Mathematikunterricht 1980, Hannover 1980, S. 355—358
[126] *Weizsäcker, C. F. von*, Die Tragweite der Wissenschaft, Stuttgart 1976^5
[127] *Weizsäcker, C. F. von*, Der Garten des Menschlichen. Beiträge zur geschichtlichen Anthropologie, München-Wien 1978^5
[128] *Wheeler, D. H.* (Hrsg.), Modelle für den Mathematikunterricht in der Grundschule, Stuttgart 1970
[129] *Wild, K.-W.*, Humanisierung ist mehr als „Vermessen", in: Uni-Berufswahl-Magazin 5, 17—24 (1981)
[130] *Winter, H.*, Gedanken zur Modernisierung des Sachrechnens in den Klassen 7 bis 10 der Hauptschule, in: *Meyer, E.* (Hrsg.), Mathematik in der Hauptschule II, Stuttgart 1972, S. 99—140
[131] *Winter, H.*, Allgemeine Lernziele für den Mathematikunterricht?, in: Zentralblatt für Didaktik der Mathematik 7, 106—116 (1975)
[132] *Winter, H.* und *Ziegler, T.*, Neue Mathematik. Bände 2, 4, 5, 6, 7, Hannover 1971, 1973, 1969, 1970, 1971

[133] *Wittmann, E.*, Grundfragen des Mathematikunterrichts, Braunschweig 1974

[134] *Wittmann, J.*, Theorie und Praxis eines ganzheitlichen, analytisch-synthetischen Unterrichts, Potsdam 1933[2]

[135] *Wynands, A.*, Von der Prozentrechnung zur e-Funktion, in: Beiträge zum Mathematikunterricht 1978, Hannover 1978, S. 303—305

[136] *Wynands, U.* und *A.*, Elektronische Taschenrechner in der Schule, Braunschweig 1980[2]

[137] *Ziegler, T.*, Die logische Struktur des Sachrechnens, in: Beiträge zum Mathematikunterricht 1968, Hannover 1969, S. 225—232

[138] *Kriesi, C.*, Kognitive Entwicklung durch funktionales Denken, Bern—Frankfurt a.M. 1981

[139] *Weber, H.*, Grundlagen einer Didaktik des Mathematisierens, Bern—Frankfurt a.M. 1980

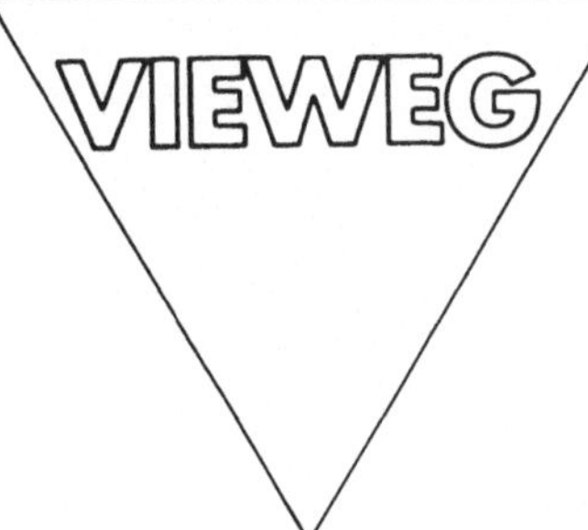

Shmuel M. Avital und Sara J. Shettleworth

**Ziele des Mathematikunterrichts –
Ideen für den Lehrer**

(Objectives for Mathematics Learning. Some Ideas for the Teacher,
dt.) (Aus dem Engl. übers. von Karl Heidenreich.) 1983. Ca. 100 S.
DIN C 5. Kart.

<u>Inhalt:</u> Gründe für eine Taxonomie mathematischer Lernziele —
Eine Taxonomie mathematischer Lernziele — Lernen von Begriffen, Verallgemeinerungen und Algorithmen — Problemlösen —
Was kann der Lehrer tun? — Einige zusätzliche Ziele und Anregungen für den Unterricht — Anhang: Zusätzliche Aufgaben.

Dieses Buch handelt von den Lernzielen des Mathematikunterrichts, und zwar vorwiegend für die Sekundarstufe I und II. Es
stellt ein Modell für die Leistungsniveaus vor, die den Grad des
Verstehens beschreiben, der von den Schülern bei der Bewältigung
unterschiedlicher mathematischer Aufgaben erwartet wird. Der
Lehrer kann das Modell dazu verwenden, spezielle Lernziele für
jeden Unterrichtsinhalt zu konstruieren. Die Autoren bieten viele
einfallsreiche Beispiele von Aufgaben, die das breite Spektrum
möglicher Ergebnisse des Mathematikunterrichts sichtbar machen
und für den Lehrer eine unschätzbare Hilfe bei der Formulierung
von Aufgaben sind.

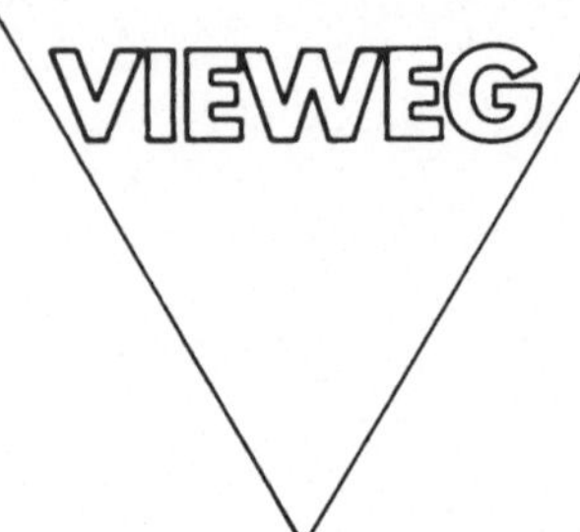

Martin Glatfeld (Hrsg.)

Das Schulbuch im Mathematikunterricht

1981. VI, 190 S. DIN C 5. Kart.

Inhalt: Einführung: Aspekte zum Thema Schulbuch / Empirische Untersuchungen über mathematische Unterrichtswerke — Zur Problematik mathematischer Schulbuchtexte: Aspekte zur Darstellung in mathematischen Schulbüchern / Textgestaltung im Schulfach Mathematik / Sprachliche Gestaltung mathematischer Schulbücher — Schulbuch und Mathematikunterricht - Möglichkeiten und Grenzen seines Einsatzes: Aspekte zur Arbeit mit dem Schulbuch / Verwendungsmöglichkeiten für das Schulbuch - Erfahrungen im Gymnasium / Beispiele zur Arbeit mit dem Schulbuch - Erfahrungen in der Hauptschule — Überlegungen zur Beurteilung mathematischer Schulbücher: Aspekte zur Analyse mathematischer Schulbücher / Überlegungen und Anregungen zum nicht-quantitativen Vergleichen von mathematischen Schulbüchern / Schulbuchanalyse mit netzplantechnischen Methoden.

Dieser Band enthält wichtige Beiträge, die dem Lehrer Hinweise zum erfolgreichen Einsatz des Schulbuches im Mathematikunterricht und Entscheidungshilfen beim Vergleich von Schulbuchtexten geben. Zahlreiche Reproduktionen aus Schulbüchern dienen als Beispiel- und Anschauungsmaterial. Die Literaturangaben erleichtern ein vertieftes Studium des gerade interessierenden Themas. Dieser Band ermöglicht außerdem die systematische Einbeziehung des Schulbuches in die Lehrerausbildung.